U0244051

重庆工商大学市级"人工智能+"智能商务学科群丛书

灰色系统建模技术
与可视化智能建模软件

曾波　毛翠微　孟伟　夏超　等◎著

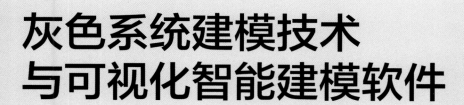

中国财经出版传媒集团

经济科学出版社

Economic Science Press

·北京·

图书在版编目（CIP）数据

灰色系统建模技术与可视化智能建模软件/曾波等
著 . -- 北京：经济科学出版社，2024.2
（重庆工商大学市级"人工智能＋"智能商务学科群
丛书）
ISBN 978 – 7 – 5218 – 5637 – 8

Ⅰ.①灰⋯ Ⅱ.①曾⋯ Ⅲ.①灰色模型 – 灰色决策 –
建立模型 – 研究 Ⅳ.①N945.12

中国国家版本馆 CIP 数据核字（2024）第 049273 号

责任编辑：李　雪
责任校对：齐　杰
责任印制：邱　天

灰色系统建模技术与可视化智能建模软件
曾　波　毛翠微　孟　伟　夏　超　等著
经济科学出版社出版、发行　新华书店经销
社址：北京市海淀区阜成路甲 28 号　邮编：100142
总编部电话：010 – 88191217　发行部电话：010 – 88191522
网址：www. esp. com. cn
电子邮箱：esp@ esp. com. cn
天猫网店：经济科学出版社旗舰店
网址：http://jjkxcbs. tmall. com
固安华明印业有限公司印装
710×1000　16 开　27.25 印张　390000 字
2024 年 2 月第 1 版　2024 年 2 月第 1 次印刷
ISBN 978 – 7 – 5218 – 5637 – 8　定价：116.00 元
（图书出现印装问题，本社负责调换。电话：010 – 88191545）
（版权所有　侵权必究　打击盗版　举报热线：010 – 88191661
QQ：2242791300　营销中心电话：010 – 88191537
电子邮箱：dbts@ esp. com. cn）

重庆工商大学市级"人工智能+"智能商务学科群丛书
丛书编委会

总 主 编： 黄钟仪

编委会成员：（按姓氏笔画排序）

文 悦 白 云 吴 琼 吴航遥

周愉峰 胡森森 曾 波 詹 川

总　序

　　商务领域正经历着一场由智能化技术驱动的深刻变革，智能商务已成为引领行业发展的先锋力量、推动社会进步的重要引擎。重庆工商大学市级"人工智能 +"智能商务学科群于 2019 年获批，学科依托人工智能学科与工商管理优势学科的交叉融合，重点面向先进制造业、现代服务业和战略性新兴产业商务活动的大数据智能化升级需求，着力开展智能预测与决策、电子商务智能运营、智慧物流与路径优化、智能商务模式创新等方向的人才培养和科学研究。首批丛书包含我们最新的部分研究成果。

　　智能预测与决策方向包含三本专著：《不确定环境下的血液供应链运作决策：建模、优化与仿真》研究了不确定环境下国家血液战略储备库选址—库存鲁棒优化、采血点定位—资源配置集成决策的鲁棒优化、突发公共卫生事件应急血液转运—分配决策的双层规划、基于 ABM + SD 混合仿真的血液供应链绩效演进与评价等若干关键问题。《灰色系统建模技术与可视化智能建模软件》探讨了灰色算子的作用机理，研究了灰色预测模型和灰色关联模型，实现了灰色系统建模技术的可视化。《不确定语言信息环境下群体智能决策方法研究》通过构建合理的决策模型和优化算法，研究了在不确定语言信息环境下，如何运用群体智能进行决策的问题。

　　智慧物流与路径优化方向包含一本专著：《面向汽车制造的精准物流研究》。该书基于精益思想研究了汽车制造中零部件供应环节的成本和效率优化问题，讨论了零部件从供应商出厂到零部件投料到主机厂工位全过程的物流优化，提出了基于工位编组驱动的汽车零部件入厂物流模式，设计了一套针对已经投产工厂的优化模型及一套针对新工厂的入厂物流体系设计模型。

　　智能商务模式创新方向包含一本专著：《"区块链＋"生态农产品供应链的融合创新研究》。该书从"区块链＋"生态农产品供应链融合创新的视角出发，揭示了区块链融合生态农产品的原理和机制，研究了生态农产品供应链的组织模式和信任机制，前瞻性地提出了面向数据共享的整合"数据、信任、平台、应用、治理"等五个维度的"区块链＋"生态农产品供应链体系。

　　本系列丛书是智能商务学科群的部分研究成果，后续将推出涵盖电子商务智能运营、大数据管理与智能运营等研究方向的最新研究成果。希望这些研究能为相关领域的学者、政策制定者和实务工作者提供有价值的理论参考和实践启示。

　　感谢学校同意本学科群对本丛书的出版支持计划，感谢出版策划、作者、编者的共同努力，希望本学科的研究后续能够继续得到相关出版支持。小荷已露尖尖角，愿有蜻蜓立上头。希望本系列丛书能够得到学术界和实践界的关注和指导。

丛书策划编委会
2024 年 1 月

序 一

灰色关联模型与灰色预测模型是灰色系统理论的两个重要组成部分，是实现灰色系统分析、评价、聚类、预测和决策的基础，其有效性和可靠性已在大量应用实践中被反复证明。该书以上述两类模型为对象，系统介绍了模型的基本定义、推导过程、建模步骤、适用范围及案例分析等内容。书中既注重经典模型的基本概念，又聚焦该领域的研究前沿，既浅显易懂又具有一定理论高度。而方便实用的可视化软件有效降低了灰色模型的计算工作量。总之，本书重基础、有深度、多案例、配软件、易入门。

该书作者之一曾波，2008 年参加了南京航空航天大学开设的暑期灰色系统讲习班，次年进入南航攻读灰色系统理论研究方向的博士学位，自此进入灰色系统理论研究领域。曾波在灰色预测模型的构建与优化、灰色模型建模对象的异构化拓展、灰色模型结构可变性与兼容性等领域取得了一系列前沿性研究成果。目前，曾波在国内外重要期刊发表学术论文 150 多篇，其中 80 多篇论文被 SCI/EI 收录，15 篇论文多次入围 ESI 高被引论文。主持国家自然科学基金面上项目及中国博士后科学基金等国家级、省部级课题 20 余项。研究成果获省部级一、二等奖及国际优秀学术成果奖近 10 次。

曾波在灰色预测理论研究领域的开拓性工作和杰出成就，使其先后两次破格晋升副教授及教授职称，并于 2016 年入选重庆市"巴渝学者"特聘教授、2018 年成为重庆工商大学学术委员会委员、2019 年入选重庆工商大学特聘教授、2020 年入围全球前 2% 顶尖科学家榜单。

该书另一作者孟伟教授，2015 年毕业于南京航空航天大学灰色系统理论研究方向，获博士学位。孟伟在分数阶累加生成与累减还原算子的解析表达式与系列性质（互逆性、交换律、指数律等）等领域进行了系统研究，有效提高了灰色预测模型性能。目前，孟伟在国内外重要学术期刊发表学术论文 40 余篇，主持或参与国家及省部项目 20 余项，研究成果获省部级及国际优秀学术成果奖 5 次。

该书是曾波等近年来在灰色预测理论领域研究成果的集中体现。在此，我特向读者推荐这本集通俗性、创新性、科学性于一体的灰色理论专业书籍。

刘思峰

国家有突出贡献的中青年专家

国际灰色系统与不确定性分析学会主席

欧盟玛丽·居里国际人才引进行动计划 Senior Fellow

南京航空航天大学和英国 De Montfort 大学特聘教授

2023 年 8 月

序　二

　　本书的作者之一，曾波教授，曾跟我做过短暂的博士后研究。他一直致力于灰色系统和预测决策模型的研究，很有耐心和毅力，初心不改，对此我深受感动。应其要求，欣然为他的新书作序。

　　现实世界的复杂性，研究对象的不确定性，影响因素的不可预见性，统计数据的非客观性，这些都对系统预测和决策模型的科学构建带来了挑战。为此，模糊数学、粗糙集理论、机器学习技术、灰色系统理论等各类建模理论、方法、技术应运而生。这些成果从不同角度、不同侧面提出了处理各类不确定性复杂系统问题的理论和方法。灰色系统理论由华中科技大学邓聚龙教授于20世纪80年代提出，以"部分信息已知，部分信息未知"的"小数据、贫信息"系统为研究对象，通过对部分已知信息的生成、挖掘和开发，提取有价值的信息，实现对系统运行规律和演化趋势的科学描述和有效分析。目前，灰色系统理论已赢得国内外学术界的高度关注和肯定性评价。

　　本书作者曾波在灰色系统异构化建模领域取得了一系列前沿性研究成果，曾获省部级一等奖1项、二等奖3项（其中3项排1）、国际优秀学术成果奖4项；主持（完成）国家自然科学基金项目等国家级、省部级等课题20余项，在国内外重要学术期刊上发表学术论文150余篇（其中被SCI检索70余篇）。2020～2022年，曾波连续入围了全球前2%科学家榜单。

　　该书在《灰色预测理论及其应用》（曾波等著，科学出版社，2020）的基础上新增了灰色关联度模型的相关内容，同时补充了灰色预测理论的最新研究成果。为了便于书中模型的计算和应用，该书配套了"可视化灰色系统建模软件"供读者免费下载使用。我非常高兴地向读者推荐这本集理论研究、应用开拓及软件实现于一体的科学著作，希望它的出版能有力推动灰色系统理论的发展和普及应用。

吕永龙

厦门大学讲席教授

发展中国家科学院（TWAS）院士

欧洲科学院（Academia Europaea）院士

俄罗斯科学院（RAS）外籍院士

Science Advances（*Science* 子刊）副主编

2023 年 7 月

随着物联网、云计算、移动互联及社交网络等新一代信息技术的广泛应用和大规模普及，各类数据信息成倍增长，人类已正式进入大数据时代。与此同时，各类大数据分析、评价、预测和决策方法大量涌现，推动了科技发展和社会进步。

然而，大数据时代并不排斥小数据系统的客观存在。现实世界中由于某些情况下数据采集成本高、难度大、周期长且影响因素异常复杂，导致样本数据不仅"量小"且"不确定"。面对此类数据信息不完整、结构信息不清晰及运行规律不确定的复杂系统，如何实现科学预测和决策，同样备受关注。

为了解决"小数据、不确定性"系统的分析、预测、决策与控制问题，华中科技大学邓聚龙教授于 20 世纪 80 年代初创立了灰色理论，并穷其毕生精力从事该理论的研究和推广工作，取得了一系列重要研究成果。其中，灰色关联模型和灰色预测模型是灰色理论的两个重要分支，其有效性和实用性已被广泛认可，目前已成为解决小数据系统问题的重要研究方法。

曾波教授领导的学术团队长期从事灰色理论及其应用问题的研究。该书改变了众多灰色理论论著中以模型研究为主线的框架结构，整体内容设计以建模对象为主轴，符合灰色系统模型的发展历史和应用现状。

各个章节内容深入浅出、循序渐进、案例丰富、深度适中。每个章节的案例分析可以让读者了解如何应用灰色模型解决实际问题。配套的可视化灰色系统建模软件有利于灰色系列模型的推广与应用。

近年来，曾波教授在灰色系统的异构化建模方向取得了重要突破，其研究成果曾获省部级一等奖 1 次、二等奖 3 次；主持国家自然科学基金项目等国家级、省部级等课题 20 余项，在国内外重要学术期刊上发表学术论文 150 余篇（其中被 SCI 检索 70 余篇）。为此，曾波教授先后入选了重庆市"巴渝学者"特聘教授及重庆工商大学特聘教授，目前兼任多个期刊的编委或专辑主编，是名副其实的灰色理论领域的领军人物。

该书集中了曾波教授领导的学术团队 10 余年来在灰色理论研究领域的主要成果，同时也收集整理了灰色关联模型与灰色预测模型的前沿性研究内容。希望这本书籍的出版能为我国原创理论的推广和传播，促进其在不同领域的实际应用做出贡献。

余乐安

国际系统与控制科学院院士

国家杰出青年科学基金获得者

2022 年 8 月 10 日于北京

前　言

2019 年 9 月，德国总理默克尔在华中科技大学发表演讲，称赞华中科技大学杰出校友邓聚龙及刘思峰为创立灰色系统理论所做出的杰出贡献，体现了国际社会对中国原创理论的高度尊重。目前，灰色系统理论以其独有的研究视角和大量的成功应用，已成为系统科学领域的一种重要研究方法。

为了介绍和推广灰色系统建模方法，曾波曾于 2020 年 5 月在科学出版社出版《灰色预测理论及其应用》一书。该书系统介绍了当前各类主流灰色预测模型的基本概念、建模机理与模型应用等内容。由于该书内容浅显易懂、模型实用性强，自出版以来得到了许多读者的积极关注和肯定性评价，并一度成为该领域的"畅销书"。然而，也有读者对该书提出了若干不足之处，归纳起来主要包括以下三个方面：

（1）模拟序列与原始序列之间的灰色关联度，是检验灰色预测模型性能的常用手段和重要方式，但该书并未对此内容进行相关介绍。

（2）自变量的筛选与聚类是构建多变量灰色预测模型的重要步骤，但该书只介绍了多变量灰色预测模型的建模过程，忽略了如何对自变量进行筛选聚类。

（3）书中附带的灰色预测模型 MATLAB 程序，对缺乏编程经验的读者而言是一场"噩梦"，他们甚至无法成功安装 MATLAB 运行环境。

为此，笔者在本书中新增两个章节以补充灰色关联度模型的相关内容，包括灰色关联度模型基本概念、邓氏灰色关联度、灰色面积关联度、灰色通用关联度、影响因素灰色关联分析、灰色关联聚类与决策、灰色关联度检验等。同时为了解决 MATLAB 带给读者的"噩梦"体验，本书基于 Visual Studio 2019 集成开发平台，应用 Visual C#语言设计并编制了一套具有视窗界面的可视化灰色系统建模软件 VGSMS1.0。该软件具有界面美观操作简便等优点，为灰色理论初学者提供了一套性能良好的建模工具。

全书由曾波总体策划、主要执笔和统一定稿。其中第一、第二、第七、第十二章由曾波撰写；第三、第十、第十一章由毛翠微与王正新合作撰写；第四、第五章由孟伟撰写；第六、第八章由夏超撰写；第九章由陈港撰写。书中 VGSMS1.0 软件由曾波独立开发完成。感谢刘思峰教授、吕永龙教授及余乐安教授为本书作序；感谢经济科学出版社李雪老师为本书顺利出版所给予的大力支持。另外马新博士、段辉明博士、吴文青博士、童明余博士、时金娜博士参与了本书有关模型的推导或案例数据的搜集；尹凤凤、郑婷婷、陈港、张凌波、庹一波、李文静、谢雨欣等硕博研究生为本书的撰写查阅了大量的文献资料与案例数据，同时参与了繁重的校稿工作，在此表示衷心感谢！

另外，本书得到了国家自然科学基金项目（72071023）、重庆市教委科学技术研究重大项目（KJZD－M202300801）、重庆市教育委员会科学技术研究重点项目（KJZD－K202202102）、重庆市自然科学基金项目（CSTB2023NSCQ－MSX0365，CSTB2023NSCQ－MSX0380）、重庆市研究生导师团队建设项目（yds223006）及重庆工商大学首席特聘教授基金的资助，作者在此表示衷心感谢！

由于作者水平有限，对灰色系统理论的认识还比较肤浅，书中的缺点和疏漏在所难免，殷切希望有关专家和广大读者批评指正。

作者

2023 年 8 月

目　录

第一章　灰色系统理论基本概念 // 1

1.1　灰色系统理论的产生与发展 // 1

1.2　灰色系统与灰数 // 6

1.3　区间灰数的灰度与核 // 9

1.4　灰色系统理论框架 // 24

1.5　本章小结 // 26

第二章　灰色累加算子与平滑算子 // 28

2.1　灰色累加生成算子与累减还原算子基本概念 // 29

2.2　灰色累加生成算子与累减还原算子的统一 // 34

2.3　灰色平滑算子 // 41

2.4　紧邻生成算子 // 45

2.5　本章小结 // 46

第三章　灰色缓冲算子 // 50

3.1　灰色弱化与强化缓冲算子 // 51

3.2　基于幂指数的新全信息变权缓冲算子 // 58

3.3　应用实例 // 66

3.4　本章小结 // 70

第四章　白化型单变量灰色预测模型 // 71

4.1　单变量灰色预测模型概述 // 72

4.2　白化型单变量灰色预测模型 GM(1，1) // 73

4.3　三参数白化型灰色预测模型 TWGM(1，1) // 85

4.4　GM(1，1) 模型性能检验方法 // 93

4.5　模型应用：高速公路经济效益后评价 // 95

4.6　本章小结 // 102

第五章　离散型单变量灰色预测模型 // 104

5.1　离散型单变量灰色预测模型 DGM(1，1) // 105

5.2　三参数离散型单变量灰色预测模型 TDGM(1，1) // 113

5.3　四种单变量灰色预测模型对比分析 // 128

5.4　模型应用：中国天然气需求量预测 // 131

5.5　本章小结 // 139

第六章　饱和状 S 形序列灰色预测模型 // 141

6.1　传统灰色 Verhulst 模型 // 141

6.2　新型灰色 Verhulst 模型 // 146

6.3　模型应用：中国致密气产量预测 // 154

6.4　本章小结 // 167

第七章　多变量灰色预测模型 // 168

7.1　传统多变量灰色预测模型 // 169

7.2　多变量灰色预测模型结构优化 // 172

7.3　模型应用：混凝土抗弯强度预测 // 188

7.4　本章小结 // 196

第八章　灰色预测模型参数优化方法 // 197

8.1　灰色预测模型初始值优化方法 // 197

8.2　灰色预测模型背景值优化方法 // 200

8.3　灰色预测模型累加阶数的实数域拓展与优化 // 205

8.4　实例应用：基于参数组合优化的雷达发射机故障预测 // 216

8.5　本章小结 // 226

第九章　特殊序列灰色预测模型 // 241

9.1　基于灰数带及灰数层的区间灰数预测模型 // 241

9.2　基于核和灰度的灰色异构数据预测模型 // 252

9.3　基于平滑算子的小数据波动序列灰色预测模型 // 260

9.4　基于包络线的小数据振荡序列区间预测模型 // 265

9.5　模型应用：北京市 SO_2 浓度的区间预测 // 274

9.6　本章小结 // 280

第十章　灰色关联分析模型 // 282

10.1　几种常用的无量纲化方法 // 283

10.2　邓氏灰色关联分析模型 // 288

10.3　灰色面积关联分析模型 // 293

10.4　灰色关联度模型的结构分解与比较 // 299

10.5　灰色通用关联度模型 // 305

10.6　灰色关联度模型的接近性与相似性 // 312

10.7　本章小结 // 317

第十一章　灰色聚类与灰色决策 // 320

11.1　系统影响因素的灰色关联分析 // 320

11.2　变量筛选与灰色聚类 // 326

11.3　灰色关联决策评估 // 336

11.4　预测模型性能的灰色关联度检验 // 352

11.5　本章小结 // 354

第十二章　可视化灰色系统建模软件 // 356

12.1　不同历史时期的灰色系统建模软件 // 356

12.2　可视化灰色系统建模软件简介 // 359

12.3　VGSMS1.0 数据输入与模型精度设置 // 361

12.4　基于 VGSMS1.0 的灰色关联度模型 // 363

12.5　基于 VGSMS1.0 的单变量灰色预测模型 // 367

12.6　基于 VGSMS1.0 的多变量灰色预测模型 // 371

12.7　本章小结 // 374

参考文献 // 376

第一章

灰色系统理论基本概念

1.1 灰色系统理论的产生与发展

计算机分布式处理技术的迅速发展，使得海量数据的有序快速高效处理成为可能，并进一步导致了云计算与大数据技术的产生。大数据技术由于其卓越的数据处理与系统预测功能，目前已被广泛应用于国计民生的诸多领域，成功解决了生产生活中的大量实际问题。

然而，现实生活中并非所有反映系统行为规律的数据都是"海量"的。相反，在某些情况下由于数据采集成本高、难度大、周期长且影响因素异常复杂，导致样本数据不仅"量小"且"不确定"。譬如通过地质勘探预测油气含量，其数据采集不仅难度大且成本高；作物品种改良需要完整的作物生长周期，其数据获取时间长且影响因素复杂；研究自然灾害发生后的物资需求预测问题，其样本量小且信息不确定。另外，有时即使存在大样本数据也不一定存在统计规律。在这样的情况下，依靠现有大数据技术或传统数理统计方法，均难以实现此类"小数据"不确定性问题的有效分析、评价及预测。

　　长期以来，定量预测方法一直为以大样本数据为基础的数理统计方法所主导。因此，如何解决"小数据、不确定性"系统的分析、预测、决策与控制问题，曾是学术界普遍关心的问题。华中工学院邓聚龙教授在该领域做了一系列开创性的研究工作。他在 1979 年发表了《参数不完全大系统的最小信息镇定》论文；在 1981 年于上海召开的中美控制系统学术会议上，邓聚龙又作了"含未知参数系统的控制问题"的学术报告，并在发言中首次使用"灰色系统"一词，论述了状态通道中含有灰元的控制问题。1982 年 1 月，邓聚龙教授在《系统和控制信函》（*Systems & Control Letters*）杂志刊载了第一篇灰色系统论文《灰色系统的控制问题》（*The Control Problems of Grey Systems*）；同年，邓聚龙教授在《华中工学院学报》上发表了第一篇中文灰色系统论文《灰色控制系统》。这两篇开创性论文的公开发表，标志着灰色系统理论的诞生。

　　邓聚龙教授穷其毕生精力从事灰色系统理论的研究、推广、人才培养和实际应用的工作，并取得了一系列重要成果。他创办了第一本灰色系统专业期刊《灰色系统杂志》（*Journal of Grey System*），发表了数百篇灰色系统专业领域的学术论文，培养了数十位灰色系统研究方向的硕博研究生，推动了灰色系统理论的产业化应用与国际化发展。为了表彰邓聚龙教授在灰色系统领域的杰出贡献，在 2007 年首届 IEEE 灰色系统与智能服务国际会议上，邓聚龙教授荣获灰色系统理论创始人奖；在 2011 年系统与控制世界组织（WOSC）第 15 届年会上，邓聚龙教授当选系统与控制世界组织荣誉院士。

　　灰色系统理论研究传统数理统计方法难以解决的"小数据、贫信息"不确定性系统的建模问题，具有建模样本需求量小、建模过程简单、建模结果可靠等优点。因此，自灰色系统理论诞生以来，就得到了国内外学术界和广大科技工作者的积极关注、充分肯定和大力支持。著名科学家钱学森教授，模糊数学创始人 L. A. 扎德（L. A. Zadeh）教授（美），协同学创始人埃尔曼·哈肯（Herman Haken）（德），IEEE 总会前学术主席及美国工程院院士詹姆斯·M. 婷（James M. Tien）（美），系统与控制世界组织主席罗伯特·瓦莱（Robert Valee）（法）和秘书长亚历克斯·安德鲁（Alex Andrew）（英），加拿大前皇家科学院院长 K. W. 希佩尔（K. W. Hipel）（加），中国科学院杨叔子院士、熊有伦院士、林群院士、陈达院士、赵淳生院士、胡海岩院士及中国工程院许国志院士、王众托院士、杨善林院士等都对灰色系统理论研究给予了高度评价。中国系统工程学会原理事长顾基发教授、中国科学院科技政策与管理科学研究所徐伟宣及李建平研究员等著名学者把灰色系统理论作为管理科学与工程学科领域的新理论和新方法给予肯定。2019 年 9 月，德国总理默克尔在华中科技大学演讲的时候，特别提到了灰色系统理论的创立者邓聚龙教授及发展者刘思峰教授，称他们是华中科大的"杰出校友"和"学界翘楚"。这充分体现了国外政治领袖对中国原创理论的高度肯定和充分尊重。

一大批中青年学者纷纷加入灰色系统理论研究的行列，以极大的热情开展理论探索以及在不同领域的应用研究工作。作为邓聚龙教授的博士研究生，刘思峰教授早在 1983 年就开始围绕灰色系统理论开展研究，并为该理论的发展、推广、普及和应用做出了大量建设性、原创性、开拓性的工作。刘思峰教授培养和指导了数百位灰色系统理论研究方向的硕博研究生、博士后，出版了数十部灰色系统理论研究领域的中英文专业书籍，发表了数百篇灰色系统理论与应用的学术论文，发起并成立了国际灰色系统与不确定性分析学会，将灰色系统理论推向了国际学术大舞台。

2002 年，刘思峰教授获系统与控制世界组织奖；2010 年，受国际著名出版集团爱墨瑞德（Emerald）支持，刘思峰教授创办国际期刊

《灰色系统：理论与应用》（*Grey Systems：Theory and Applications*），该期刊目前已成为 SCI 源刊（JCR 二区）。2012 年，刘思峰教授受邀担任英国 SCI 期刊《灰色系统杂志》（*Journal of Grey System*）主编。2013 年，刘思峰教授入选欧盟委员会第 7 研究框架玛丽·居里国际人才引进行动计划（Senior Fellow），在欧洲举办了一系列灰色系统理论学术交流活动，提升了灰色系统理论的国际影响力。刘思峰教授在 2017 年欧盟居里夫人的计划学者奖评审中，获"10 位最有为科学家奖"（10 Shortlisted Promising Scientists in the MSCA 2017 Prizes），是欧盟居里夫人国际人才引进计划实施以来首位获奖的中国学者。2019 年中国科协常务副主席怀进鹏院士在给刘思峰教授的新年贺信中，称赞刘思峰教授及其带领的科研团队"主动参与灰色系统与不确定性分析国际联合会的工作并担任领导职务，为中国科学家深度参与全球科技治理贡献力量"。

作为邓聚龙教授的另一位博士研究生，武汉理工大学肖新平教授长期致力于灰色系统理论及其应用问题的研究，尤其在灰色预测与决策领域做出了许多基础性、开拓性、原创性的重大贡献，极大地丰富、发展和完善了灰色系统的理论体系，有效拓展了灰色系统理论的应用范围并促进了灰色系统理论与现实问题的有效对接。肖新平教授较早主持了以灰色系统为研究主题的国家自然科学基金项目，在国内外发表了大量灰色系统研究领域的重要学术论文，培养了数十位灰色系统研究方向的硕博研究生，推动了灰色系统理论在交通领域的成功应用。另外，南京航空航天大学党耀国教授与谢乃明教授、福州大学张岐山教授、华北水利水电大学罗党教授、南京信息工程大学巩在武教授及熊萍萍教授、西华师范大学魏勇教授、浙江财经大学王正新教授、江南大学王育红教授及钱吴永教授、武汉理工大学毛树华教授、河北工程大学吴利丰教授、英国德蒙福特大学杨教授（Yingjie Yang）、美国宾州滑石大学杰弗里·福里斯特（Jeffrey Forrest）教授及加拿大皇家科学院院士/中国科学院外籍院士基思·惠佩尔（Keith Whipel）教授等，也为丰富、发展和完善灰色系统理论做出了重要贡献。

目前，全世界有数千种学术期刊刊登灰色系统领域的研究论文；国内外许多著名大学开设了灰色系统理论课程或招收和培养灰色系统方向的硕博研究生；世界各国数万名硕士、博士研究生运用灰色系统理论的基本思想和方法开展科学研究及撰写学位论文。目前，已累计超过100项灰色系统理论及应用领域的研究课题获得国家自然科学基金及英国皇家学会等国家基金的资助。一大批新兴边缘学科，如灰色水文学、灰色地质学、灰色育种学、灰色医学、灰色哲学等应运而生。全国各地有累计300多项灰色系统研究成果获国家或省部级奖励。许多重要的国际学术会议，如系统与控制世界组织年会、IEEE"系统、人与控制"国际会议、系统预测控制国际会议、不确定性系统建模国际会议等将灰色系统理论列为讨论专题。

灰色系统理论在许多领域都得到广泛应用，成功地解决了生产、生活和科学研究中的大量实际问题，如农业领域（产量预测、种子优选、作物生长因素分析、病虫害预报与防治、栽培技术优化）、环境领域（环境污染预测、环境发展趋势预测、环境质量评价、环境污染判别）、地质领域（地质规律分析预测、地球资源分析与保护、地质灾害预报）、化工领域（液相色谱因素分析、化学反应因素分析仪、试验结果工艺条件选优）、医药卫生领域（流行病传染病疫情预测、疾病流行趋势分析）、采矿及建筑领域（瓦斯涌出预测、爆破参数优化、地基沉降预测、建筑结构变形预测、混凝土强度分析）、经济管理领域（经济规划、工农业经济预测决策、股市期货预测）等。另外，灰色系统理论在教育科学、图书情报、原子能技术、航空航天技术、电子与信息技术等领域的应用也取得了较好的成效。

灰色系统理论（或简称灰色理论）目前已逐渐成长为解决"小数

据、不确定性"问题的一种主流建模方法和重要研究工具,是我国学者在世界系统科学研究领域的原创性新贡献,是践行我国"文化自信"的重要学术成果体现。

1.2　灰色系统与灰数

掷硬币时,每一次投掷都很难判断硬币是哪一面朝上哪一面朝下,具有随机性。但是如果多次重复地投掷这枚硬币,就会越来越清楚地发现硬币朝上和朝下的次数大体相同。我们把这种由大量同类随机现象所呈现出来的集体规律性,叫作统计规律性。概率论和数理统计就是研究大量同类随机现象统计规律性的数学学科。

人们对"高、矮、美、丑、胖、瘦"的认识,具有非常大的主观性和模糊性。每个人都有自己的审美标准,对自己心目中的美女或帅哥都有清晰的理解和认识。但是又无法给美女或帅哥一个清晰界限。模糊数学正是研究这类"内涵明确,外延不明确"的"认知不确定性"问题的一种数学方法。

小张的身高目测在 168 厘米到 171 厘米之间,在没有对小张身高进行准确测量之前,我们无法确定小张的实际身高。又如,预计 2050 年中国人口总数在 13 亿到 16 亿之间,在人口因素及政策不明朗条件下,很难准确预测我国 2050 年的人口规模,只能提供一个可能的人口总数区间。灰色系统理论正是研究这类由于信息匮乏所导致的"外延明确,内涵不明确"不确定性问题的一种数学方法。

此处的信息匮乏,主要指描述系统的数据信息不完整、系统结构信息不清晰及系统运行行为信息不确定三个方面。

在控制论中,人们常用颜色的深浅来表示信息的已知程度。用

"黑"表示所有信息未知；用"白"表示所有信息已知；用介于"黑"和"白"之间的"灰"表示部分信息已知部分信息未知。相应地，信息完全未知的系统称为黑色系统，信息完全已知的系统称为白色系统，部分信息已知部分信息未知的系统称为灰色系统。

灰色系统理论，就是专门用来研究灰色系统问题的一套理论、方法与技术。灰色系统理论有时直接简称为"灰色理论"。灰色理论的研究对象是"部分信息已知、部分信息未知"的"小数据、贫信息"不确定性系统。

由于人类在认知能力、科技水平和研究手段等方面存在一定的局限性，导致人们很难搜集到完整反映系统运行状态的准确信息（数据信息不完整），而只能获取到系统运行参数的部分信息或变化范围。在灰色系统理论中，我们通常把这种只知道取值范围而不知道确切值的不确定数称为灰数。灰数是灰色系统的基本单元或"细胞"，用符号$\otimes$表示。

我们用身高举例，来介绍灰数的几种常见类型。

（1）小张身高目测不会低于 170 厘米；

（2）小张身高目测不会超过 172 厘米；

（3）小张身高目测应该在 169 厘米到 173 厘米之间；

（4）小张最近测量了 4 次身高，分别为 170 厘米、169 厘米、171 厘米和 172 厘米。

根据上面四种情况，可将灰数主要分为以下类型：

（1）下界灰数：仅有下界而无上界的灰数称为下界灰数，记为 $\otimes \in [\underline{a}, \infty)$，其中 $\underline{a}$ 称为灰数$\otimes$的下界。对于第（a）种情况，小张的身高可记为灰数$\otimes \in [170, \infty)$。

（2）上界灰数：仅有上界而无下界的灰数称为上界灰数，记为 $\otimes \in (-\infty, \overline{a}]$，其中 $\overline{a}$ 称为灰数$\otimes$的上界。对于第（b）种情况，小张的身高可记为灰数$\otimes \in (-\infty, 172]$。

（3）区间灰数：既有下界又有上界的灰数称为区间灰数，记为$\otimes \in [\underline{a}, \bar{a}]$，其中$\underline{a}$及$\bar{a}$分别称为灰数$\otimes$的下界和上界，且$\underline{a} \leqslant \bar{a}$。对于第（c）种情况，小张身高可记为灰数$\otimes \in [169, 173]$。

（4）离散灰数：在某一区间内取有限个值（$a_1, a_2, \cdots, a_n$）的灰数称为离散灰数，记为$\otimes \in \{a_1, a_2, \cdots, a_n\}$，其中$a_t$（$t = 1, 2, \cdots, n$）称为灰数$\otimes$的元素。对于第（d）种情况，小张身高可记为灰数$\otimes \in \{170, 169, 171, 172\}$。

除开上述四种类型，还有两种特殊的灰数。

（5）黑数：当灰数$\otimes$的上界和下界均未知时，称灰数$\otimes$为黑数，记为$\otimes \in (-\infty, +\infty)$。如对小张的身高信息一无所知，则称小张身高为黑数，记为$\otimes \in (-\infty, +\infty)$。

（6）白数：当灰数$\otimes$的上下界相等时，称灰数$\otimes$为白数，记为$\otimes \in [\underline{a}, \underline{a}]$。若科学测量出小张身高为172厘米，则小张身高为白数，可直接表示为$\otimes = 172$。

灰数的取值范围称为该灰数的灰域或灰信息覆盖。灰数与其取值区间是属于"$\in$"而非等价"$=$"关系，如$\otimes \in [169, 173]$，而非$\otimes = [169, 173]$。

"区间灰数"与"区间数"形式雷同，但二者具有本质区别。区间灰数$\otimes \in [\underline{a}, \bar{a}]$是指在已知信息有限的情况下，只能确定该灰数的变化范围而无法确定具体的数值，其本质上代表的是一个数（如小张的身高）；区间数是位于某一区间所有数的集合，其代表的是一个数集，如某班男生身高集中在165厘米到182厘米这个区间范围。

1.3 区间灰数的灰度与核

1.3.1 可能度函数

同样以小张身高为例来介绍可能度函数的概念。若小张身高为区间灰数$\otimes \in [169，173]$，但根据仔细观察并结合自身经验，认为小张身高很有可能为 172 厘米。换言之，小张的真实身高并不是在其区间范围内等可能地取值，而是取 172 厘米这个值的可能性最大。在灰色系统理论中，我们用可能度函数来描述一个区间灰数在其灰域内取不同数值的可能性大小，或者说用来描述某一具体数值成为灰数真值的可能性大小。

根据区间灰数在其灰域内不同点取值大小的实际情况，其可能度函数理论上可以任意形状，但其中最常见的是梯形可能度函数（又称典型可能度函数）。三角形可能度函数和矩形可能度函数是两类特殊的梯形可能度函数。下面首先对梯形可能度函数进行介绍。

设区间灰数$\otimes_1 \in [a_1，b_1]$，其梯形可能度函数如图 1 - 1（a）所示。其中，$[c_1，d_1]$ 为峰区，表示该区域内区间灰数$\otimes_1$具有最大的取值可能性；同时，越远离区域 $[c_1，d_1]$，取值可能性越小，越靠近区域 $[c_1，d_1]$，取值可能性越大。

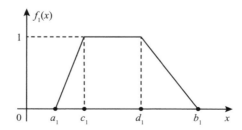

图 1 - 1（a） 梯形可能度函数 （$a_1 \leqslant c_1 \leqslant d_1 \leqslant b_1$）

根据可能度函数的定义及梯形性质，可推导梯形可能度函数的计算公式：

$$f_1(x) = \begin{cases} 0, & x \notin [a_1, b_1] \\ \dfrac{x - a_1}{c_1 - a_1}, & x \in [a_1, c_1] \\ 1, & x \in [c_1, d_1] \\ \dfrac{b_1 - x}{b_1 - d_1}, & x \in [d_1, b_1] \end{cases} \qquad (1.3.1)$$

公式（1.3.1）即为区间灰数$\otimes_1$的梯形可能度函数计算公式。根据公式（1.3.1），可计算区间灰数$\otimes_1$在其灰域$[a_1, b_1]$内任意点的取值可能性大小。显然$0 \leqslant f_1(x) \leqslant 1$。

当梯形可能度函数的上底边由一条线段缩为一个点时，c_1和d_1重合；此时，区间灰数$\otimes_1$的可能度函数则由梯形退化为三角形，如图$1-1$（b）所示。

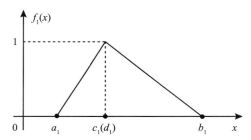

图 $1-1$（b） 三角形可能度函数（$a_1 \leqslant c_1 = d_1 \leqslant b_1$）

根据公式（1.3.1），可推导三角形可能度函数的计算公式：

$$f_1(x) = \begin{cases} 0, & x \notin [a_1, b_1] \\ \dfrac{x - a_1}{c_1 - a_1}, & x \in [a_1, c_1] \\ 1, & x = c_1 \\ \dfrac{b_1 - x}{b_1 - c_1}, & x \in [c_1, b_1] \end{cases} \qquad (1.3.2)$$

当梯形可能度函数的上底与下底长度相等，即 a_1 和 c_1 重合且 b_1 和 d_1 重合；此时，区间灰数$\otimes_1$的可能度函数则由梯形拓展为矩形，如图 1-1（c）所示。

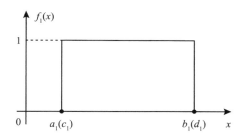

图 1-1（c） 矩形可能度函数（$a_1 = c_1 \leqslant d_1 = b_1$）

区间灰数$\otimes_1$的可能度函数为矩形，则表示区间灰数$\otimes_1$在其灰域 $[a_1, b_1]$ 内的任何位置均"等可能"地取值，即 $f_1(x) \equiv 1$。

可能度函数与模糊数学中的隶属度函数具有一定的相似性，但二者具有不同物理含义和适用场合。隶属度函数是用于描述某一对象属于某一特定集合的程度，如小张 172 厘米的身高属于"高个子"这个集合的隶属度为 0.6。可能度函数用来刻画一个灰数成为"真值"的可能性大小，如 172 厘米为小张真实身高的可能性为 1，表示 172 厘米"很有可能"是小张的真实身高。注意，这里可能性为"1"并不是指小张身高为 172 厘米的可能性为 100%（假如是 100%，则小张身高就不再是灰数），而只是认为 172 厘米作为小张真实身高在其灰域内具有相对最大的可能性。区间灰数可能度函数的出现，本质上是对传统区间灰数已知信息的补充。因为在明确区间灰数边界信息的基础上，还掌握了在其灰域内各点的取值可能性大小信息。

1.3.2　灰度

假设用来描述小张身高的灰数有两个，分别是区间灰数$\otimes_1 \in [169，173]$及区间灰数$\otimes_2 \in [165，175]$，其灰域分别是 4 和 10。显然$\otimes_1$的灰域小于$\otimes_2$的灰域。灰域越大，表示真值的取值范围越大，信息的不确定性就越大。因此，$\otimes_2$中信息的不确定性程度显然高于对应的$\otimes_1$。换言之，$\otimes_2$比$\otimes_1$更不确定。

在灰色系统理论中，用灰度来描述灰数的不确定性程度或信息量的多少。关于灰数灰度的概念，需要特别强调以下三点。

第一，灰域是影响灰度大小的一个重要指标，但仅通过灰域尚无法确定灰数的灰度。第二，灰度并不是一个绝对化指标，只有同类灰数比较其灰度大小才具有实际意义。比如，对身高灰数与体重灰数，比较它们之间的灰度大小毫无意义。第三，灰度的大小与灰数的"论域"有关，这里的论域是指灰数在特定物理背景下可能的最大有效取值范围。

比如，若灰数$\otimes_2 \in [165，175]$表达的是中国某正常成年男子的身高，由于中国大部分正常成年男子身高都在 150 厘米到 190 厘米之间，因此灰数$\otimes_2 \in [165，175]$所包含的有效信息相当有限，灰度较大。若$\otimes_2 \in [165，175]$表达的是某学生两门课的总成绩（百分制），由于两门课考试成绩有效的最大取值范围介于 0 到 200 分之间，因此其包含的有效信息已能足够说明该学生较为优秀，此时$\otimes_2 \in [165，175]$所包含的已知信息相当丰富，其灰度较小。因此，灰数灰度的大小与该灰数的实际背景密切相关，不能脱离灰数的实际背景而纯粹从数字角度讨论和比较两个灰数灰度的大小。

刘思峰教授基于灰数的灰域及论域，提出了灰数灰度的测度公式。

定义 1.3.1　设灰数$\otimes_k \in [a_k, b_k]$产生的背景或论域为$\Omega_k \in [\alpha_k, \beta_k]$，其中$b_k \geqslant a_k$，$\beta_k \geqslant \alpha_k$，则称

$$g^\circ(\otimes_k) = \frac{b_k - a_k}{\beta_k - \alpha_k} \tag{1.3.3}$$

为灰数$\otimes_k \in [a_k, b_k]$的灰度。

例 1.3.1　小张和小王均为中国成年男性，其身高分别为区间灰数$\otimes_1 \in [169, 173]$及$\otimes_2 \in [160, 180]$。已知中国成年男性身高的论域为$\Omega_1 \in [150, 190]$。试分别计算和比较灰数$\otimes_1$和$\otimes_2$的灰度。

根据公式（1.3.3）可知

$$g^\circ(\otimes_1) = \frac{b_k - a_k}{\beta_k - \alpha_k} = \frac{173 - 169}{190 - 150} = 0.1 ;$$

$$g^\circ(\otimes_2) = \frac{b_k - a_k}{\beta_k - \alpha_k} = \frac{180 - 160}{190 - 150} = 0.5 。$$

因此，小张和小王身高的灰度分别为0.1和0.5。由于$g^\circ(\otimes_1) < g^\circ(\otimes_2)$，因此记录小张身高的区间灰数$\otimes_1 \in [169, 173]$所包含的已知信息，多于对应描述小王身高的区间灰数$\otimes_2 \in [160, 180]$。显然，灰度越大已知信息越少。

区间灰数的论域，表征了该区间灰数的物理背景，可以理解为该区间灰数有现实意义的最大可能范围。因此，根据灰数灰度的测度公式，容易证明以下几个性质：

性质 1.3.1　实数的灰度为0，即$g^\circ(\otimes) = 0$。

性质 1.3.2　若区间灰数$\otimes_k$的灰域与该区间灰数的论域Ω_k重合，则该区间灰数的灰度为1，即$g^\circ(\otimes) = 1$。

性质 1.3.3 区间灰数的灰度大于等于 0 小于等于 1，即 $0 \leqslant g^{\circ}(\otimes) \leqslant 1$。

根据灰度的计算公式（1.3.3），灰度的计算过程仅考虑了灰数灰域及论域的影响，而没有考虑可能度函数的作用。可能度函数描述了一个灰数在其灰域内取不同数值的可能性大小。换言之，可能度函数的出现使得灰数已知信息增加；而已知信息的增加，则意味着灰数灰度减小。因此，灰数灰度的计算，不应该忽略可能度函数的作用和影响。然而到目前为止，关于可能度函数对灰数灰度计算结果影响方面的研究和文献资料还较为有限。

下面对三种不同可能度函数作用下的同一区间灰数所蕴含的已知信息进行比较，从而研究和探析可能度函数对灰数灰度计算结果的作用和影响。

矩形可能度函数所描述的区间灰数，表示在该灰数上下界范围（灰域）内，均等可能地取值。换言之，矩形可能度函数所定义的区间灰数，在其灰域内的每个点成为"真值"的可能性都是相等的。由于区间灰数在其灰域内只有一个"真值"，而矩形可能度函数并未定义哪些值最有可能成为"真值"。因此，矩形可能度函数的出现并未实质性增加或补充区间灰数的有效信息。

梯形可能度函数描述了区间灰数在其灰域内的"某一段值"（梯形可能度函数的上底）最有可能成为真值，且距离该段"真值"越近的数据点成为"真值"的可能性越大。可见，梯形可能度函数所描述的区间灰数在灰域内取值不再均等，而是具有一定的倾向性。因此，其所蕴含的已知信息多于矩形可能度函数所描述的相同区间灰数，其灰度应该更小。

三角形可能度函数指在区间灰数的取值范围内，只有一个值最有可能成为"真值"（三角形可能度函数的顶点），而非梯形可能度函数中

"某一段"真值。区间灰数最大可能取值从一条"线段"到一个"点"的变化，表示三角形可能度函数所蕴含的已知信息多于梯形可能度函数。因此，对于相同区间灰数，三角形可能度函数所蕴含的已知信息多于对应的梯形可能度函数，其灰度应更小。

综合前面的分析可知，对于同一区间灰数，矩形可能度函数所蕴含的已知信息少于梯形可能度函数，而后者所蕴含的已知信息又少于三角形可能度函数。对于相同区间灰数，其可能度函数（矩形、梯形、三角形）均具有相同的底边（即灰数灰域）和高（均为"1"）。而对于具有相同底边和高的矩形、梯形及三角形而言，前者的面积最大，后者面积次之，三角形面积最小。

定义 1.3.2 在 XOY 二维坐标平面上，区间灰数及其可能度函数所围成封闭几何图形的面积，称为该区间灰数的可能度函数面积，简称可能度函数面积，记作 S_X。其中 S_X 可以根据实际可能度函数的几何形状记为 S_R，S_T 及 S_H，分别代表矩形可能度函数面积、梯形可能度函数面积及三角形可能度函数面积，如图 1-2 所示。

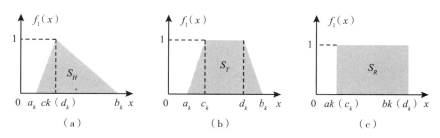

图 1-2　三种常见的可能度函数面积

因此，我们可得到如下结论：对于同一区间灰数，其可能度函数面积越小，则该区间灰数所蕴含的信息量就越大，其灰度就越小。可见，区间灰数的灰度与该区间灰数可能度函数的面积大小呈正相关关系，面

积越大其灰度就越大，即

$$S_R > S_T > S_H \Rightarrow g^\circ(\otimes)_R > g^\circ(\otimes)_T > g^\circ(\otimes)_H。$$

然而，当前区间灰数灰度的测度公式是基于矩形可能度函数进行定义的（因为矩形可能度函数的出现并未为灰数增加任何有效信息，这与定义 1.3.1 完全一致）。随着已知信息的不断补充和增加，当可能度函数由矩形演变为梯形或三角形时，区间灰数的灰度应在原有基础上有所降低。

现以矩形可能度函数为基础，对区间灰数灰度作出如下拓展定义。

定义 1.3.3 设区间灰数$\otimes_k \in [a_k, b_k]$产生的背景或论域为$\Omega_k \in [\alpha_k, \beta_k]$，$S_R^k$为区间灰数$\otimes_k$的矩形可能度函数面积，$S_P^k$为区间灰数$\otimes_k$的实际可能度函数面积，则称

$$g^\circ(\otimes_k) = \frac{b_k - a_k}{\beta_k - \alpha_k} \times \frac{S_P^k}{S_R^k} \tag{1.3.4}$$

为可能度函数已知条件下灰数$\otimes_k \in [a_k, b_k]$的灰度。

具体地，当区间灰数$\otimes_k \in [a_k, b_k]$的可能度函数分别为梯形、三角形及矩形时，其灰度的计算公式可演变为如下情形：

（A）当$\otimes_k \in [a_k, b_k]$的可能度函数为梯形，根据定义 1.3.3 及梯形面积公式，得

$$S_P^k = \frac{(d_k - c_k) + (b_k - a_k)}{2} \times 1,$$

$$g^\circ(\otimes_k) = \frac{b_k - a_k}{\beta_k - \alpha_k} \times \frac{S_P^k}{S_R^k} = \frac{b_k - a_k}{\beta_k - \alpha_k} \times \frac{(d_k - c_k) + (b_k - a_k)}{2} \times \frac{1}{b_k - a_k}。$$

即

$$g^\circ(\otimes_k) = \frac{(d_k - c_k) + (b_k - a_k)}{2(\beta_k - \alpha_k)} \tag{1.3.5}$$

（B）当$\otimes_k \in [a_k, b_k]$的可能度函数为三角形，根据定义 1.3.3 及梯形面积公式，得

$$S_P^k = \frac{(b_k - a_k)}{2} \times 1,$$

$$g^\circ(\otimes_k) = \frac{b_k - a_k}{\beta_k - \alpha_k} \times \frac{S_P^k}{S_R^k} = \frac{b_k - a_k}{\beta_k - \alpha_k} \times \frac{(b_k - a_k)}{2} \times \frac{1}{b_k - a_k} = \frac{b_k - a_k}{2(\beta_k - \alpha_k)}$$

$$(1.3.6)$$

（C）当 $\otimes_k \in [a_k, b_k]$ 的可能度函数为矩形，根据定义 1.3.3 及矩形的计算公式，得

$$g^\circ(\otimes_k) = \frac{b_k - a_k}{\beta_k - \alpha_k} \times \frac{S_R^k}{S_R^k} = \frac{b_k - a_k}{\beta_k - \alpha_k}$$

$$(1.3.7)$$

例 1.3.2 设小张身高为区间灰数 $\otimes_1 \in [169, 173]$，论域 $\Omega_1 \in [150, 190]$，试计算灰数 $\otimes_1$ 的可能度函数分别为梯形、三角形及矩形时的灰度 $g^\circ(\otimes_k)$。

（1）梯形可能度函数：$a_1 = 169$，$c_1 = 170$，$d_1 = 172$，$b_1 = 173$；

（2）三角形可能度函数：$a_1 = 169$，$c_1 = d_1 = 171$，$b_1 = 173$；

（3）矩形可能度函数：$a_1 = c_1 = 169$，$d_1 = b_1 = 173$。

当可能度函数为梯形时，根据公式（1.3.5）可知，

$$g^\circ(\otimes_1)_{TX} = \frac{(d_1 - c_1) + (b_1 - a_1)}{2(\beta_1 - \alpha_1)} = \frac{(172 - 170) + (173 - 169)}{2(190 - 150)}$$

$$= 0.075。$$

当可能度函数为三角形时，根据公式（1.3.6）可知，

$$g^\circ(\otimes_1)_{SJX} = \frac{b_1 - a_1}{2(\beta_1 - \alpha_1)} = \frac{173 - 169}{2(190 - 150)} = 0.05。$$

当可能度函数为矩形时，根据公式（1.3.7）可知，

$$g^\circ(\otimes_1)_{JX} = \frac{b_1 - a_1}{\beta_1 - \alpha_1} = \frac{173 - 169}{190 - 150} = 0.1。$$

根据上面的计算结果可知，$g^\circ(\otimes_1)_{SJX} < g^\circ(\otimes_1)_{TX} < g^\circ(\otimes_1)_{JX}$。再一次验证了灰数灰度的大小与该灰数可能度函数的面积成正比这一结论。

1.3.3　核

区间灰数 $\otimes_k \in [a_k, b_k]$ 的 "核"，是在充分考虑已知信息的条件下，最有可能代表该区间灰数 "真值" 的实数，通常用符号 $\widetilde{\otimes}_k$ 表示。对区间灰数 $\otimes_k \in [a_k, b_k]$，当其可能度函数分别为对称性图形时（矩形、等腰三角形、等腰梯形等），其核 $\widetilde{\otimes}_k$ 应为区间 $[a_k, b_k]$ 之中点，如图 1 - 3 所示。

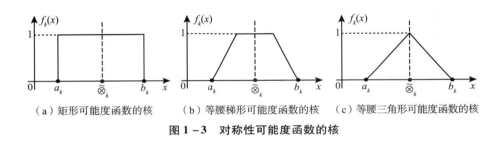

（a）矩形可能度函数的核　　（b）等腰梯形可能度函数的核　　（c）等腰三角形可能度函数的核

图 1 - 3　对称性可能度函数的核

显然，基于对称性可能度函数的区间灰数核 $\widetilde{\otimes}_k$ 的计算如下：

$$\widetilde{\otimes}_k = \frac{a_k + b_k}{2} \tag{1.3.8}$$

现实世界纷繁复杂，区间灰数可能度函数的 "对称结构"，仅是一种理想化的特殊情况，而更多的可能度函数往往表现为非对称图形。此时，显然不能直接通过公式（1.3.8）来计算区间灰数的核。

区间灰数的可能度函数，描述了该区间灰数在其灰域内不同位置的取值可能性大小。非对称性可能度函数对区间灰数在不同点取值可能性大小的 "倾向性" 定义，使得区间灰数 "核" 的大小具有朝 "左" 偏或 "右" 偏的倾向性，如图 1 - 4 所示。

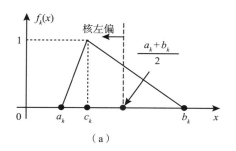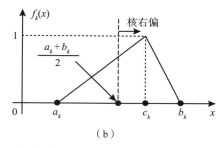

图 1 - 4 非对称性可能度函数条件下区间灰数"核"的左偏或右偏

图 1 - 4（a）和（b）中的区间灰数 $\otimes_k \in [a_k, b_k]$，其可能度函数均为三角形。若以区间灰数上下界之中点为参照物，可以发现图 1 - 4（a）中的三角形可能度函数的顶点偏左，而图 1 - 4（b）中三角形可能度函数的顶点偏右。三角形可能度函数的顶点左偏，意味着该区间灰数在其灰域内中点偏左的区域成为"真值"的可能性大于中点偏右的区域。因此，图 1 - 4（a）中区间灰数的"核"应左偏。相反地，图 1 - 4（b）中区间灰数的"核"应右偏。

上面仅对区间灰数 $\otimes_k \in [a_k, b_k]$ 可能度函数为非对称三角形时，其核 $\widetilde{\otimes}_k$ 的左偏或右偏情况做了定性分析，接下来讨论如何定量计算区间灰数核 $\widetilde{\otimes}_k$ 的大小。

若区间灰数 $\otimes_k \in [a_k, b_k]$ 在其灰域内某点 x_t 对应的可能度函数 $f_k(x_t)$ 值越大，则 x_t 成为真值的可能性就越大，意味着 x_t 与 $\widetilde{\otimes}_k$ 越接近。由于区间灰数的取值范围具有连续性，因此可能度函数与其所覆盖的区间灰数在 x 轴方向围成一封闭几何图形。该几何图形可以纵向划分为若干等高小梯形，梯形面积取决于上底和下底边长，而上底和下底的边长对应可能度函数的大小。因此，梯形面积越大，则其上下底对应的可能度函数值就越大，表示其所覆盖区域成为真值的可能性就越大。

因此，我们可以用可能度函数与其所覆盖的区间灰数在 x 轴方向所围成封闭几何图形的重心在 x 轴上的映射点，来代表该区间灰数的"核"。据此分析，区间灰数的"核"的计算就转换为在几何上求解图形的重心：几何图形→重心→横坐标→核。

首先，研究区间灰数的可能度函数为非等腰三角形时，其重心的计算方法。根据三角形的重心定理：三角形三条边的中线交于一点，该点被称作三角形的重心；在平面直角坐标系中，重心点的坐标是三角形三个顶点坐标的算术平均值。

在图 1-5 中，三角形三顶点 A、B、C 的坐标分别为 $A(a_k, 0)$、$B(b_k, 0)$、$C(c_k, 1)$，G 点是 $\triangle ABC$ 的重心，则 G 点的横坐标，亦即基于三角形可能度函数的区间灰数，其核 $\widetilde{\otimes}_k$ 为

$$\widetilde{\otimes}_k = X_G = \frac{a_k + b_k + c_k}{3} \tag{1.3.9}$$

公式（1.3.9）为可能度函数为非等腰三角形的区间灰数"核"的计算公式。从图 1-5 可以看出，对基于非等腰三角形可能度函数的区间灰数，其核并不等于区间灰数的上下界之平均值，而是向可能度函数取值更大的一侧倾斜。

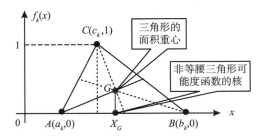

图 1-5　非等腰三角形可能度函数的重心与"核"

　　鉴于目前已有三角形重心定理等相关研究成果，因此，对基于非等腰三角形可能度函数的区间灰数核的计算过程并不复杂。下面讨论基于非等腰梯形可能度函数的区间灰数核的计算方法。计算同样遵循"几何图形→重心→横坐标→核"的思路。相对于三角形重心的计算而言，梯形重心的计算过程则更加复杂。

　　梯形的重心定理可以简单描述为，梯形任意对角线把梯形分成两个三角形，两个三角形重心的连线与梯形中心线的交点称为该梯形的重心，如图 1-6 所示。

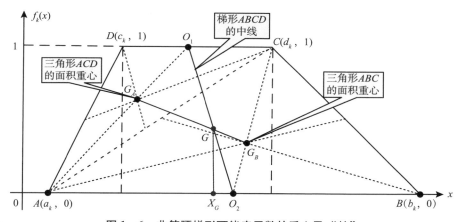

图 1-6　非等腰梯形可能度函数的重心及"核"

　　图 1-6 中，G_A，G_B 分别是 $\triangle ACD$ 和 $\triangle ABC$ 的重心，O_1，O_2 分别是梯形上下底的中点，$G_A G_B$ 与 $O_1 O_2$ 交于点 G，根据梯形的重心定理可知，G 是梯形的重心。

　　梯形 $ABCD$ 四个顶点及 O_1 的坐标分别为 $A(a_k, 0)$、$B(b_k, 0)$、$C(d_k, 1)$、$D(c_k, 1)$，$O_1(0.5c_k + 0.5d_k, 1)$，则 AO_1 的直线方程为

$$y = \frac{x - a_k}{0.5 c_k + 0.5 d_k - a_k} \qquad (1.3.10)$$

根据三角形重心定理可知，$\triangle ACD$ 的重心 G_A 的横坐标 X_{GA} 为

$$X_{GA} = \frac{a_k + c_k + d_k}{3}。$$

把 X_{GA} 代入直线方程（1.3.10），则 $\triangle ACD$ 的重心 G_A 的纵坐标 Y_{GA} 为

$$Y_{GA} = \frac{\frac{a_k + c_k + d_k}{3} - a_k}{0.5 c_k + 0.5 d_k - a_k} = \frac{\frac{c_k + d_k - 2a_k}{3}}{\frac{c_k + d_k - 2a_k}{2}} = \frac{2}{3}。$$

则 $\triangle ACD$ 的重心坐标为 $G_A((a_k + c_k + d_k)/3, \ 2/3)$。类似地，可计算 $\triangle ABC$ 的重心坐标，得 $G_B((a_k + b_k + d_k)/3, \ 1/3)$，则 $G_A G_B$ 所在的直线方程为

$$\frac{x - \dfrac{a_k + c_k + d_k}{3}}{\dfrac{a_k + b_k + d_k}{3} - \dfrac{a_k + c_k + d_k}{3}} = \frac{y - \dfrac{2}{3}}{\dfrac{1}{3} - \dfrac{2}{3}}。$$

整理得，

$$y = \frac{x}{c_k - b_k} - \frac{2b_k - c_k + a_k + d_k}{3(c_k - b_k)} \qquad (1.3.11)$$

类似地，梯形中心线 $O_1 O_2$ 所在的直线方程为

$$y = \frac{2x}{c_k + d_k - a_k - b_k} - \frac{a_k + b_k}{c_k + d_k - a_k - b_k} \qquad (1.3.12)$$

联立方程公式（1.3.11）及公式（1.3.12），可计算得直线 $G_A G_B$ 与直线 $O_1 O_2$ 交点 G 的横坐标 X_G，

$$\widetilde{\otimes}_k = X_G = \frac{(a_k + b_k)(b_k - c_k) + (2b_k - c_k + a_k + d_k)(c_k + d_k - a_k - b_k)/3}{(b_k - a_k) + (d_k - c_k)}。$$

进一步推导得，

$$\widetilde{\otimes}_k = \frac{b_k^2 + b_k d_k + d_k^2 - a_k^2 - a_k c_k - c_k^2}{3(b_k - a_k + d_k - c_k)} \tag{1.3.13}$$

根据非等腰梯形的几何特征可知，$(b_k - a_k) + (d_k - c_k) \neq 0$，故公式 (1.3.13) 有意义。公式 (1.3.13) 称为可能度函数为非等腰梯形的区间灰数 "核" 的计算公式。

从图 1 - 6 可以看出，对基于非等腰梯形可能度函数的区间灰数，其核并不等于区间灰数上下界的平均值，而是向可能度函数取值更大的一侧倾斜。

例 1.3.3 设区间灰数 $\otimes_1 \in [a_1, b_1]$，其中 $a_1 = 104$、$b_1 = 130$。试计算 $\otimes_1$ 的可能度函数分别为图 1 - 7 中的矩形、三角形及梯形时，区间灰数 $\otimes_1$ 的 "核" $\widetilde{\otimes}_1$。

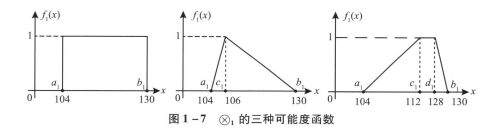

图 1 - 7 $\otimes_1$ 的三种可能度函数

（A）当 $\otimes_1$ 的可能度函数为矩形时，根据公式 (1.3.8) 可得

$$\widetilde{\otimes}_1 = \frac{a_1 + b_1}{2} = \frac{104 + 130}{2} = 117.0000。$$

（B）当 $\otimes_1$ 的可能度函数为三角形时，根据公式 (1.3.9) 可得

$$\widetilde{\otimes}_1 = \frac{a_1 + b_1 + c_1}{3} = \frac{104 + 106 + 130}{3} = 113.3333。$$

（C）当 $\otimes_1$ 的可能度函数为梯形时，根据公式 (1.3.13) 可得

$$\widetilde{\otimes}_1 = \frac{b_1^2 + b_1 d_1 + d_1^2 - a_1^2 - a_1 c_1 - c_1^2}{3(b_1 - a_1 + d_1 - c_1)};$$

$$\widetilde{\otimes}_1 = \frac{130^2 + 130 \times 128 + 128^2 - 104^2 - 104 \times 112 - 112^2}{3 \times (130 - 104 + 128 - 112)} = 118.3810。$$

对于其他不规则可能度函数区间灰数"核"的计算，同样是根据可能度函数与其所覆盖的区间灰数在 x 轴方向所围成几何图形的几何重心来计算，基本思路仍然是"几何图形→面积重心→横坐标→核"，此处不再赘述。

本章从几何角度讨论了可能度函数已知条件下区间灰数核和灰度的计算方法。2017 年，束慧等从微积分角度也对该问题进行了研究，并得到了相同结论。有兴趣的读者可参考束慧等发表在《控制与决策》上的文章《白化权函数已知的区间灰数的核与灰度》。

1.4 灰色系统理论框架

灰色系统理论经过 40 年的发展，现已基本建立起一门新兴学科的结构体系。其主要内容包括以灰色系统基本原理、灰数的核及灰度、灰数运算及灰代数系统、灰色方程及灰色矩阵等为基础的理论体系；以序列算子生成及灰信息挖掘为基础的算子体系；以灰色关联度、灰色聚类、灰色决策模型为依托的评价体系；以单变量/多变量灰色预测模型为核心的预测体系；以及以灰色规划、灰色博弈、灰色控制等多方法融合创新为特色的模型组合体系。灰色系统的理论框架，如图 1-8 所示。

灰数的定义、灰数的核及灰度、灰数的运算及灰代数系统、灰色方程及灰色矩阵、灰色系统基本原理等内容构成了灰色系统理论的基础。灰色累加/累减生成算子、灰色弱化/强化缓冲算子、灰色平滑算子是灰色系统理论中用于信息挖掘及数据预处理的主要方法。以 GM（1，1）、

Verhulst、GM（1，N）为代表的系列灰色预测模型实现了灰色系统理论的预测功能。邓氏灰色关联度模型及灰色面积关联度模型为定量研究不同对象之间关系的紧密程度提供了一套行之有效的数学分析方法。灰色聚类与灰色决策是灰色关联度模型在应用领域的拓展，解决了指标的聚类降维及多属性方案的综合评估问题。

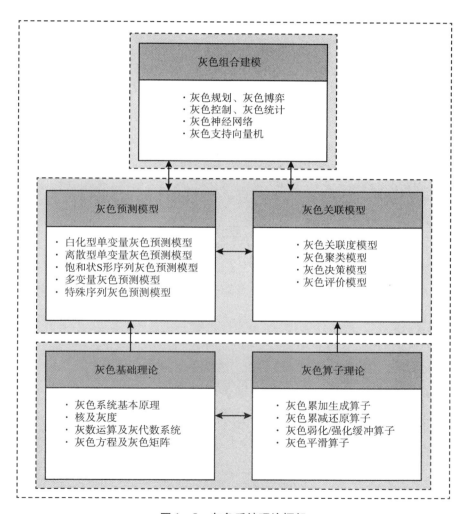

图1-8 灰色系统理论框架

灰色系统理论具有良好的开放性与兼容性，并在长期的理论研究与建模实践中实现了与其他理论、方法和模型的深度融合。新的组合模型不断产生，如灰色规划、灰色博弈、灰色统计、灰色控制、灰色神经网络、灰色支持向量机、灰色回归等。

本书覆盖了灰色系统理论的主要内容，包括灰色系统理论的基础、灰色关联度模型、灰色聚类与灰色决策模型及各类主流单变量/多变量灰色预测模型、特殊序列灰色预测模型、灰色预测模型的参数优化方法等。

另外，为了方便灰色系统的计算和建模，项目团队基于 Visual C# 语言设计并编制了一套新的可视化灰色系统建模软件 VGSMS1.0（Visualization Grey System Modeling Software）。该软件对灰色系统模型的构造与计算带来了便利，有利于灰色系统理论的大规模应用、推广和普及。

1.5　本章小结

灰色系统理论由中国著名学者邓聚龙教授于 20 世纪 80 年代初创立，是一种专门用于研究和解决灰色不确定性系统建模问题的数学方法。灰色系统是指部分信息已知部分信息未知的不确定性系统，具有"外延明确，内涵不明确"的不确定性特征。

（1）区间灰数和离散灰数是两种常见的灰色数据，实数是一种特殊的灰数。可能度函数（有些书上称为白化权函数）用来描述一个灰数在其灰域内取不同数值的可能性大小。灰度和核是灰数的两个基本属性，前者用来描述灰数的不确定性程度，而后者则是指最有可能代表灰数"真值"的实数。打个形象的比喻，灰数的灰度和核就类似于鸡蛋的蛋白和蛋黄，蛋白确定蛋黄的边界，而蛋黄则是蛋白的中心。

（2）灰度和核为研究灰数之间的代数运算提供了一种有效的新途径。传统灰数之间的代数运算存在运算结果灰度被放大的缺陷。灰度和核在形式上体现为实数，因此可以将灰数之间的代数运算转变为灰度和核来进行，从而在一定程度上解决了传统灰数运算所导致的运算结果灰度被放大问题。

（3）经过 40 年的发展，灰色系统理论的发展日趋成熟，已基本建立起一门新兴学科的结构体系。包括以灰代数系统等为基础的理论体系，以灰色关联度为基础的评价体系及以灰色预测模型为基础的方法体系。目前，灰色系统理论已经发展成为研究和解决小数据不确定性问题的一种重要研究方法。

>> 第二章

灰色累加算子与平滑算子

　　灰色预测模型研究的是"小数据、贫信息"系统的预测建模问题，其最小建模样本仅为 4 组数据。灰色预测模型与回归预测模型最大的区别体现在建模样本量的要求上。回归预测模型以数理统计为理论基础，通过挖掘因变量和自变量之间的统计规律来建立因变量和自变量之间的函数关系，而统计规律的挖掘必然以大样本数据（至少 30 组样本）为前提。

　　灰色预测模型由于样本量小，无统计规律可以挖掘，不宜以数理统计为理论基础。在这样的情况下，如何确保灰色预测模型的稳定性及预测结果的可靠性，这个问题长期以来备受关注。在灰色理论中，通常不是直接对原始序列进行建模，而是依据实际情况首先对建模数据进行预处理。通过预处理剔除系统受到的干扰，挖掘系统变化的一般规律，在此基础上建立灰色预测模型。然后，通过一系列误差检验方法（残差检验、灰色关联度检验、均方差检验等），以确保模型的有效性及预测结果的可靠性。

　　灰色理论中的数据预处理方法，按照不同作用可以分为三类：第一类是灰色累加生成算子与累减还原算子，其主要作用是弱化原始序列的随机性；第二类是灰色弱化/强化缓冲算子，其主要作用是调节原始序列变化的趋势性，旨在弱化系统受到的冲击扰动影响；第三类是灰色平滑算子，其主要作用是改善原始序列的光滑性。

所谓算子，实际上就是一种数学计算方法。基于某类算子对序列进行数据预处理，并得到一新序列，该过程称为"序列生成"。因此，灰色数据的预处理过程，实际上就是应用某类算子对数据进行预处理，并生成新序列的过程。

数据预处理是建立和优化灰色预测模型的基础，是影响灰色预测模型模拟及预测性能的关键。本章将介绍灰色累加生成算子、累减还原算子及灰色平滑算子的相关定义、计算过程、实例分析等内容。灰色缓冲算子相关内容将在本书第三章进行介绍。

2.1　灰色累加生成算子与累减还原算子基本概念

首先通过生活中一个简单的例子来引出灰色累加生成算子的概念。

一个大学生每天用多少电话费，这显然具有非常大的随机性。若分析该大学生每周的电话费情况，则呈现出一定的规律性；若统计该大学生每月的电话费，则规律较为明显。可见，大学生的电话费按照不同时间单位进行统计，实现了从无规律性（每天）到具有一定规律性（每周），再到明显规律性（每月）的变化，其中蕴含了灰色累加生成算子的基本思想。

灰色累加生成算子是挖掘不确定性信息演变规律与发展趋势的一种数据处理方法。通过序列的灰色累加生成处理，可以将离乱的原始数据中蕴含的积分特性或规律充分显露出来。灰色累减生成算子是灰色累加生成算子的逆过程，用来实现对累加生成数据的还原处理或挖掘序列数据之间的差异信息。

有一串数据，如果第一个数据维持不变，第二个数据是第一个数据与第二个数据之和，第三个数据是第一、第二与第三个数据之和，以此类推，这样得到的新序列，称为灰色累加生成序列。其数学定义如下所述。

定义 2.1.1 设 $X^{(0)} = (x^{(0)}(1), x^{(0)}(2), \cdots, x^{(0)}(n))$ 为原始数据序列，其中 $x^{(0)}(k) \geqslant 0$，$k = 1, 2, \cdots, n$；D 为序列算子，将 D 作用于序列 $X^{(0)}$ 得新序列 $X^{(0)}D$，

$$X^{(0)}D = (x^{(0)}(1)d, x^{(0)}(2)d, \cdots, x^{(0)}(n)d)。$$

其中

$$x^{(0)}(k)d = x^{(0)}(1) + x^{(0)}(2) + \cdots + x^{(0)}(k) = \sum_{i=1}^{k} x^{(0)}(i),$$

$$k = 1, 2, \cdots, n \qquad (2.1.1)$$

则称 D 为 $X^{(0)}$ 的一阶灰色累加生成算子，记作 1 – AGO（Accumulating Generation Operator）；称 $X^{(0)}D$ 为 $X^{(0)}$ 的一阶灰色累加生成序列。

为表达方便，定义 2.1.1 中的 $X^{(0)}D$ 可简记为 $X^{(1)}$，即 $X^{(0)}D = X^{(1)}$；相应地，$X^{(0)}D$ 中的各个元素也可简记为 $x^{(1)}(k)$，即 $x^{(0)}(k)d = x^{(1)}(k)$，故

$$X^{(1)} = X^{(0)}D = (x^{(0)}(1)d, x^{(0)}(2)d, \cdots,$$

$$x^{(0)}(n)d) = (x^{(1)}(1), x^{(1)}(2), \cdots, x^{(1)}(n))。$$

此处需要特别指出的是，$X^{(0)}D$ 表示一阶灰色累加生成算子 D 作用于序列 $X^{(0)}$，即 $D \to X^{(0)}$，而非 $X^{(0)}$ 与 D 相乘。这是灰色算子与序列之间关系的一种习惯性表达。

将原始序列相邻前后两个数据相减，所得差值所构成的新序列称为灰色累减生成序列。

定义 2.1.2 设 $X^{(0)} = (x^{(0)}(1), x^{(0)}(2), \cdots, x^{(0)}(n))$ 为原始数据序列，D 为序列算子；将 D 作用于序列 $X^{(0)}$ 得新序列 $X^{(0)}D$，

$$X^{(0)}D = (x^{(0)}(1)d, \ x^{(0)}(2)d, \ \cdots, \ x^{(0)}(n)d)。$$

其中

$$x^{(0)}(1)d = x^{(0)}(1);$$

$$x^{(0)}(k)d = x^{(0)}(k) - x^{(0)}(k-1), \ k = 2, \ 3, \ \cdots, \ n \qquad (2.1.2)$$

则称 D 为原始序列 $X^{(0)}$ 的一阶灰色累减生成算子，记作 1 – IAGO（Inverse Accumulating Generation Operator），称 $X^{(0)}D$ 为 $X^{(0)}$ 的一阶灰色累减生成序列，记作 $\alpha^{(1)}X^{(0)}$。

序列算子 D 在定义 2.1.1 和定义 2.1.2 中具有不同内涵，代表不同的数据处理规则。序列算子 D 只有当其赋予了特定运算规则后才有意义。灰色理论中，序列算子 D 除表示灰色累加生成算子及累减生成算子之外，还可表示灰色缓冲算子及灰色平滑算子等序列处理方法。

灰色累减生成算子是灰色累加生成算子的逆算子，主要用来对累加序列的还原处理或获取序列数据之间的差异信息。因此，灰色累减生成算子有时又被称作灰色累减还原算子。

例 2.1.1 设原始数据序列 $X^{(0)} = (x^{(0)}(1), \ x^{(0)}(2), \ \cdots, \ x^{(0)}(7)) = (2.1, \ 3.5, \ 2.7, \ 2.8, \ 3.9, \ 2.6, \ 1.5)$，试计算 $X^{(0)}$ 的 1 – AGO 序列 $X^{(1)}$，并绘制 $X^{(0)}$ 与 $X^{(1)}$ 的散点折线图。

根据定义 2.1.1，当 $k = 1, \ 2, \ \cdots, \ 7$ 时，序列 $X^{(0)}$ 的 1 – AGO 序列 $X^{(1)}$ 计算过程如下：

$$x^{(0)}(1)d = x^{(0)}(1) = \sum_{i=1}^{1} x^{(0)}(i) = 2.1;$$

$$x^{(0)}(2)d = x^{(0)}(1) + x^{(0)}(2) = \sum_{i=1}^{2} x^{(0)}(i) = 5.6;$$

$$x^{(0)}(3)d = x^{(0)}(1) + x^{(0)}(2) + x^{(0)}(3) = \sum_{i=1}^{3} x^{(0)}(i) = 8.3;$$

$$x^{(0)}(4)d = x^{(0)}(1) + x^{(0)}(2) + \cdots + x^{(0)}(4) = \sum_{i=1}^{4} x^{(0)}(i) = 11.1;$$

$$x^{(0)}(5)d = x^{(0)}(1) + x^{(0)}(2) + \cdots + x^{(0)}(5) = \sum_{i=1}^{5} x^{(0)}(i) = 15.0;$$

$$x^{(0)}(6)d = x^{(0)}(1) + x^{(0)}(2) + \cdots + x^{(0)}(6) = \sum_{i=1}^{6} x^{(0)}(i) = 17.6;$$

$$x^{(0)}(7)d = x^{(0)}(1) + x^{(0)}(2) + \cdots + x^{(0)}(7) = \sum_{i=1}^{7} x^{(0)}(i) = 19.1。$$

序列 $X^{(1)}$ 中各元素值，如表 2 – 1 所示。

表 2 – 1　　　　　　　　原始序列 $X^{(0)}$ 及其 1 – AGO 序列 $X^{(1)}$

序列	数据 1	数据 2	数据 3	数据 4	数据 5	数据 6	数据 7
$X^{(0)}$	2.1	3.5	2.7	2.8	3.9	2.6	1.5
$X^{(1)}$	2.1	5.6	8.3	11.1	15.0	17.6	19.1

绘制序列 $X^{(0)}$ 及 $X^{(1)}$ 的散点折线图，如图 2 – 1 所示。

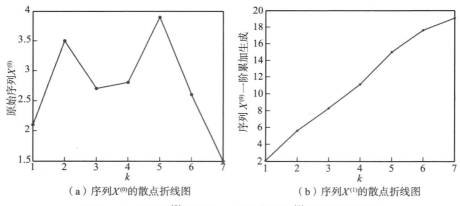

（a）序列 $X^{(0)}$ 的散点折线图　　　　　　（b）序列 $X^{(1)}$ 的散点折线图

图 2 – 1　序列 $X^{(0)}$ 及其 1 – AGO 序列 $X^{(1)}$ 的散点折线图

由图 2 – 1 可知，序列 $X^{(0)}$ 是随机振荡的，无规律可循［图 2 – 1（a）］，序列 $X^{(0)}$ 经过一次累加后，新序列 $X^{(1)}$ 是单调递增的［图 2 – 1（b）］，具有近指数规律。可见，灰色累加生成算子可实现非负序列从无规律到近指数规律的变化。

例 2.1.2　设原始序列 $X^{(0)} = (x^{(0)}(1), x^{(0)}(2), \cdots, x^{(0)}(7)) = (2.1, 5.6, 8.3, 11.1, 15.0, 17.6, 19.1)$，试计算 $X^{(0)}$ 的 1 – IAGO 序列 $\alpha^{(1)}X^{(0)}$，并绘制 $X^{(0)}$ 与 $\alpha^{(1)}X^{(0)}$ 的散点折线图。

根据定义 2.1.2，当 $k = 1, 2, \cdots, 7$ 时，序列 $X^{(0)}$ 的 1 – IAGO 计算过程如下：

$$\alpha^{(1)}x^{(0)}(1) = x^{(0)}(1) = 2.1;$$

$$\alpha^{(1)}x^{(0)}(2) = x^{(0)}(2) - x^{(0)}(1) = 3.5;$$

$$\alpha^{(1)}x^{(0)}(3) = x^{(0)}(3) - x^{(0)}(2) = 2.7;$$

$$\alpha^{(1)}x^{(0)}(4) = x^{(0)}(4) - x^{(0)}(3) = 2.8;$$

$$\alpha^{(1)}x^{(0)}(5) = x^{(0)}(5) - x^{(0)}(4) = 3.9;$$

$$\alpha^{(1)}x^{(0)}(6) = x^{(0)}(6) - x^{(0)}(5) = 2.6;$$

$$\alpha^{(1)}x^{(0)}(7) = x^{(0)}(7) - x^{(0)}(6) = 1.5。$$

绘制序列 $X^{(0)}$ 及序列 $\alpha^{(1)}X^{(0)}$ 的散点折线图，如图 2 – 2 所示。

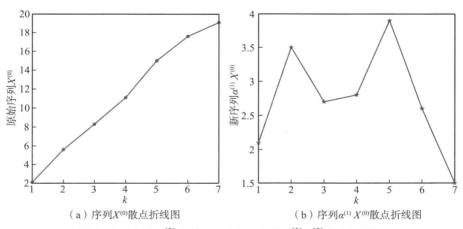

（a）序列 $X^{(0)}$ 散点折线图　　　　（b）序列 $\alpha^{(1)}X^{(0)}$ 散点折线图

图 2 – 2　序列 $X^{(0)}$ 及其 1 – IAGO 序列 $\alpha^{(1)}X^{(0)}$ 散点折线图

对比例 2.1.1 及例 2.1.2 可知，灰色累加生成算子与灰色累减还原算子为"互逆"算子。建模时，灰色累减还原算子主要用来对累加序列的模拟及预测值做还原处理，即 $\hat{X}^{(1)} \to \hat{X}^{(0)}$。

2.2 灰色累加生成算子与累减还原算子的统一

如果序列 $X^{(0)}$ 经过 1 – AGO 作用后，$X^{(1)}$ 的指数规律仍不明显，则可再对 $X^{(1)}$ 做 1 – AGO 处理。相当于对 $X^{(0)}$ 做了 2 阶 AGO（2 – AGO），对应的灰色累加算子记作 D^2，即

$$X^{(1)}D = (x^{(1)}(1)d, \ x^{(1)}(2)d, \ \cdots, \ x^{(1)}(n)d)$$
$$= (x^{(2)}(1), \ x^{(2)}(2), \ \cdots, \ x^{(2)}(n)) = X^{(0)}D^2 .$$

以此类推，D^r 表示对序列 $X^{(0)}$ 做了 r 阶 AGO（r – AGO），对应的累加序列为

$$X^{(0)}D^r = (x^{(0)}(1)d^r, \ x^{(0)}(2)d^r, \ \cdots, \ x^{(0)}(n)d^r)$$
$$= (x^{(r)}(1), \ x^{(r)}(2), \ \cdots, \ x^{(r)}(n)) = X^{(r)} .$$

建模时，有时发现 1 – AGO 对序列 $X^{(0)}$ 的作用强度不够（灰指数规律不明显），而 2 – AGO 又强度过大。因此，需在 1 – AGO 和 2 – AGO 之间寻找一个更合适的累加阶数 r（$1 < r < 2$）。这就涉及如何实现灰色累加生成算子阶数从正整数到正实数的拓展问题（$\mathbb{Z}^+ \to \mathbb{R}^+$）。

吴利丰（2014）[①] 较早对分数阶灰色累加生成算子开展了研究，解决了灰色累加生成算子阶数 r 从正整数到正实数的拓展问题，开启了分

---

① 吴利丰，刘思峰，刘健. 灰色 GM(1,1) 分数阶累积模型及其稳定性 [J]. 控制与决策，2014, 29（05）：919 – 924.

数阶灰色预测模型研究的新阶段。在此研究基础上，孟伟（2016）[①] 通过引入 Gamma 函数对分数阶累加生成算子计算公式进行了简化，并对其系列性质（交换律、指数律等）进行了系统研究，完善了灰色累加生成算子理论体系。

灰色累加生成算子阶数 r 可以为零（$r=0$）或负数（$r<0$）吗？

在原始序列本已具有近指数规律情况下，若还对其进行灰色累加生成处理反而可能破坏其已存在的近指数规律。王义闹（2003）[②] 等对近似非齐次指数序列通过省略灰色累加生成过程直接构建面向原始序列的灰色预测模型，其效果优于 1－AGO 处理后的同类灰色模型。实际上，省略灰色累加生成过程，可以理解为灰色累加生成算子对原始序列不做任何处理，此时可将其阶数 r 视为 0。因此，灰色累加生成算子阶数可以为零（$r=0$）。

当原始序列数据增速较快，其散点折线图较为陡峭时，若仍对该序列做 AGO 处理，其 AGO 生成新序列数据增速将更加迅猛。此时，通过灰色累减生成算子获取序列数据之间差异信息，其 IAGO 序列增速显然更趋于平缓，所构建的灰色预测模型往往更具合理性。IAGO 作为 AGO 的互逆算子，r 阶 IAGO（r－IAGO）与 $-r$ 阶 AGO（$-r$－AGO）等价，即对原始序列做 r－IAGO 处理等价于做 $-r$－AGO 处理。可见，灰色累加生成算子 AGO 的阶数可为负数（$r<0$）。

原始序列的灰色累加生成，本质上是获取序列数据之间的增量信息；灰色累减生成则是获取差异信息。增量信息与差异信息可以理解为两个数据之间"和"与"差"的代数运算。由于两个数"和"与

① 孟伟. 基于分数阶拓展算子的灰色预测模型［D］. 南京：南京航空航天大学，2016.
② 王义闹. GM(1，1) 逐步优化直接建模方法的推广［J］. 系统工程理论与实践，2003（02）：120－124.

"差"的运算可统一为"和"的运算，比如 $a-b=a+(-b)$，而数据之间求"差"的信息则蕴含在被加数 b 符号的正负上。因此，灰色累加/累减生成算子本质上具有相同的运算内涵，而阶数 r 的正负则对应了算子的运算类型是累加或累减。

根据前面的分析，灰色累加生成算子的阶数 r 可为任意实数，即 $r \in \mathbf{R}$。阶数 r 通过其极性（正、负、零）来决定灰色生成算子的类型（累加或累减）。当阶数 $r > 0$，表示灰色生成算子对原始序列做累加生成（AGO）处理；当 $r < 0$，表示灰色生成算子对原始序列做累减生成（IAGO）处理；当 $r = 0$，表示灰色生成算子对原始序列不做任何运算。可见，阶数 $r = 0$ 是灰色累加生成算子与累减生成算子的临界点。

如何实现灰色累加生成算子阶数从正实数到全体实数域的拓展（$R^+ \to R$）？

当前分数阶灰色累加生成算子通过 Gamma 函数来定义，故其取值范围受到 Gamma 函数定义域的限制。因此，本小节介绍如何将 Gamma 函数的定义域拓展到全体实数。

定义 2.2.1 设 $x \in \mathbf{R}$ 且 $x \notin \{0, -1, -2, -3, \cdots\}$，则称

$$\Gamma(x) = \int_0^\infty t^{x-1} e^{-t} dt \qquad (2.2.1)$$

为 x 的 Gamma 函数。根据定义 2.2.1 可绘制 Gamma 函数图像，如图 2-3 所示。

根据定义 2.2.1 及图 2-3 可知，Gamma 函数的定义域为 $x \in \mathbf{R}$ 且 $x \notin \{0, -1, -2, -3, \cdots\}$。灰色累加生成算子的阶数 $r \in \mathbf{R}$，超出了 Gamma 函数的取值范围。为了解决该问题，当阶数 $r \in \{0, -1, -2, -3, \cdots\}$ 时，设定一足够小的实数 $\delta \in \mathbf{R}^+$，使 $(r-\delta) \notin \{0, -1, -2, -3, \cdots\}$。$\delta$ 的选择需满足两个条件：一是确保 $\Gamma(r-\delta)$ 有意义；

二是满足 $\lim\limits_{\delta\to 0}\Gamma(r-\delta)=\lim\limits_{x\to r}\Gamma(x)$。实数 δ 的引入间接拓展了 Gamma 函数的定义域，实现了灰色生成算子阶数从正实数到全体实数域的拓展。

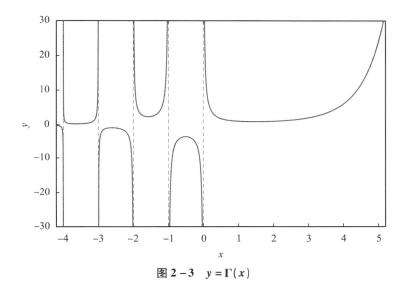

图 2-3　$y=\Gamma(x)$

拓展 Gamma 取值范围至全体实数域的 MATLAB 程序，可参考附录 F.2.2.1。

定义 2.2.2　设 $X^{(0)}=(x^{(0)}(1),\ x^{(0)}(2),\ \cdots,\ x^{(0)}(n))$ 为原始数据序列，阶数 $r\in\mathbf{R}$，$X_{\mathrm{R}}^{(r)}$ 为 $X^{(0)}$ 的 $r-\mathrm{AGO}$ 新序列，即

$$X_{\mathrm{R}}^{(r)}=(x_{\mathrm{R}}^{(r)}(1),\ x_{\mathrm{R}}^{(r)}(2),\ \cdots,\ x_{\mathrm{R}}^{(r)}(n))。$$

其中

$$x_{\mathrm{R}}^{(r)}(k)=\sum_{i=1}^{k}\frac{\Gamma(r+k-i)}{\Gamma(k-i+1)\Gamma(r)}x_{\mathrm{R}}^{(0)}(i),\ k=1,2,\cdots,n\quad(2.2.2)$$

则称公式（2.2.2）为序列 $X^{(0)}$ 的 r 阶实数域灰色生成算子，简记为 $r-$RGO（r-order Real number field Generation Operator）；称 $X_{\mathrm{R}}^{(r)}$ 为原始序列

$X^{(0)}$ 的 r – RGO 生成新序列。

定义 2.2.2 实现了灰色累加生成算子及累减生成算子的统一。由于阶数 r 的取值范围扩展到了全体实数域，这一方面拓展了阶数 r 的寻优空间并提高了模型建模能力，同时也使 r – RGO 同时具有累加（$r > 0$）与累减（$r < 0$）功能，而临界点（$r = 0$）则实现了对原始数据序列近指数规律（特征）的保护。

例 2.2.1 设原始序列 $X^{(0)} = (1.1, 3.2, 5.3, 6.1, 9.2, 15.2)$，当阶数 $r = \{-1, -0.5, 0, 0.5, 1\}$，试分别计算序列 $X^{(0)}$ 的 r – RGO 生成新序列 $X_R^{(-1)}$、$X_R^{(-0.5)}$、$X_R^{(0)}$、$X_R^{(0.5)}$ 及 $X_R^{(1)}$。

根据定义 2.2.2，编制计算 r – RGO 的 MATLAB 程序（附录 F.2.2.2），计算 $X^{(0)}$ 的 r – RGO 序列：

$X_R^{(-1)} = (1.1, 2.1, 2.1, 0.8, 3.1, 6.0)$；

$X_R^{(-0.5)} = (1.1, 2.65, 3.5625, 2.9812, 5.2445, 9.3512)$；

$X_R^{(0)} = (1.1, 3.2, 5.3, 6.1, 9.2, 15.2)$；

$X_R^{(0.5)} = (1.1, 3.75, 7.3125, 10.2937, 15.5383, 24.8895)$；

$X_R^{(1)} = (1.1, 4.3, 9.6, 15.7, 24.9, 40.10)$。

根据以上计算结果，可进一步得到如下结论，

（1）$X_R^{(1)} = X^{(1)}$，说明定义 2.2.2 与定义 2.1.1 计算结果相同，均对序列 $X^{(0)}$ 做 1 – AGO。

（2）$X_R^{(-1)} = \alpha^{(1)} X^{(0)}$，说明定义 2.2.2 与定义 2.1.2 计算结果相同，均对序列 $X^{(0)}$ 做 1 – IAGO。

（3）$X_R^{(0)} = X^{(0)}$，表示当 $r = 0$ 时，r – RGO 算子不对原始序列做任何操作（0 算子）。

可见，r – RGO 算子集成了累加、累减与 0 算子（$r = 0$）功能，不仅为阶数提供了更加广阔的优化空间，同时实现了灰色累加生成算子与累减还原算子的整合。

　　为了直观对比不同阶数的 $r-\mathrm{RGO}$ 生成新序列的情况，应用 MAT-LAB 绘制各序列的二维散点折线图，如图 2-4 所示。

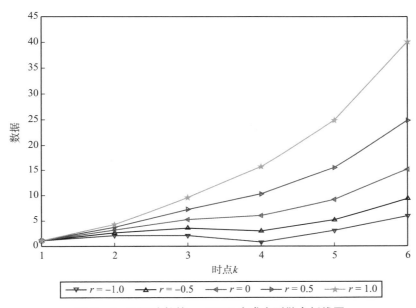

图 2-4　不同阶数的 $r-\mathrm{RGO}$ 生成序列散点折线图

　　例 2.2.2　实数域灰色生成算子在中国高职教育发展规模预测中的应用。在社会经济发展过程中，技术技能人才与高素质劳动者具有同等重要地位。高职教育在国民教育和就业体系中承载着人力资源储备与开发等重要功能。合理预测未来高职教育发展规模有助于我国高职扩招的有序进行，缓解"技工荒"现实问题。高职教育规模有广义和狭义之分，后者是指某一高职院校占地面积、在校学生数量等。结合数据的可获得性，本小节高职教育规模主要指在校学生数量，相关数据如表 2-2 所示。

表 2 – 2						2006 ~ 2019 年中国高职教育在校生人数						单位：万人		
年份	2006	2007	2008	2009	2010	2011	2012	2013	2014	2015	2016	2017	2018	2019
人数	795.5	860.6	916.8	964.8	966.2	958.9	964.2	973.6	1006.6	1048.6	1082.9	1105	1133.7	1280.7

资料来源：2006 ~ 2019 年中国统计年鉴。

表 2 – 2 中共有 14 组数据。本小节选取前 9 组数据构建阶数为 r ($r \in R$) 的三参数离散灰色预测模型 $x_R^{(r-1)}(k) + az^{(r)}(k) = kb + c$，为引用方便将其简称为 $\text{TDGM}(1, 1)_{r \in R}$ 模型；预留后 5 组数据用来检验 $\text{TDGM}(1, 1)_{r \in R}$ 模型的预测性能。

首先使用粒子群算法（PSO）求解 $\text{TDGM}(1, 1)_{r \in R}$ 模型最优阶数 $r^* = -1.273257$；然后对 $\text{TDGM}(1, 1)_{r \in R}$ 模型参数进行估计并构建其时间响应函数，如下所示：

$$
\begin{aligned}
x_R^{(r)}(k) &= \mu_1^{k-1} x_R^{(r)}(1) + \sum_{g=0}^{k-2} \left[(k-g)\mu_2 + \mu_3 \right] \mu_1^g \\
&= -0.1042^{k-1} \times 795.5 + \sum_{g=0}^{k-2} \left[(k-g) \times 9.5481 - 86.6014 \right] \\
&\quad \times (-0.1042)^g
\end{aligned} \tag{2.2.3}
$$

根据公式（2.2.3）及定义 2.2.2，当 $k = 2$, 3, $\cdots$, 9, 10, $\cdots$, 12 时，可分别计算序列的模拟及预测值，在此基础上进一步计算 $\text{TDGM}(1, 1)_{r \in R}$ 模型的平均相对模拟百分误差 $\bar{\Delta}_S$、平均相对预测百分误差 $\bar{\Delta}_F$ 及模型综合百分误差 $\bar{\Delta}$，分别如下：

$\bar{\Delta}_S = 0.8499\%$；$\bar{\Delta}_F = 1.9185\%$；$\bar{\Delta} = 1.2609\%$。

为比较不同阶数对三参数离散灰色预测模型性能的影响，本小节分别取正实域最优阶数 $r^{\#} = 2.162372$、传统阶数 $r = 1$ 以及 $r = 0.5$，分别构建我国高职教育发展规模的 $\text{TDGM}(1, 1)_{r \in R^+}$、$\text{TDGM}(1, 1)_{r=1}$ 及 $\text{TDGM}(1, 1)_{r=0.5}$ 模型，其 $\bar{\Delta}_S$、$\bar{\Delta}_F$ 及 $\bar{\Delta}$ 如表 2 – 3 所示。

表 2 – 3 不同阶数的三参数离散灰色预测模型误差比较

模型误差类型	TDGM（1，1）$_{r \in R}$ $r^* = -1.273257$	TDGM（1，1）$_{r \in R^+}$ $r^\# = 2.162372$	TDGM（1，1）$_{r=1}$ $r = 1$	TDGM（1，1）$_{r=0.5}$ $r = 0.5$
平均相对模拟百分误差 $\overline{\Delta}_S$	0.8499%	2.1909%	1.0801%	1.0338%
平均相对预测百分误差 $\overline{\Delta}_F$	1.9185%	2.0674%	12.6026%	8.4776%
模型综合百分误差 $\overline{\Delta}$	1.2609%	2.1434%	5.5118%	3.8968%

根据表 2 – 3 可知，TDGM（1，1）$_{r \in R}$ 模型具有相对最好的 $\overline{\Delta}_S$、$\overline{\Delta}_F$ 及 $\overline{\Delta}$。这表明伴随阶数 r 取值范围从正实数至全体实数域的拓展，扩大了阶数 r 的寻优空间，提高了灰色预测模型的建模精度并增强了其建模能力。

2.3　灰色平滑算子

灰色预测模型精度与建模序列光滑性正相关，建模序列光滑度越高，则灰色模型精度就越高。近年来，科研人员围绕如何有效改善和提高建模序列光滑性问题做了大量研究。这些研究主要通过数据变换方法来改善建模序列光滑性。所谓数据变换，就是将原始数据通过某种运算变换为新数据以提高序列的光滑性，从而为高精度灰色预测模型的构造提供数据支撑。

常用的数据变换方法包括均值化变换、初值化变换、区间值化变换、倒数化变换、对数变换、幂函数变换、指数函数变换、方根变换、对数 – 幂函数变换、三角函数变换、傅里叶变换、拉普拉斯变换等。

定义 2.3.1 设序列 $X = (x(1)，x(2)，\cdots，x(n))$ 与序列 $Y = (y(1)，y(2)，\cdots，y(n))$ 满足映射关系 $f: x \rightarrow y$，则称 $f(x(k)) \rightarrow y(k)(k = 1，2，\cdots，n)$ 为序列 X 到序列 Y 的数据变换。

定义 2.3.2 设序列 $X = (x(1)，x(2)，\cdots，x(n))$，其中 $x(k) \geqslant 0$，$k = 1，2，\cdots，n$，则称

$$\rho(k) = \frac{x(k)}{\sum\limits_{i=1}^{k-1} x(i)}，k = 2，3，\cdots，n \tag{2.3.1}$$

为序列 X 的光滑比。

序列 X 的数据变化越平稳，其光滑比 $\rho(k)$ 就越小。

定义 2.3.3 设序列 $X = (x(1)，x(2)，\cdots，x(n))$，$x(k) > 1$，$\forall k \in K = \{1，2，\cdots，n\}$；$D$ 为序列算子；将 D 作用于序列 $X^{(0)}$ 得新序列 $X^{(0)}D$，

$$XD = (x(1)d，x(2)d，\cdots，x(n)d)。$$

其中

$$x(k)d = \ln(x(k))。$$

则称 D 为序列 $X^{(0)}$ 的对数平滑生成算子；称 $X^{(0)}D$ 为一次对数平滑生成新序列。

类似地，还可以定义三角函数平滑生成算子、指数函数平滑生成算子、幂函数平滑生成算子等。本小节仅以对数平滑生成算子来举例，以引出灰色平滑算子的基本概念。

关于灰色平滑算子的使用，需注意以下两点。

（1）灰色平滑算子 D 作用于原始序列 X，得新序列 XD。XD 比原始序列 X 光滑，因此基于 XD 所构建的灰色预测模型精度优于基于原始序列 $X^{(0)}$ 所构建的灰色预测模型精度。然而，X 才是需模拟之序列，因此需通过算子 D 的逆运算实现 $XD \rightarrow X$ 的还原。在该过程中，还原误差的产生及其可能导致的误差累积效应，使得 X 的模拟误差被放大，甚至可能超过

直接基于 X 所构建灰色预测模型的模拟误差。

（2）数据变换类型的多样性大大丰富了灰色平滑算子 D 的种类。然而，不同的灰色平滑算子通常只适用于具有某类数据特征的原始序列。因此，灰色平滑算子的通用性较差，这在一定程度上影响了灰色平滑算子的推广和应用。

例 2.3.1 设某油田 1972～1979 年 A 油藏综合含水量构成序列 $X^{(0)}$，$X = (x(1)，x(2)，\cdots，x(8)) = (31.8，39.1，43.2，48.6，49.8，53.3，58.6，61.7)$，试计算序列 X 的一次对数生成新序列 XD 并比较序列 X 与序列 XD 的光滑比。

根据定义 2.3.3，可计算序列 X 的一次对数生成新序列 XD，如下：

$x(1)d = \ln(x(1)) = \ln(31.8) = 3.46$；

$x(2)d = \ln(x(2)) = \ln(39.1) = 3.67$；

$x(3)d = \ln(x(3)) = \ln(43.2) = 3.77$。

类似地，可计算 $x(4)d = 3.88$，$x(5)d = 3.91$，$x(6)d = 3.98$，$x(7)d = 4.07$，$x(8)d = 4.12$，故序列 $XD = (3.46，3.67，3.77，3.88，3.91，3.98，4.07，4.12)$。

根据定义 2.3.2，可计算序列 X 的光滑比，如下：

$$\rho(2) = \frac{x(2)}{\sum_{i=1}^{1} x(i)} = \frac{39.1}{31.8} = 1.23；$$

$$\rho(3) = \frac{x(3)}{\sum_{i=1}^{2} x(i)} = \frac{43.2}{31.8 + 39.1} = 0.61；$$

$$\rho(4) = \frac{x(4)}{\sum_{i=1}^{3} x(i)} = \frac{48.6}{31.8 + 39.1 + 43.2} = 0.43。$$

类似地，$\rho(5) = 0.31$，$\rho(6) = 0.25$，$\rho(7) = 0.22$，$\rho(8) = 0.19$；同样，可计算新序列 XD 的光滑比。X 与 XD 的光滑比，如表 2-4 所示。

表2-4　　　　　　　　　　　　序列 X 与序列 XD 的光滑比

光滑比	$\rho(2)$	$\rho(3)$	$\rho(4)$	$\rho(5)$	$\rho(6)$	$\rho(7)$	$\rho(8)$
序列 X 光滑比	1.23	0.61	0.43	0.31	0.25	0.22	0.19
序列 XD 光滑比	1.06	0.53	0.36	0.26	0.21	0.18	0.15

为直观比较原始序列及其平滑序列的光滑比，根据表2-4中的数据，绘制了对应序列的散点折线图，如图2-5所示。

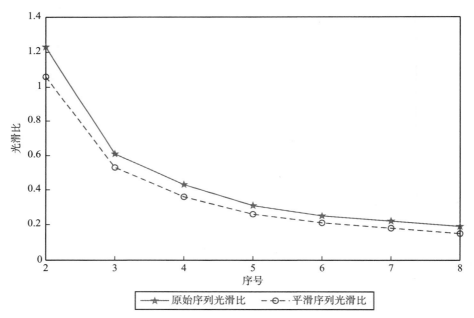

图2-5　原始序列光滑比与平滑序列光滑的散点折线图

由表2-4及图2-5可以看出，原始序列 X 经过对数变换得到的新序列 XD，其光滑比小于原始序列 X 的光滑比，说明对数变换方法可使原始序列更加光滑。

2.4　紧邻生成算子

紧邻生成算子也是一种改善序列光滑性的数据变换方法。其主要通过序列中相邻元素进行加权求和，来弱化极端元素值对序列光滑性的影响。

定义 2.4.1　设序列 $X = (x(1), x(2), \cdots, x(n))$，将算子 D 作用于序列 X 得新序列 XD：

$$XD = (x(2)d, x(3)d, \cdots, x(n)d)。$$

其中

$$x(k)d = \delta x(k-1) + (1-\delta)x(k), \quad k = 2, 3, \cdots, n \qquad (2.4.1)$$

则称 D 为序列 X 的紧邻生成算子；称 XD 为紧邻生成新序列。

在灰色预测模型建模过程中，紧邻生成算子通常不用于改善原始序列光滑性，而是用于对累加生成序列进行平滑处理，以弱化累加序列中的极端值对模型参数估计结果的影响。紧邻生成序列又称作背景值序列，一般记作 $Z = (z(2), z(3), \cdots, z(n))$，即

$$Z = (z(2), z(3), \cdots, z(n)) = (x(2)d, x(3)d, \cdots, x(n)d)。$$

在定义 2.4.1 中，δ 称为背景值系数，其不同取值对应不同紧邻生成序列，而不同紧邻生成序列又会对模型参数估计结果带来影响。近年来，科研人员以灰色预测模型综合误差最小为目标函数，利用智能寻优算法（如粒子群算法 PSO）对背景值系数 δ 进行寻优，优化了模型参数并改善了模型性能。为简化建模过程，通常背景值系数 δ 取 0.5（$\delta = 0.5$），此时称 $Z = (z(2), z(3), \cdots, z(n))$ 为紧邻均值生成序列。

近年来，有学者认为两个紧邻元素对累加序列的平滑效果有限，相

继提出了三元素紧邻均值生成算子、四元素紧邻均值生成算子，即

$$x(k)d = \frac{1}{3}(x(k-2) + x(k-1) + x(k)),\ k = 3,\ 4,\ \cdots,\ n;$$

$$x(k)d = \frac{1}{4}(x(k-3) + x(k-2) + x(k-1) + x(k)),\ k = 4,\ 5,\ \cdots,\ n。$$

所构建的紧邻生成序列分别记为 $Z = (z(3),\ z(4),\ \cdots,\ z(n))$ 及 $Z = (z(4),\ z(5),\ \cdots,\ z(n))$。

原则上，参与紧邻生成的元素个数越多，紧邻生成序列的平滑效果就越好，同时紧邻生成序列中的元素个数也越少。然而，紧邻生成序列元素个数的减少，一方面导致序列数据信息损失，进而影响模型的可靠性与稳定性；另一方面，还可能导致元素个数不能满足灰色预测模型对样本量的基本要求。因此，通常情况下紧邻生成的元素个数不宜太多。

灰色平滑算子与紧邻生成算子，均可改善序列光滑性，二者具有如下区别：

（1）序列处理前后元素个数不同：灰色平滑生成中，初始序列与变换后的新序列具有相同元素个数；而紧邻生成算子中，新序列中元素个数少于变换前的初始序列。

（2）二者处理对象不同：灰色平滑算子的处理对象是原始序列；而紧邻生成算子的处理对象通常是灰色累加生成序列。

2.5 本章小结

在灰色理论中，通过灰色算子来挖掘系统变化的一般规律，以解决样本量小预测结果可靠性难以保证的问题，这是灰色预测模型区别于其他预测方法的一个重要标志。本章介绍了灰色累加/累减生成算子及灰

色平滑算子。前者用来弱化原始序列随机性，后者则用来改善原始序列光滑性。它们的作用均为科学构建高精度的灰色预测模型提供数据保障。

　　一阶灰色累加生成算子（1 - AGO）最先由邓聚龙教授基于积分思想提出；吴利丰及孟伟等学者实现了阶数从正整数到正实数的拓展，开辟了分数阶灰色预测模型研究的新阶段。但长期以来，灰色累加生成算子及累减还原算子作为两个完全独立的算子而存在。曾波等通过拓展 Gamma 函数定义域实现了阶数取值范围从正实数到全体实数域的拓展，进而实现了二者计算公式的完全统一。阶数的实域拓展，一方面拓展了阶数 r 的寻优空间并增强了灰色预测模型建模能力，同时也使得新的灰色生成算子 r - RGO 同时具有累加（$r>0$）与累减（$r<0$）功能，而临界点（$r=0$）则实现了对原始数据序列近指数规律的保护。

　　灰色平滑算子是提高灰色预测模型对特殊序列建模能力的一种常用方法。不同的灰色平滑算子通常只适用于具有某类数据特征的建模序列。因此，灰色平滑算子的通用性较差，这在一定程度上影响了灰色平滑算子的推广和应用。另外，应用灰色平滑算子在构建灰色预测模型过程中，还原误差的产生及其可能导致的误差累积效应，可能使得模型误差被放大，甚至可能超过直接基于原始序列所构建灰色模型误差。

　　灰色序列生成是灰色系统理论的一个重要组成部分，是科学构建灰色系统模型的前提和基础。目前，灰色算子在算法构造与优化、拓展与应用等领域已经涌现出了大量高质量的研究成果。有兴趣的读者可查阅本书所附的相关参考文献。

附录 F. 2. 2. 1：拓展 Gamma 取值范围至全体实数域的 MATLAB 程序

```
% 函数功能：当阶数 r 为 0 或负整数时，对 r 进行非 0 及非负整数处
理，以解决 Gamma 函数不能取 0 及非负整数的问题。
% 本函数用来对阶数 r 进行规范化处理，目的是基于 Gamma 函数的
累加生成方法能覆盖所有实数。
% 由于 Gamma 函数不能取 0 及非负整数，为了实现累加阶数在实数
域的全覆盖，当 r 为 0 或负整数时，对 r 进行非 0 及非负整数处理。
% 当 r = 0 或负整数时，用 r 减去一个足够小的数字 δ，只要结果能够
确保 Gamma 函数有意义即可。
% fix(r)：向最靠近 0 的整数取整，目的是判断是否是整数。
function order = rinit(r)
 format long;
 if (r = =0) ｜ ｜ (r < 0 && r = = fix(r))
     order = r - 9.9 * 10^ - 10; % When order r is 0 or a negative integer
 else
   order = r;
 end
end
```

附录 F. 2. 2. 2：计算 r – RGO 的 MATLAB 程序

```
% 函数功能：生成原始序列 X0 的 r 阶灰色生成(累加累减)序列。
% X0 可能是向量(单变量灰色模型)或矩阵(多变量灰色模型)。
% 阶数通过其极性的正负来判定灰色算子的类型：
  % 当 r > 0，灰色算子对序列做累加生成；
```

%当 r<0，灰色算子对序列做累减生成；

　%当 r=0，灰色算子对序列不做任何运算。

% simlen：原始序列中用于建模的序列元素个数，其长度不大于原始序列。

% r：灰色生成的阶数。

```
function Xr = ragoa(X0, simlen, r)
r = rinit(r);
% 获取 X0 的行数
[rowslen, ~] = size(X0);
% 生成一个 rowslen * simlen 的零矩阵
Xr = zeros(rowslen, simlen);
for u = 1: rowslen
 for k = 1: simlen;
    tmp = 0;
     for i = 1: k;
        tmp = tmp + gamma(r + k - i) * X0(u, i)/(gamma(k - i + 1) * gamma(r));
    end;
    format short;
    Xr(u, k) = roundn(tmp, -5);
  end
 end
end
```

》第三章

灰色缓冲算子

　　当系统受到外界干扰时，系统行为数据已不能客观反映系统未来发展趋势。此时即使系统模型具有很高的模拟精度，其预测结果也可能与实际情况大相径庭，此即所谓"预测陷阱"问题。产生预测陷阱问题的症结并不在于模型性能本身是否优劣，而在于系统受到外界冲击扰动影响而导致建模数据不能正确反映系统未来变化规律。

　　比如，重庆直辖后 GDP 高速增长，其 2010 年 GDP 增速更是高达17.1%。假如以重庆直辖后高增速的 GDP 为原始数据去建模并预测重庆 2050 年 GDP，尽管模型精度很高但其预测结果显然与实际情况存在巨大偏差。这是因为重庆 GDP 的高增速是建立在低基数及若干直辖市政策红利基础之上，随着重庆 GDP 的快速增加及政策红利边际效应的递减，其未来 GDP 很难维持直辖之初的高速发展态势。因此，用高增速模型去预测和描述增速减缓后的重庆 GDP 未来趋势，必然导致预测结果与实际情况南辕北辙。

　　预测陷阱问题的产生，主要源于系统受到冲击扰动影响而导致系统行为数据"失真"。系统行为数据只能反映系统阶段性的状态，这个状态与系统未来发展趋势可能存在偏差（重庆过去 GDP 的高增速与重庆未来 GDP 的低增速）。因此，以系统行为数据为基础所建立的预测模型，其预测结果必定与系统实际发展趋势相背离。刘思峰教授较早发现了预测陷阱问题并对其进行了深入研究，提出了灰色缓冲算子理论与公理体系。灰色缓冲算子通过对原始序列进行数据变换处理，强化或弱化原始序列变化趋势，克服冲击扰动对系统行为数据的影响，在较大程度上解决了模型预测结果与定性分析结论相悖的预测陷阱问题。

3.1　灰色弱化与强化缓冲算子

灰色缓冲算子实际上是一种将系统未来发展状态的定性分析结果作用于建模原始序列并改变其趋势特征的一种数学变换方法，是连接和沟通系统定性分析结论与建模原始序列定量化修正结果的桥梁。通过缓冲算子强化或弱化原始序列发展趋势，达到调节系统未来发展趋势之目的，从而避免建模时完全依赖原始数据的不足。另外，模型定量预测结果与定性分析结论的一致性程度，是用来检验预测模型性能的重要指标。通常模型的模拟性能与该模型的预测精度具有较强的正相关关系，但并不绝对。模型模拟精度高并不能确保模型预测精度好。完全依赖模型预测结果而缺乏对系统发展趋势进行定性分析，就可能进入就模型而模型的误区，导致预测结果与实际情况"南辕北辙"。

定义 3.1.1　设原始数据序列 $X = (x(1), x(2), \cdots, x(n))$，$k$，$k' \in \{2, 3, \cdots, n\}$，

（1）当 $x(k) - x(k-1) > 0$ 时，称 X 为单调增长序列；

（2）当 $x(k) - x(k-1) < 0$ 时，称 X 为单调衰减序列；

（3）当 $x(k) - x(k-1) < 0$，$x(k') - x(k'-1) > 0$ 时，称 X 为随机振荡序列。设

$$M = \max\{x(k) \mid k = 1, 2, \cdots, n\}, \quad m = \min\{x(k) \mid k = 1, 2, \cdots, n\},$$

则称 $A = M - m$ 为序列 X 的振幅。

传统文献中通常仅对随机振荡序列定义其振幅。实际上单调增长序列或单调衰减序列亦可理解为两类特殊振荡序列，故本小节也一并对其振幅概念进行统一定义。

定义 3.1.2 设原始序列 $X = (x(1), x(2), \cdots, x(n))$，$D$ 为灰色缓冲算子，XD 为序列 X 基于算子 D 的缓冲新序列，则当 X 分别为增长序列、衰减序列或振荡序列时：

（1）若缓冲新序列 XD 比原始序列 X 的增长速度（或衰减速度）减缓或振幅减小，则称算子 D 为灰色弱化缓冲算子。

（2）若缓冲新序列 XD 比原始序列 X 的增长速度（或衰减速度）加快或振幅增大，则称算子 D 为灰色强化缓冲算子。

（3）若缓冲新序列 XD 与原始序列 X 的增长速度（或衰减速度）相等或振幅相同，则称算子 D 为灰色恒等算子。

下面将对几种常用的灰色弱化缓冲算子及灰色强化缓冲算子进行介绍。

定义 3.1.3 设原始序列 $X = (x(1), x(2), \cdots, x(n))$，$W = (w_1, w_2, \cdots, w_n)$ 为对应数据的权重向量，其中 $x(k) > 0$，$w_k > 0$，$k = 1, 2, \cdots, n$，灰色缓冲算子 D 作用于序列 X，得缓冲序列 XD，即

$$XD = (x(1)d, x(2)d, \cdots, x(n)d)$$

（1）当 $k = 1, 2, \cdots, n$，

$$x(k)d = \frac{1}{n-k+1}[x(k) + x(k+1) + \cdots + x(n)] \tag{3.1.1}$$

时，称算子 D 为序列 X 的平均弱化缓冲算子；

（2）当 $k = 1, 2, \cdots, n$，

$$x(k)d = [x(k) \cdot x(k+1) \cdot \cdots \cdot x(n)]^{\frac{1}{n-k+1}} = \left[\prod_{i=k}^{n} x(i)\right]^{\frac{1}{n-k+1}}$$

$$\tag{3.1.2}$$

时，称算子 D 为序列 X 的几何平均弱化缓冲算子。

（3）当 $k = 1, 2, \cdots, n$，

$$x(k)d = \left[x(k)^{w_k} \cdot x(k+1)^{w_{k+1}} \cdot \cdots \cdot x(n)^{w_n} \right]^{\frac{1}{w_k + w_{k+1} + \cdots + w_n}} \quad (3.1.3)$$

时，称算子 D 为序列 X 的加权几何平均弱化缓冲算子。

定义 3.1.4 设原始序列 $X = (x(1), x(2), \cdots, x(n))$，$W = (w_1, w_2, \cdots, w_n)$ 为对应数据的权重向量，$w_i > 0$，$i = 1, 2, \cdots, n$，灰色缓冲算子 D 作用于序列 X，得缓冲序列 XD，即

$$XD = (x(1)d, x(2)d, \cdots, x(n)d)$$

（1）当 $k = 1, 2, \cdots, n-1$，

$$x(k)d = \frac{x(1) + x(2) + \cdots + x(k-1) + kx(k)}{2k-1}, \quad x(n)d = x(n)$$

$$(3.1.4)$$

时，称算子 D 为序列 X 的一般强化缓冲算子；

（2）当 $k = 1, 2, \cdots, n$，

$$x(k)d = \frac{\left[x(k) + x(k+1) + \cdots + x(n) \right] x(k)}{x(n)(n-k+1)} \quad (3.1.5)$$

时，称算子 D 为序列 X 的平均强化缓冲算子；

（3）当 $k = 1, 2, \cdots, n$，

$$x(k)d = \frac{(w_k + w_{k+1} + \cdots + w_n)(x(k))^2}{w_k x(k) + w_{k+1} x(k+1) + \cdots + w_n x(n)} \quad (3.1.6)$$

时，称算子 D 为序列 X 的加权几何平均强化缓冲算子。

本小节仅介绍了三种常用的灰色弱化及强化缓冲算子。近年来，研究人员根据实际问题研究需要，基于不同方法从不同角度构造了大量形式各异的灰色缓冲算子。这些灰色缓冲算子的构造和应用，对丰富和完善灰色缓冲算子理论体系和方法体系具有积极意义。但是，缓冲算子的设计和构造需要满足一定的规则。刘思峰教授提出的灰色缓冲算子三公

理，就是构造灰色缓冲算子时需要遵守的基本规则，其主要内容如下。

公理 1（灰色缓冲算子之不动点公理）：设 $X^{(0)} = (x^{(0)}(1),$ $x^{(0)}(2)，\cdots，x^{(0)}(n))$ 为原始序列，D 为序列算子，则 D 满足 $x^{(0)}(n)d = x^{(0)}(n)$。

不动点公理限定了原始序列 $X^{(0)}$ 缓冲处理前后其最后一个元素 $x^{(0)}(n)$ 大小不发生变化。这遵循了灰色理论"新信息优先"原理，同时也确保了缓冲后的新序列 $X^{(0)}D$ 不至于无限"膨胀"或"萎缩"。

公理 2（灰色缓冲算子之信息依据公理）：算子作用要以现有系统行为数据 $X^{(0)}$ 为依据，系统行为数据序列 $X^{(0)}$ 中的每一个数据 $x^{(0)}(k)$，$k = 1，2，\cdots，n$，都应充分参与算子作用全过程。

信息依据公理说明了原始序列 $X^{(0)}$ 是构造缓冲新序列 $X^{(0)}D$ 的基础，且 $X^{(0)}$ 中的每个元素均应参与该构造过程。这遵循了灰色理论之"最少信息"原理。

公理 3（灰色缓冲算子之解析表达式公理）：任意的 $x^{(0)}(k)d$，$k = 1，2，\cdots，n$，皆可由一个统一的 $x^{(0)}(1)$，$x^{(0)}(2)$，$\cdots$，$x^{(0)}(n)$ 的初等解析式表达。

解析表达公理说明了从 $X^{(0)} \rightarrow X^{(0)}D$ 的变换过程是通过一个明确的初等解析式来完成的，具有可计算性、规范性和统一性，且易于通过编程实现。

满足灰色缓冲算子前三个公理的算子称为广义灰色缓冲算子，简称灰色缓冲算子。通过灰色缓冲算子作用生成的序列称为灰色缓冲序列；灰色缓冲算子改变了原始序列变化趋势，故将原始序列经灰色缓冲算子作用生成缓冲序列的过程，称为灰色趋势生成。

灰色缓冲算子通过调节并改变原始序列变化趋势的快慢程度来解决冲击扰动对系统未来趋势的影响，但该过程不应改变原始序列的单调性，即原始序列及其缓冲新序列应具有相同单调性。换言之，灰色缓冲算子不能改变系统发展的总体趋势。为此，王正新教授（2010）[①] 等提出了灰色缓冲算子之"单调性不变"公理。

公理 4（灰色缓冲算子之单调性不变公理）：原始序列 $X^{(0)}$ 与其灰色缓冲生成新序列 $X^{(0)}D$ 的单调性应保持一致。

进一步地，考虑到提出灰色缓冲算子的主要目标是让原始序列"膨胀"或"萎缩"，该过程不应改变序列缓冲前后数据之间的相对大小关系。因此，灰色缓冲算子还应满足"数据大小关系不变"这一规则。

公理 5（灰色缓冲算子之数据关系不变公理）：灰色缓冲生成新序列 $X^{(0)}D$ 中各数据之间的相对大小关系应与原始序列 $X^{(0)}$ 相一致。

即若原始序列中 $x^{(0)}(k) > x^{(0)}(k+1)$，则缓冲序列中 $x^{(0)}(k)d > x^{(0)}(k+1)d$。公理 5 实际上比公理 4 对缓冲算子的要求更加严格，因为满足公理 5 必然满足公理 4。

严格满足缓冲算子五公理的算子称为狭义灰色缓冲算子。

根据定义 3.1.2 可知，灰色弱化缓冲算子使原始序列的增长速度（或衰减速度）减缓或振幅减小；反之，灰色强化缓冲算子使原始序列的增长速度（或衰减速度）加快或振幅增大。建模前，首先分析系统当前状态的相关扰动因素；然后根据历史规律或先验知识对系统未来发展趋势进行定性分析；最后选择相应的灰色缓冲算子对系统行为序列进行处理。具体地，若系统未来增速将趋于平缓（以现有增速为参照物），则可以用灰色弱化缓冲算子来减缓原始序列的高增速趋势，从而得到增速更接近于系统未来发展趋势的弱化缓冲新序列；反之，则可以使用灰色强化缓冲算子来提高原始序列增速，以确保缓冲算子作用后的新序列之增速更接近于系统未来之发展趋势。当然，具体到选择何种灰

---

① 王正新，党耀国，裴玲玲．缓冲算子的光滑性［J］．系统工程理论与实践，2010，30（09）：1643－1649.

色弱化或强化缓冲算子以及缓冲算子的作用阶数，则完全依据实际情况来确定，不存在固定范式。

例 3.1.1 我国页岩气产量的灰色弱化缓冲处理。

准确预测是科学决策的前提和基础。预测陷阱的产生导致预测结果与实际情况存在巨大偏差，进而影响了决策方案的合理性与有效性。我国页岩气产量预测就曾遭遇"预测陷阱"。我国页岩气开发起步晚但发展迅速，页岩气产量从 2012 年 0.25 亿立方米增加至 2014 年的 13 亿立方米，年均增速高达 2550%。据此，国家能源局预测 2020 年我国页岩气产量为 600 亿～1000 亿立方米。然而，2020 年我国页岩气实际产量仅 200.4 亿立方米，预测结果远高于实际产量。为此，我国"十三五"期间不得不大量进口国外天然气以确保其供需平衡。为解决我国页岩气产量预测陷阱问题，本小节应用灰色弱化缓冲算子对其进行处理。

我国 2012～2019 年页岩气产量（亿立方米）构成序列 X：

$X = (x(1), x(2), \cdots, x(8)) = (0.25, 2, 13, 44.71, 78, 92, 108.81, 153.84)$。

试应用几何平均弱化缓冲算子对序列 X 进行处理，并绘制 X 与 XD 的散点折线图。

根据定义 3.1.3（b）对序列 X 进行处理：

$x(1)d = [x(1) \cdot x(2) \cdot \cdots \cdot x(8)]^{\frac{1}{8-1+1}} = [0.25 \times 2 \times \cdots \times 153.84]^{\frac{1}{8}} = 20.82$；

$x(2)d = [x(2) \cdot x(3) \cdot \cdots \cdot x(8)]^{\frac{1}{8-2+1}} = [2 \times 13 \times \cdots \times 153.84]^{\frac{1}{7}} = 39.16$；

$x(3)d = [x(3) \cdot x(4) \cdot \cdots \cdot x(8)]^{\frac{1}{8-3+1}} = [13 \times 4.71 \times \cdots \times 153.84]^{\frac{1}{6}} = 64.28$。

类似地，$x(4)d = 88.49$，$x(5)d = 104.96$，$x(6)d = 115.48$，$x(7)d = 129.38$，$x(8)d = 153.84$。

根据上面的计算结果，得表 3 - 1。

表 3 - 1 　　　　　　　　　原始序列 X 及缓冲序列 XD

年份	2012	2013	2014	2015	2016	2017	2018	2019
原始数据序列 X	0.25	2.00	13.00	44.71	78.00	92.00	108.81	153.84
几何平均弱化缓冲序列 XD	20.82	39.16	64.28	71.83	85.35	92.00	129.38	153.84

原始序列 X 与缓冲序列 XD 的散点折线图，如图 3 - 1 所示。

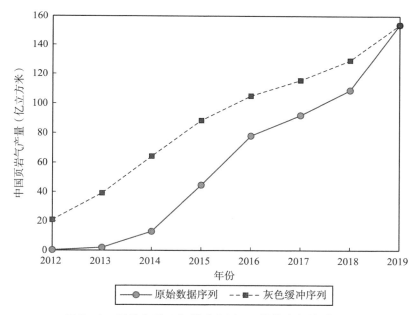

图 3 - 1　原始序列 X 与缓冲序列 XD 的散点折线对比图

由图 3 - 1 可以看出，原始序列 X 经灰色弱化缓冲算子处理后，序列增长速度变慢，序列折线变得更加平缓。相反地，若灰色强化缓冲算子作用于原始序列 X，则处理后得到的新序列增长速度将变快，序列折线将变得更加陡峭。

为验证缓冲算子的应用效果，分别构建原始序列 X 及缓冲序列 XD 的 DGM（1，1）模型，其预测值及预测误差，如表 3-2 所示。

表 3-2　　　　原始序列与缓冲序列的 DGM（1，1）模型预测结果

k	年份	实际值	序列 XD 的 DGM(1，1) 模型		序列 X 的 DGM(1，1) 模型	
			预测值	预测误差	预测值	预测误差
$k=9$	2020	200.55	189.38	5.57%	267.40	33.33%
$k=10$	2021	230	224.84	2.24%	371.97	61.73%

根据表 3-2 可知，基于缓冲序列 XD 的 DGM（1，1）模型，其预测结果优于对应的原始序列 X 的 DGM（1，1）模型，表明缓冲算子对改善预测结果的合理性具有积极作用。

3.2　基于幂指数的新全信息变权缓冲算子

灰色缓冲算子作为一种解决系统冲击扰动预测陷阱问题的重要方法，目前已在不同领域得到广泛应用，并在该过程中产生了数十计的各类新型灰色缓冲算子。大量缓冲算子的出现并未给使用者带来便利，因为他们无法确定哪种缓冲算子更为合理有效。另外，当前灰色缓冲算子其缓冲强度尚无法实现低粒度调节，可能遇到一阶缓冲算子作用强度不够而二阶缓冲算子作用强度又太大的问题，同时高阶重复缓冲过程增大了计算工作量并占用更大计算机内存空间。为此，王正新在全信息变权

缓冲算子的基础上，构造了一类含幂指数的新全信息变权缓冲算子。新算子实现了强化缓冲算子与弱化缓冲算子的有效兼容以及对序列缓冲强度的精准控制。

3.2.1　新全信息变权缓冲算子

本部分将在缓冲算子的公理体系下，构造一类含幂指数的新全信息变权缓冲算子。

定义 3.2.1　设原始数据序列 $X = (x(1)，x(2)，\cdots，x(n))$ 为冲击扰动系统的行为数据序列，令 $XD = (x(1)d_1，x(2)d_1，\cdots，x(n)d_1)$，其中

$$
\begin{aligned}
x(k)d_1 &= x(k)\left[\frac{(1 + \lambda + \lambda^2 + \cdots + \lambda^{n-k})x(k)}{x(n) + \lambda x(n-1) + \cdots + \lambda^{n-k}x(k)}\right]^{\gamma} \\
&= x(k)\left[\frac{(1 - \lambda^{n-k+1})x(k)}{(1 - \lambda)\sum_{i=0}^{n-k}\lambda^i x(n-i)}\right]^{\gamma}
\end{aligned}
\tag{3.2.1}
$$

则称 D 为含幂指数的新全信息变权缓冲算子，称 XD 为 X 的新全信息变权灰色缓冲新序列。其中：λ 是权重调节因子，$0 \leqslant \lambda \leqslant 1$，$k = 1，2，\cdots，n$。

定理 3.2.1　新全信息变权缓冲算子如定义 3.2.1 所述，则：

1）当 $\gamma > 0$ 时，无论 X 为单增序列、单减序列或振荡序列，D 为强化缓冲算子；

2）当 $\gamma < 0$ 时，无论 X 为单增序列、单减序列或振荡序列，D 为弱化缓冲算子；

3）当 $\gamma = 0$ 时，XD 与原始序列等价，D 为恒等算子。

证明　根据缓冲算子三公理，容易验证 D 为缓冲算子。

1）当 $\gamma > 0$ 时，分为三种情况：

①若 X 为单增序列时，对于 $i = 0,\ 1,\ \cdots,\ n-k$，有 $x(n-i) \geqslant x(k)$，则：

$$x(k)d = x(k)\left[\frac{(1-\lambda^{n-k+1})x(k)}{(1-\lambda)\sum\limits_{i=0}^{n-k}\lambda^i x(n-i)}\right]^{\gamma}$$

$$\leqslant x(k)\left[\frac{(1-\lambda^{n-k+1})x(k)}{(1-\lambda)\sum\limits_{i=0}^{n-k}\lambda^i x(k)}\right]^{\gamma} = x(k)$$

即当 X 为单增序列时，D 为强化缓冲算子。

②若 X 为单减序列时，对于 $i = 0,\ 1,\ \cdots,\ n-k$，有 $x(n-i) \leqslant x(k)$，则：

$$x(k)d = x(k)\left[\frac{(1-\lambda^{n-k+1})x(k)}{(1-\lambda)\sum\limits_{i=0}^{n-k}\lambda^i x(n-i)}\right]^{\gamma}$$

$$\geqslant x(k)\left[\frac{(1-\lambda^{n-k+1})x(k)}{(1-\lambda)\sum\limits_{i=0}^{n-k}\lambda^i x(k)}\right]^{\gamma} = x(k)$$

即当 X 为单减序列时，D 为强化缓冲算子。

③当 X 为振荡序列时，设

$$\begin{cases} x(l) = \max\{x(k) \mid k=1,\ 2,\ \cdots,\ n\} \\ x(h) = \min\{x(k) \mid k=1,\ 2,\ \cdots,\ n\} \end{cases}$$

由于

$$x(l)d = x(l)\left[\frac{(1-\lambda^{n-l+1})x(l)}{(1-\lambda)\sum\limits_{i=0}^{n-l}\lambda^i x(n-i)}\right]^{\gamma}$$

$$\geqslant x(l)\left[\frac{(1-\lambda^{n-l+1})x(l)}{(1-\lambda)\sum\limits_{i=0}^{n-l}\lambda^i x(l)}\right]^{\gamma} = x(l)$$

同理

$$x(h)d = x(h)\left[\frac{(1-\lambda^{n-h+1})x(h)}{(1-\lambda)\sum\limits_{i=0}^{n-h}\lambda^i x(n-i)}\right]^\gamma$$

$$\geqslant x(h)\left[\frac{(1-\lambda^{n-h+1})x(h)}{(1-\lambda)\sum\limits_{i=0}^{n-h}\lambda^i x(h)}\right]^\gamma = x(h)$$

即 D 对于振荡序列为强化缓冲算子。

2）当 $\gamma<0$ 时，只要在 1）的证明过程中将 $\gamma>0$ 变成 $\gamma<0$，相应地不等式反向，便得到所要求证结果。

3）当 $\gamma=0$ 时，显然成立。

3.2.2　新全信息变权缓冲算子与已有缓冲算子的联系

幂指数 γ 的引入拓展了已有缓冲算子的形式，增强了缓冲算子作用强度的可控性，同时也在强化算子和弱化算子之间建立了联系。

推论 3.2.1　当 $\gamma=1$ 时，新缓冲算子

$$x(k)d = \frac{(1+\lambda+\lambda^2+\cdots+\lambda^{n-k})x(k)^2}{x(n)+\lambda x(n-1)+\cdots+\lambda^{n-k}x(k)}$$

$$= \frac{(1-\lambda^{n-k+1})x(k)^2}{(1-\lambda)\sum\limits_{i=0}^{n-k}\lambda^i x(n-i)} \tag{3.2.2}$$

退化为全信息变权强化缓冲算子。进一步地，若权重调节因子 $\lambda\to1$，即时点权重相等，D 退化为平均强化缓冲算子，此时

$$x(k)d = \frac{(n-k+1)x(k)^2}{\sum\limits_{i=k}^{n}x(i)} \tag{3.2.3}$$

推论 3.2.2　当 $\gamma=-1$ 时，新缓冲算子

$$x(k)d = \frac{x(n)+\lambda x(n-1)+\cdots+\lambda^{n-k}x(k)}{1+\lambda+\lambda^2+\cdots+\lambda^{n-k}}$$

$$= \frac{(1-\lambda)\sum_{i=0}^{n-k}\lambda^i x(n-i)}{1-\lambda^{n-k+1}} \qquad (3.2.4)$$

退化为全信息变权弱化缓冲算子。进一步地，若权重调节因子 $\lambda \to 1$，即时点权重相等，D 退化为平均弱化缓冲算子，此时

$$x(k)d = \frac{1}{n-k+1}\sum_{i=k}^{n} x(i) \qquad (3.2.5)$$

3.2.3 新全信息变权缓冲算子的参数优化机理及算法

（1）参数的优化机理。

权重调节因子 λ 以及指数 γ 均能调节新全信息变权缓冲算子的作用强度，因此，针对具体的预测问题，如何选取参数 λ 和 γ 的值来提高模型预测精度是需要解决的问题。文中 λ 的取值范围为（0，1）的实数，γ 的取值范围在理论上可以是除去 0 之外的整个实数域，然而在实际问题中，γ 并不需要取遍实数域，而是可以被锁定在某一区间内，在该区间内，新全信息变权缓冲算子便足以精确调节缓冲程度，减小预测误差。该部分将说明如何确定指数 γ 的取值范围以及如何通过智能算法对参数 λ 和 γ 进行优化，为了便于说明，给出如下推论。

推论 3.2.3 当 $\gamma(\gamma \neq 0)$ 一定时，缓冲算子 D 对冲击扰动系统行为数据序列 X 的缓冲程度与权重调节因子 λ 有关，并且随着 λ 的变化呈现出单调变化趋势。

证明 不妨设 $\gamma > 0$，由于

$$x(k)d = x(k)\left[\frac{(1+\lambda+\lambda^2+\cdots+\lambda^{n-k})x(k)}{x(n)+\lambda x(n-1)+\cdots+\lambda^{n-k}x(k)}\right]^\gamma$$

$$= x(k)\left[\frac{x(k)+\lambda x(k)+\cdots+\lambda^{n-k}x(k)}{x(n)+\lambda x(n-1)+\cdots+\lambda^{n-k}x(k)}\right]^\gamma$$

1）当 X 为单调增长序列时，即对于 $i = 0$，1，$\cdots$，$n - k$，有 $x(n - i) \geqslant x(k)$。不妨设权重 λ 增加了 μ（$0 < \mu \leqslant 1/\lambda$）倍，由 λ 增加为 $\mu\lambda$，则

$$x(k)d' = x(k)\left[\frac{(1 + \mu\lambda + \mu^2\lambda^2 + \cdots + \mu^{n-k}\lambda^{n-k})x(k)}{x(n) + \mu\lambda x(n-1) + \cdots + \mu^{n-k}\lambda^{n-k}x(k)}\right]^{\gamma}$$

$$= x(k)\left[\frac{x(k) + \mu\lambda x(k) + \cdots + \mu^{n-k}\lambda^{n-k}x(k)}{x(n) + \mu\lambda x(n-1) + \cdots + \mu^{n-k}\lambda^{n-k}x(k)}\right]^{\gamma}$$

对比 $x(k)d$ 和 $x(k)d'$，不难发现，在 $x(k)d'$ 展开式的括号中，分子的每一项与 $x(k)d$ 相比增加了 $\mu^i x(k)$ 倍，而分母的每一项与 $x(k)d$ 相比增加了 $\mu^i x(n-i)$ 倍。因为 $\mu > 0$，$x(n-i) \geqslant x(k)$，所以 $\mu^i x(n-i) \geqslant \mu^i x(k)$，从而有分子增量之和小于分母增量之和，即 $x(k)d' \leqslant x(k)d$。又因为 X 为单调增长序列，所以 D 的缓冲程度随着权重 λ 的增加而增加，并在 λ 等于 1 时达到最大。

2）当 X 为单减或振荡序列时，证明方法与 1）类似，不再赘述。

推论 3.2.4 当 λ 一定时，缓冲算子 D 对冲击扰动系统行为数据序列 X 的缓冲程度与权重调节因子 γ 有关，并在 γ 的不同区间内随 γ 的变化呈单调变化趋势。

证明 1）当 $\gamma > 0$ 时，D 为强化缓冲算子：

①若 X 为单调递增序列，则对于 $i = 0$，1，$\cdots$，$n - k$，有 $x(n-i) \geqslant x(k)$，即

$$x(k) + \lambda x(k) + \cdots + \lambda^{n-k}x(k) \leqslant x(n) + \lambda x(n-1) + \cdots + \lambda^{n-k}x(k),$$

$$0 < \frac{(1 + \lambda + \lambda^2 + \cdots + \lambda^{n-k})x(k)}{x(n) + \lambda x(n-1) + \cdots + \lambda^{n-k}x(k)} \leqslant 1$$

因此，随着 γ 的增加，有

$$x(k)d = x(k)\left[\frac{(1 + \lambda + \lambda^2 + \cdots + \lambda^{n-k})x(k)}{x(n) + \lambda x(n-1) + \cdots + \lambda^{n-k}x(k)}\right]^{\gamma}$$

逐渐减小。又因为 X 为单调递增序列，所以 D 的缓冲程度增加。

②若 X 为单调递减序列，则对于 $i=0,1,\cdots,n-k$，有 $x(n-i)\leqslant x(k)$，即

$$x(k)+\lambda x(k)+\cdots+\lambda^{n-k}x(k)\geqslant x(n)+\lambda x(n-1)+\cdots+\lambda^{n-k}x(k),$$

$$\frac{(1+\lambda+\lambda^2+\cdots+\lambda^{n-k})x(k)}{x(n)+\lambda x(n-1)+\cdots+\lambda^{n-k}x(k)}\geqslant 1$$

因此，随着 γ 的增加，有

$$x(k)d=x(k)\left[\frac{(1+\lambda+\lambda^2+\cdots+\lambda^{n-k})x(k)}{x(n)+\lambda x(n-1)+\cdots+\lambda^{n-k}x(k)}\right]^{\gamma}$$

逐渐增加。又因为 X 为单调递减序列，所以 D 的缓冲程度增加。

③若 X 为振荡序列，令

$$\begin{cases}x(l)=\max\{x(k)\mid k=1,2,\cdots,n\}\\ x(h)=\min\{x(k)\mid k=1,2,\cdots,n\}\end{cases}$$

则有

$$x(l)+\lambda x(l)+\cdots+\lambda^{n-k}x(l)\geqslant x(n)+\lambda x(n-1)+\cdots+\lambda^{n-k}x(k),$$

$$\frac{(1+\lambda+\lambda^2+\cdots+\lambda^{n-k})x(l)}{x(n)+\lambda x(n-1)+\cdots+\lambda^{n-k}x(k)}\geqslant 1,$$

$$x(l)+\lambda x(l)+\cdots+\lambda^{n-k}x(l)\leqslant x(n)+\lambda x(n-1)+\cdots+\lambda^{n-k}x(k),$$

$$\frac{(1+\lambda+\lambda^2+\cdots+\lambda^{n-k})x(l)}{x(n)+\lambda x(n-1)+\cdots+\lambda^{n-k}x(k)}\leqslant 1$$

因此，随着 γ 的不断增加，有

$$x(l)d=x(k)\left[\frac{(1+\lambda+\lambda^2+\cdots+\lambda^{n-k})x(l)}{x(n)+\lambda x(n-1)+\cdots+\lambda^{n-k}x(k)}\right]^{\gamma}$$

逐渐增加，

$$x(h)d=x(k)\left[\frac{(1+\lambda+\lambda^2+\cdots+\lambda^{n-k})x(h)}{x(n)+\lambda x(n-1)+\cdots+\lambda^{n-k}x(k)}\right]^{\gamma}$$

逐渐减小，二者之差（振幅）增加，即 D 的缓冲程度增加。

2）当 $\gamma<0$ 时，D 为弱化缓冲算子，证明方法与1）类似，不再赘述。

下面以单增序列的强化缓冲（$\gamma>0$）为例，结合图示以及推论

3.2.3、推论3.2.4来说明如何确定参数γ取值范围。

图3-2为缓冲算子的作用机制示意图，其中X为原始序列，X_0为理想的最优缓冲结果。由推论3.2.3知：当$\gamma > 0$时，缓冲强度随着λ的增加而增加，所以假设序列X_1为$\lambda = 0$时的缓冲结果，又由推论3.2.4可知，γ的增加能够使缓冲程度增加，即存在$\gamma = \gamma_1(\gamma_1 > 0)$，使得序列$X_1$能够通过$D$作用后变成序列$X_0$。同理，若$X_2$为$\lambda = 1$时的缓冲结果，由推论3.2.4可知，$\gamma$的减小能够使得缓冲程度减小，即存在$\gamma = \gamma_2(\gamma_2 < 0)$，使得序列$X_2$可以通过$D$作用后变成序列$X_0$。不难发现，对于任意的$\lambda = \lambda'(\lambda' \in (0, 1))$，均存在$\gamma \in (\gamma_2, \gamma_1)$，使得序列$X'$可以通过$D$作用后变成序列$X_0$，所以当$\gamma$落在$(\gamma_2, \gamma_1)$之间时，缓冲算子$D$便能够精确调节缓冲程度。但是，在实际问题中，$\gamma$的上下限往往需要根据具体问题的不同而发生变化，所以首先要找到γ的上下限，并进一步在该区域内搜寻最优的参数γ值。

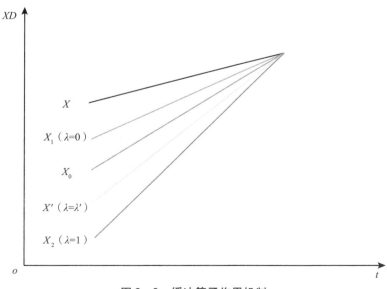

图3-2 缓冲算子作用机制

（2）优化算法。

由于权重调节因子 λ 和指数 γ 与预测误差之间为复杂的非线性关系，使用智能寻优算法在参数 λ 和 γ 的对应区间内搜索出其最优值。具体步骤描述如下：

1）确定 γ 范围。根据具体问题的不同找出 γ 上下限，方法如下：

①令 $\lambda = 0$，则缓冲算子 D 变为只含 γ 的单参数缓冲算子，在此基础上使用智能寻优算法在不同的区间内搜索出参数 γ 的最优值 γ_1，区间的设置方式如下：

i）若对原始序列进行强化缓冲，则 $\gamma > 0$，此时可在区间 $[0, 1]$，$[1, 2]$，$[2, 3]$，…内分别进行搜索，直至找到最小的平均预测误差，该误差值所对应的 γ 值即为 γ_1。由参数优化机理可知，γ_1 必然存在，并且随着区间端点值的增加，平均预测误差必然会先减后增，所以该方法是可行的。

ii）若对原始序列进行弱化缓冲，则 $\gamma < 0$，此时可在区间 $[0, -1]$，$[-1, -2]$，$[-2, -3]$，…内分别进行搜索，直至找到最小的平均预测误差，该误差值所对应的 γ 值即为 γ_1，方法与 i）相同。

②令 $\lambda = 1$，重复①的步骤，使用智能寻优算法在不同的区间内搜索出参数 γ 的最优值 γ_2。

2）双参数优化：得到 γ 的上下限后，便可以使用双参数的智能寻优算法进行优化，由于 λ 介于 0 和 1 之间，γ 介于 γ_2 和 γ_1 之间，从而可以在 λ 和 γ 的对应区间内得到平均预测误差最小时所对应的参数组合 (λ_0, γ_0)。

3.3 应用实例

为了验证本章构造的全信息变权缓冲算子的实用价值，本部分引用两个案例，分别以传统算子和新算子对数据缓冲处理，然后建模预测，并比较预测结果，进而验证新算子的适应能力。

例3.3.1　中国规模以上工业企业总产值的预测。

从表3-3中的数据可以看出，2003年之前的增长率很明显慢于该年份之后的增长率，如果直接利用1998~2003年数据来建立GM（1，1）模型，那么误差必然会很大。因此，采用强化缓冲算子对2003年以前增长较慢的数据加以处理使其符合2003年以后的发展趋势，能够有效地提高预测水平。

表3-3　　　　1998~2008年中国规模以上工业企业总产值及增长率

年份	总产值/亿元	增长率/%
1998	67737	–
1999	72707	7.34
2000	85674	17.83
2001	95449	11.41
2002	110777	16.06
2003	142271	28.43
2004	201722	41.79
2005	251620	24.74
2006	316589	25.82
2007	405177	27.98
2008	507285	25.20

运用一阶和二阶平均强化缓冲算子对1998~2003年我国规模以上工业企业总产值数据进行处理，可得：

$XD = (47910，52146，67623，78427，96989，142271)$；

$XD^2 = (28375, 31080, 47472, 58083, 78633, 142271)$。

运用本章构造的新算子 D 作用于 1998～2003 年的数据，建立 GM(1，1) 模型，通过智能寻优算法求得平均相对误差最小时对应的参数 $\lambda = 0.3722$，$\gamma = 0.7364$。将其代入 D，得到如下缓冲结果：

$XD = (42443, 47921, 63473, 75933, 96434, 142271)$。

预测结果见表 3 - 4。

表 3 - 4　　　　　基于 3 种强化缓冲算子的灰色预测结果及误差

年份	工业企业总产值实际值/亿元	一阶平均强化缓冲算子		二阶平均强化缓冲算子		新全信息变权强化缓冲算子	
		预测结果/亿元	相对误差	预测结果/亿元	相对误差/%	预测结果/亿元	相对误差/%
2004	201722	172121	14.38	184827	8.38	176957	12.28
2005	251620	222735	11.47	274565	9.12	233242	7.30
2006	316589	287283	9.26	407872	28.83	307430	2.89
2007	405177	370503	8.56	605904	49.54	405215	0.01
2008	507285	477831	5.81	900085	77.43	534102	5.29
平均相对误差/%			9.89		34.66		5.55

从表 3 - 4 中可以看出，由一阶和二阶平均强化缓冲算子作用后再建模预测的平均相对误差分别为 9.89% 和 34.66%，而新算子预测的平均相对误差仅为 5.55%，可见，本章构造的新全信息变权强化缓冲算子比传统的高阶强化缓冲算子具有更好的适应能力。

例 3.3.2　浙江省外商直接投资额的预测。

由表 3 - 5 中的数据可以看出，2004 年以前的增长率很明显快于该年份之后的增长率，如果直接利用 2000～2003 年数据来建立 GM(1，

1）模型，那么误差必然会很大。因此，采用弱化缓冲算子对 2004 年以前增长较快的数据加以处理使其符合 2004 年以后的发展趋势，能够有效地提高预测水平。

表 3 – 5 　　　　　　2000～2007 年浙江省外商直接投资额及增长率

年份	投资额/万美元	增长率/%
2000	161266	–
2001	221162	37. 14
2002	316002	42. 88
2003	544936	72. 45
2004	668128	22. 61
2005	772271	15. 59
2006	888935	15. 11
2007	1036576	16. 61

运用一阶和二阶平均弱化缓冲算子对 2000～2003 年浙江省外商直接投资额数据进行处理可得：

$XD = (310842，360700，430469，544936)$；

$XD^2 = (411737，445368，487703，544936)$。

运用本章构造的新算子 D 作用于 2000～2003 年的数据，建立 GM（1，1）模型，通过智能寻优算法求得平均相对误差最小时对应的参数 $\lambda = 0.9807$，$\gamma = -1.1592$。将其代入 D，得到如下缓冲结果：

$XD = (348991，392552，453542，544936)$。

预测结果见表 3 – 6。

表 3-6　　　　　　　　基于 3 种弱化缓冲算子的灰色预测结果及误差

年份	投资额实际数据/万美元	一阶平均弱化缓冲算子		二阶平均弱化缓冲算子		新全信息变权弱化缓冲算子	
		预测值/万美元	相对误差/%	预测值/万美元	相对误差/%	预测值/万美元	相对误差/%
2004	668128	663898	0.63	600842	10.07	638099	4.49
2005	772271	818692	6.01	665013	13.89	753139	2.48
2006	888935	1009577	13.57	736037	17.20	888918	0.00
2007	1036576	1244970	20.10	814646	21.41	1049176	1.22
平均相对误差/%			10.08		15.64		2.05

由表 3-6 可以看出，由一阶和二阶平均弱化缓冲算子作用后再建模预测的平均相对误差分别为 10.08% 和 15.64%，而新算子预测的平均相对误差仅为 2.05%，可见，本章构造的新全信息变权弱化缓冲算子比传统的高阶弱化缓冲算子具有更好的适应性。

3.4　本章小结

灰色缓冲算子是解决系统受到冲击扰动导致预测陷阱问题的一种重要工具。刘思峰教授提出了灰色缓冲算子的概念并构建了缓冲算子公理体系，在此基础上建立了大量新型实用灰色缓冲算子。本章通过增加全信息变权缓冲算子的参数，对现有全信息变权缓冲算子进行拓展，提出了含幂指数的全信息变权缓冲算子，从理论上揭示了强化算子与弱化算子的转换关系，并提出了参数 λ 和 γ 的优化机理和算法，最后通过实例分析验证了新全信息变权缓冲算子在对序列进行微调的能力上优于传统缓冲算子。

第四章

白化型单变量灰色预测模型

预测是指在掌握现有信息的基础上，依照一定的方法和规律对系统未来发展趋势进行推算，以预先了解事情发展的可能结果，从而为系统决策提供科学依据。预测是决策的基础，是管理科学的重要组成部分。常见预测方法包括回归分析预测模型（Regression analysis）、灰色预测模型（Grey prediction models）、自回归移动平均模型（ARIMA）、马尔可夫预测模型（Markof）、神经网络预测模型（Neural Network）、支持向量机（SVM）等。

尽管各类预测模型自成体系、机理各异、形式多样，但本质上这些模型的建模与预测过程基本一致。首先，根据既有信息或数据挖掘系统内在演变规律（该过程又称作模拟、训练或学习）；其次，通过一系列检验方法对模型所挖掘规律的合理性、有效性与可靠性进行判断和评价（误差检验）；最后，若模型通过误差检验并假定系统未来将按既有规律发展演化，则应用该模型对系统未来发展趋势进行外推预测。

系统的建模和预测过程，实际上包括了一个重要假设，即假设某系统未来发展趋势与通过先验知识所推导形成的该系统发展规律相一致。因此，预测主要面向常态化环境，是系统发展规律与演化趋势的自然延伸。面对突发事件或极端情况，之前的预测结果可能变得毫无意义。举例来说，我们建立一个有效的数学模型预测美国 2030 年的 GDP，并且认为按照美国经济的现有水平和发展趋势，这个预测结果是可靠合理的。然而，假如在此期间美国发生了大规模内战或者由于美国总统更迭产生剧烈的社会动荡，美国 2030 年 GDP 的预测值与实际情况可能大相径庭。

回归分析预测模型、自回归移动平均模型及神经网络预测模型等，都是建立在大样本基础之上的预测建模方法，而灰色预测模型则是以"小数据"不确定性系统为研究对象。GM(1，1) 是邓聚龙教授最先提出的具有预测功能的单变量灰色预测模型。当前大部分灰色预测模型都来自对 GM(1，1) 的拓展和优化。

4.1 单变量灰色预测模型概述

按照变量个数，灰色预测模型可以分为单变量灰色预测模型和多变量灰色预测模型。单变量灰色预测模型最大特点是单序列（变量）建模，不用考虑系统发展受到哪些因素的影响及其影响程度。灰色理论认为，一个不确定性系统的发展与演化，受到诸多复杂外部环境与内部因素的影响（灰因），在这样的情况下，我们很难建立一个确定的因变量和自变量之间的函数关系去分析和预测系统的未来发展趋势。但是，系统在诸多因素的影响和制约下，其运行结果是确定的（白果）。换言之，系统运行结果即是该系统在诸多因素影响和作用下的最终表现形式，能综合体现这些因素共同作用下系统的演变趋势与发展规律。

举例来说，某城市的 GDP 受到生产因素、消费因素、投资因素、进出口因素及价格因素等多种因素的影响（灰因），难以穷尽；但是该城市每年 GDP 所体现出的则是一个确定的数值（统计年鉴可查，白果）。因此，我们完全可以通过分析该城市 GDP 的数据规律与变化特征去预测该城市未来 GDP 的发展趋势。这是一种对不确定性问题"就数据找数据"的研究方法，体现了在要素信息、结构信息、运行信息不完备条件下的灰色系统建模思想。而灰色理论则通过"灰色序列生成"为该方法提供了一套科学的研究路径。

按照建模过程，单变量灰色预测模型可以分为白化型和离散型两类。白化型单变量灰色预测模型（简称"白化型灰色预测模型"）通过灰色预测模型基本形式估计模型参数，通过灰色预测模型基本形式所对应白化微分方程推导模型的时间响应函数。离散型单变量灰色预测模型的参数估计与时间响应函数的推导均源自灰色预测模型的基本形式，其建模过程并不涉及白化微分方程。

单变量灰色预测模型是一种面向时间序列的预测建模方法。时间序列，或称时序数据，是用来反映系统随时间变化的一组特征数据。时间序列按照变化特征或演化趋势，可以分为四类。第一类是单调性时间序列（简称单调序列）；第二类是具有饱和状的 S 形序列（简称饱和序列）；第三类是周期波动序列（简称波动序列）；第四类是随机振荡序列（简称随机序列）。本书第四、第五章主要讨论面向单调序列的灰色预测模型；第六章讨论面向饱和序列的灰色预测模型；面向周期波动序列及随机振荡序列等特殊建模对象的灰色预测模型等内容放到第九章进行介绍。

4.2　白化型单变量灰色预测模型 GM(1，1)

单变量灰色系统中，变量描述了系统演化规律，是系统特征数据，是确定性数据，是系统在诸多复杂外部因素共同作用下的结果。系统发展影响因素是"因";系统所体现出的变化结果是"果"。在控制论中,前者称为输入,后者称为输出。对单变量灰色预测模型而言,由于影响因素(输入)未知,故用参数 b 来代表系统发展所受到的所有影响因素。因此,参数 b 被称为灰色作用量,代表了影响系统发展的所有灰信息(灰信息覆盖)。

GM(1,1)模型是含一阶方程一个变量的灰色(grey)模型(model)的简称,是邓聚龙教授最先提出的单变量灰色预测模型。在 GM(1,1)模型中,输入参数 b 与系统输出结果 $x^{(0)}(k)$(系统特征变量)之间的关系,用输入输出框图 4-1 表示如下。

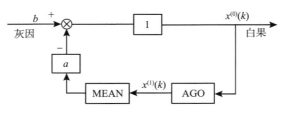

图 4-1 单变量灰色预测模型输入输出框图

在图 4-1 中,输入变量 b 是灰因,输出变量 $x^{(0)}(k)$ 是白果。$x^{(0)}(k)$ 通过 AGO(累加生成,弱化随机性)及 MEAN(紧邻均值生成,改善平滑性)来调整灰因 b 的大小。AGO 及 MEAN 的主要作用是弱化原始数据中的极端值对输入变量 b 的影响。图 4-1 中,反馈系数 a 被称为发展系数,其大小和符号反映了 $x^{(0)}(k)$ 的发展态势。

根据系统输入、输出与反馈关系,可得 $b - a \cdot \text{MEAN} = x^{(0)}(k)$。下面对单变量灰色预测模型基本形式进行定义。

定义 4.2.1 设序列 $X^{(0)} = (x^{(0)}(1), x^{(0)}(2), \cdots, x^{(0)}(n))$,其中 $x^{(0)}(k) \geqslant 0$, $k = 1, 2, \cdots, n$;则称 $X^{(1)} = (x^{(1)}(1), x^{(1)}(2), \cdots, x^{(1)}(n))$ 为序列 $X^{(0)}$ 的一次累加生成序列(1-AGO),其中

$$x^{(1)}(k) = \sum_{i=1}^{k} x^{(0)}(k), \quad k = 1, 2, \cdots, n,$$

称 $Z^{(1)}$ 为 $X^{(1)}$ 的紧邻均值生成序列，其中，

$$z^{(1)}(k) = 0.5 \times (x^{(1)}(k) + x^{(1)}(k-1)), \quad k = 2, 3, \cdots, n_{\circ}$$

定义 4.2.2　设序列 $X^{(0)}$，$X^{(1)}$ 及 $Z^{(1)}$ 如定义 4.2.1 所示，则称

$$x^{(0)}(k) + az^{(1)}(k) = b \tag{4.2.1}$$

为 GM（1，1）模型的基本形式。

实际上，GM（1，1）模型基本形式是根据图 4-1 推导而来的，即

$$b - a \cdot \mathrm{MEAN} = x^{(0)}(k) \Rightarrow b - az^{(1)}(k) = x^{(0)}(k) \Rightarrow x^{(0)}(k) + az^{(1)}(k) = b_{\circ}$$

现有的大部分灰色预测模型，主要是在 GM（1，1）模型基础上的适应性拓展。下面介绍 GM（1，1）模型的参数估计与模型推导。

定理 4.2.1　设序列 $X^{(0)}$，$X^{(1)}$ 及 $Z^{(1)}$ 如定义 4.2.1 所示，$\hat{a} = (a, b)^T$ 为参数序列，且

$$Y = \begin{bmatrix} x^{(0)}(2) \\ x^{(0)}(3) \\ \vdots \\ x^{(0)}(n) \end{bmatrix}, \quad B = \begin{bmatrix} -z^{(1)}(2) & 1 \\ -z^{(1)}(3) & 1 \\ \vdots & \vdots \\ -z^{(1)}(n) & 1 \end{bmatrix}_{\circ}$$

则 GM（1，1）模型 $x^{(0)}(k) + az^{(1)}(k) = b$ 的最小二乘估计参数列满足

$$\hat{a} = (B^T B)^{-1} B^T Y_{\circ}$$

证明：当 $k = 2, 3, \cdots, n$ 时，根据 GM（1，1）模型基本形式 $x^{(0)}(k) + az^{(1)}(k) = b$，可得

$$\begin{cases} x^{(0)}(2) + az^{(1)}(2) = b \\ x^{(0)}(3) + az^{(1)}(3) = b \\ \quad\cdots \\ x^{(0)}(n) + az^{(1)}(n) = b \end{cases}_{\circ}$$

方程组表示为矩阵形式，即

$$\begin{bmatrix} x^{(0)}(2) \\ x^{(0)}(3) \\ \vdots \\ x^{(0)}(n) \end{bmatrix} = \begin{bmatrix} -z^{(1)}(2) & 1 \\ -z^{(1)}(3) & 1 \\ \vdots & \vdots \\ -z^{(1)}(n) & 1 \end{bmatrix} \times \begin{bmatrix} a \\ b \end{bmatrix}。$$

此即

$$Y = B\hat{a}。$$

用 $-az^{(1)}(k) + b$ 代替 $x^{(0)}(k)$ 的模拟值，得误差序列：

$$\varepsilon = Y - B\hat{a} = \begin{bmatrix} x^{(0)}(2) + az^{(1)}(2) - b \\ x^{(0)}(3) + az^{(1)}(3) - b \\ \vdots \\ x^{(0)}(n) + az^{(1)}(n) - b \end{bmatrix}。$$

设 s 为模拟值的模拟误差平方和，即

$$s = \sum_{k=2}^{n} \left[x^{(0)}(k) + az^{(1)}(k) - b \right]^2。$$

则使 s 最小的参数列 $\hat{a} = (a, b)^T$ 应满足

$$\begin{cases} \dfrac{\partial s}{\partial a} = 2 \sum_{k=2}^{n} \left[x^{(0)}(k) + az^{(1)}(k) - b \right] z^{(1)}(k) = 0 \\ \dfrac{\partial s}{\partial b} = -2 \sum_{k=2}^{n} \left[x^{(0)}(k) + az^{(1)}(k) - b \right] = 0 \end{cases},$$

即

$$\begin{cases} \sum_{k=2}^{n} \left[x^{(0)}(k) + az^{(1)}(k) - b \right] z^{(1)}(k) = 0 \\ \sum_{k=2}^{n} \left[x^{(0)}(k) + az^{(1)}(k) - b \right] = 0 \end{cases}。$$

分别表示为矩阵形式，即

$$\begin{bmatrix} x^{(0)}(2)+az^{(1)}(2)-b & x^{(0)}(3)+az^{(1)}(3)-b & \cdots & x^{(0)}(n)+az^{(1)}(n)-b \end{bmatrix}$$

$$\begin{bmatrix} -z^{(1)}(2) \\ -z^{(1)}(3) \\ \vdots \\ -z^{(1)}(n) \end{bmatrix}=0;$$

$$\begin{bmatrix} x^{(0)}(2)+az^{(1)}(2)-b & x^{(0)}(3)+az^{(1)}(3)-b & \cdots & x^{(0)}(n)+az^{(1)}(n)-b \end{bmatrix}$$

$$\begin{bmatrix} 1 \\ 1 \\ \vdots \\ 1 \end{bmatrix}=0。$$

显然，

$$\varepsilon^{T}\begin{bmatrix} -z^{(1)}(2) \\ -z^{(1)}(3) \\ \vdots \\ -z^{(1)}(n) \end{bmatrix}=0;\quad \varepsilon^{T}\begin{bmatrix} 1 \\ 1 \\ \vdots \\ 1 \end{bmatrix}=0。$$

根据矩阵的左分配律，推导得

$$\varepsilon^{T}\begin{bmatrix} -z^{(1)}(2) \\ -z^{(1)}(3) \\ \vdots \\ -z^{(1)}(n) \end{bmatrix}+\varepsilon^{T}\begin{bmatrix} 1 \\ 1 \\ \vdots \\ 1 \end{bmatrix}=\varepsilon^{T}\left(\begin{bmatrix} -z^{(1)}(2) \\ -z^{(1)}(3) \\ \vdots \\ -z^{(1)}(n) \end{bmatrix}+\begin{bmatrix} 1 \\ 1 \\ \vdots \\ 1 \end{bmatrix}\right)=\varepsilon^{T}\begin{bmatrix} -z^{(1)}(2)+1 \\ -z^{(1)}(3)+1 \\ \vdots \\ -z^{(1)}(n)+1 \end{bmatrix}$$

$$=\varepsilon^{T}B=0。$$

根据转置矩阵的性质，可得

$$\varepsilon^{T}B=0\Rightarrow\varepsilon^{T}(B^{T})^{T}=0\Rightarrow(B^{T}\varepsilon)^{T}=0\Rightarrow B^{T}\varepsilon=0。$$

因为 $\varepsilon=Y-B\hat{a}$，故可推导得

$$B^{T}\varepsilon=0\Rightarrow B^{T}(Y-B\hat{a})=0\Rightarrow B^{T}Y-B^{T}B\hat{a}=0\Rightarrow\hat{a}=(B^{T}B)^{-1}B^{T}Y。$$

证明结束。

定义 4.2.3 设序列 $X^{(0)}$，$X^{(1)}$，$Z^{(1)}$ 及 $\hat{a} = (a, b)^T$ 分别如定义 4.2.1 及定理 4.2.1 所述，则称

$$\frac{dx^{(1)}}{dt} + ax^{(1)} = b \tag{4.2.2}$$

为 GM(1, 1) 模型 $x^{(0)}(k) + az^{(1)}(k) = b$ 的白化微分方程（或影子方程）。

定理 4.2.2 设 B，Y，$\hat{a}$ 如定理 4.2.1 所述，则

（1）GM(1, 1) 模型白化方程 $\dfrac{dx^{(1)}}{dt} + ax^{(1)} = b$ 的解（时间响应函数）为

$$x^{(1)}(t) = \left(x^{(1)}(1) - \frac{b}{a}\right)e^{-a(t-1)} + \frac{b}{a} \tag{4.2.3}$$

（2）GM(1, 1) 模型 $x^{(0)}(k) + az^{(1)}(k) = b$ 的时间响应式为

$$\hat{x}^{(1)}(k) = \left(x^{(0)}(1) - \frac{b}{a}\right)e^{-a(k-1)} + \frac{b}{a}; \ k = 2, 3, \cdots, n, \cdots \tag{4.2.4}$$

（3）GM(1, 1) 模型的最终还原式为

$$\hat{x}^{(0)}(k) = (1 - e^{a})\left(x^{(0)}(1) - \frac{b}{a}\right)e^{-a(k-1)}; \ k = 2, 3, \cdots, n, \cdots \tag{4.2.5}$$

证明（1）：一阶线性微分方程 $\dfrac{dy}{dx} + P(x)y = Q(x)$ 的通解公式

$$y = e^{-\int P(x)dx}\left(\int Q(x)e^{\int P(x)dx}dx + C\right) \tag{4.2.6}$$

GM(1, 1) 模型的白化方程 $\dfrac{dx^{(1)}}{dt} + ax^{(1)} = b$ 为一阶线性微分方程，令 $y = x^{(1)}$、$P(x) = a$、$Q(x) = b$，将其代入通解公式（4.2.6）可得，

$$x^{(1)} = e^{-\int a dt}\left(\int b \cdot e^{\int a dt} dt + C\right)。$$

则白化方程的通解为

$$x^{(1)}(t) = e^{-at}\left(\int b \cdot e^{at} dt + C\right) = e^{-at}\left(\frac{b}{a}e^{at} + C\right) = \frac{b}{a} + Ce^{-at}$$

$$(4.2.7)$$

在 GM(1，1) 模型中，将 $x^{(1)}(t)\big|_{t=1} = x^{(1)}(1)$ 作为白化方程的初始条件（或称迭代基值），故

$$x^{(1)}(1) = \frac{b}{a} + Ce^{-a} \Rightarrow C = \left(x^{(1)}(1) - \frac{b}{a}\right)e^{a}。$$

故白化方程的特解为

$$x^{(1)}(t) = \left(x^{(1)}(1) - \frac{b}{a}\right)e^{-a(t-1)} + \frac{b}{a}。$$

定理 4.2.2 之（1）证明结束。

证明（2）：将白化方程的时间响应函数（公式 4.2.3）进行离散化，即可证明。

证明（3）：根据公式（4.2.4）可知，

$$\hat{x}^{(1)}(k-1) = \left(x^{(0)}(1) - \frac{b}{a}\right)e^{-a(k-2)} + \frac{b}{a}$$

$$(4.2.8)$$

公式（4.2.4）～公式（4.2.8）可得

$$\hat{x}^{(1)}(k) - \hat{x}^{(1)}(k-1) = \left(x^{(0)}(1) - \frac{b}{a}\right)e^{-a(k-1)} + \frac{b}{a}$$

$$- \left(x^{(0)}(1) - \frac{b}{a}\right)e^{-a(k-2)} - \frac{b}{a}$$

$$= \left(x^{(0)}(1) - \frac{b}{a}\right)e^{-a(k-1)}$$

$$- \left(x^{(0)}(1) - \frac{b}{a}\right)e^{a}e^{-a(k-1)}。$$

根据定义 4.2.1 可知

$$x^{(1)}(k+1) = \sum_{i=1}^{k+1} x^{(0)}(i) = x^{(0)}(k+1) + \sum_{i=1}^{k} x^{(0)}(i)$$
$$= x^{(0)}(k+1) + x^{(1)}(k)。$$

故可推导得到，

$$\hat{x}^{(0)}(k+1) = \hat{x}^{(1)}(k+1) - \hat{x}^{(1)}(k) = (1-e^a)\left(x^{(0)}(1) - \frac{b}{a}\right)e^{-a(k-1)}。$$

定理 4.2.2 证明结束。

公式（4.2.5）中，参数 e，a，b，$x^{(1)}(1)$ 均为常数，令

$$\varphi = (1-e^a)\left(x^{(0)}(1) - \frac{b}{a}\right)，$$

则公式（4.2.5）可简化为

$$\hat{x}^{(0)}(k) = \varphi \cdot e^{-a(k-1)}；\quad k = 2, 3, \cdots, n, \cdots \qquad (4.2.9)$$

可见，GM(1，1) 模型的最终还原式为严格齐次指数函数，故 GM(1，1) 模型通常被称为齐次指数序列灰色预测模型。GM(1，1) 的参数通过其基本形式公式（4.2.1）进行估计，而时间响应式则通过其白化方程公式（4.2.2）推导得到，故 GM(1，1) 模型也被称为白化型单变量灰色预测模型。在公式（4.2.5）中，当 $k = 2, 3, \cdots, n$ 时，$\hat{x}^{(0)}(k)$ 称为 GM(1，1) 的模拟值；当 $k = n+1, n+2, \cdots$ 时，$\hat{x}^{(0)}(k)$ 称为 GM(1，1) 的预测值。

GM(1，1) 模型的基本形式 $x^{(0)}(k) + az^{(1)}(k) = b$ 源于控制论中系统的输入与输出及其反馈关系（见图 4-1）。实际上 $x^{(0)}(k) + az^{(1)}(k) = b$ 也可通过对白化方程 $\dfrac{dx^{(1)}}{dt} + ax^{(1)} = b$ 在区间 $[k-1, k]$ 进行积分近似得到，其推导过程如下。

$$\frac{dx^{(1)}}{dt} + ax^{(1)} = b \Rightarrow \int_{k-1}^{k} dx^{(1)}(t) + a\int_{k-1}^{k} x^{(1)}(t)dt = \int_{k-1}^{k} bdt$$

$$(4.2.10)$$

因为

$$\int_{k-1}^{k} dx^{(1)}(t) = x^{(1)}(k) - x^{(1)}(k-1) = x^{(0)}(k) ; \int_{k-1}^{k} b dt = b。$$

故公式（4.2.10）可变形为

$$x^{(0)}(k) + a\int_{k-1}^{k} x^{(1)}(t) dt = b \qquad (4.2.11)$$

公式（4.2.11）中，可用梯形的面积来近似替代 $\int_{k-1}^{k} x^{(1)}(t) dt$，即

$$\int_{k-1}^{k} x^{(1)}(t) dt \approx \frac{x^{(1)}(k) + x^{(1)}(k-1)}{2} \times (k - k + 1) = z^{(1)}(k)$$

$$(4.2.12)$$

故公式（4.2.11）可转换为 GM（1，1）模型的基本形式，即

$$x^{(0)}(k) + az^{(1)}(k) = b。$$

故 GM（1，1）模型的白化方程 $\frac{dx^{(1)}}{dt} + ax^{(1)} = b$ 被称为 $x^{(0)}(k) + az^{(1)}(k) = b$ 的影子方程。

在 GM（1，1）的建模过程中，将 $x^{(1)}(t)|_{t=1} = x^{(1)}(1)$ 作为白化方程的初始条件缺乏理论依据，因为序列 $X^{(1)} = (x^{(1)}(1)，x^{(1)}(2)，\cdots，x^{(1)}(n))$ 中的所有点原则上都可以作为白化方程的初始条件。这就涉及灰色预测模型初始条件的合理选择问题。另外，在公式（4.2.12）中，用梯形面积近似替代 $\int_{k-1}^{k} x^{(1)}(t) dt$ 是一种简化处理，这种近似替代可能对 GM（1，1）模型参数的合理估计带来较大影响，因为直边梯形面积 $z^{(1)}(k)$ 与曲边梯形面积 $\int_{k-1}^{k} x^{(1)}(t) dt$ 有时候可能存在较大偏差而并不存在近似等价关系。关于初始条件的选取（初始值优化）及 $\int_{k-1}^{k} x^{(1)}(t) dt$ 的优化（背景值优化）等内容，将在后续章节做详细介绍。

例 4.2.1 设原始序列 $X^{(0)} = (1.8，2.4，3.1，4.4，5.2，6.5)$，试构建 $X^{(0)}$ 的 GM（1，1）模型。

第一步，序列处理：计算序列 $X^{(0)}$ 一次累加序列 $X^{(1)}$ 及紧邻均值序列 $Z^{(1)}$。

根据定义 4.2.1 可得，

$X^{(1)} = (x^{(1)}(1), x^{(1)}(2), \cdots, x^{(1)}(6)) = (1.8, 4.2, 7.3, 11.7,$
$16.9, 23.4)$；

$Z^{(1)} = (z^{(1)}(2), z^{(1)}(3), \cdots, z^{(1)}(6)) = (3.00, 5.75, 9.50,$
$14.30, 20.15)$。

第二步，参数估计：构建参数矩阵、估计模型参数。

根据定理 4.2.1，构造 GM(1,1) 模型参数矩阵 B，Y，估计模型参数 a，b。

$$Y = \begin{bmatrix} x^{(0)}(2) \\ x^{(0)}(3) \\ \vdots \\ x^{(0)}(6) \end{bmatrix} = \begin{bmatrix} 2.40 \\ 3.10 \\ \vdots \\ 6.50 \end{bmatrix}, \quad B = \begin{bmatrix} -z^{(1)}(2) & 1 \\ -z^{(1)}(3) & 1 \\ \vdots & \vdots \\ -z^{(1)}(6) & 1 \end{bmatrix} = \begin{bmatrix} -3.00 & 1 \\ -5.75 & 1 \\ \vdots & \vdots \\ -20.15 & 1 \end{bmatrix};$$

$$\hat{a} = (a, b)^T = (B^T B)^{-1} B^T Y = \begin{bmatrix} -0.2375 \\ 1.8170 \end{bmatrix}。$$

第三步，模型构造：构建 GM(1,1) 模型的最终还原式。

将参数 a，b 代入公式（4.2.9），

$$\hat{x}^{(0)}(k) = (1 - e^{-0.2375})\left(1.8 - \frac{1.8170}{-0.2375}\right)e^{-0.2375(k-1)}; \quad k = 2, 3, \cdots,$$

$n, \cdots$

整理得 GM(1,1) 模型的最终还原式，如下：

$$\hat{x}^{(0)}(k) = 1.9979 \times e^{-0.2375(k-1)}; \quad k = 2, 3, \cdots, n, \cdots \quad (4.2.13)$$

第四步，误差计算：计算 GM(1,1) 模型对序列 $X^{(0)}$ 的模拟误差。

根据公式（4.2.13），当 $k = 2, 3, \cdots, 6$ 时，可计算 GM(1,1) 模型的模拟值 $\hat{x}^{(0)}(k)$、模拟误差、残差及相对误差，结果如表 4-1 所示。

表 4 – 1　　　　　　　　　GM(1，1) 模型的模拟值及模拟误差

序号	实际数据 $x^{(0)}(k)$	模拟数据 $\hat{x}^{(0)}(k)$	残差 $\varepsilon(k)=\hat{x}^{(0)}(k)-x^{(0)}(k)$	相对误差/% $\Delta_k=|\varepsilon(k)|/x^{(0)}(k)$
$k=2$	2.4	2.53	0.13	5.56
$k=3$	3.1	3.21	0.11	3.63
$k=4$	4.4	4.07	−0.33	7.42
$k=5$	5.2	5.17	−0.03	0.67
$k=6$	6.5	6.55	0.05	0.77

平均相对模拟百分误差 $\Delta_s=\dfrac{1}{5}\sum\limits_{k=2}^{6}\Delta_k=3.61\%$

第五步，未来预测：计算序列 $X^{(0)}$ 在未来时点的预测值。

当 $k=7，8，9$ 时，根据公式（4.2.15）可计算 $\hat{x}^{(0)}(7)$、$\hat{x}^{(0)}(8)$、$\hat{x}^{(0)}(9)$，结果如下：

$\hat{x}^{(0)}(7)=8.31$；$\hat{x}^{(0)}(8)=10.53$；$\hat{x}^{(0)}(9)=13.36$。

在例 4.2.1 中，应用 VGSMS1.0 软件辅助建模，结果如图 4 – 2 所示。

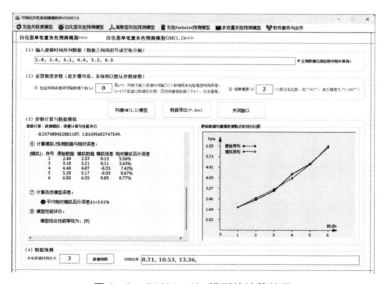

图 4 – 2　GM(1，1) 模型的计算结果

GM(1，1) 模型的建模流程，如图 4 – 3 所示。

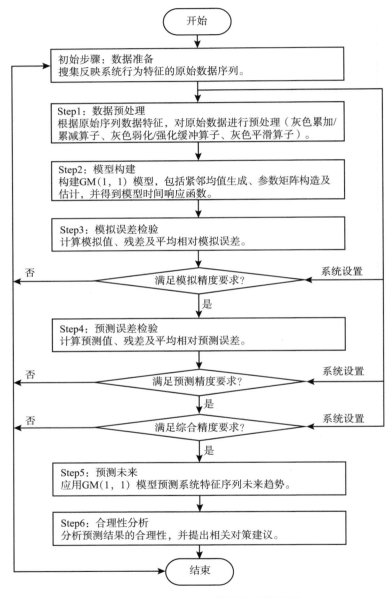

图 4 – 3   GM(1，1) 模型的建模流程

4.3　三参数白化型灰色预测模型 TWGM(1，1)

GM(1，1) 模型的最终还原式表现为齐次指数形式。因此，当建模序列具有近似齐次指数增长特征时，GM(1，1) 具有较好的模拟及预测性能。然而现实世界充满复杂性和不确定性，具有近似齐次指数增长特征的序列只是一种理想状态下的特殊情况，而更多的序列呈现出近似非齐次指数增长特征。在这样的情况下，若使用 GM(1，1) 模型进行建模，其固有的模型结构导致我们很难获得一个满意的模拟及预测精度。

本小节将 GM(1，1) 模型的白化方程从 $\dfrac{dx^{(1)}}{dt} + ax^{(1)} = b$ 拓展为 $\dfrac{dx^{(1)}}{dt} + ax^{(1)} = bt + c$，从而使新构造的白化方程右端同时包括线性项 bt 和常数项 c，在此基础上可推导得到一个最终还原式为非齐次指数函数的新型灰色预测模型。该模型由三个参数 a，b，c 构成，故称为三参数白化型单变量灰色预测模型（Three-parameter Whitenization Grey Model）。为表述方便，本书简称为 TWGM(1，1) 模型。

定义 4.3.1　设序列 $X^{(0)}$ 及 $X^{(1)}$ 如定义 4.2.1 所示，则称

$$\frac{dx^{(1)}}{dt} + ax^{(1)} = bt + c \tag{4.3.1}$$

为 TWGM(1，1) 模型的白化微分方程。

现根据 TWGM(1，1) 模型的白化微分方程 $\dfrac{dx^{(1)}}{dt} + ax^{(1)} = bt + c$ 推导 TWGM(1，1) 模型的基本形式。根据 4.2 小节中 GM(1，1) 模型的基本形式及其白化微分方程的推导过程，现对公式（4.3.1）两端在区

间 $[k-1, k]$ 进行积分，可得

$$\int_{k-1}^{k} dx^{(1)}(t) + a\int_{k-1}^{k} x^{(1)}(t)dt = \int_{k-1}^{k} btdt + \int_{k-1}^{k} cdt_{\circ}$$

因为

$$\int_{k-1}^{k} dx^{(1)}(t) = x^{(1)}(k) - x^{(1)}(k-1) = x^{(0)}(k),$$

$$\int_{k-1}^{k} btdt = 0.5(2k-1)b,$$

$$\int_{k-1}^{k} cdt = c,$$

故公式（4.3.1）可变形为

$$x^{(0)}(k) + a\int_{k-1}^{k} x^{(1)}(t)dt = 0.5(2k-1)b + c \qquad (4.3.2)$$

用梯形面积近似替代 $\int_{k-1}^{k} x^{(1)}(t)dt$，即 $z^{(1)}(k) \approx \int_{k-1}^{k} x^{(1)}(t)dt$，则公式（4.3.2）可变形为

$$x^{(0)}(k) + az^{(1)}(k) = 0.5(2k-1)b + c \qquad (4.3.3)$$

公式（4.3.3）称为 TWGM(1, 1) 模型的基本形式。

TWGM(1, 1) 的网络模型，如图 4-4 所示。

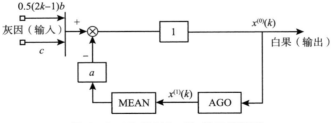

图 4-4　TDGM(1, 1) 的网络模型

TWGM(1, 1) 网络模型的输入输出原理与 GM(1, 1) 模型类似，此处不再赘述。

TWGM（1，1）模型中，参数 a 称为发展系数，其大小反映了系统特征变量 $x^{(0)}(k)$ 的发展态势；参数 b 称为灰色作用量，用来代表影响系统发展的所有灰信息（灰信息覆盖），$0.5(2k-1)b$ 则表示灰作用量 b 的大小与时点 k 线性相关；参数 c 称为随机扰动项或随机误差项，用来代表主要变量以外的具有偶然性或微弱因素影响的信息。

定理 4.3.1 设序列 $X^{(0)}$，$X^{(1)}$ 及 $Z^{(1)}$ 如定义 4.2.1 所示，$\hat{p}=(a,b,c)^T$ 为参数列，且

$$
Y=\begin{bmatrix} x^{(0)}(2) \\ x^{(0)}(3) \\ \vdots \\ x^{(0)}(n) \end{bmatrix}, \quad
B=\begin{bmatrix} -z^{(1)}(2) & 3/2 & 1 \\ -z^{(1)}(3) & 5/2 & 1 \\ \vdots & \vdots & \vdots \\ -z^{(1)}(n) & (2n-1)/2 & 1 \end{bmatrix},
$$

则 TWGM（1，1）模型 $x^{(0)}(k)+az^{(1)}(k)=0.5(2k-1)b+c$ 的最小二乘估计参数列满足

$$
\hat{p}=(a,b,c)^T=(B^TB)^{-1}B^TY。
$$

证明：将数据 $X^{(0)}$，$X^{(1)}$ 及 $Z^{(1)}$ 代入 $x^{(0)}(k)+az^{(1)}(k)=0.5(2k-1)b+c$，可得

$$
\begin{cases}
x^{(0)}(2)+az^{(1)}(2)=\dfrac{3}{2}b+c \\[2mm]
x^{(0)}(3)+az^{(1)}(3)=\dfrac{5}{2}b+c \\[2mm]
\vdots \\[2mm]
x^{(0)}(n)+az^{(1)}(n)=\dfrac{2n-1}{2}b+c
\end{cases}
\tag{4.3.4}
$$

方程组（4.3.4）可以表达为矩阵形式，即

$$
Y=B\hat{p} \tag{4.3.5}
$$

用 $-az^{(1)}(k)+kb+c$ 代替 $x^{(0)}(k)$，$k=2,3,\cdots,n$，可得误差

序列

$$\varepsilon = Y - B\hat{p} \qquad\qquad (4.3.6)$$

设

$$s = \varepsilon^T \varepsilon = (Y - B\hat{p})^T(Y - B\hat{p}) = \sum_{k=2}^{n}\left[x^{(0)}(k) + az^{(1)}(k) - \frac{2k-1}{2}b - c\right]^2,$$

使 s 最小的参数列 $\hat{p} = (a,\ b,\ c)^T$ 应满足

$$\begin{cases} \dfrac{\partial s}{\partial a} = 2\sum_{k=2}^{n}(x^{(0)}(k) + az^{(1)}(k) - \frac{2k-1}{2}b - c)z^{(1)}(k) = 0 \\[2mm] \dfrac{\partial s}{\partial b} = -2\sum_{k=2}^{n}(x^{(0)}(k) + az^{(1)}(k) - \frac{2k-1}{2}b - c)k = 0 \\[2mm] \dfrac{\partial s}{\partial c} = -2\sum_{k=2}^{n}(x^{(0)}(k) + az^{(1)}(k) - \frac{2k-1}{2}b - c) = 0 \end{cases}$$

整理得，

$$\begin{cases} \sum_{k=2}^{n}(x^{(0)}(k) + az^{(1)}(k) - \frac{2k-1}{2}b - c)z^{(1)}(k) = 0 \\[2mm] \sum_{k=2}^{n}(x^{(0)}(k) + az^{(1)}(k) - \frac{2k-1}{2}b - c)k = 0 \\[2mm] \sum_{k=2}^{n}(x^{(0)}(k) + az^{(1)}(k) - \frac{2k-1}{2}b - c) = 0 \end{cases} \qquad (4.3.7)$$

根据方程组（4.3.7）可得，

$$B^T\varepsilon = 0 \Rightarrow B^T(Y - B\hat{p}) = 0 \Rightarrow B^TY - B^TB\hat{p} = 0 \Rightarrow \hat{\sigma} = (B^TB)^{-1}B^TY。$$

证明结束。

定理 4.3.2 设 B，Y，$\hat{p}$ 如定理 4.3.1 所述，则

（1）TWGM(1,1) 模型白化方程 $\dfrac{dx^{(1)}}{dt} + ax^{(1)} = bt + c$ 的解（时间响应函数）为

$$x^{(1)}(t) = \left(x^{(1)}(1) - \frac{b}{a} + \frac{b}{a^2} - \frac{c}{a}\right)e^{-a(t-1)} + \frac{b}{a}t - \frac{b}{a^2} + \frac{c}{a} \qquad (4.3.8)$$

（2）TWGM（1，1）模型 $x^{(0)}(k) + az^{(1)}(k) = b$ 的时间响应式为

$$\hat{x}^{(1)}(k) = \left(x^{(1)}(1) - \frac{b}{a} + \frac{b}{a^2} - \frac{c}{a} \right) e^{-a(k-1)} + \frac{b}{a}k - \frac{b}{a^2} + \frac{c}{a};$$

$$k = 2, 3, \cdots, n, \cdots \tag{4.3.9}$$

（3）TWGM（1，1）模型的最终还原式为

$$\hat{x}^{(0)}(k) = \left((1 - e^a) \left(x^{(0)}(1) - \frac{b}{a} + \frac{b}{a^2} - \frac{c}{a} \right) \right) e^{-a(k-1)} + \frac{b}{a};$$

$$k = 2, 3, \cdots, n, \cdots \tag{4.3.10}$$

证明（1）：令 $y = x^{(1)}$、$P(x) = a$、$Q(x) = bt + c$，将其代入一阶线性微分方程的通解公式（4.2.6），可得

$$x^{(1)} = e^{-\int a dt} \left(\int (bt + c) e^{\int a dt} dt + C \right)。$$

则白化方程 $\dfrac{dx^{(1)}}{dt} + ax^{(1)} = bt + c$ 的通解为

$$x^{(1)}(t) = e^{-at} \left(\int (bt + c) e^{at} dt + C \right) = e^{-at} \left(b \int t e^{at} dt + c \int e^{at} dt + C \right)。$$

推导得

$$x^{(1)}(t) = e^{-at} \left(\left(\frac{b}{a} t e^{at} - \frac{b}{a^2} e^{at} \right) + \frac{c}{a} e^{at} + C \right) = \frac{b}{a} t - \frac{b}{a^2} + \frac{c}{a} + C e^{-at}。$$

在 TWGM（1，1）模型中，$x^{(1)}(t) \big|_{t=1} = x^{(1)}(1)$ 作为白化微分方程的初始条件，故

$$x^{(1)}(1) = \frac{b}{a} - \frac{b}{a^2} + \frac{c}{a} + C e^{-a} \Rightarrow C = \left(x^{(1)}(1) - \frac{b}{a} + \frac{b}{a^2} - \frac{c}{a} \right) e^a。$$

故白化微分方程的特解为

$$x^{(1)}(t) = \frac{b}{a} t - \frac{b}{a^2} + \frac{c}{a} + \left(x^{(1)}(1) - \frac{b}{a} + \frac{b}{a^2} - \frac{c}{a} \right) e^{-a(t-1)}。$$

定理 4.3.2 之（1）证明结束。定理 4.3.2 之（2）~（3）证明过程略。

公式（4.3.10）中，参数 e，a，b，c，$x^{(1)}(1)$ 均为常数，令

$$\alpha = (1 - e^a)\left(x^{(0)}(1) - \frac{b}{a} + \frac{b}{a^2} - \frac{c}{a}\right), \quad \beta = \frac{b}{a},$$

则公式（4.3.10）可简化为

$$\hat{x}^{(0)}(k) = \alpha \cdot e^{-a(k-1)} + \beta \qquad\qquad (4.3.11)$$

可见，TWGM（1，1）模型的最终还原式为非齐次指数函数，故 TWGM（1，1）模型通常被称为非齐次指数序列灰色预测模型。TWGM（1，1）模型的参数通过其基本形式（公式4.3.3）进行估计，而时间响应式则通过其白化微分方程（公式4.3.1）推导得到，且其包含三个参数 a，b，c，故 TWGM（1，1）模型也被称为三参数白化型单变量灰色预测模型。

在公式（4.3.11）中，当 $k = 2$，3，$\cdots$，n 时，$\hat{x}^{(0)}(k)$ 称为 TWGM（1，1）模型的模拟值；当 $k = n+1$，$n+2$，$\cdots$ 时，$\hat{x}^{(0)}(k)$ 称为 TWGM（1，1）模型的预测值。

例 4.3.1 设原始序列 $X^{(0)} = (1.8, 2.4, 3.1, 4.4, 5.2, 6.5)$，试构建 $X^{(0)}$ 的 TWGM（1，1）模型。

第一步，序列处理：计算序列 $X^{(0)}$ 一次累加序列 $X^{(1)}$ 及紧邻均值序列 $Z^{(1)}$。

根据定义 4.2.1 可得，

$X^{(1)} = (x^{(1)}(1), x^{(1)}(2), \cdots, x^{(1)}(6)) = (1.8, 4.2, 7.3, 11.7, 16.9, 23.4)$；

$Z^{(1)} = (z^{(1)}(1), z^{(1)}(2), \cdots, z^{(1)}(6)) = (3.00, 5.75, 9.50, 14.30, 20.15)$。

第二步，参数估计：构建参数矩阵、估计模型参数。

根据定理 4.3.1，构造 TWGM（1，1）模型参数矩阵 B，Y，估计模型参数 a、b 和 c。

$$Y = \begin{bmatrix} x^{(0)}(2) \\ x^{(0)}(3) \\ \vdots \\ x^{(0)}(6) \end{bmatrix} = \begin{bmatrix} 2.40 \\ 3.10 \\ \vdots \\ 6.50 \end{bmatrix},$$

$$B = \begin{bmatrix} -z^{(1)}(2) & 3/2 & 1 \\ -z^{(1)}(3) & 5/2 & 1 \\ \vdots & \vdots & \vdots \\ -z^{(1)}(6) & 11/2 & 1 \end{bmatrix} = \begin{bmatrix} -3.00 & 1.5 & 1 \\ -5.75 & 2.5 & 1 \\ \vdots & \vdots & \vdots \\ -20.15 & 5.5 & 1 \end{bmatrix};$$

$$\hat{p} = (a, b, c)^{\mathrm{T}} = (B^{\mathrm{T}}B)^{-1}B^{\mathrm{T}}Y = \begin{bmatrix} -0.0960 \\ 0.6186 \\ 1.1430 \end{bmatrix}.$$

第三步，模型构造：构建 TWGM(1,1) 模型的最终还原式。

将模型参数 a、b 和 c 代入公式（4.3.10），

$$\hat{x}^{(0)}(k) = (1 - e^{-0.0960})\left(x^{(0)}(1) - \frac{0.6186}{-0.0960} + \frac{0.6186}{-0.0960^2}\right.$$

$$\left. - \frac{1.1430}{-0.0960}\right)e^{-0.0960(k-1)} + \frac{0.6186}{-0.0960}, \quad k = 2, 3, \cdots n.$$

整理得 TWGM(1,1) 模型的最终还原式，如下：

$$\hat{x}^{(0)}(k) = 7.9877e^{-0.0960(k-1)} - 6.4429, \quad k = 2, 3, \cdots, n \quad (4.3.12)$$

第四步，误差计算：计算 TWGM(1,1) 模型对序列 $X^{(0)}$ 的模拟误差。

根据公式（4.3.12），当 $k = 2, 3, \cdots, 6$ 时，可计算 TWGM(1,1) 模型的模拟值 $\hat{x}^{(0)}(k)$、模拟误差、残差及相对误差，如表 4-2 所示。

表4-2   基于 TWGM(1, 1) 模型的模拟值

序号	实际数据 $x^{(0)}(k)$	模拟数据 $\hat{x}^{(0)}(k)$	残差 $\varepsilon(k) = \hat{x}^{(0)}(k) - x^{(0)}(k)$	相对误差/% $\Delta_k = \mid \varepsilon(k) \mid / x^{(0)}(k)$
$k = 2$	2.4	2.35	− 0.05	2.09
$k = 3$	3.1	3.24	0.14	4.38
$k = 4$	4.4	4.21	− 0.19	4.29
$k = 5$	5.2	5.28	0.08	1.63
$k = 6$	6.5	6.47	− 0.03	0.51

平均相对模拟百分误差 $\Delta_s = \dfrac{1}{5} \sum\limits_{k=2}^{6} \Delta_k = 2.58\%$

第五步，未来预测：计算序列 $X^{(0)}$ 在未来时点的预测值。

当 $k = 7, 8, 9$ 时，根据公式（4.3.12）可计算 $\hat{x}^{(0)}(7)$、$\hat{x}^{(0)}(8)$、$\hat{x}^{(0)}(9)$，结果如下：

$\hat{x}^{(0)}(7) = 7.77$；$\hat{x}^{(0)}(8) = 9.20$；$\hat{x}^{(0)}(9) = 10.78$。

应用 VGSMS1.0 软件构建序列 $X^{(0)}$ 的 TWGM(1, 1) 模型，建模结果如图4-5所示。

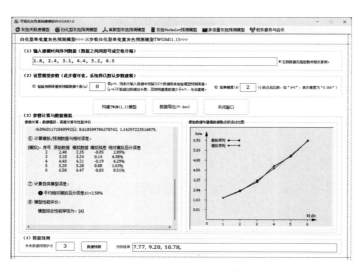

图4-5　TWGM(1, 1) 的计算结果

4.4 GM(1，1) 模型性能检验方法

如何判定一个预测模型性能的优劣，模型精度在何种情况下才可用于预测。本小节将介绍灰色预测模型性能检验方法。预测模型的性能包括模拟性能及预测性能两个方面。通常情况下，一个预测模型只有当其模拟性能及预测性能均通过相关检验的情况下，才能用于预测。灰色预测模型的性能检验方法主要包括残差检验和灰色关联度检验两类。

（1）残差检验。

定义 4.4.1 设原始序列 $X^{(0)}$：

$$X^{(0)} = (x^{(0)}(1)，x^{(0)}(2)，\cdots，x^{(0)}(n)，x^{(0)}(n+1)，\cdots，x^{(0)}(n+t))。$$

在序列 $X^{(0)}$ 中，其前 n 个元素组成的序列称作模拟子序列，记作 $X_n^{(0)}$；其第 $n+1$ 至 $n+t$ 之间的元素组成的序列称作预测子序列，记作 $X_t^{(0)}$，即

$$X_n^{(0)} = (x^{(0)}(1)，x^{(0)}(2)，\cdots，x^{(0)}(n))；$$

$$X_t^{(0)} = (x^{(0)}(n+1)，x^{(0)}(n+2)，\cdots，x^{(0)}(n+t))。$$

构建序列 $X_n^{(0)}$ 灰色预测模型，其模拟序列记为 $\hat{X}_n^{(0)}$，其第 $n+1$ 至 $n+t$ 步的预测序列记为 $\hat{X}_t^{(0)}$：

$$\hat{X}_n^{(0)} = (\hat{x}^{(0)}(1)，\hat{x}^{(0)}(2)，\cdots，\hat{x}^{(0)}(n))；$$

$$\hat{X}_t^{(0)} = (\hat{x}^{(0)}(n+1)，\hat{x}^{(0)}(n+2)，\cdots，\hat{x}^{(0)}(n+t))。$$

模拟序列为 $\hat{X}_n^{(0)}$ 及预测序列为 $\hat{X}_t^{(0)}$ 的残差序列分别为 ε_n 及 ε_t，即

$$\varepsilon_n = (\varepsilon_n(1)，\varepsilon_n(2)，\cdots，\varepsilon_n(n))；$$

$$\varepsilon_t = (\varepsilon_t(t+1)，\varepsilon_t(t+2)，\cdots，\varepsilon_t(t+n))。$$

其中

$$\varepsilon_n(u) = x^{(0)}(u) - \hat{x}^{(0)}(u), \quad u = 1, 2, \cdots, n;$$

$$\varepsilon_t(v) = x^{(0)}(v) - \hat{x}^{(0)}(v), \quad v = n+1, n+2, \cdots, n+t_。$$

则称 $\Delta_n(u)$ 为模拟序列 $\hat{X}_n^{(0)}$ 在第 u 点的相对模拟百分误差（Relative Simulation Percentage Error，RSPE），即

$$\Delta_n(u) = \left| \frac{\varepsilon_n(u)}{x^{(0)}(u)} \right| \times 100\%, \quad u = 1, 2, \cdots, n_。$$

称 Δ_n 为模拟序列 $\hat{X}_n^{(0)}$ 的相对模拟百分误差序列，即

$$\Delta_n = (\Delta_n(1), \Delta_n(2), \cdots, \Delta_n(n))_。$$

称 $\overline{\Delta}_n$ 为模拟序列 $\hat{X}_n^{(0)}$ 的平均相对模拟百分误差（Mean Relative Simulation Percentage Error，MRSPE），即

$$\overline{\Delta}_n = \frac{1}{n} \sum_{u=1}^{n} \Delta_n(u)_。$$

类似地，$\Delta_t(v)$ 为预测序列 $\hat{X}_t^{(0)}$ 在第 v 点的相对预测百分误差（Relative Prediction Percentage Error，RPPE）；Δ_t 为预测序列 $\hat{X}_t^{(0)}$ 的相对预测百分误差序列；$\overline{\Delta}_t$ 为预测序列 $\hat{X}_t^{(0)}$ 的平均相对预测百分误差（Mean Relative Prediction Percentage Error，MRPPE）。

称 Δ 为灰色预测模型的综合平均相对百分误差（Comprehensive Mean Relative Percentage Error，CMRPE），即

$$\Delta = \frac{n \cdot \overline{\Delta}_n + t \cdot \overline{\Delta}_t}{n+t}_。$$

对给定参数 λ_1，λ_2，λ_3，若 $\overline{\Delta}_n < \lambda_1$、$\overline{\Delta}_t < \lambda_2$ 且 $\Delta < \lambda_3$ 同时成立，则称该模型为残差检验合格模型。

（2）灰色关联度检验。

定义 4.4.2 设序列 $X^{(0)}$、$X_n^{(0)}$、$X_t^{(0)}$、$\hat{X}_n^{(0)}$、$\hat{X}_t^{(0)}$ 分别如定义 4.4.1 所述，序列 $X_n^{(0)}$ 与序列 $\hat{X}_n^{(0)}$ 之间的灰色面积关联度记作 ε_{0n}，序列 $X_t^{(0)}$ 与序列 $\hat{X}_t^{(0)}$ 之间的灰色面积关联度记作 ε_{0t}，则称 ε 为灰色预测模型的

综合关联度，

$$\varepsilon = \frac{n \cdot \varepsilon_{0n} + t \cdot \varepsilon_{0t}}{n + t}。$$

对给定参数 η_1，η_2，η_3，若 $\varepsilon_{0n} > \eta_1$、$\varepsilon_{0t} > \eta_2$ 且 $\varepsilon > \eta_3$ 同时成立，则称该模型为灰色关联度检验合格模型。

注意：当建模数据量比较小的时候，无法将原始序列分割为"模拟子序列"及"预测子序列"，此时只能对模型的模拟误差进行检验，而不再检验模型预测误差。

实际上，灰色预测模型性能检验方法除开残差检验和灰色关联度检验外，还包括均方差检验及小误差概率检验两种。由于平时检验模型性能主要采用残差或灰色关联度检验法，因此本书对灰色预测模型其他两种检验方法不再作详细介绍。有兴趣的读者可以参考刘思峰等著的《灰色系统理论及其应用》（第八版）相关章节内容。

4.5　模型应用：高速公路经济效益后评价

（1）研究背景。

高速公路经济效益后评价是反映高速公路建成运营 3 ~ 5 年后，对其所覆盖区域的经济效益进行全面的跟踪、调查、分析和评价。其目的在于通过全面的总结，从项目完成过程中吸取经验教训，不断提高高速公路建设项目决策、设计、施工和管理水平，为合理利用资金、提高投资效益、改进管理、制定相关政策和优化高速公路网规划等提供科学依据。目前，国内外学者对高速公路后评价采用的评价方法主要包括有无对比法、投入产出分析法、计量经济学分析法、系统动力学模型分析法、DEA 模型法、模糊综合评价法、三标度法、神经网络分析法、结构方程模型法等。

　　灰色预测模型也是高速公路项目后评价的常用方法之一。其主要思路是：首先根据高速公路修建前的历史数据建立 GM(1，1) 模型，利用该模型预测得到一组指标值；然后与高速公路修建后的实际数据进行对比，根据对比结果对高速公路经济效益进行评价，如图 4－6（a）所示。

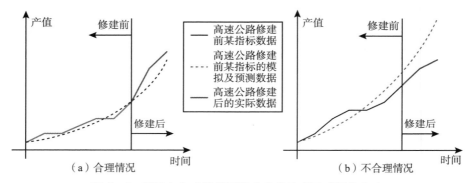

图 4－6　基于灰色系统模型的高速公路项目后评价方法

　　高速公路作为一种现代化的公路运输通道，它的建成对沿线交通物流、资源开发、招商引资、产业优化等方面将起到积极的促进作用，对拉动所覆盖区域的 GDP 发展意义重大。因此，通过高速公路修建前的 GDP 数据建立 GM(1，1) 模型，在满足模型精度要求的条件下，其预测值应低于高速公路修建后 GDP 的实际数据，反映了高速公路修建后对区域 GDP 发展所起到的拉动作用。然而，基于这种思路所建立的高速公路后评价模型，有时可能出现预测值大于实际值的情况，其经济含义解释为高速公路修建后的 GDP 比不修高速公路按照历史趋势发展的 GDP 更低，体现了高速公路修建后对区域经济的发展具有抑制作用，如图 4－6（b）所示。

GM(1，1) 模型的最终还原式为齐次指数函数，当建模数据基数较小的时候，序列数据级比较大、指数函数趋于陡峭，这就导致了灰色模型预测值高于高速公路修建后的实际数据。因此，需要弱化高速公路修建前建模序列的增长趋势，更加合理地对高速公路修建后的经济效益进行评价。刘思峰教授所构建的灰色缓冲算子概念和公理体系，可以实现对原始序列发展趋势的调节，进而提高了灰色模型预测结果的合理性。

本小节将应用灰色缓冲算子技术对高速公路修建前的建模数据进行预处理，在此基础上应用 GM(1，1) 模型对高速公路修建前经济指标进行预测，从而构建高速公路经济效益后评价模型，以实现高速公路经济效益的有效评价。

（2）高速公路经济效益后评价模型的建模步骤。

第 1 步：经济指标选择。选择能够代表高速公路对地方经济拉动效应的典型经济指标，如地区生产总值、规模以上工业企业利润、社会消费量零售总额、进出口贸易总额等。经济指标通常以年份为单位，同时为便于建立有效的灰色系统预测模型，每一指标序列中应不少于五组连续的样本数据，构成建模原始序列 $X^{(0)}$。

第 2 步：原始数据缓冲处理。观察指标序列的数据特征、发展规律与演化趋势，基于实际情况应用灰色缓冲算子强化或弱化原始序列的发展趋势，进而达到调节 GM(1，1) 模型预测结果之目的，避免建模时完全依赖原始数据可能导致的定性分析结果与定量预测数据相悖的问题，以提高预测结果的科学性与合理性。

第 3 步：GM(1，1) 模型构建。在步骤 1 和步骤 2 的基础上，构建（缓冲）序列的 GM(1，1) 模型。主要内容包括矩阵构造、参数估计、模型推导、数据模拟、误差计算、性能判断等。需要补充说明的是，若 GM(1，1) 模型预测结果不合理，需要再次执行步骤 2 重新对原始指标序列进行缓冲处理，以得到合理的预测结果。

第 4 步：高速公路经济效益后评价。基于 GM（1，1）模型的某经济指标预测结果记为 $\hat{x}^{(0)}(k)$，代表在未修建高速公路的情况下，未来某年份该经济指标数据的可能值。$\hat{x}^{(0)}(k)$ 与修建高速公路后该经济指标的实际数据 $x^{(0)}(k)$ 进行比较，就可实现高速公路对地方经济拉动效应的后评价。

（3）应用举例。

渝长高速公路起点为重庆沙坪坝区上桥，终点为长寿县桃花街，全长 85 公里，该项目 1997 年开工，2000 年全线建成通车。试对渝长高速公路的经济效益进行后评价。

第 1 步：经济指标选择。

地区生产总值（地区 GDP）是指本地区所有常住单位在一定时期内生产活动的最终成果，等于各产业增加值之和，是国民经济核算的核心指标。因此，渝长高速公路经济效益后评价选择"地区生产总值"作为核心经济指标。表 4 - 3 是渝长高速公路所覆盖区域 1995～2000 年的地区生产总值。

表 4 - 3　　　　　渝长高速所覆盖区域 1995～2000 年的地区生产总值　　　单位：万元

年份	1995	1996	1997	1998	1999	2000
地区生产总值	257951	313372	365735	400976	450110	506050

资料来源：重庆统计年鉴（1995 - 2000 年）。

第 2 步：原始数据缓冲处理。

根据表 4 - 3 可知原始序列 $X^{(0)}$：

$$X^{(0)} = (x^{(0)}(1)，x^{(0)}(2)，\cdots，x^{(0)}(6))$$
$$= (257951，313372，365735，400976，450110，506050)。$$

直接基于原始序列 $X^{(0)}$ 建立 GM(1，1) 模型，其 2001～2006 年的预测值大于渝长高速公路所覆盖区域 2001～2006 年的实际地区生产总值（见表 4 - 4）。这意味着高速公路修建后的地区生产总值比不修高速公路按照历史趋势发展的地区生产总值更低，体现了高速公路修建后对区域经济的发展具有抑制作用，这显然是不合理的。其主要原因是重庆直辖前该地区的经济较为落后，地区生产总值较低，重庆直辖后经济高速发展，由于基数低所以导致增速快，因此基于这段时间的历史数据所构建的 GM(1，1) 模型，也具有非常高的增速，并进一步导致 GM(1，1) 模型的预测结果高于修建高速公路后对应年份的地区生产总值。因此需要应用灰色弱化缓冲算子对序列 $X^{(0)}$ 进行弱化处理，以减弱由于基数低所导致的高增速问题，其本质就是让序列曲线走势变得相对平缓。

应用公式（3.1.1）对原始序列 $X^{(0)}$ 进行缓冲算子处理，得新序列 $S^{(0)}$：

$$S^{(0)} = (s^{(0)}(1)，s^{(0)}(2)，\cdots，s^{(0)}(6))$$
$$= (x^{(0)}(1)d，x^{(0)}(2)d，\cdots，x^{(0)}(6)d)$$
$$= (382366，407249，430718，452379，478080，506050)。$$

其中，

$$s^{(0)}(k) = x^{(0)}(k)d = \frac{1}{n-k+1}\left[x^{(0)}(k) + x^{(0)}(k+1) + \cdots + x^{(0)}(n)\right]，$$

$k = 1，2，\cdots，6$。

第 3 步：GM(1，1) 模型构建与预测。

以新序列 $S^{(0)}$ 为建模数据，应用 VGSMS1.0 软件构建序列 $S^{(0)}$ 的 GM(1，1) 模型，结果如图 4 - 7 所示。

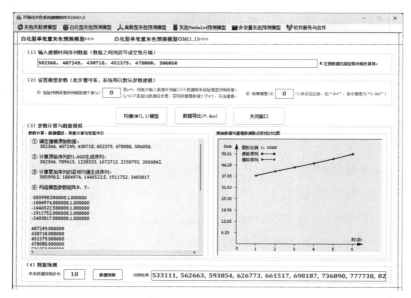

图 4-7　基于 $S^{(0)}$ 所构建的 GM(1, 1) 模型计算结果

第 4 步：高速公路经济效益后评价。

基于 GM(1, 1) 的渝长高速所覆盖区域 2001～2010 年地区生产总值的预测值 $\hat{s}^{(0)}(k)$，代表未修建高速公路情况下，该区域在未来 10 年地区生产总值的可能值。将 $\hat{s}^{(0)}(k)$ 与修建高速公路后该区域地区生产总值的实际数据 $x^{(0)}(k)$ 进行比较，可对高速公路对该区域经济拉动效应进行后评价，结果如表 4-4 所示。

表 4-4　渝长高速所覆盖区域 2001～2010 年地区生产总值的实际值与预测值

单位：万元

年份	实际数据	直接基于实际数据的 GM(1, 1) 模型			实际数据经缓冲处理的 GM(1, 1) 模型		
		预测值 1	贡献值 1	贡献率 1	预测值 2	贡献值 2	贡献率 2
2001	554600	567424	−12824	−2.26%	533111	21489	4.03%

年份	实际数据	直接基于实际数据的 GM(1，1) 模型			实际数据经缓冲处理的 GM(1，1) 模型		
		预测值 1	贡献值 1	贡献率 1	预测值 2	贡献值 2	贡献率 2
2002	620000	636852	− 16852	− 2.65%	562663	57337	10.19%
2003	668778	714776	− 45998	− 6.44%	593854	74924	12.62%
2004	746427	802234	− 55807	− 6.96%	626773	119654	19.09%
2005	870234	900393	− 30159	− 3.35%	661517	208717	31.55%
2006	1000518	1010562	− 10044	− 0.99%	698187	302331	43.30%
2007	1252640	1134212	118428	10.44%	736890	515750	69.99%
2008	1556500	1272990	283510	22.27%	777738	778762	100.13%
2009	1763812	1428750	335062	23.45%	820851	942961	114.88%
2010	2286417	1603568	682849	42.58%	866353	1420064	163.91%

资料来源：表中"实际数据"来自重庆统计年鉴（2001 – 2010 年）。

表 4 – 4 中，"实际数据"表示该区域 2001～2010 年地区生产总值的真实值；预测值 1 表示未使用缓冲算子处理所建立的灰色预测模型的预测值；预测值 2 表示使用了缓冲算子处理所建立的灰色预测模型的预测值。从表 4 – 4 不难发现，未使用缓冲算子在 2007 年之前的预测值大于实际值，表明修建高速公路之后的地区生产总值不仅不能按照既有速度发展，反而下降了，这显然与实际情况不符；使用缓冲算子后所预测的数据能更加客观地反映高速公路对地区生产总值的拉动效应，更具合理性。

应用 VGSMS1.0 软件构建原始序列 $X^{(0)}$ 的 GM(1，1) 模型，建模结果如图 4 – 8 所示。

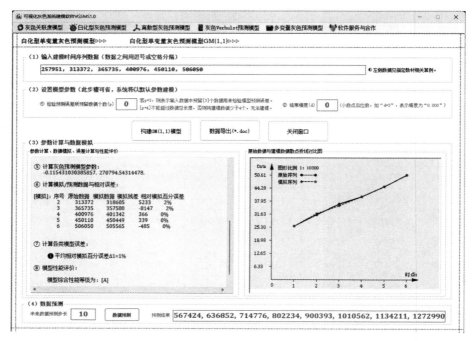

图 4-8 基于 $X^{(0)}$ 所构建的 GM(1，1) 模型计算结果

4.6 本 章 小 结

GM(1，1) 是邓聚龙教授最早提出的单变量灰色预测模型，也是灰色预测模型中研究成果最多、关注度最高、应用最广的经典灰色预测模型，主要用来对具有近似指数增长规律的序列进行建模和预测。现有的大部分单变量灰色预测模型，都是在 GM(1，1) 基础上通过模型机理优化、结构拓展、参数优化或建模对象拓展等角度衍生而来的。

将 GM(1，1) 模型的白化方程从 $\frac{dx^{(1)}}{dt} + ax^{(1)} = b$ 拓展为 $\frac{dx^{(1)}}{dt} + ax^{(1)} = bt + c$，从而使得新构造的白化方程右端同时包括线性项 bt 和常

数项 c，在此基础上可构造出一个最终还原式为非齐次指数函数的三参数白化型单变量灰色预测模型，简称 TWGM(1，1) 模型。TWGM(1，1) 模型通过结构拓展，弥补了传统 GM(1，1) 模型难以实现对非齐次指数序列建模的不足。

GM(1，1) 模型及 TWGM(1，1) 模型，均为白化型单变量灰色预测模型。二者都具有白化方程和基本形式，且均通过白化方程推导模型时间响应式，通过基本形式估计模型参数。二者的差异在于模型参数，前者含参数 a，b，而后者包含参数 a，b，c。参数的差异使得二者具有不同的建模性能。GM(1，1) 模型主要适用于齐次指数序列，而 TWGM(1，1) 模型对齐次及非齐次指数序列均具有较好建模效果。但面向非指数序列，TWGM(1，1) 模型性能并不总是优于 GM(1，1) 模型。

本章通过 GM(1，1) 模型结合灰色弱化缓冲算子对渝长高速公路经济效益进行后评价。该应用案例一方面展示了如何应用 GM(1，1) 模型解决现实生活中的预测评价问题，另一方面也说明了高精度预测模型其预测结果可能具有"欺骗性"，完全依赖原始数据建模可能存在"预测陷阱"，而灰色缓冲算子则为解决该问题提供了一种可行方法。

第五章

离散型单变量灰色预测模型

以 GM(1，1) 及 TWGM(1，1) 为代表的白化型单变量灰色预测模型，由具有差分特征的基本形式和微分特征的白化方程两个部分构成。模型基本形式用于模型参数的估计，模型白化方程则用于模型时间响应函数的推导和求解。因此，白化型单变量灰色预测模型同时具有部分差分和部分微分的特征。

GM(1，1) 模型本质上为齐次指数函数。然而，当建模序列严格满足齐次指数特征时，该模型同样存在模拟误差。换言之，GM(1，1) 模型不能实现对齐次指数序列的无偏模拟。谢乃明教授较早发现并对该问题进行了系统分析和深入讨论，认为 GM(1，1) 模型参数估计源于离散形式的差分方程，而模拟和预测采用的是连续形式的微分方程。从离散形式的估计到连续形式的预测这一变换过程存在模型误差。从建模过程的角度来分析，GM(1，1) 模型的参数估计与时间响应函数的求解源自不同的方程，二者的"非同源性"导致了 GM(1，1) 的模型误差。

离散型单变量灰色预测模型是为解决白化型单变量灰色预测模型的"非同源性"误差而提出的。该类模型不存在白化微分方程，其模型的参数估计与时间响应函数的推导均通过基本形式完成，从而确保了二者来源方程的统一性，能实现指数序列的无偏模拟。

5.1　离散型单变量灰色预测模型 DGM(1，1)

根据前面的分析可知，与经典 GM(1，1) 对应的离散型单变量灰色预测模型只包含基本形式 $x^{(1)}(k)+az^{(1)}(k)=b$，而不包含白化微分方程 $\dfrac{dx^{(1)}}{dt}+ax^{(1)}=b$。模型参数估计与时间响应函数的推导均源自基本形式 $x^{(1)}(k)+az^{(1)}(k)=b$。下文详细介绍其推导过程。

定义 5.1.1　设原始序列 $X^{(0)}=(x^{(0)}(1)，x^{(0)}(2)，\cdots，x^{(0)}(n))$，序列 $X^{(1)}=(x^{(1)}(1)，x^{(1)}(2)，\cdots，x^{(1)}(n))$ 为 $X^{(0)}$ 的 1-AGO 序列，$Z^{(1)}=(z^{(1)}(2)，z^{(1)}(3)，\cdots，z^{(1)}(n))$ 为 $X^{(1)}$ 的紧邻均值生成序列，则称

$$x^{(0)}(k)+az^{(1)}(k)=b \tag{5.1.1}$$

为含一阶差分方程及一个变量的离散型（discrete）灰色（grey）预测模型（model），简称 DGM(1，1) 模型。

定理 5.1.1　设序列 $X^{(0)}$，$X^{(1)}$ 及 $Z^{(1)}$ 如定义 5.1.1 所示，$\hat{a}=(a，b)^T$ 为参数列，且

$$Y=\begin{bmatrix} x^{(0)}(2) \\ x^{(0)}(3) \\ \vdots \\ x^{(0)}(n) \end{bmatrix}，\quad B=\begin{bmatrix} -z^{(1)}(2) & 1 \\ -z^{(1)}(3) & 1 \\ \vdots & \vdots \\ -z^{(1)}(n) & 1 \end{bmatrix}，$$

则 DGM(1，1) 模型 $x^{(0)}(k)+az^{(1)}(k)=b$ 的最小二乘估计参数列满足

$$\hat{a}=(B^TB)^{-1}B^TY。$$

定理 5.1.1 与定理 4.2.1 完全相同，此处不再证明。

定理 5.1.2 设 B，Y，$\hat{a}$ 如定理 5.1.1 所述，令

$$\beta = \frac{1 - 0.5a}{1 + 0.5a};\ \gamma = \frac{b}{1 + 0.5a};\ \alpha = (\beta - 1) \cdot x^{(1)}(1) + \gamma。$$

则当 $k = 2$，3，$\cdots$，n，$\cdots$时，DGM(1，1) 模型的时间响应式及最终还原式分别为

$$\hat{x}^{(1)}(k) = \beta^{t-1}x^{(1)}(1) + \sum_{g=0}^{k-2} \beta^g \cdot \gamma;$$

$$\hat{x}^{(0)}(k) = \alpha \cdot \beta^{k-2}。$$

证明：当 $k = 2$，3，$\cdots$，n，根据定义 5.1.1 可知，

$$x^{(0)}(k) = x^{(1)}(k) - x^{(1)}(k-1) \tag{5.1.2}$$

$$z^{(1)}(k) = 0.5 \times (x^{(1)}(k) + x^{(1)}(k-1)) \tag{5.1.3}$$

将公式（5.1.2）及公式（5.1.3）代入 DGM(1，1) 模型，得

$$x^{(0)}(k) + az^{(1)}(k) = b \Rightarrow x^{(1)}(k) - x^{(1)}(k-1) + 0.5a \times (x^{(1)}(k) + x^{(1)}(k-1)) = b。$$

整理得

$$\hat{x}^{(1)}(k) = \frac{1 - 0.5a}{1 + 0.5a}\hat{x}^{(1)}(k-1) + \frac{b}{1 + 0.5a} \tag{5.1.4}$$

公式（5.1.4）中，$x^{(1)}(k)$ 及 $x^{(1)}(k-1)$（$x^{(1)}(1)$ 除外，因其为迭代起点）均通过公式计算，为估计值。因此，需在变量 $x^{(1)}(k)$ 及 $x^{(1)}(k-1)$ 加上参数估计标志 "∧"。公式（5.1.4）中，令

$$\beta = \frac{1 - 0.5a}{1 + 0.5a};\ \gamma = \frac{b}{1 + 0.5a},$$

则公式（5.1.4）可简化为

$$\hat{x}^{(1)}(k) = \beta\hat{x}^{(1)}(k-1) + \gamma \tag{5.1.5}$$

根据公式（5.1.5），当 $k = 2$，3 时，可得

$$\hat{x}^{(1)}(2) = \beta x^{(1)}(1) + \gamma \tag{5.1.6}$$

$$\hat{x}^{(1)}(3) = \beta \hat{x}^{(1)}(2) + \gamma \qquad (5.1.7)$$

将公式（5.1.6）代入公式（5.1.7）中，整理可得

$$\hat{x}^{(1)}(3) = \beta^2 \hat{x}^{(1)}(1) + \beta \cdot \gamma + \gamma \qquad (5.1.8)$$

类似地，当 $k = 4$ 时，

$$\hat{x}^{(1)}(4) = \beta \hat{x}^{(1)}(3) + \gamma = \beta^3 x^{(1)}(1) + \beta^2 \cdot \gamma + \beta \cdot \gamma + \gamma \qquad (5.1.9)$$

当 $k = t$ 时，将 $\hat{x}^{(1)}(t-1)$ 代入 $\hat{x}^{(1)}(t)$ 中，可整理得

$$\hat{x}^{(1)}(t) = \beta^{t-1} x^{(1)}(1) + \sum_{g=0}^{t-2} \beta^g \cdot \gamma \qquad (5.1.10)$$

由 $\hat{x}^{(0)}(k) = \hat{x}^{(1)}(k) - \hat{x}^{(1)}(k-1)$ 可知，

$$\hat{x}^{(0)}(k) = \beta^{k-1} x^{(1)}(1) + \sum_{g=0}^{k-2} \beta^g \cdot \gamma - \beta^{k-2} x^{(1)}(1) - \sum_{g=0}^{k-3} \beta^g \cdot \gamma$$

$$(5.1.11)$$

因为

$$\beta^{k-1} x^{(1)}(1) - \beta^{k-2} x^{(1)}(1) = (\beta - 1)\beta^{k-2} x^{(1)}(1),$$

$$\sum_{g=0}^{k-2} \beta^g \cdot \gamma - \sum_{g=0}^{k-3} \beta^g \cdot \gamma = \beta^{k-2} \cdot \gamma + \sum_{g=0}^{k-3} \beta^g \cdot \gamma - \sum_{g=0}^{k-3} \beta^g \cdot \gamma = \beta^{k-2} \cdot \gamma,$$

则公式（5.1.11）变形为

$$\hat{x}^{(0)}(k) = (\beta - 1)\beta^{k-2} x^{(1)}(1) + \beta^{k-2} \cdot \gamma。$$

整理得，

$$\hat{x}^{(0)}(k) = \left[(\beta - 1) \cdot x^{(1)}(1) + \gamma \right] \cdot \beta^{k-2} \qquad (5.1.12)$$

令

$$\alpha = (\beta - 1) \cdot x^{(1)}(1) + \gamma,$$

则 DGM（1，1）模型的最终还原式为

$$\hat{x}^{(0)}(k) = \alpha \cdot \beta^{k-2}; \ k = 2, 3, \cdots, n, \cdots \qquad (5.1.13)$$

证明结束。

可见，DGM（1，1）模型的最终还原式为严格齐次指数函数。DGM（1，1）模型不涉及白化微分方程，其参数估计与时间响应式的推

导均源自公式（5.1.1），不存在经典 GM（1，1）模型参数估计与时间响应式的"非同源性"所导致的模型误差等问题。

谢（Xie，2009）[1] 曾用纯指数序列验证了 DGM（1，1）模型的无偏性，下面通过数学推导证明 DGM（1，1）模型的无偏性。

性质 5.1.1   DGM（1，1）模型能实现对齐次指数序列的无偏模拟。

证明：设原始序列 $X^{(0)} = (cq, cq^2, cq^3, \cdots, cq^n)$，其中 $c \neq 0$ 且 $q > 0$，构建序列 $X^{(0)}$ 的 DGM（1，1）模型。根据定义 5.1.1 可得，

$$X^{(1)} = \left(cq, c(q + q^2), c(q + q^2 + q^3), \cdots, c\sum_{k=1}^{n} q^k \right);$$

$$Z^{(1)} = \left(\frac{c(2q + q^2)}{2}, \frac{c(2q + 2q^2 + q^3)}{2}, \cdots, c \cdot \sum_{k=1}^{n-1} q^k + \frac{cq^n}{2} \right)。$$

则 DGM（1，1）模型的参数矩阵 B，Y，

$$Y = \begin{bmatrix} x^{(0)}(2) \\ x^{(0)}(3) \\ \vdots \\ x^{(0)}(n) \end{bmatrix} = \begin{bmatrix} cq^2 \\ cq^3 \\ \vdots \\ cq^n \end{bmatrix},$$

$$B = \begin{bmatrix} -z^{(1)}(2) & 1 \\ -z^{(1)}(3) & 1 \\ \vdots & \vdots \\ -z^{(1)}(n) & 1 \end{bmatrix} = \begin{bmatrix} -\dfrac{c(2q + q^2)}{2} & 1 \\ -\dfrac{c(2q + 2q^2 + q^3)}{2} & 1 \\ \vdots & \vdots \\ -c \cdot \sum_{g=1}^{n-1} q^g - \dfrac{cq^n}{2} & 1 \end{bmatrix}。$$

由

---

① Xie N M，Liu S F. Discrete grey forecasting model and its optimization ［J］. Applied mathematical modelling，2009，33（2）：1173 – 1186.

$$B^T B = \begin{bmatrix} -\dfrac{c(2q+q^2)}{2} & 1 \\ -\dfrac{c(2q+2q^2+q^3)}{2} & 1 \\ \vdots & \vdots \\ -c \cdot \sum\limits_{k=1}^{n-1} q^k - \dfrac{cq^n}{2} & 1 \end{bmatrix}^T \begin{bmatrix} -\dfrac{c(2q+q^2)}{2} & 1 \\ -\dfrac{c(2q+2q^2+q^3)}{2} & 1 \\ \vdots & \vdots \\ -c \cdot \sum\limits_{k=1}^{n-1} q^k - \dfrac{cq^n}{2} & 1 \end{bmatrix}$$

$$= \begin{bmatrix} \sum\limits_{k=2}^{n} \left(c\sum\limits_{g=2}^{k} q^{g-1} + \dfrac{q^k}{2} \right)^2 & -\sum\limits_{k=2}^{n} \left(c\sum\limits_{g=2}^{k} q^{g-1} + \dfrac{q^k}{2} \right) \\ -\sum\limits_{k=2}^{n} \left(c\sum\limits_{g=2}^{k} q^{g-1} + \dfrac{q^k}{2} \right) & n-1 \end{bmatrix},$$

$$(B^T B)^{-1} = \dfrac{1}{(n-1)\sum\limits_{k=2}^{n}\left(c\sum\limits_{g=2}^{k} q^{g-1} + \dfrac{q^k}{2}\right)^2 - \left[\sum\limits_{k=2}^{n}\left(c\sum\limits_{g=2}^{k} q^{g-1} + \dfrac{q^k}{2}\right)\right]^2}$$

$$\begin{bmatrix} \sum\limits_{k=2}^{n} \left(c\sum\limits_{g=2}^{k} q^{g-1} + \dfrac{q^k}{2} \right)^2 & \sum\limits_{k=2}^{n} \left(c\sum\limits_{g=2}^{k} q^{g-1} + \dfrac{q^k}{2} \right) \\ \sum\limits_{k=2}^{n} \left(c\sum\limits_{g=2}^{k} q^{g-1} + \dfrac{q^g}{2} \right) & n-1 \end{bmatrix},$$

$$B^T Y = \begin{bmatrix} -\dfrac{c(2q+q^2)}{2} & 1 \\ -\dfrac{c(2q+2q^2+q^3)}{2} & 1 \\ \vdots & \vdots \\ -c \cdot \sum\limits_{k=1}^{n-1} q^k - \dfrac{cq^n}{2} & 1 \end{bmatrix}^T \times \begin{bmatrix} cq^2 \\ cq^3 \\ \vdots \\ cq^n \end{bmatrix}$$

$$= \left[\begin{array}{c} -\sum_{k=2}^{n}\left(c\sum_{g=2}^{k} q^{g-1}\cdot + \frac{cq^k}{2} \right)cq^k \\ c\cdot\sum_{k=2}^{n} q^k \end{array} \right]^{T}。$$

因为 $c\neq 0$ 且 $q>0$，故根据定理 5.1.1 可得

$$\hat{a} = (a,\ b)^T = (B^TB)^{-1}B^TY = \left(\frac{2-2q}{1+q},\ \frac{2cq}{1+q} \right)^T。$$

因为

$$\alpha = \left(\frac{1-0.5a}{1+0.5a} - 1 \right)\cdot x^{(1)}(1) + \frac{b}{1+0.5a};\ \beta = \frac{1-0.5a}{1+0.5a},$$

将参数 α，β 代入公式（5.1.13）中，得

$$\hat{x}^{(0)}(k) = \left[\left(\frac{1-\frac{1-q}{1+q}}{1+\frac{1-q}{1+q}} \right)\cdot cq + \left(\frac{\frac{2cq}{1+q}}{1+\frac{1-q}{1+q}} \right) \right]\cdot\left(\frac{1-\frac{1-q}{1+q}}{1+\frac{1-q}{1+q}} \right)^{k-2}。$$

整理得

$$\hat{x}^{(0)}(k) = cq^2\cdot q^{k-2} = cq^k。$$

$\hat{x}^{(0)}(k)$ 与 $x^{(0)}(k)$ 完全相等，故 DGM（1，1）可实现齐次指数序列的无偏模拟。证明完毕。

例 5.1.1 设原始序列 $X^{(0)} = (1.8,\ 2.4,\ 3.1,\ 4.4,\ 5.2,\ 6.5)$，试构建 $X^{(0)}$ 的 DGM（1，1）模型。

第一步，序列处理：计算序列 $X^{(0)}$ 一次累加序列 $X^{(1)}$ 及紧邻均值序列 $Z^{(1)}$。

根据定义 5.1.1 可得，

$$X^{(1)} = (x^{(1)}(1),\ x^{(1)}(2),\ \cdots,\ x^{(1)}(6)) = (1.8,\ 4.2,\ 7.3,\ 11.7,\ 16.9,\ 23.4);$$

$$Z^{(1)} = (z^{(1)}(2),\ z^{(1)}(3),\ \cdots,\ z^{(1)}(6)) = (3.00,\ 5.75,\ 9.50,\ 14.30,\ 20.15)。$$

第二步，参数估计：构建参数矩阵，估计模型参数。

根据定理5.1.1，构造DGM(1，1)模型参数矩阵B，Y，估计模型参数a，b。

$$Y = \begin{bmatrix} x^{(0)}(2) \\ x^{(0)}(3) \\ \vdots \\ x^{(0)}(6) \end{bmatrix} = \begin{bmatrix} 2.40 \\ 3.10 \\ \vdots \\ 6.50 \end{bmatrix}, \quad B = \begin{bmatrix} -z^{(1)}(2) & 1 \\ -z^{(1)}(3) & 1 \\ \vdots & \vdots \\ -z^{(1)}(6) & 1 \end{bmatrix} = \begin{bmatrix} -3.00 & 1 \\ -5.75 & 1 \\ \vdots & \vdots \\ -20.15 & 1 \end{bmatrix},$$

$$\hat{a} = (a, b)^T = (B^T B)^{-1} B^T Y = \begin{bmatrix} -0.2375 \\ 1.8170 \end{bmatrix}。$$

第三步，模型构造：构建DGM(1，1)模型的最终还原式。

根据定理5.1.2可得，

$\beta = 1.2695$；$\gamma = 2.0618$；$\alpha = 2.5468$。

根据模型将参数α，β代入公式（5.1.13），则DGM(1，1)模型的最终还原式，如下：

$$\hat{x}^{(0)}(k) = 2.5468 \times 1.2695^{k-2}, \quad k = 2, 3, \cdots, n, \cdots \quad (5.1.14)$$

第四步，误差计算：计算DGM(1，1)模型对序列$X^{(0)}$的模拟误差。

公式（5.1.14），当$k = 2, 3, \cdots, 6$时，可计算DGM(1，1)模型的模拟值$\hat{x}^{(0)}(k)$、模拟误差、残差及相对误差，结果如表5-1所示。

表5-1　　　　　　DGM(1，1)模型的模拟值及模拟误差

序号	实际数据 $x^{(0)}(k)$	模拟数据 $\hat{x}^{(0)}(k)$	残差 $\varepsilon(k) = \hat{x}^{(0)}(k) - x^{(0)}(k)$	相对误差/% $\Delta_k = |\varepsilon(k)|/x^{(0)}(k)$
$k = 2$	2.4	2.55	0.15	6.12
$k = 3$	3.1	3.23	0.13	4.30
$k = 4$	4.4	4.10	-0.30	6.72

续表

序号	实际数据 $x^{(0)}(k)$	模拟数据 $\hat{x}^{(0)}(k)$	残差 $\varepsilon(k) = \hat{x}^{(0)}(k) - x^{(0)}(k)$	相对误差/% $\Delta_k = |\varepsilon(k)|/x^{(0)}(k)$
$k = 5$	5.2	5.21	-0.01	0.20
$k = 6$	6.5	6.61	0.11	1.76

$$平均相对模拟百分误差\ \Delta_s = \frac{1}{5}\sum_{k=2}^{6}\Delta_k = 3.82\%$$

第五步，未来预测：计算序列 $X^{(0)}$ 在未来时点的预测值。

当 $k = 7$，8，9 时，根据公式（5.1.14）可计算 $\hat{x}^{(0)}(7)$、$\hat{x}^{(0)}(8)$、$\hat{x}^{(0)}(9)$，结果如下：

$\hat{x}^{(0)}(7) = 8.40$；$\hat{x}^{(0)}(8) = 10.66$；$\hat{x}^{(0)}(9) = 13.53$。

在例 5.1.1 中，应用 VGSMS1.0 软件辅助建模，结果如图 5-1 所示。

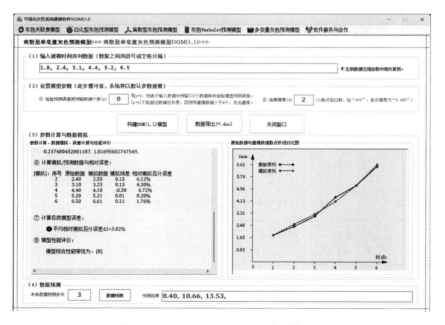

图 5-1　DGM(1，1) 模型的计算结果

5.2 三参数离散型单变量灰色 预测模型 TDGM(1，1)

DGM（1，1）模型能实现对齐次指数序列进行无偏模拟。然而现实世界中，更多时间序列呈现出非齐次指数的特点。在此情况下，DGM（1，1）固有的模型结构导致其面向非齐次指数序列时很难得到一个满意的预测效果。本小节借用第四章中三参数白化型单变量灰色预测模型 TWGM（1，1）的基本形式（公式4.3.3）$x^{(0)}(k) + az^{(1)}(k) = 0.5(2k-1)b + c$，推导得到一个最终还原式为非齐次指数函数的新型灰色预测模型，以拓展 DGM（1，1）模型对非齐次指数序列的建模能力。

定义 5.2.1 设原始序列 $X^{(0)} = (x^{(0)}(1)，x^{(0)}(2)，\cdots，x^{(0)}(n))$，序列 $X^{(1)} = (x^{(1)}(1)，x^{(1)}(2)，\cdots，x^{(1)}(n))$ 为 $X^{(0)}$ 的 1 - AGO 序列，$Z^{(1)} = (z^{(1)}(2)，z^{(1)}(3)，\cdots，z^{(1)}(n))$ 为 $X^{(1)}$ 的紧邻均值生成序列，则称

$$x^{(0)}(k) + az^{(1)}(k) = 0.5(2k-1)b + c \qquad (5.2.1)$$

为含一阶差分方程及一个变量的离散型（discrete）灰色（grey）预测模型（model）。该模型同时包含参数 a，b，c，故称其为三参数离散灰色预测模型，简称 TDGM（1，1）模型（Three-parameter Discrete Grey Model）。

定理 5.2.1 设序列 $X^{(0)}$，$X^{(1)}$ 及 $Z^{(1)}$ 如定义 5.2.1 所示，$\hat{p} = (a，b，c)^{T}$ 为参数列，且

$$Y = \begin{bmatrix} x^{(0)}(2) \\ x^{(0)}(3) \\ \vdots \\ x^{(0)}(n) \end{bmatrix}, \quad B = \begin{bmatrix} -z^{(1)}(2) & \dfrac{3}{2} & 1 \\ -z^{(1)}(3) & \dfrac{5}{2} & 1 \\ \vdots & \vdots & \vdots \\ -z^{(1)}(n) & \dfrac{2n-1}{2} & 1 \end{bmatrix},$$

则 TDGM（1，1）模型 $x^{(0)}(k) + az^{(1)}(k) = kb + c$ 的最小二乘估计参数列满足

$$\hat{p} = (a, b, c)^T = (B^T B)^{-1} B^T Y$$

定理 5.2.1 与定理 4.3.1 完全相同，此处不再证明。

参数估计是构建灰色预测模型的第一步。显然，仅根据三参数离散灰色预测模型的基本形式 $x^{(0)}(k) + az^{(1)}(k) = 0.5(2k-1)b + c$ 尚无法实现对系统特征变量 $\hat{x}^{(0)}(k)$ 的预测，还需要建立三参数离散灰色预测模型的时间响应函数，即系统特征变量 $\hat{x}^{(0)}(k)$ 与时间 k 的函数关系，才能实现不同时点 k 对应 $\hat{x}^{(0)}(k)$ 的计算。

定理 5.2.2 设 TDGM（1，1）及其参数列 $\hat{p} = (a, b, c)^T$ 分别如定义 5.2.1 及定理 5.2.1 所述，令

$$\alpha = \frac{1 - 0.5a}{1 + 0.5a}; \quad \beta = \frac{b}{1 + 0.5a}; \quad \gamma = \frac{c - 0.5b}{1 + 0.5a};$$

$$\vartheta = x^{(0)}(1)(\alpha - 1) + (2 \cdot \beta + \gamma)。$$

则当 $k = 2, 3, \cdots, n, \cdots$ 时，TDGM（1，1）模型的时间响应式及最终还原式分别为

$$\hat{x}^{(1)}(k) = x^{(1)}(1) \cdot \alpha^{(k-1)} + \sum_{g=0}^{k-2} \left[(k - g) \cdot \beta + \gamma \right] \cdot \alpha^g;$$

$$\hat{x}^{(0)}(k) = \vartheta \cdot \alpha^{(k-2)} + \sum_{g=0}^{k-3} \beta \cdot \alpha^g。$$

根据定义 5.2.1，$x^{(0)}(k) + az^{(1)}(k) = 0.5(2k-1)b + c$ 可变形为

$$x^{(1)}(k) - x^{(1)}(k-1) + 0.5a \times (x^{(1)}(k) + x^{(1)}(k-1)) = 0.5(2k-1)b + c.$$

整理得

$$x^{(1)}(k) = \frac{1-0.5a}{1+0.5a}x^{(1)}(k-1) + \frac{b}{1+0.5a}k + \frac{c-0.5b}{1+0.5a} \qquad (5.2.2)$$

公式（5.2.2）中，$\hat{p} = (a, b, c)^T$ 已知而 $x^{(1)}(k-1)$ 未知，故无法计算 $x^{(1)}(k)$。因此，需进一步分析当 $k = 2$，3，$\cdots$，n 时，公式（5.2.2）的变化规律，从而找到能直接计算 $x^{(1)}(k)$ 的时间响应函数。为了简化模型推导中的参数，令

$$\alpha = \frac{1-0.5a}{1+0.5a}; \quad \beta = \frac{b}{1+0.5a}; \quad \gamma = \frac{c-0.5b}{1+0.5a}$$

则公式（5.2.2）可简化为

$$x^{(1)}(k) = \alpha x^{(1)}(k-1) + \beta k + \gamma \qquad (5.2.3)$$

根据公式（5.2.3），当 $k = 2$，3 时，可得如下等式

$$\hat{x}^{(1)}(2) = \alpha x^{(1)}(1) + 2\beta + \gamma \qquad (5.2.4)$$

$$\hat{x}^{(1)}(3) = \alpha \hat{x}^{(1)}(2) + 3\beta + \gamma \qquad (5.2.5)$$

公式（5.2.4）代入公式（5.2.5），整理得，

$$\hat{x}^{(1)}(3) = \alpha^2 x^{(1)}(1) + \alpha(2\beta + \gamma) + 3\beta + \gamma \qquad (5.2.6)$$

当 $k = 4$，

$$\hat{x}^{(1)}(4) = \alpha \hat{x}^{(1)}(3) + 4\beta + \gamma \qquad (5.2.7)$$

类似地，公式（5.2.6）代入公式（5.2.7），整理得，

$$\hat{x}^{(1)}(4) = \alpha^3 x^{(1)}(1) + \alpha^2(2\beta + \gamma) + \alpha(3\beta + \gamma) + 4\beta + \gamma \qquad (5.2.8)$$

$$\vdots$$

当 $k = u$，$(u = 2, 3, \cdots, n)$，将 $\hat{x}^{(1)}(u-1)$ 的表达式代入 $\hat{x}^{(1)}(u)$，可得

$$\hat{x}^{(1)}(u) = \alpha \hat{x}^{(1)}(u-1) + \beta u + \gamma \qquad (5.2.9)$$

将公式（5.2.9）展开、合并及整理，得，

$$\hat{x}^{(1)}(u) = \alpha^{(u-1)}x^{(1)}(1) + \alpha^{(u-2)}(2\beta + \gamma) + $$
$$\alpha^{(u-3)}(3\beta + \gamma) + \cdots + \alpha^{(1)} \times \left[(u-1)\beta + \gamma\right] + \alpha^{(0)}(u\beta + \gamma)$$
$$(5.2.10)$$

公式（5.2.10）可简化为

$$\hat{x}^{(1)}(u) = x^{(1)}(1) \cdot \alpha^{(u-1)} + \sum_{g=0}^{u-2}\left[(u-g) \cdot \beta + \gamma\right] \cdot \alpha^g \quad (5.2.11)$$

根据定义 5.2.1 可知 $\hat{x}^{(0)}(k) = \hat{x}^{(1)}(k) - \hat{x}^{(1)}(k-1)$，故

$$\hat{x}^{(0)}(k) = x^{(1)}(1) \cdot \alpha^{(k-1)} + \sum_{g=0}^{k-2}\left[(k-g) \cdot \beta + \gamma\right] \cdot \alpha^g - $$
$$x^{(1)}(1) \cdot \alpha^{(k-2)} - \sum_{g=0}^{k-3}\left[(k-g-1) \cdot \beta + \gamma\right] \cdot \alpha^g$$
$$(5.2.12)$$

整理公式（5.2.12）可得，

$$\hat{x}^{(0)}(k) = \left[x^{(0)}(1)(\alpha - 1) + (2 \cdot \beta + \gamma)\right]\alpha^{(k-2)} + \sum_{g=0}^{k-3}\beta \cdot \alpha^g$$
$$(5.2.13)$$

为了进一步简化公式（5.2.13），令

$$\vartheta = x^{(0)}(1)(\alpha - 1) + (2 \cdot \beta + \gamma),$$

则公式（5.2.13）可简化为

$$\hat{x}^{(0)}(k) = \vartheta \cdot \alpha^{(k-2)} + \sum_{g=0}^{k-3}\beta \cdot \alpha^g \quad\quad (5.2.14)$$

公式（5.2.14）即为基于三参数离散灰色预测模型 TDGM（1，1）的时间响应函数，其中 $k = 2$，3，$\cdots$，n，$\cdots$。当 $k = 2$，3，$\cdots$，n 时，$\hat{x}^{(0)}(k)$ 称为模拟值；当 $t = n+1$，$n+2$，$\cdots$时，$\hat{x}^{(0)}(k)$ 称为预测值。

《灰色预测理论及其应用》用算例验证了 TDGM（1，1）模型的无偏性。下面以矩阵论为工具，证明 TDGM（1，1）模型对不同典型序列的无偏性。

性质 5.2.1 TDGM（1，1）模型能实现对非齐次指数序列的无偏模拟。

证明：设原始序列 $X^{(0)} = (cq + d, cq^2 + d, cq^3 + d, \cdots, cq^n + d)$，其中 $c \neq 0$ 且 $q > 0$，构建序列 $X^{(0)}$ 的 TDGM（1，1）模型。根据定义 5.2.1 可得，

$$X^{(1)} = (cq + d, c(q + q^2) + 2d, c(q + q^2 + q^3) + 3d, \cdots,$$
$$c\sum_{k=1}^{n} q^k + nd);$$

$$Z^{(1)} = \left(\frac{c(2q + q^2) + 3d}{2}, \frac{c(2q + 2q^2 + q^3) + 5d}{2}, \cdots, \right.$$
$$\left. c \cdot \sum_{k=1}^{n-1} q^k + \frac{cq^n}{2} + \frac{2n-1}{2}d \right)。$$

其中，$x^{(1)}(k) = \sum_{g=1}^{k}(cq^g + d) = cq + c \cdot \frac{q^2(1 - q^{k-1})}{1 - q} + kd$，

则 TDGM（1，1）模型的参数矩阵 B，Y，

$$Y = \begin{bmatrix} x^{(0)}(2) \\ x^{(0)}(3) \\ \vdots \\ x^{(0)}(n) \end{bmatrix} = \begin{bmatrix} cq^2 + d \\ cq^3 + d \\ \vdots \\ cq^n + d \end{bmatrix},$$

$$B = \begin{bmatrix} -\dfrac{c(2q + q^2) + 3d}{2} & \dfrac{3}{2} & 1 \\ -\dfrac{c(2q + 2q^2 + q^3) + 5d}{2} & \dfrac{5}{2} & 1 \\ \vdots & \vdots & \vdots \\ c \cdot \sum_{k=1}^{n-1} q^k + \dfrac{cq^n}{2} + \dfrac{2n-1}{2}d & \dfrac{2n-1}{2} & 1 \end{bmatrix},$$

由

$$B^T B = \begin{bmatrix} -\dfrac{c(2q+q^2)+3d}{2} & \dfrac{3}{2} & 1 \\[3mm] -\dfrac{c(2q+2q^2+q^3)+5d}{2} & \dfrac{5}{2} & 1 \\[3mm] \vdots & \vdots & \vdots \\[3mm] c\cdot\sum\limits_{k=1}^{n-1}q^k + \dfrac{cq^n}{2} + \dfrac{2n-1}{2}d & \dfrac{2n-1}{2} & 1 \end{bmatrix}^T$$

$$\times \begin{bmatrix} -\dfrac{c(2q+q^2)+3d}{2} & \dfrac{3}{2} & 1 \\[3mm] -\dfrac{c(2q+2q^2+q^3)+5d}{2} & \dfrac{5}{2} & 1 \\[3mm] \vdots & \vdots & \vdots \\[3mm] c\cdot\sum\limits_{k=1}^{n-1}q^k + \dfrac{cq^n}{2} + \dfrac{2n-1}{2}d & \dfrac{2n-1}{2} & 1 \end{bmatrix}$$

$$= \begin{bmatrix} \sum\limits_{k=2}^{n}\left[c\cdot\sum\limits_{g=1}^{k}q^{g-1} + \dfrac{cq^k}{2} + \dfrac{2k-1}{2}d\right]^2 \\[3mm] -\sum\limits_{k=2}^{n}\dfrac{2k-1}{2}\cdot\left[c\cdot\sum\limits_{g=1}^{k}q^{g-1} + \dfrac{cq^k}{2} + \dfrac{2k-1}{2}d\right] \\[3mm] -\sum\limits_{k=2}^{n}\left[c\cdot\sum\limits_{g=1}^{k}q^{g-1} + \dfrac{cq^k}{2} + \dfrac{2k-1}{2}d\right] \end{bmatrix}$$

$$-\sum\limits_{k=2}^{n}\dfrac{2k-1}{2}\cdot\left[c\cdot\sum\limits_{g=1}^{k}q^{g-1} + \dfrac{cq^k}{2} + \dfrac{2k-1}{2}d\right]$$

$$\sum\limits_{k=2}^{n}\left(\dfrac{2k-1}{2}\right)^2$$

$$\sum\limits_{k=2}^{n}\dfrac{2k-1}{2}$$

$$-\sum_{k=2}^{n}\left[c\cdot\sum_{g=1}^{k}q^{g-1}+\frac{cq^k}{2}+\frac{2k-1}{2}d\right]$$

$$\sum_{k=2}^{n}\frac{2k-1}{2},$$

$$n-1$$

$$B^TY=\begin{bmatrix}-\dfrac{c(2q+q^2)+3d}{2}&\dfrac{3}{2}&1\\[2mm]-\dfrac{c(2q+2q^2+q^3)+5d}{2}&\dfrac{5}{2}&1\\[1mm]\vdots&\vdots&\vdots\\[1mm]c\cdot\sum_{k=1}^{n-1}q^k+\dfrac{cq^n}{2}+\dfrac{2n-1}{2}d&\dfrac{2n-1}{2}&1\end{bmatrix}^T\times\begin{bmatrix}cq^2+d\\cq^3+d\\\vdots\\cq^n+d\end{bmatrix}$$

$$=\begin{bmatrix}\sum_{k=2}^{n}\left(c\cdot\sum_{g=1}^{n-1}q^g+\dfrac{cq^k}{2}+\dfrac{2k-1}{2}d\right)(cq^k+d)\\[3mm]\sum_{k=2}^{n}\dfrac{2k-1}{2}\cdot(cq^k+d)\\[3mm]\sum_{k=2}^{n}(cq^k+d)\end{bmatrix}.$$

因为 $c\neq0$ 且 $q>0$，故根据定理 5.2.1 可得

$$\hat{a}=(a,\ b,\ c)^T=(B^TB)^{-1}B^TY=\left(\frac{2(1-q)}{1+q},\ \frac{2d(1-q)}{1+q},\ \frac{2cq+dq+d}{1+q}\right)^T.$$

将估计得到的参数代入公式（5.2.14）中，得

$$\hat{x}^{(0)}(k)=\vartheta\cdot\alpha^{(k-2)}+\sum_{g=0}^{k-3}\beta\cdot\alpha^g.$$

其中，

$$\vartheta=(cq+d)\cdot\left(\frac{1-0.5a}{1+0.5a}-1\right)+\left(2\cdot\frac{b}{1+0.5a}+\frac{c-0.5a}{1+0.5a}\right)=cq^2+d,$$

$$\alpha=\frac{1-0.5a}{1+0.5a}=q,\quad\beta=\frac{b}{1+0.5a}=d(1-q),$$

则

$$
\hat{x}^{(0)}(k) = \left[cq^2 + d \right] \cdot q^{(k-2)} + \sum_{g=0}^{k-3} d(1-q) \cdot q^g
$$

$$
= cq^k + dq^{k-2} + d(1-q) \cdot \frac{q^0(1-q^{k-2})}{1-q} = cq^k + d。
$$

可以发现 $\hat{x}^{(0)}(k)$ 与原始序列数据 $x^{(0)}(k)$ 完全相等，因此 TDGM（1，1）可实现对非齐次指数序列的无偏模拟。证明完毕。

性质 5.2.2 TDGM（1，1）模型能实现对齐次指数序列的无偏模拟。

性质 5.2.2 的证明过程与性质 5.2.1 类似，此处略。

性质 5.2.3 TDGM（1，1）模型能实现对线性函数序列的无偏模拟。

证明：设原始序列 $X^{(0)} = (u+v, \ 2u+v, \ \cdots, \ ku+v, \ \cdots, \ nu+v)$，其中 $u \neq 0$ 且 $k = 1, 2, \cdots, n$，构建序列 $X^{(0)}$ 的 TDGM（1，1）模型。根据定义 5.2.1 可得，

$$
X^{(1)} = \left(u+v, \ 3u+2v, \ \cdots, \ \frac{n(1+n)}{2}u + nv \right),
$$

$$
Z^{(1)} = \left(\frac{4u+3v}{2}, \ \frac{9u+5v}{2}, \ \cdots, \ \frac{un^2 + v(2n-1)}{2} \right),
$$

其中，

$$
x^{(1)}(k) = \sum_{g=1}^{k} uk + kv = \frac{k(k+1)}{2}u + kv,
$$

则 TDGM（1，1）模型的参数矩阵 B，Y，

$$
Y = \begin{bmatrix} x^{(0)}(2) \\ x^{(0)}(3) \\ \vdots \\ x^{(0)}(n) \end{bmatrix} = \begin{bmatrix} 2u+v \\ 3u+v \\ \vdots \\ nu+v \end{bmatrix}, \ B = \begin{bmatrix} -\dfrac{4u+3v}{2} & \dfrac{3}{2} & 1 \\[2mm] -\dfrac{9u+5v}{2} & \dfrac{5}{2} & 1 \\[2mm] \vdots & \vdots & \vdots \\[2mm] -\dfrac{un^2 + v(2n-1)}{2} & \dfrac{2n-1}{2} & 1 \end{bmatrix},
$$

由

$$
B^T B = \begin{bmatrix} -\dfrac{4u+3v}{2} & \dfrac{3}{2} & 1 \\[2mm] -\dfrac{9u+5v}{2} & \dfrac{5}{2} & 1 \\[2mm] \vdots & \vdots & \vdots \\[2mm] -\dfrac{un^2+v(2n-1)}{2} & \dfrac{2n-1}{2} & 1 \end{bmatrix}^T
$$

$$
\times \begin{bmatrix} -\dfrac{4u+3v}{2} & \dfrac{3}{2} & 1 \\[2mm] -\dfrac{9u+5v}{2} & \dfrac{5}{2} & 1 \\[2mm] \vdots & \vdots & \vdots \\[2mm] -\dfrac{un^2+v(2n-1)}{2} & \dfrac{2n-1}{2} & 1 \end{bmatrix}
$$

$$
= \left[\begin{array}{c} \dfrac{1}{4}\sum_{k=2}^{n}\left[k^2 u + v(2k-1)\right]^2 \\[3mm] -\dfrac{1}{4}\sum_{k=2}^{n}\left[\left(k^2 u + v(2k-1)\right)(2k-1)\right] \\[3mm] -\dfrac{1}{2}\sum_{k=2}^{n}\left[k^2 u + v(2k-1)\right] \end{array} \right.
$$

$$
-\dfrac{1}{4}\sum_{k=2}^{n}\left[\left(k^2 u + v(2k-1)\right)(2k-1)\right]
$$

$$
\dfrac{1}{4}\sum_{k=2}^{n}(2k-1)^2
$$

$$
\dfrac{1}{2}\sum_{k=2}^{n}(2k-1)
$$

$$\begin{bmatrix} -\dfrac{1}{2}\sum_{k=2}^{n}\left[\,k^2u+v(2k-1)\,\right] \\[2mm] \dfrac{1}{2}\sum_{k=2}^{n}(2k-1) \\[2mm] n-1 \end{bmatrix},$$

$$B^T Y = \begin{bmatrix} -\dfrac{4u+3v}{2} & \dfrac{3}{2} & 1 \\[2mm] -\dfrac{9u+5v}{2} & \dfrac{5}{2} & 1 \\[1mm] \vdots & \vdots & \vdots \\[1mm] -\dfrac{un^2+v(2n-1)}{2} & \dfrac{2n-1}{2} & 1 \end{bmatrix}^T \times \begin{bmatrix} 2u+v \\ 3u+v \\ \vdots \\ nu+v \end{bmatrix}$$

$$= \begin{bmatrix} -\dfrac{1}{2}\sum_{k=2}^{n}\left[\,(k^2u+v(2k-1))(ku+v)\,\right] \\[2mm] \dfrac{1}{2}\sum_{k=2}^{n}(2k-1)(ku+v) \\[2mm] \sum_{k=2}^{n}(ku+v) \end{bmatrix}\circ$$

因为 $u\neq0$ 且 $q>0$，故根据定理 5.2.1 可得

$$\hat{a}=(a,\ b,\ c)^T=(B^T B)^{-1}B^T Y=\begin{bmatrix} 0 \\ u \\ v+\dfrac{1}{2}u \end{bmatrix},$$

将估计得到的参数代入公式（5.2.14）中，得

$$\hat{x}^{(0)}(k)=\vartheta\cdot\alpha^{(k-2)}+\sum_{g=0}^{k-3}\beta\cdot\alpha^g,$$

其中，

$$\vartheta=(u+v)\cdot\left(\dfrac{1-0.5a}{1+0.5a}-1\right)+\left(2\cdot\dfrac{b}{1+0.5a}+\dfrac{c-0.5b}{1+0.5a}\right)=2u+v,$$

$$\alpha = \frac{1 - 0.5a}{1 + 0.5a} = 1, \quad \beta = \frac{b}{1 + 0.5a} = u,$$

则

$$\hat{x}^{(0)}(k) = (2u + v) + \sum_{g=0}^{k-3} u = 2u + v + (k - 2)u = ku + v。$$

可以发现 $\hat{x}^{(0)}(k)$ 与原始序列数据 $x^{(0)}(k)$ 完全相等，因此 TDGM(1，1) 可实现对线性函数序列的无偏模拟。证明完毕。

例 5.2.1 设原始序列 $X^{(0)} = (1.8, 2.4, 3.1, 4.4, 5.2, 6.5)$，试构建 $X^{(0)}$ 的 TDGM(1，1) 模型。

第一步，序列处理：计算序列 $X^{(0)}$ 一次累加序列 $X^{(1)}$ 及紧邻均值序列 $Z^{(1)}$。

根据定义 5.1.1 可得，

$X^{(1)} = (x^{(1)}(1), x^{(1)}(2), \cdots, x^{(1)}(6)) = (1.8, 4.2, 7.3, 11.7, 16.9, 23.4)$；

$Z^{(1)} = (z^{(1)}(2), z^{(1)}(3), \cdots, z^{(1)}(6)) = (3.00, 5.75, 9.50, 14.30, 20.15)$。

第二步，参数估计：构建参数矩阵、估计模型参数。

根据定理 5.2.1，构造 TDGM(1，1) 模型参数矩阵 B，Y，估计模型参数 a，b，c。

$$Y = \begin{bmatrix} x^{(0)}(2) \\ x^{(0)}(3) \\ \vdots \\ x^{(0)}(6) \end{bmatrix} = \begin{bmatrix} 2.40 \\ 3.10 \\ \vdots \\ 6.50 \end{bmatrix},$$

$$B = \begin{bmatrix} -z^{(1)}(2) & \dfrac{3}{2} & 1 \\ -z^{(1)}(3) & \dfrac{5}{2} & 1 \\ \vdots & \vdots & \vdots \\ -z^{(1)}(n) & \dfrac{2n-1}{2} & 1 \end{bmatrix} = \begin{bmatrix} -3.00 & \dfrac{3}{2} & 1 \\ -5.75 & \dfrac{5}{2} & 1 \\ \vdots & \vdots & \vdots \\ -20.15 & \dfrac{11}{2} & 1 \end{bmatrix},$$

$$\hat{p} = (a,\ b,\ c)^T = (B^T B)^{-1} B^T Y = \begin{pmatrix} -0.0960 \\ 0.6186 \\ 1.1430 \end{pmatrix}。$$

第三步，模型构造：构建 TDGM(1, 1) 模型的最终还原式。

根据定理 5.2.2 可得，

$\alpha = 1.1009$；$\beta = 0.6498$；$\gamma = 0.8757$；$\vartheta = 2.3568$。

将参数 α，β，γ，ϑ 代入公式（5.2.14），则 TDGM(1, 1) 模型的最终还原式如下：

$$\hat{x}^{(0)}(k) = 2.3568 \times 1.1009^{k-2} + \sum_{g=0}^{k-3} 0.6498 \times 1.1009^g,$$

$$k = 2,\ 3,\ \cdots,\ n,\ \cdots \tag{5.2.15}$$

第四步，误差计算：计算 TDGM(1, 1) 模型对序列 $X^{(0)}$ 的模拟误差。

运用公式（5.2.15），当 $k = 2$，3，$\cdots$，6 时，可计算 TDGM(1, 1) 模型的模拟值 $\hat{x}^{(0)}(k)$、模拟误差、残差及相对误差，结果如表 5-2 所示。

表 5-2　　　　　TDGM(1, 1) 模型的模拟值及模拟误差

序号	实际数据 $x^{(0)}(k)$	模拟数据 $\hat{x}^{(0)}(k)$	残差 $\varepsilon(k) = \hat{x}^{(0)}(k) - x^{(0)}(k)$	相对误差/% $\Delta_k = \lvert \varepsilon(k) \rvert / x^{(0)}(k)$
$k = 2$	2.4	2.36	-0.04	1.80
$k = 3$	3.1	3.24	0.14	4.65

续表

序号	实际数据 $x^{(0)}(k)$	模拟数据 $\hat{x}^{(0)}(k)$	残差 $\varepsilon(k) = \hat{x}^{(0)}(k) - x^{(0)}(k)$	相对误差/% $\Delta_k = |\varepsilon(k)|/x^{(0)}(k)$
$k=4$	4.4	4.22	-0.18	4.06
$k=5$	5.2	5.30	-0.10	1.86
$k=6$	6.5	6.48	-0.02	0.30

平均相对模拟百分误差 $\Delta_s = \dfrac{1}{5}\displaystyle\sum_{k=2}^{6}\Delta_k = 2.53\%$

第五步，未来预测：计算序列 $X^{(0)}$ 在未来时点的预测值。

当 $k=7$，8，9 时，根据公式（5.2.15）可计算 $\hat{x}^{(0)}(7)$、$\hat{x}^{(0)}(8)$、$\hat{x}^{(0)}(9)$，结果如下：

$\hat{x}^{(0)}(7) = 7.78$；$\hat{x}^{(0)}(8) = 9.22$；$\hat{x}^{(0)}(9) = 10.80$。

在例 5.2.1 中，应用 VGSMS1.0 软件辅助建模，结果如图 5-2 所示。

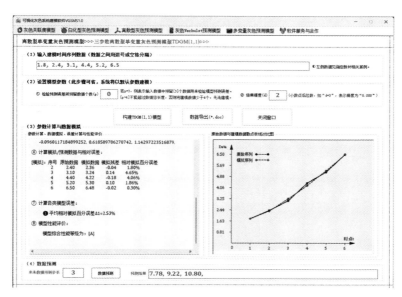

图 5-2　TDGM(1，1) 模型的计算结果

自适应性是模型根据建模序列的数据特征，通过结构的自组织过程以适应外部建模环境变化而出现新结构、新状态或功能的特性。下面将介绍 TDGM(1，1) 模型在面对齐次/非齐次指数序列或线性函数序列时，如何通过模型结构的自适应变化来适应序列的不同数据特征，实现对上述序列的无偏建模能力。

性质 5.2.4 TDGM(1，1) 模型面向齐次指数序列具有结构自适应性。

当 $v = 0$ 时，非齐次指数序列 $X^{(0)} = (uq + v,\ uq^2 + v,\ uq^3 + v,\ \cdots,\ uq^n + v)$ 退化为齐次指数序列 $X^{(0)} = (uq,\ uq^2,\ uq^3,\ \cdots,\ uq^n)$ 时，根据性质 5.2.2 可知此时参数 a，b 及 c 分别为

$$a = \frac{2(1-q)}{1+q},\ b = \frac{2v(1-q)}{1+q} = 0,\ c = \frac{2uq + vq + v}{1+q} = \frac{2uq}{1+q}。$$

将参数 a，b 及 c 代入定理 5.2.2，计算 α，β，γ 及 ϑ 分别为

$$\alpha = \frac{1-0.5a}{1+0.5a} = q;\ \beta = \frac{b}{1+0.5a} = 0;\ \gamma = \frac{c-0.5b}{1+0.5a} = uq;$$

$$\vartheta = x^{(0)}(1)(\alpha - 1) + (2 \cdot \beta + \gamma) = x^{(0)}(1)(q-1) + uq。$$

将 α，β，γ 及 ϑ 代入公式（5.2.14）可得

$$\hat{x}^{(0)}(k) = \vartheta \cdot \alpha^{(k-2)} + \sum_{g=0}^{k-3} \beta \cdot \alpha^g = \left[x^{(0)}(1)(q-1) + uq\right]q^{(k-2)}$$

$$(5.2.16)$$

在公式（5.2.16）中，当 $k = 2,\ 3,\ \cdots,\ n$ 时

$$\hat{x}^{(0)}(2) = \left[uq(q-1) + uq\right]q^{(2-2)} = uq^2 \cdot q^0 = uq^2;$$

$$\hat{x}^{(0)}(3) = \left[uq(q-1) + uq\right]q^{(3-2)} = uq^2 \cdot q = uq^3;$$

$$\vdots$$

$$\hat{x}^{(0)}(n) = \left[uq(q-1) + uq\right]q^{(n-2)} = uq^2 \cdot q^{(n-2)} = uq^n。$$

显然，当 $v = 0$ 时，TDGM(1，1) 模型通过参数 b 的动态变化（$b = 0$）实现了模型结构从非齐次指数函数到齐次指数函数的改变。当 $b = 0$

时，TDGM(1，1) 模型基本形式 $x^{(0)}(k) + az^{(1)}(k) = 0.5(2k-1)b+c$
演变为 $x^{(0)}(k) + az^{(1)}(k) = c$，后者即为 DGM(1，1) 模型的基本形式
（c 为灰色作用量）。根据性质 5.1.1 可知，DGM(1，1) 模型能实现对
齐次指数序列的无偏模拟。因此，TDGM(1，1) 模型通过其参数 b 的
变化使得其模型结构发生相应变化，从而确保其能实现对齐次指数序列
的无偏模拟，体现了 TDGM(1，1) 模型面向齐次指数序列的结构自适
应性特征。

性质 5.2.5 TDGM(1，1) 模型面向线性函数序列具有结构自适
应性。

根据性质 5.2.4 可知，若原始序列为线性函数序列 $X^{(0)} = (u+v,$
$2u+v, \cdots, ku+v, \cdots, nu+v)$ 时，$a=0$，$b=u$，$c=v+\dfrac{1}{2}u$。将参数
a，b 及 c 代入定理 5.2.2，计算 α，β，γ 及 ϑ 分别为

$$\alpha = \frac{1-0.5a}{1+0.5a} = 1;\ \beta = \frac{b}{1+0.5a} = u;\ \gamma = \frac{c-0.5b}{1+0.5a} = v;$$

$$\vartheta = x^{(0)}(1)(\alpha-1) + (2\cdot\beta+\gamma) = 0 + 2u+v = 2u+v_{\circ}$$

将 α，β，γ 及 ϑ 代入公式（5.2.14）可得

$$\hat{x}^{(0)}(k) = \vartheta\cdot\alpha^{(k-2)} + \sum_{g=0}^{k-3}\beta\cdot\alpha^g = (2u+v)\cdot 1^{(k-2)} + \sum_{g=0}^{k-3}u\cdot 1^g$$

$$= \sum_{g=0}^{k-3}u + 2u + v \qquad\qquad (5.2.17)$$

在公式（5.2.17）中，当 $k=2, 3, \cdots, n$ 时

$$\hat{x}^{(0)}(2) = \sum_{g=0}^{2-3}u + 2u + v = 0 + 2u + v = 2u + v;$$

$$\hat{x}^{(0)}(3) = \sum_{g=0}^{3-3}u + 2u + v = u + 2u + v = 3u + v;$$

$$\vdots$$

$$\hat{x}^{(0)}(n) = \sum_{g=0}^{k-3}u + 2u + v = \sum_{g=0}^{n-3}u + 2u + v = nu + v_{\circ}$$

显然，对线性函数序列，TDGM（1，1）模型通过参数 a 的动态变化（$a=0$）实现了模型结构从非齐次指数函数到线性函数的改变。当 $a=0$ 时，TDGM（1，1）模型基本形式 $x^{(0)}(k)+az^{(1)}(k)=0.5(2k-1)b+c$ 演变为 $x^{(0)}(k)=0.5(2k-1)b+c$，后者为线性函数。因此，TDGM（1，1）模型通过其参数 a 的变化使得其模型结构发生相应变化，从而确保其能实现对线性函数序列的无偏模拟，体现了 TDGM（1，1）模型面向线性函数序列的结构自适应性特征。TDGM（1，1）模型的自适应特征，如图 5－3 所示。

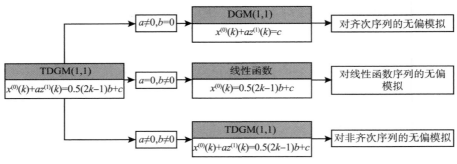

图 5－3　TDGM（1，1）模型的自适应性

从图 5－3 中可看出，TDGM（1，1）模型可通过自身参数的动态变化来实现对齐次指数序列或线性函数序列的无偏模拟，表明 TDGM（1，1）模型具有良好的自适应性特征。

5.3　四种单变量灰色预测模型对比分析

本书目前一共介绍了四种单变量灰色预测模型，包括白化型单变量灰色预测模型 GM（1，1）及 TWGM（1，1）、离散型单变量灰色预测模型 DGM(1，1) 及 TDGM(1，1)。本小节对上述四种模型从基本形式等四个方面进行对比，结果如表5-3所示。

表 5-3　　　　　　　　　　四种单变量灰色预测模型对比一览表

模型类型	模型名称	适用对象	基本形式	白化方程	时间响应函数
白化型	GM(1，1)	近似齐次指数序列	$x^{(0)}(k) + az^{(1)}(k) = b$	$\dfrac{dx^{(1)}}{dt} + ax^{(1)} = b$	$\hat{x}^{(0)}(k) = \varphi \cdot e^{-a(k-1)}$
	TWGM(1，1)	近似非齐次指数序列	$x^{(0)}(k) + az^{(1)}(k) = 0.5(2k-1)b + c$	$\dfrac{dx^{(1)}}{dt} + ax^{(1)} = bt + c$	$\hat{x}^{(0)}(k) = \alpha \cdot e^{-a(k-1)} + \beta$
离散型	DGM(1，1)	近似齐次指数序列	$x^{(0)}(k) + az^{(1)}(k) = b$	无	$\hat{x}^{(0)}(k) = \alpha \cdot \beta^{k-2}$
	TDGM(1，1)	近似非齐次指数序列	$x^{(0)}(k) + az^{(1)}(k) = 0.5(2k-1)b + c$	无	$\hat{x}^{(0)}(k) = \vartheta \cdot \alpha^{(k-2)} + \sum\limits_{g=0}^{k-3} \beta \cdot \alpha^{g}$

根据表5-3可知，

(1) GM(1，1) 与 DGM(1，1) 的适用对象均为近似齐次指数序列，而 TWGM(1，1) 与 TDGM(1，1) 的适用对象则均为近似非齐次指数序列。四者建模结果均具有单调性。

(2) GM(1，1) 与 DGM(1，1) 具有相同的基本形式，故二者具有相同的参数矩阵及参数大小；类似地，TWGM(1，1) 与 TDGM(1，1) 也具有相同的基本形式及参数大小。

(3) GM(1，1) 与 TWGM(1，1) 均通过其基本形式估计模型参数，通过白化方程求解时间响应函数；而 DGM(1，1) 与 TDGM(1，1) 均无白化方程，其参数估计与时间响应函数源于其基本形式。

（4）GM（1，1）与 DGM（1，1）的时间响应函数（最终还原式）为齐次指数函数；TWGM（1，1）与 TDGM（1，1）的时间响应函数（最终还原式）则为非齐次指数函数。

另外，DGM（1，1）模型能实现对齐次指数序列的无偏模拟，而 TDGM（1，1）模型则能实现对齐次/非齐次/线性函数序列的无偏模拟；相反，GM（1，1）与 TWGM（1，1）则无上述性质。

本书中，四个模型都使用了相同数据进行建模，其建模结果如表 5 − 4 所示。

表 5 − 4　　　　　　　　四种单变量灰色预测模型建模结果对照

例子	模型名称	参数及大小	时间响应式	平均相对模拟误差
例 4.2.1	GM（1，1）	$a = -0.2375$；$b = 1.8170$	$\hat{x}^{(0)}(k) =$ $1.9979 \times e^{-0.2375(k-1)}$	$\Delta_s = \frac{1}{5}\sum_{k=2}^{6}\Delta_k = 3.61\%$
例 4.3.1	TWGM（1，1）	$a = -0.0960$；$b = 0.6186$；$c = 1.1430$	$\hat{x}^{(0)}(k) =$ $7.9877e^{-0.0960(k-1)}$ -6.4429	$\Delta_s = \frac{1}{5}\sum_{k=2}^{6}\Delta_k = 2.58\%$
例 5.1.1	DGM（1，1）	$a = -0.2375$；$b = 1.8170$	$\hat{x}^{(0)}(k) =$ $2.5468 \times 1.2695^{k-2}$	$\Delta_s = \frac{1}{5}\sum_{k=2}^{6}\Delta_k = 3.82\%$
例 5.2.1	TDGM（1，1）	$a = -0.0960$；$b = 0.6186$；$c = 1.1430$	$\hat{x}^{(0)}(k) =$ $2.3568 \times 1.1009^{k-2} +$ $\sum_{g=0}^{k-3} 0.6498 \times 1.1009^{g}$	$\Delta_s = \frac{1}{5}\sum_{k=2}^{6}\Delta_k = 2.53\%$

根据表 5 − 4 可知，对于同一建模序列 $X^{(0)} = (1.8，2.4，3.1，4.4，5.2，6.5)$，其中：

（1）GM（1，1）与 DGM（1，1）具有相同的模型参数和类似的时间响应式；TWGM（1，1）与 TDGM（1，1）模型参数相同，但 TDGM（1，1）

时间响应式的函数结构比 TWGM（1，1）更富于变化。

（2）GM（1，1）与 DGM（1，1）的平均相对模拟误差分别为 3.61% 和 3.82%；TWGM（1，1）与 TDGM（1，1）的平均相对模拟误差分别为 2.58% 和 2.53%，均十分接近。

（3）大量实验表明，通常 TWGM（1，1）与 TDGM（1，1）模型的性能优于 GM（1，1）与 DGM（1，1）模型，但有时候发现 GM（1，1）的模型性能优于其他三个模型。

（4）模型的选择依据实际数据来确定，建立不同模型并比较其建模性能，然后选择性能相对最优的模型进行建模、预测和分析。

5.4 模型应用：中国天然气需求量预测

（1）中国天然气消费现状与数据特征。

随着世界经济迅速发展，人口急剧增加，能源消费不断增长，温室气体和各种有害物质排放激增，人类生存环境面临极大挑战。在这种形势下，清洁、高热值的天然气能源正日益受到人们的青睐，发展天然气工业已成为世界各国改善环境和促进经济可持续发展的最佳选择。目前天然气已经成为世界能源消费和工业原材料的重要组成部分。

中国政府为了清洁空气和减少二氧化碳的排放，目前正扩大天然气等清洁能源在能源需求组合中的作用。随着中国民用及工业对天然气需求的持续增加，目前中国已超过日本成为世界上最大的天然气进口国，同时也是世界上天然气依赖进口最严重的国家。仅 2018 年，中国进口天然气就高达 1254 亿立方米，增速高达 31.7%。

天然气供需双方须遵守"照付不议"的国际规则。所谓"照付不议"，是天然气供应的国际惯例和规则，就是指在市场变化情况下，付费不得变更，用户用气未达到此量，仍须按此量付款；供气方供气未达到此量时，要对用户作相应补偿。如果用户在年度内提取的天然气量小于当年合同量，可以三年内进行补提。

在天然气"照付不议"的国际交易规则及我国对天然气需求量迅速增加的大背景下，天然气的稳定有序供应已成为威胁我国能源安全的重要因素。因此，运用科学方法对我国天然气未来一段时间的需求状况进行合理预测，掌握我国天然气未来需求量的变化趋势，其结果可为我国政府制定合理的能源进口政策、优化我国能源结构和产业布局提供决策依据，对保障我国能源供需平衡，促进我国经济可持续发展具有积极意义。

天然气需求量的影响因素构成复杂（"灰"因），有效历史数据十分有限（样本量小）。天然气不仅是生活物资，也是生产物资。在中国这样一个人口基数庞大、产业结构复杂、经济高速发展、能源需求巨大的发展中国家，很难完整准确地分析出中国天然气的需求受到哪些因素的影响。同时，影响因素的复杂性也导致了中国对天然气需求量的不确定性，具有典型的"灰因白果"特征。另外，中国自 1992 年才提出建立社会主义市场经济的改革目标，并逐步实现计划经济到市场经济的转变，这个阶段被美国称为"中国市场经济的转型期"。以 2001 年中国加入 WTO 为标志，中国开始成为市场经济为主导的国家。由于市场经济与计划经济是完全不同的两类经济形态，因此，在中国正式加入WTO 之前（即 2001 年之前），我国能源供给和需求带有明显的计划经济特征，其统计数据参考价值不大，而 2001 年之后的统计数据不足 20年，这导致了研究中国天然气消费量所需的有效历史数据十分有限。

（2）中国天然气需求预测模型。

根据上面的介绍，本书选择 2001 年中国加入 WTO 之后的中国天然气消费总量作为建模的样本数据（如表 5-5 所示），同时考虑到验证模型预测性能的需要，保留了 2016 年中国天然气消费总量的实际数据作为测试模型预测性能的样本数据。

表 5 – 5　　　　　　中国 2002 ～ 2018 年天然气消费总量　　　单位：十亿立方米

年份	天然气消费总量	年份	天然气消费总量
2002	29. 2	2011	131. 3
2003	33. 9	2012	147. 1
2004	39. 7	2013	165. 0
2005	46. 8	2014	187. 0
2006	56. 1	2015	193. 2
2007	69. 5	2016	205. 8
2008	80. 7	2017	238. 6
2009	87. 5	2018	280. 0
2010	107. 5		

资料来源：国家统计年鉴（1995 – 2014 年）、中国经济网、中国产业信息网。

选择 2002 ～ 2014 年中国天然气消费总量作为建模数据，则原始序列 $X^{(0)}$ 记为

$$X^{(0)} = (x^{(0)}(1), x^{(0)}(1), \cdots, x^{(0)}(14))$$

$$= (29. 2, 33. 9, 39. 7, 46. 8, 56. 1, 69. 5, 80. 7, 87. 5,$$

$$107. 5, 131. 3, 147. 1, 165. 0, 187. 0, 193. 2) 。$$

第一步，序列处理：计算序列 $X^{(0)}$ 的 1 – AGO 生成序列 $X^{(1)}$ 及 $X^{(1)}$ 的紧邻均值生成序列 $Z^{(1)}$。

根据定义 5.1.1 可得，

$$X^{(1)} = (x^{(1)}(1), x^{(1)}(1), \cdots, x^{(1)}(14))$$

$$= (29. 2, 63. 1, 102. 8, 149. 6, 205. 7, 275. 2, 355. 9,$$

$$443. 4, 550. 9, 682. 2, 829. 3, 994. 3, 1181. 3, 1374. 5) ;$$

$$Z^{(1)} = (z^{(1)}(2), z^{(1)}(3), \cdots, z^{(1)}(14))$$

$$= (46.15, 82.95, 126.2, 177.65, 240.45, 315.55, 399.65,$$

$$497.15, 616.55, 755.75, 911.8, 1087.8, 1277.9).$$

第二步，参数估计：构建参数矩阵、估计模型参数。

根据定理 5.2.1，构造 TDGM(1，1) 模型参数矩阵 B，Y，估计模型参数 a，b，c。

$$Y = \begin{bmatrix} x^{(0)}(2) \\ x^{(0)}(3) \\ \vdots \\ x^{(0)}(14) \end{bmatrix} = \begin{bmatrix} 33.9 \\ 39.7 \\ \vdots \\ 193.2 \end{bmatrix},$$

$$B = \begin{bmatrix} -z^{(1)}(2) & 2 & 1 \\ -z^{(1)}(3) & 3 & 1 \\ \vdots & \vdots & \vdots \\ -z^{(1)}(n) & n & 1 \end{bmatrix} = \begin{bmatrix} -46.15 & 2 & 1 \\ -82.95 & 3 & 1 \\ \vdots & \vdots & \vdots \\ -1277.9 & 14 & 1 \end{bmatrix}.$$

根据定理 5.1.1，可计算模型参数 a，b 及 c，

$$\hat{p} = (a, b, c)^T = (B^T B)^{-1} B^T Y = \begin{bmatrix} -0.0794 \\ 6.2709 \\ 13.3971 \end{bmatrix}.$$

第三步，模型构造：构建 TDGM(1，1) 模型的最终还原式。

根据定理 5.2.2 可得，

$$\alpha = x^{(0)}(1)\left(\frac{1-0.5a}{1+0.5a}-1\right) + \left(2 \cdot \frac{b}{1+0.5a} + \frac{c}{1+0.5a}\right) = 29.4259;$$

$$\beta = \frac{1-0.5a}{1+0.5a} = 1.0827; \quad \gamma = \frac{b}{1+0.5a} = 6.5302.$$

将参数 α，β，γ 代入公式 (5.2.14)，则 TDGM(1，1) 模型的最终还原式如下：

$$\hat{x}^{(0)}(k) = 29.4259 \times 1.0827^{k-2} + \sum_{g=0}^{k-3} 6.5302 \times 1.0827^{g} \qquad (5.4.1)$$

第四步，误差计算：计算 TDGM(1，1) 模型对序列 $X^{(0)}$ 的模拟及预测误差。

运用公式（5.2.15），当 $k = 2，3，\cdots，14$ 时，可计算 TDGM(1，1) 模型的模拟值 $\hat{x}^{(0)}(k)$、模拟误差、残差及相对误差。当 $k = 15，16，17$ 时，可计算 TDGM(1，1) 模型的预测值 $\hat{x}^{(0)}(k)$、预测误差、残差及相对误差，结果如表 5 - 6 所示。

表 5 - 6　基于 TDGM(1，1) 模型的中国天然气消费总量模拟及预测值及误差

序号/年份	实际数据 $x^{(0)}(k)$	模拟/预测数据 $\hat{x}^{(0)}(k)$	残差 $\varepsilon(k) = \hat{x}^{(0)}(k) - x^{(0)}(k)$	相对误差（%） $\Delta_k = \mid \varepsilon(k) \mid / x^{(0)}(k)$
模拟数据				
$k = 2(2003)$	33.9000	29.4259	- 4.4741	13.1979
$k = 3(2004)$	39.7000	38.3893	- 1.3107	3.3015
$k = 4(2005)$	46.8000	48.0939	1.2939	2.7647
$k = 5(2006)$	56.1000	58.6009	2.5009	4.4580
$k = 6(2007)$	69.5000	69.9768	0.4768	0.6860
$k = 7(2008)$	80.7000	82.2933	1.5933	1.9743
$k = 8(2009)$	87.5000	95.6282	8.1282	9.2894
$k = 9(2010)$	107.5000	110.0658	2.5658	2.3868
$k = 10(2011)$	131.3000	126.6972	- 5.6028	4.2672
$k = 11(2012)$	147.1000	142.6211	- 4.4789	3.0448
$k = 12(2013)$	165.0000	160.9445	- 4.0555	2.4579
$k = 13(2014)$	187.0000	180.7829	- 6.2171	3.3246
$k = 14(2015)$	193.2000	202.2618	9.0618	4.6904

平均相对模拟百分误差 $\Delta_S = \dfrac{1}{13} \sum_{k=2}^{14} \Delta_k = 4.2956\%$

预测数据

序号/年份	实际数据 $x^{(0)}(k)$	预测值 $\hat{x}^{(0)}(k)$	预测残差 $\varepsilon(k)$	预测误差 $\Delta_k(\%)$
$k=15$（2016）	205.8000	225.5168	19.7168	9.5806
$k=16$（2017）	238.6000	250.6947	12.0947	5.0690
$k=17$（2018）	280.0000	277.9550	−2.0455	0.7305

平均相对预测百分误差 $\Delta_F = \dfrac{1}{3}\sum_{k=15}^{17}\Delta_k = 5.1267\%$

根据表5-6，可计算 TDGM（1，1）模型的综合误差

$$\Delta = \frac{S \cdot \overline{\Delta}_S + F \cdot \overline{\Delta}_F}{S+F} = \frac{13 \times 4.2956\% + 3 \times 5.1267\%}{13+3} = 4.4515\%。$$

查询灰色预测模型精度等级参照表可知，TDGM（1，1）模型的精度等级介于Ⅰ级和Ⅱ级之间，可以用于中期预测。

第五步，未来预测：计算序列 $X^{(0)}$ 在未来时点的预测值。

当 $k=18，19，20，21，22$ 时，根据公式（5.2.15）可预测2019～2023年中国天然气未来需求量，结果如下：

当 $k=18$ 时，2019年中国天然气消费量预测值

$$\hat{x}^{(0)}(18) = 29.4259 \times 1.0827^{18-2} + \sum_{g=0}^{18-3} 6.5302 \times 1.0827^g = 307.5;$$

当 $k=19$ 时，2020年中国天然气消费量预测值

$$\hat{x}^{(0)}(19) = 29.4259 \times 1.0827^{19-2} + \sum_{g=0}^{19-3} 6.5302 \times 1.0827^g = 339.4;$$

当 $k=20$ 时，2021年中国天然气消费量预测值

$$\hat{x}^{(0)}(20) = 29.4259 \times 1.0827^{20-2} + \sum_{g=0}^{20-3} 6.5302 \times 1.0827^g = 374.0;$$

当 $k = 21$ 时，2022 年中国天然气消费量预测值

$$\hat{x}^{(0)}(21) = 29.4259 \times 1.0827^{21-2} + \sum_{g=0}^{21-3} 6.5302 \times 1.0827^g = 411.5;$$

当 $k = 22$ 时，2023 年中国天然气消费量预测值

$$\hat{x}^{(0)}(22) = 29.4259 \times 1.0827^{22-2} + \sum_{g=0}^{22-3} 6.5302 \times 1.0827^g = 452.0。$$

在该案例中，应用 VGSMS1.0 软件辅助建模，结果如图 5 - 4 所示。

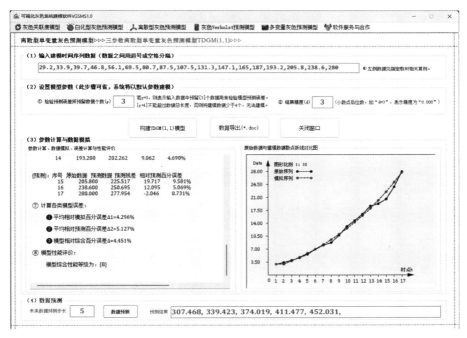

图 5 - 4 中国天然气消费量的 TDGM(1，1) 模型计算结果

（3）预测结果分析与对策建议。

预测结果分析：

第一，中国天然气消费量未来将持续高速增长。根据 TDGM(1，1) 模型的预测结果，中国 2023 年的天然气消费量预计达到 4520 亿立方

米，但是 2002 年中国的天然气需求量只有 292 亿立方米。换言之，中国天然气消费量在 21 年的时间里面增长了接近 20 倍。其原因如下，首先，天然气是一种清洁能源，大规模推广使用天然气是缓解中国日益严重的环境污染问题的重要措施；其次，中国天然气化工行业的快速发展，导致作为工业原料的天然气需求量日益增加；最后，中国城市居民主要使用天然气作为能源，而随着中国城市化进程不断加快，城市人口迅速增加，也加剧了中国对天然气需求量的迅速增加。

第二，中国天然气产量严重不足，供需缺口巨大。根据中国能源网的统计数据，2013 年我国的天然气产量仅为 119 亿立方米，而本书预测 2023 年中国的天然气消费量预计达到 4520 亿立方米，消费量是供给量的 37 倍之多，供需缺口巨大。在这样的情况下，仅依靠国内天然气的生产能力，远远无法满足国内天然气的实际需求。这不仅对我国居民的生活带来重大影响，同时也将阻碍我国天然气化工行业的健康快速发展。

相应的对策建议：

第一，大力提高国内天然气产量，积极开发页岩气等非常规能源，加大天然气进口。首先，尽可能加大国内天然气田的勘测与开发力度，提高国内天然气产量。其次，通过大力开发页岩气、太阳能、风能、核电等非常规能源来减少对天然气的过分依赖，尤其是对页岩气的开采和使用。我国是全世界页岩气资源最丰富的国家，我国页岩气技术可开采资源量占全世界可开采资源总量的 20%，排名世界第一。正如时任总理李克强在 2015 年政府工作报告中指出："能源生产和消费革命，关乎发展与民生，要开发利用页岩气、煤层气"。最后，积极向我国周边国家，如俄罗斯、巴基斯坦及缅甸等国进口天然气。

第二，降低以天然气为生产性原材料的工业比重，通过技术革新提高天然气使用效率，有效缓解我国工业企业对天然气的过分依赖。天然气化工是以天然气为原料生产化学产品的工业，是燃料化工的组成部分。天然气化工已成为世界化学工业的主要支柱。中国天然气主要用于生产氮肥，其次是生产甲醇、甲醛、乙炔等。在全国合成氨生产原料结构中，天然气所占比例约为 30%。为了缓解我国天然气供给压力，政府应通过产业结构调整，降低以天然气为生产性原材料的工业比重，同时通过不断技术革新提高天然气的使用效率，从而在源头上降低我国工业企业对天然气的巨大需求。

5.5 本章小结

离散型单变量灰色预测模型与白化型单变量灰色预测模型的最大区别是前者参数估计与时间响应函数均源自其基本形式，而后者参数估计源于其基本形式但时间响应函数来自其白化方程。可见，离散型单变量灰色预测模型只有基本形式而无白化方程，从而解决了白化型单变量灰色预测模型参数估计与时间响应函数的"非同源性"所导致的模型误差，并能实现对指数序列的无偏模拟。

DGM（1，1）本质上为齐次指数函数，可从理论上证明其能实现对齐次指数序列的无偏模拟。将 DGM（1，1）基本形式从 $x^{(0)}(k) + az^{(1)}(k) = b$ 拓展为 $x^{(0)}(k) + az^{(1)}(k) = 0.5(2k-1)b + c$，则 DGM（1，1）演变为 TDGM（1，1）。TDGM（1，1）为非齐次指数函数，能实现对齐次/非齐次指数序列及线性函数序列的无偏模拟。可见，拓展模型结构能在较大程度上改善模型性能。

GM（1，1）与 DGM（1，1）、TWGM（1，1）与 TDGM（1，1）两两具有相同的模型参数和类似的时间响应函数。大多数情况下，

TWGM(1，1) 与 TDGM(1，1) 模型性能优于 GM(1，1) 与 DGM(1，1) 模型，但有时也发现 GM(1，1) 的模型性能优于其他三个模型。因此，模型的选择应依据实际数据来确定，建立不同模型并比较其误差，然后选择性能相对最优的模型进行建模、预测和分析。

第六章

饱和状 S 形序列灰色预测模型

本书第四、第五章介绍的单变量灰色预测模型，主要适用于具有近似指数增长规律的序列，只能描述单调的变化过程。现实世界中，任何系统的发展演化都要经历从产生、快速发展，到饱和增长、逐渐衰落等过程。在这样的背景下，以 GM(1, 1) 为代表的指数序列模型，均难以实现此类系统的有效建模。

灰色 Verhulst 模型主要用来描述具有饱和状的过程，即 S 形过程，常用于人口预测、生物生长、繁殖预测及产品经济寿命预测等。本章将介绍传统灰色 Verhulst 模型的建模方法与优化技术及其应用问题。

6.1 传统灰色 Verhulst 模型

定义 6.1.1 设序列 $X^{(0)} = (x^{(0)}(1), x^{(0)}(2), \cdots, x^{(0)}(n))$，$X^{(1)} = (x^{(1)}(1), x^{(1)}(2), \cdots, x^{(1)}(n))$ 为 $X^{(0)}$ 的 1 – AGO 序列，$Z^{(1)} = (z^{(1)}(2), z^{(1)}(3), \cdots, z^{(1)}(n))$ 为 $X^{(1)}$ 的紧邻均值生成序列，则称

$$x^{(0)}(k) + az^{(1)}(k) = b(z^{(1)}(k))^{\alpha} \qquad (6.1.1)$$

为 GM(1, 1) 幂模型。

定义 6.1.2 GM（1，1）幂模型如定义 6.1.1 所述，则称

$$\frac{dx^{(1)}}{dt} + ax^{(1)} = b\left(x^{(1)}\right)^{\alpha} \tag{6.1.2}$$

为 GM（1，1）幂模型的白化方程。

定理 6.1.1 GM（1，1）幂模型的白化方程如定义 6.1.2 所述，则其解为

$$x^{(1)}(t) = \left\{ e^{-(1-\alpha)at}\left[(1-\alpha)\int be^{(1-\alpha)at}dt + c \right] \right\}^{\frac{1}{1-\alpha}} \tag{6.1.3}$$

定理 6.1.2 序列 $X^{(0)}$，$X^{(1)}$ 及 $Z^{(1)}$ 如定义 6.1.1 所述，矩阵 B 及矩阵 Y 分别为

$$B = \begin{bmatrix} -z^{(1)}(2) & \left(z^{(1)}(2)\right)^{\alpha} \\ -z^{(1)}(3) & \left(z^{(1)}(3)\right)^{\alpha} \\ \vdots & \vdots \\ -z^{(1)}(n) & \left(z^{(1)}(n)\right)^{\alpha} \end{bmatrix}, \quad Y = \begin{bmatrix} x^{(0)}(2) \\ x^{(0)}(3) \\ \vdots \\ x^{(0)}(n) \end{bmatrix},$$

则称 GM（1，1）幂模型参数列 $\hat{a} = [a, b]^{T}$ 的最小二乘估计为

$$\hat{a} = (B^{T}B)^{-1}B^{T}Y.$$

定义 6.1.3 GM（1，1）幂模型如定义 6.1.1 所述，则当 $\alpha = 2$ 时，称

$$x^{(0)}(k) + az^{(1)}(k) = b\left(x^{(1)}(k)\right)^{2} \tag{6.1.4}$$

为灰色 Verhulst 模型。

定义 6.1.4 灰色 Verhulst 模型如定义 6.1.3 所述，则称

$$\frac{dx^{(1)}}{dt} + ax^{(1)} = b\left(x^{(1)}\right)^{2} \tag{6.1.5}$$

为灰色 Verhulst 模型的白化方程。

定理 6.1.3 灰色 Verhulst 模型及其白化方程分别如定义 6.1.1 及定义 6.1.4 所述，则

（ i ）灰色 Verhulst 白化方程的解为

$$x^{(1)}(t) = \frac{1}{e^{at}\left[\dfrac{1}{x^{(1)}(1)} - \dfrac{b}{a}(1 - e^{-at})\right]} = \frac{ax^{(1)}(1)}{e^{at}\left[a - bx^{(1)}(1)(1 - e^{-at})\right]}$$

$$= \frac{ax^{(1)}(1)}{bx^{(1)}(1) + (a - bx^{(1)}(1))e^{a(t-1)}} \tag{6.1.6}$$

（ii）灰色 Verhulst 模型的时间响应式

$$\hat{x}^{(1)}(k+1) = \frac{ax^{(1)}(1)}{bx^{(1)}(1) + (a - bx^{(1)}(1))e^{ak}} \tag{6.1.7}$$

由灰色 Verhulst 方程的解可以看出，当 $t \to \infty$ 时，若 $a > 0$，则 $x^{(1)}(t) \to 0$；若 $a < 0$，则 $x^{(1)}(t) \to a/b$，即有充分大的 t，对任意 $k > t$，$\hat{x}^{(1)}(k+1)$ 与 $\hat{x}^{(1)}(k)$ 充分接近，此时 $\hat{x}^{(0)}(k+1) = \hat{x}^{(1)}(k+1) - \hat{x}^{(1)}(k) \approx 0$，系统趋于死亡。

在实际问题中，常遇到原始数据本身呈 S 形的过程。这时，我们可以取原始数据为 $X^{(1)}$，其 $1 - IAGO$ 为 $X^{(0)}$，建立灰色 Verhulst 模型直接对 $X^{(1)}$ 进行模拟。

例 6.1.1 设原始序列 $X^{(0)} = (4.13, 5.24, 5.97, 6.46, 6.32)$，试构建 $X^{(0)}$ 的 Verhulst 模型。

第一步，序列处理：计算序列 $X^{(0)}$ 一次累加序列 $X^{(1)}$ 及紧邻均值序列 $Z^{(1)}$。

由于原始序列曲线近似 S 形，取 $X^{(1)} = (4.13, 5.24, 5.97, 6.46, 6.32)$，则 $X^{(1)}$ 序列的 $1 - IAGO$ 序列 $X^{(0)}$ 和紧邻生成序列 $Z^{(1)}$ 根据定义 6.1.1 可得，

$X^{(0)} = (x^{(0)}(2), x^{(0)}(3), x^{(0)}(4), x^{(0)}(5)) = (1.11, 0.73, 0.49, -0.14)$；

$Z^{(1)} = (z^{(1)}(2), z^{(1)}(3), z^{(1)}(4), z^{(1)}(5)) = (4.685, 5.605, 6.215, 6.39)$。

第二步，参数估计：构建参数矩阵、估计模型参数。

根据定理 6.1.2，构造 Verhulst 模型参数矩阵 B，Y，估计模型参数 a 和 b。

$$Y = \begin{bmatrix} x^{(0)}(2) \\ x^{(0)}(3) \\ x^{(0)}(4) \\ x^{(0)}(5) \end{bmatrix} = \begin{bmatrix} 1.11 \\ 0.73 \\ 0.49 \\ -0.14 \end{bmatrix},$$

$$B = \begin{bmatrix} -z^{(1)}(2) & (z^{(1)}(2))^2 \\ -z^{(1)}(3) & (z^{(1)}(3))^2 \\ -z^{(1)}(4) & (z^{(1)}(4))^2 \\ -z^{(1)}(5) & (z^{(1)}(5))^2 \end{bmatrix} = \begin{bmatrix} -4.685 & 21.9492 \\ -5.605 & 31.4160 \\ -6.215 & 38.6262 \\ -6.390 & 40.8321 \end{bmatrix};$$

$$\hat{p} = (a, b)^T = (B^T B)^{-1} B^T Y = \begin{bmatrix} -0.8922 \\ -0.1373 \end{bmatrix}。$$

第三步，模型构造：构建 Verhulst 模型的最终还原式。

取 $x^{(1)}(0) = x^{(1)}(0) = 4.13$，将模型参数 a 和 b 代入公式（6.1.7），得 Verhulst 模型的时间响应式为，

$$\hat{x}^{(1)}(k+1) = \frac{-3.6848}{-0.567 - 0.3252e^{-0.8922k}}, \quad k = 0, 1, 2, \cdots, n \qquad (6.1.8)$$

第四步，误差计算：计算 Verhulst 模型对序列 $X^{(1)}$ 的模拟误差。

根据公式（6.1.8），当 $k = 2, 3, 4, 5$ 时，可计算 Verhulst 模型的模拟值 $\hat{x}^{(1)}(k)$、模拟误差、残差及相对误差，如表 6-1 所示。

表 6-1　　　　　　　　　　基于 Verhulst 模型的模拟值

序号/年份	实际数据 $x^{(0)}(k)$	模拟数据 $\hat{x}^{(0)}(k)$	残差 $\varepsilon(k) = \hat{x}^{(0)}(k) - x^{(0)}(k)$	相对误差（%） $\Delta_k = \mid\varepsilon(k)\mid/x^{(0)}(k)$
$k=2$	5.24	5.26	0.02	0.42
$k=3$	5.97	5.93	-0.04	0.70

续表

序号/年份	实际数据 $x^{(0)}(k)$	模拟数据 $\hat{x}^{(0)}(k)$	残差 $\varepsilon(k)=\hat{x}^{(0)}(k)-x^{(0)}(k)$	相对误差(%) $\Delta_k=\mid\varepsilon(k)\mid/x^{(0)}(k)$
$k=4$	6.46	6.25	-0.21	3.21
$k=5$	6.32	6.40	0.08	1.20

$$平均相对模拟百分误差\ \Delta_s=\frac{1}{4}\sum_{k=2}^{5}\Delta_k=1.38\%$$

第五步，未来预测：计算序列 $X^{(1)}$ 在未来时点的预测值。

当 $k=6$，7，8 时，根据公式（6.1.8）可计算 $\hat{x}^{(1)}(6)$、$\hat{x}^{(1)}(7)$、$\hat{x}^{(1)}(8)$，结果如下：

$\hat{x}^{(1)}(6)=6.46$；$\hat{x}^{(1)}(7)=6.48$；$\hat{x}^{(1)}(8)=6.49$。

在例 6.1.1 中，应用 VGSMS1.0 软件辅助建模，结果如图 6-1 所示。

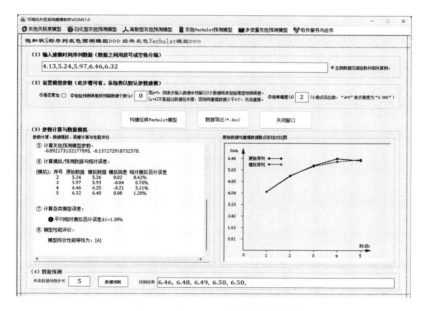

图 6-1　Verhulst 模型的计算结果

6.2 新型灰色 Verhulst 模型

传统灰色 Verhulst 在趋势上能实现对具有饱和状 S 形序列的建模，但是在模型稳定性、模型精度及模型适用范围等方面，尚具有较大改进和提升的空间。

根据公式（6.1.7）可推导得，

$$\hat{x}^{(1)}(k+1)^{-1} = \frac{bx^{(1)}(1) + (a - bx^{(1)}(1))e^{ak}}{ax^{(1)}(1)} = \alpha_1 + \alpha_2 e^{ak}, \quad (6.2.1)$$

其中

$$\alpha_1 = \frac{b}{a}, \quad \alpha_2 = \frac{a - bx^{(1)}(1)}{ax^{(1)}(1)}。$$

根据公式（6.2.1），传统灰色 Verhulst 模型时间响应式的倒数是非齐次指数函数。然而，即使用严格满足非齐次指数函数增长规律的序列 $(X^{(1)})^{-1} = (x^{(1)}(1)^{-1}, x^{(1)}(2)^{-1}, \cdots, x^{(1)}(n)^{-1})$，其中 $x^{(1)}(k)^{-1} = \alpha_1 + \alpha_2 e^{ak}(k = 1, 2, \cdots, n)$ 去建立灰色 Verhulst 模型，该模型同样存在误差，这说明传统灰色 Verhulst 模型在结构合理性与参数有效性方面还存在一些缺陷。另外，设 $y(k) = x^{(1)}(k)^{-1} - x^{(1)}(k-1)^{-1} = (e^a - 1)\alpha_2 e^{a(k-2)}$，这表明灰色 Verhulst 模型时间响应函数倒数形式的累减还原式是一个齐次指数函数。由于指数函数的特殊性及其建模条件的苛刻性，这在一定程度上限制了传统灰色 Verhulst 模型的建模能力与应用范围。

结合本书第五章所讨论的三参数离散灰色预测模型 TDGM(1，1)，其良好的模型结构与建模能力有效改善了传统 GM(1，1) 模型性能。为此，本小节将基于 TDGM(1，1) 模型思想提出一种新型的灰色 Verhulst 模型。

定义 6.2.1 设原始序列 $Y^{(0)} = (y^{(0)}(1), y^{(0)}(2), \cdots, y^{(0)}(n))$，其中 $y^{(0)}(k) > 0$，$k = 1, 2, \cdots, n$；序列 $X^{(0)} = (x^{(0)}(1), x^{(0)}(2), \cdots, x^{(0)}(n))$ 且 $x^{(0)}(k) = 1/y^{(0)}(k)$，则称 $X^{(0)}$ 为 $Y^{(0)}$ 的倒数序列。

定义 6.2.2 设序列 $X^{(0)}$ 如定义 6.2.1 所述，$X^{(1)}$ 为 $X^{(0)}$ 1 – AGO 序列，则称方程

$$x^{(1)}(k) = \sigma_1 x^{(1)}(k-1) + \sigma_2(k-1) + \sigma_3 \qquad (6.2.2)$$

为灰色 Verhulst 模型的过程模型，简称 GVP 模型。换言之，该模型不是我们推导的最终模型，而是为创建新型灰色 Verhulst 模型所构造的一个中间模型。

定理 6.2.1 设序列 $X^{(1)}$ 如定义 6.2.2 所述，若 $\hat{\sigma} = (\sigma_1, \sigma_2, \sigma_3)^T$ 为参数列，且

$$A = \begin{bmatrix} x^{(1)}(2) \\ x^{(1)}(3) \\ \vdots \\ x^{(1)}(n) \end{bmatrix}; \quad B = \begin{bmatrix} x^{(1)}(1) & 1 & 1 \\ x^{(1)}(2) & 2 & 1 \\ \vdots & \vdots & \vdots \\ x^{(1)}(n-1) & n-1 & 1 \end{bmatrix},$$

则 GVP 模型 $x^{(1)}(k) = \sigma_1 x^{(1)}(k-1) + \sigma_2(k-1) + \sigma_3$ 的最小二乘参数列满足

$$\hat{\sigma} = (\sigma_1, \sigma_2, \sigma_3)^T = (B^T B)^{-1} B^T A。$$

证明过程略。

定理 6.2.2 设序列 $X^{(0)}$、$X^{(1)}$ 分别如定义 6.2.1 及定义 6.2.2 所述，$\hat{\sigma} = (\sigma_1, \sigma_2, \sigma_3)^T$ 为 GVP 模型参数列，则

（i）GVP 模型的时间响应序列

$$x^{(1)}(k) = \sigma_1^{(k-1)} x^{(1)}(1) + \sum_{i=1}^{k-1} (i\sigma_2 + \sigma_3)\sigma_1^{(k-i-1)}, \quad k = 1, 2, \cdots, n;$$

$$(6.2.3)$$

（ii）GVP 模型的最终还原值

$$\hat{x}^{(0)}(k) = \left[(\sigma_1 - 1)x^{(1)}(1) + (\sigma_2 + \sigma_3)\right]\sigma_1^{(k-2)} + \sum_{i=1}^{k-2}\sigma_1^{(i-1)}\sigma_2,$$

$$k = 2, 3, \cdots, n \tag{6.2.4}$$

证明：（i）根据公式（6.2.2），当 $k = 2$，

$$x^{(1)}(2) = \sigma_1 x^{(1)}(1) + \sigma_2 + \sigma_3 \tag{6.2.5}$$

当 $k = 3$，

$$x^{(1)}(3) = \sigma_1 x^{(1)}(2) + 2\sigma_2 + \sigma_3 \tag{6.2.6}$$

将公式（6.2.5）代入公式（6.2.6），得

$$x^{(1)}(3) = \sigma_1(\sigma_1 x^{(1)}(1) + \sigma_2 + \sigma_3) + 2\sigma_2 + \sigma_3$$

$$= \sigma_1^2 x^{(1)}(1) + \sigma_1\sigma_2 + \sigma_1\sigma_3 + 2\sigma_2 + \sigma_3 \tag{6.2.7}$$

当 $k = 4$，

$$x^{(1)}(4) = \sigma_1 x^{(1)}(3) + 3\sigma_2 + \sigma_3 \tag{6.2.8}$$

类似地，将公式（6.2.7）代入公式（6.2.8），得

$$x^{(1)}(4) = \sigma_1(\sigma_1^2 x^{(1)}(1) + \sigma_1\sigma_2 + \sigma_1\sigma_3 + 2\sigma_2 + \sigma_3) + 3\sigma_2 + \sigma_3$$

$$= \sigma_1^3 x^{(1)}(1) + \sigma_1^2\sigma_2 + \sigma_1^2\sigma_3 + 2\sigma_1\sigma_2 + \sigma_1\sigma_3 + 3\sigma_2 + \sigma_3$$

$$\vdots \tag{6.2.9}$$

以此类推，当 $k = t$，

$$x^{(1)}(t) = \sigma_1 x^{(1)}(t-1) + \sigma_2(t-1) + \sigma_3$$

$$= \sigma_1^{(t-1)} x^{(1)}(1) + (\sigma_2 + \sigma_3)\sigma_1^{(t-2)} + (2\sigma_2 + \sigma_3)\sigma_1^{(t-3)} + \cdots$$

$$+ \left[(t-2)\sigma_2 + \sigma_3\right]\sigma_1 + \left[(t-1)\sigma_2 + \sigma_3\right]\sigma_1^0 \tag{6.2.10}$$

公式（6.2.10）可简化为

$$x^{(1)}(t) = \sigma_1^{(t-1)} x^{(1)}(1) + \sum_{i=1}^{t-1}(i\sigma_2 + \sigma_3)\sigma_1^{(t-i-1)}$$

定理 6.2.2 第一个证明结束。

证明：（ii）根据灰色累减算子的定义，

$$\hat{x}^{(0)}(k+1) = \hat{x}^{(1)}(k+1) - \hat{x}^{(1)}(k) \tag{6.2.11}$$

根据公式（6.2.3），

$$\hat{x}^{(1)}(k+1) = \sigma_1^k x^{(1)}(1) + \sum_{i=1}^{k}(i\sigma_2 + \sigma_3)\sigma_1^{(k-i)} \qquad (6.2.12)$$

$$\hat{x}^{(1)}(k) = \sigma_1^{(k-1)} x^{(1)}(1) + \sum_{i=1}^{k-1}(i\sigma_2 + \sigma_3)\sigma_1^{(k-i-1)} \qquad (6.2.13)$$

则

$$\hat{x}^{(0)}(k+1) = \sigma_1^k x^{(1)}(1) + \sum_{i=1}^{k}(i\sigma_2 + \sigma_3)\sigma_1^{(k-i)}$$
$$- \sigma_1^{(k-1)} x^{(1)}(1) - \sum_{i=1}^{k-1}(i\sigma_2 + \sigma_3)\sigma_1^{(k-i-1)} 。$$

当 $k = 2$，

$$\hat{x}^{(0)}(2) = \hat{x}^{(1)}(2) - \hat{x}^{(1)}(1)$$
$$= \sigma_1 x^{(1)}(1) + \sigma_2 + \sigma_3 - x^{(1)}(1)$$
$$= x^{(1)}(1)(\sigma_1 - 1) + \sigma_2 + \sigma_3 \qquad (6.2.14)$$

当 $k = 3$，

$$\hat{x}^{(0)}(3) = \hat{x}^{(1)}(3) - \hat{x}^{(1)}(2)$$
$$= \sigma_1^2 x^{(1)}(1) + \sigma_1\sigma_2 + \sigma_1\sigma_3 + 2\sigma_2 + \sigma_3 - \sigma_1 x^{(1)}(1) - \sigma_2 - \sigma_3$$
$$= (\sigma_1 - 1)x^{(1)}(1)\sigma_1 + \sigma_1(\sigma_2 + \sigma_3) + \sigma_2 \qquad (6.2.15)$$

当 $k = 4$，

$$\hat{x}^{(0)}(4) = \hat{x}^{(1)}(4) - \hat{x}^{(1)}(3)$$
$$= \sigma_1^3 x^{(1)}(1) + \sigma_1^2\sigma_2 + \sigma_1^2\sigma_3 + 2\sigma_1\sigma_2 + \sigma_1\sigma_3 + 3\sigma_2 + \sigma_3$$
$$- \sigma_1^2 x^{(1)}(1) - \sigma_1\sigma_2 - \sigma_1\sigma_3 - 2\sigma_2 - \sigma_3$$
$$= (\sigma_1 - 1)x^{(1)}(1)\sigma_1^2 + \sigma_1^2(\sigma_2 + \sigma_3) + \sigma_1\sigma_2 + \sigma_2 \quad (6.2.16)$$

当 $k = 5$，

$$\hat{x}^{(0)}(5) = \hat{x}^{(1)}(5) - \hat{x}^{(1)}(4)$$
$$= \sigma_1^4 x^{(1)}(1) + \sigma_1^3\sigma_2 + \sigma_1^3\sigma_3 + 2\sigma_1^2\sigma_2 + \sigma_1^2\sigma_3 + 3\sigma_1\sigma_2 + \sigma_1\sigma_3$$
$$+ 4\sigma_2 + \sigma_3 - \sigma_1^3 x^{(1)}(1) - \sigma_1^2\sigma_2 - \sigma_1^2\sigma_3 - 2\sigma_1\sigma_2 - \sigma_1\sigma_3 - 3\sigma_2 - \sigma_3$$

$$= (\sigma_1 - 1)x^{(1)}(1)\sigma_1^3 + \sigma_1^3(\sigma_2 + \sigma_3) + \sigma_1^2\sigma_2 + \sigma_1\sigma_2 + \sigma_2$$

$$(6.2.17)$$

联立方程（6.2.14）~方程（6.2.17），可得如下方程组：

$$\begin{cases} \hat{x}^{(0)}(2) = (\sigma_1 - 1)x^{(1)}(1)\sigma_1^0 + (\sigma_2 + \sigma_3)\sigma_1^0 \\ \hat{x}^{(0)}(3) = (\sigma_1 - 1)x^{(1)}(1)\sigma_1 + (\sigma_2 + \sigma_3)\sigma_1 + \sigma_2 \\ \hat{x}^{(0)}(4) = (\sigma_1 - 1)x^{(1)}(1)\sigma_1^2 + (\sigma_2 + \sigma_3)\sigma_1^2 + \sigma_1\sigma_2 + \sigma_2 \\ \hat{x}^{(0)}(5) = (\sigma_1 - 1)x^{(1)}(1)\sigma_1^3 + (\sigma_2 + \sigma_3)\sigma_1^3 + \sigma_1^2\sigma_2 + \sigma_1\sigma_2 + \sigma_2 \\ \quad\quad \vdots \end{cases}$$

$$(6.2.18)$$

即

$$\begin{cases} \hat{x}^{(0)}(2) = [(\sigma_1 - 1)x^{(1)}(1) + (\sigma_2 + \sigma_3)]\sigma_1^0 \\ \hat{x}^{(0)}(3) = [(\sigma_1 - 1)x^{(1)}(1) + (\sigma_2 + \sigma_3)]\sigma_1 + \sigma_2 \\ \hat{x}^{(0)}(4) = [(\sigma_1 - 1)x^{(1)}(1) + (\sigma_2 + \sigma_3)]\sigma_1^2 + \sigma_1\sigma_2 + \sigma_2 \\ \hat{x}^{(0)}(5) = [(\sigma_1 - 1)x^{(1)}(1) + (\sigma_2 + \sigma_3)]\sigma_1^3 + \sigma_1^2\sigma_2 + \sigma_1\sigma_2 + \sigma_2 \\ \quad\quad \vdots \end{cases}$$

$$(6.2.19)$$

根据方程组（6.2.19），采用数学归纳法，我们可以找到 $\hat{x}^{(0)}(k)$ 的如下通项，

$$\hat{x}^{(0)}(k) = [(\sigma_1 - 1)x^{(1)}(1) + (\sigma_2 + \sigma_3)]\sigma_1^{(k-2)} + \sum_{i=1}^{k-2}\sigma_1^{(i-1)}\sigma_2,$$

$$k = 2, 3, \cdots, n_\circ$$

定理 6.2.2 证明结束。

根据定义 6.2.1 可知，$x^{(0)}(k) = 1/y^{(0)}(k)$，则可推导出如下公式：

$$\hat{y}^{(0)}(k) = \frac{1}{\hat{x}^{(0)}(k)}$$

$$= \frac{1}{\left[(\sigma_1 - 1)x^{(1)}(1) + (\sigma_2 + \sigma_3)\right]\sigma_1^{(k-2)} + \sum_{i=1}^{k-2}\sigma_1^{(i-1)}\sigma_2}$$

$$(6.2.20)$$

公式（6.2.20）中，令

$$M = (\sigma_1 - 1)x^{(1)}(1) + (\sigma_2 + \sigma_3),$$

则公式（6.2.20）可简化为

$$\hat{y}^{(0)}(k) = \frac{1}{M\sigma_1^{(k-2)} + \sum_{i=1}^{k-2}\sigma_1^{(i-1)}\sigma_2}$$

$$(6.2.21)$$

公式（6.2.21）称为基于 GVP 模型的新型灰色 Verhulst 模型，简称 N_Verhulst 模型。其中 $k = 2, 3, \cdots, n$。当 $k = 2, 3, \cdots, n$ 时，$\hat{x}^{(0)}(k)$ 称为模拟值；当 $k = n+1, n+2, \cdots$ 时，$\hat{x}^{(0)}(k)$ 称为预测值。

例 6.2.1　设原始序列 $X^{(0)} = (4.13, 5.24, 5.97, 6.46, 6.32)$，试构建 $X^{(0)}$ 的 N_Verhulst 模型。

第一步，序列处理：计算序列 $X^{(0)}$ 的倒数序列 $Y^{(0)}$ 及倒数序列的 $1 - \mathrm{AGO}$ 序列 $Y^{(1)}$。

根据定义 6.2.1 可得，

$Y^{(0)} = (y^{(0)}(1), y^{(0)}(2), \cdots, y^{(0)}(5)) = (0.2421, 0.1908, 0.1675, 0.1548, 0.1582)$；

$Y^{(1)} = (y^{(1)}(1), y^{(1)}(2), \cdots, y^{(1)}(5)) = (0.2421, 0.4329, 0.6005, 0.7553, 0.9135)$。

第二步，参数估计：构建参数矩阵、估计模型参数。

根据定理 6.2.1，构造 N_Verhulst 模型参数矩阵 A，B，估计模型参数 σ_1，σ_2，σ_3 和 M。

$$A = \begin{bmatrix} y^{(1)}(2) \\ y^{(1)}(3) \\ y^{(1)}(4) \\ y^{(1)}(5) \end{bmatrix} = \begin{bmatrix} 0.4330 \\ 0.6005 \\ 0.7553 \\ 0.9135 \end{bmatrix},$$

$$B = \begin{bmatrix} y^{(1)}(1) & 1 & 1 \\ y^{(1)}(2) & 2 & 1 \\ y^{(1)}(3) & 3 & 1 \\ y^{(1)}(4) & 4 & 1 \end{bmatrix} = \begin{bmatrix} 0.2421 & 1 & 1 \\ 0.4330 & 2 & 1 \\ 0.6005 & 3 & 1 \\ 0.7553 & 4 & 1 \end{bmatrix},$$

$$\hat{\sigma} = (\sigma_1, \ \sigma_2, \ \sigma_3)^T = (B^T B)^{-1} B^T A = \begin{bmatrix} 0.2789 \\ 0.1120 \\ 0.2539 \end{bmatrix},$$

$$M = (\sigma_1 - 1) y^{(1)}(1) + (\sigma_2 + \sigma_3) = 0.1913。$$

第三步，模型构造：构建 N_Verhulst 模型的最终还原式。

将模型参数 σ_1、σ_2、σ_3 和 M 代入公式（6.2.21），得 N_Verhulst 模型的时间响应式为

$$\hat{x}^{(0)}(k) = \frac{1}{0.1913 \times 0.2789^{(k-2)} + \sum_{i=1}^{k-2} 0.2789^{(i-1)} \times 0.112} \qquad (6.2.22)$$

第四步，误差计算：计算 N_Verhulst 模型对序列 $X^{(0)}$ 的模拟误差。

根据公式（6.2.22），当 $k = 2$, 3, 4, 5 时，可计算 N_Verhulst 模型的模拟值 $\hat{x}^{(0)}(k)$、模拟误差、残差及相对误差，如表 6-2 所示。

表 6-2　　　　　　　　基于 N_Verhulst 模型的模拟值

序号/年份	实际数据 $x^{(0)}(k)$	模拟数据 $\hat{x}^{(0)}(k)$	残差 $\varepsilon(k) = \hat{x}^{(0)}(k) - x^{(0)}(k)$	相对误差（%） $\Delta_k = \mid \varepsilon(k) \mid / x^{(0)}(k)$
$k = 2$	5.24	5.23	0.01	0.24
$k = 3$	5.97	6.05	0.08	1.28

序号/年份	实际数据 $x^{(0)}(k)$	模拟数据 $\hat{x}^{(0)}(k)$	残差 $\varepsilon(k) = \hat{x}^{(0)}(k) - x^{(0)}(k)$	相对误差(%) $\Delta_k = \mid \varepsilon(k) \mid / x^{(0)}(k)$
$k = 4$	6.46	6.23	−0.14	2.12
$k = 5$	6.32	6.40	0.08	1.34

$$平均相对模拟百分误差 \ \Delta_s = \frac{1}{4} \sum_{k=2}^{5} \Delta_k = 1.25\%$$

第五步，未来预测：计算序列 $X^{(0)}$ 在未来时点的预测值。

当 $k = 6$，7，8 时，根据公式（6.2.22）可计算 $\hat{x}^{(0)}(6)$、$\hat{x}^{(0)}(7)$、$\hat{x}^{(0)}(8)$，结果如下：

$\hat{x}^{(0)}(6) = 6.43$；$\hat{x}^{(0)}(7) = 6.43$；$\hat{x}^{(0)}(8) = 6.44$。

在例 6.2.1 中，应用 VGSMS1.0 软件辅助建模，结果如图 6 – 2 所示。

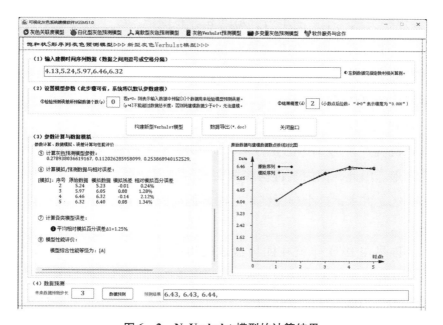

图 6 – 2　N_Verhulst 模型的计算结果

6.3　模型应用：中国致密气产量预测

（1）中国致密气研究背景。

致密气也称致密砂岩气，是指渗透率小于 0.1 毫达西的砂岩地层天然气。致密气与页岩气、煤层气同为世界公认的三大非常规天然气。目前，致密气已经逐渐成为天然气产量的主要增长点。

2018 年我国天然气对外依存度高达 45.3%，而我国独特的地质条件决定了致密气等非常规天然气资源较常规天然气更丰富，发展潜力更大。新形势下，加快开发利用致密气等非常规天然气资源对促进我国能源的供需平衡具有重大意义。

致密气正在改变着我国的天然气生产格局，并将成为我国扩大"非常规"天然气生产的主力。2012 年，我国致密气产量突破 300 亿立方米，几乎占到全国天然气总产量的 1/3。中国相关智库对致密气未来的开发持乐观态度，并对其产量进行了大胆预测：2020 年我国致密气产量将达到 800 亿立方米。自 2009 年以来，我国致密气产量高速增长。但是 2014 年以后，我国致密气产量增长缓慢甚至出现负增长。2014 年我国致密气产量为 370 亿立方米，而 2017 年我国致密气产量仅为 340 亿立方米。因此，国内某机构曾撰文预测我国致密气产量 2020 年将达到 800 亿立方米，这个预测结果是明显偏高的，可能与实际情况存在较大偏差。

中国早在 1971 年就在四川盆地的川西地区发现了中坝致密气田，之后在其他含油气盆地中也发现了许多小型致密气田。但我国早期主要是按低渗－特低渗气藏进行勘探开发的，进展比较缓慢。中国对致密气的大规模开发始于 2007 年，并在 2009 年官方开始有致密气产量的记录。因此，中国在致密气产量方面的历史数据十分有限（小数据）。另外，中国致密气生产的影响极其复杂，包括致密气开发技术（气藏描述技术、钻井工艺技术、井网加密技术等）、资源品位、市场环境、国家政策等。在这样的情况下，传统回归预测模型或神经网络模型等以大样本为基础的数学模型，均难以实现对我国致密气产量的有效模拟和预测。

（2）中国致密气产量数据特征分析。

本小节分析我国致密气产量的发展趋势与数据特征，为选择合理的致密气产量预测模型提供技术支撑。中国产业信息网 2019 年 1 月公布了我国历年致密气产量数据，如表 6－3 所示。

表 6－3　　　　　　　**2009 ~ 2017 年中国致密气产量**　　　　　　单位：亿立方米

年份	2009	2010	2011	2012	2013	2014	2015	2016	2017
产量	150	160	256	320	340	370	350	355	340

资料来源：中国工业信息网（www. chyxx. com/industry/201901/703910. html）。

为了观察我国历年致密气产量的发展趋势，我们应用 MATLAB 绘制表 6－3 的散点折线图，如图 6－3 所示。

从图 6－3 可以清晰地发现，我国致密气产量的变化趋势经历了三个阶段：

①高速增长期。2010 ~ 2012 年，我国致密气产量高速增长，产量由 2010 年的 160 亿立方米猛增到 2014 年的 340 亿立方米。

②增长放缓期。2012 ~ 2014 年，我国致密气产量增速放缓，2014 年的产量仅比 2012 年的产量增加 50 亿立方米。

③增长停滞期。2014 ~ 2017 年，我国致密气产量增长停滞甚至出现负增长，2017 年的产量比 2014 年的产量减少了 30 亿立方米。

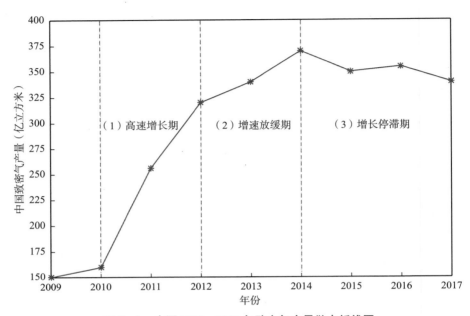

图 6 - 3　中国 2009 ~ 2017 年致密气产量散点折线图

　　另外，尽管我国早在 1971 年就在四川盆地发现了致密气田，但是我国对致密气的大规模开发起步比较晚，到 2009 年才开始有致密气的产量记录，到 2017 年一共仅有 9 年的历史数据，具有典型的小数据特征。

　　根据上面的分析可以发现，我国致密气产量具有数据量小、发展趋势呈现近似的饱和状 S 形特征。因此，我们拟使用 N_Verhulst 模型来预测我国致密气产量。

　　（3）应用 N_Verhulst 模型预测中国致密气产量。

　　第一步，数据分段：为了检验新构建的致密气产量预测模型性能，需要对致密气产量的模拟误差与预测误差进行检验，并与其他模型进行比较。本小节利用表 6 - 3 中的前 7 个数据作为原始数据 $Y^{(0)}$ 建立 N_

Verhulst 模型，表 6 – 3 中后 2 个数据作为预留数据，用来检验 N_Ver-hulst 模型的预测误差。因此，建模数据

$$Y^{(0)} = (y^{(0)}(1), y^{(0)}(2), y^{(0)}(3), y^{(0)}(4), y^{(0)}(5), y^{(0)}(6), y^{(0)}(7))$$

$$= (150, 160, 256, 320, 340, 370, 350)。$$

第二步，N_Verhulst 模型参数计算：根据 N_Verhulst 模型的建模过程，首先对 N_Verhulst 模型的参数进行计算。计算过程如下：

①序列处理：计算序列 $Y^{(0)}$ 的倒数序列 $X^{(0)}$ 及倒数序列的 1 – AGO 序列 $X^{(1)}$：

$$X^{(0)} = (x^{(0)}(1), x^{(0)}(2), x^{(0)}(3), x^{(0)}(4), x^{(0)}(5), x^{(0)}(6), x^{(0)}(7))$$

$$= (0.00667, 0.00625, 0.00391, 0.003125, 0.00294, 0.00270, 0.00286);$$

$$X^{(1)} = (x^{(1)}(1), x^{(1)}(2), x^{(1)}(3), x^{(1)}(4), x^{(1)}(5), x^{(1)}(6), x^{(1)}(7))$$

$$= (0.00667, 0.01292, 0.01682, 0.01995, 0.02289, 0.02559, 0.02845).$$

②参数估计：构建参数矩阵，估计模型参数。

$$A = \begin{bmatrix} 0.01292 \\ 0.01682 \\ \vdots \\ 0.02845 \end{bmatrix}; \quad B = \begin{bmatrix} 0.00667 & 1 & 1 \\ 0.01292 & 2 & 1 \\ \vdots & \vdots & \vdots \\ 0.02559 & 6 & 1 \end{bmatrix}。$$

$$\hat{\sigma} = (\sigma_1, \sigma_2, \sigma_3)^T = (B^T B)^{-1} B^T A$$

$$= (0.32438, 0.00187, 0.00889)^T;$$

$$M = (\sigma_1 - 1) x^{(1)}(1) + (\sigma_2 + \sigma_3) = 0.00625。$$

第三步，构建致密气产量预测的 N_Verhulst 模型：将模型参数 σ_1，σ_2 和 σ_3 代入公式（6.2.21），即可构建致密气产量预测的 N_Verhulst 模型，

$$\hat{y}^{(0)}(k) = \cfrac{1}{M\sigma_1^{(k-2)} + \sum_{i=1}^{k-2} \sigma_1^{(i-1)} \sigma_2}$$

$$= \frac{1}{0.00625 \times 0.32438^{k-2} + \sum\limits_{i=1}^{k-2} 0.00187 \times 0.32438^{i-1}}$$

$$(6.3.1)$$

根据公式（6.3.1）可计算 N_Verhulst 模型的模拟值/预测值、残差、相对模拟/预测误差，结果如表 6 - 4 所示。为了比较传统 Verhulst 模型与新型 N_Verhulst 模型及经典 GM（1，1）模型之间性能的差异，我们同时分别应用传统 Verhulst 模型及经典 GM（1，1）模型构建了我国致密气产量预测模型，相关数据见表 6 - 4。由于传统 Verhulst 模型与新型 N_Verhulst 模型建模步骤类似，因此本书不再详细罗列传统 Verhulst 模型的建模步骤。

表 6 - 4　　　　灰色模型 N_Verhulst、Verhulst 及 GM（1，1）
对我国致密气产量的模拟及预测结果

年份	实际数据 $y^{(0)}(k)$	N_Verhulst 模型			传统 Verhulst 模型			经典 GM（1，1）模型		
		$\hat{y}^{(0)}(k)$	$\varepsilon(k)$	$\Delta(k)$	$\hat{y}^{(0)}(k)$	$\varepsilon(k)$	$\hat{y}^{(0)}(k)$	$\hat{y}^{(0)}(k)$	$\varepsilon(k)$	$\hat{y}^{(0)}(k)$
模拟数据										
2010	160	159.93	-0.07	0.04	210.01	50.01	31.26	222.08	62.08	38.80
2011	256	256.44	0.44	0.17	265.66	9.66	3.77	248.81	-7.19	2.81
2012	320	318.85	-1.15	0.36	308.43	-11.57	3.62	278.76	-41.24	12.89
2013	340	346.18	6.18	1.82	336.82	-3.18	0.94	312.31	-27.69	8.14
2014	370	356.08	-13.92	3.76	353.88	-16.12	4.36	349.90	-20.10	5.43
2015	350	359.42	9.42	2.69	363.51	13.51	3.86	392.02	42.02	12.01
平均相对模拟百分误差		$\Delta_S = 1.47\%$			$\Delta_S = 7.97\%$			$\Delta_S = 13.35\%$		

续表

年份	实际数据 $y^{(0)}(k)$	N_Verhulst 模型			传统 Verhulst 模型			经典 GM(1, 1) 模型		
		$\hat{y}^{(0)}(k)$	$\varepsilon(k)$	$\Delta(k)$	$\hat{y}^{(0)}(k)$	$\varepsilon(k)$	$\hat{y}^{(0)}(k)$	$\hat{y}^{(0)}(k)$	$\varepsilon(k)$	$\hat{y}^{(0)}(k)$
预测数据										
2016	355	360.51	5.51	1.55	368.77	13.77	3.88	439.20	84.2	23.72
2017	340	360.87	20.87	6.14	371.58	31.58	9.29	492.06	152.06	44.72
平均相对预测百分误差		$\Delta_F = 3.85\%$			$\Delta_F = 6.58\%$			$\Delta_F = 34.27\%$		

根据表 6-4，可计算模型 N_Verhulst、传统 Verhulst 及 GM(1, 1) 的综合误差：

$$\Delta_{\text{N\_Verhulst}} = \frac{S \cdot \overline{\Delta}_S + F \cdot \overline{\Delta}_F}{S + F} = \frac{6 \times 1.47\% + 2 \times 3.85\%}{6 + 2} = 2.07\% ;$$

$$\Delta_{\text{Verhulst}} = \frac{S \cdot \overline{\Delta}_S + F \cdot \overline{\Delta}_F}{S + F} = \frac{6 \times 7.97\% + 2 \times 6.58\%}{6 + 2} = 7.62\% ;$$

$$\Delta_{\text{GM}(1,1)} = \frac{S \cdot \overline{\Delta}_S + F \cdot \overline{\Delta}_F}{S + F} = \frac{6 \times 13.35\% + 2 \times 34.27\%}{6 + 2} = 18.58\% 。$$

根据上面的计算结果可知，N_Verhulst 模型具有最好的综合模拟性能；传统 Verhulst 模型次之；GM(1, 1) 模型最差。因为中国致密气产量数据具有 S 形特征，Verhulst 的模型结构适用于具有此类趋势特征的序列，而 GM(1, 1) 模型是指数模型，只能描述系统的指数变化关系，所以其综合性能远不及 N_Verhulst 模型及传统的 Verhulst 模型。可见，任何预测模型都有一定的建模条件和应用范围，而预测模型的选择，需要首先对建模对象的趋势特征进行定性分析，否则难以得到满意的模拟及预测结果。

为了对表 6-4 中三个模型在每个年份的模拟值、模拟残差及平均模拟相对误差进行直观比较，我们用 MATLAB 绘制了对比图，分别如图 6-4 ~ 图 6-6 所示。

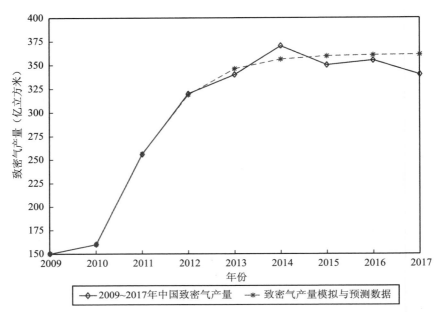

图 6 - 4 基于 N_Verhulst 模型的中国致密气产量模拟及预测结果对比图

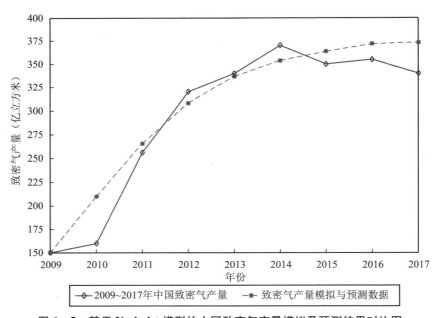

图 6 - 5 基于 Verhulst 模型的中国致密气产量模拟及预测结果对比图

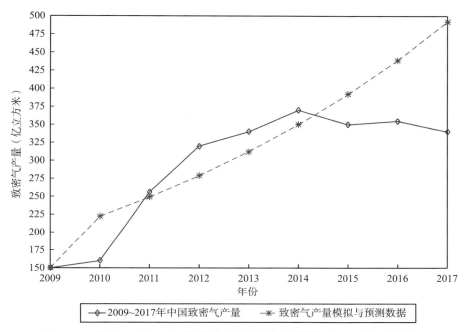

图 6 - 6　基于 GM(1，1) 模型的中国致密气产量模拟及预测结果对比图

　　比较图 6 - 4 ~ 图 6 - 6 可以直观地发现，N_Verhulst 模型的模拟与预测数据曲线与我国致密气的实际产量曲线最为接近，表明 N_Verhulst 模型能够比较有效地模拟我国致密气产量的数据特征与发展趋势。传统的 Verhulst 模型尽管在趋势上能大体反映我国致密气产量的变化趋势，但是该模型的诸多缺陷导致该模型的模拟及预测性能一般。而经典的 GM(1，1) 模型是一个标准的指数模型，其所模拟或预测得到的数据具有单调性，其变化规律难以符合我国致密气产量的 S 形特征。

　　接下来，我们通过残差对比图和相对模拟/预测百分比误差图，对三种模型的性能进行比较。从另一个角度分析它们之间性能的差异。三种模型的残差图和百分误差对比图，分别如图 6 - 7 和图 6 - 8 所示。

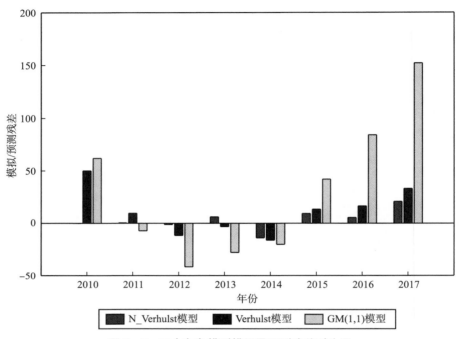

图 6 - 7　三个灰色模型模拟及预测残差对比图

从图 6 - 7 可以看出，N_Verhulst 模型残差远小于传统的 Verhulst 模型和 GM（1，1）模型的残差。另外，由于 GM（1，1）模型结构不符合我国致密气产量的数据特征，其残差非常高。传统的 Verhulst 模型虽然存在许多缺陷，但由于其结构能够反映我国致密气生产的发展趋势，其残差小于 GM（1，1）模型。因此，可以这样说，模型结构与建模对象数据特征的匹配程度是影响模型性能的最关键因素。图 6 - 7 再次证明了 N_Verhulst 对 S 型序列具有良好的建模能力。

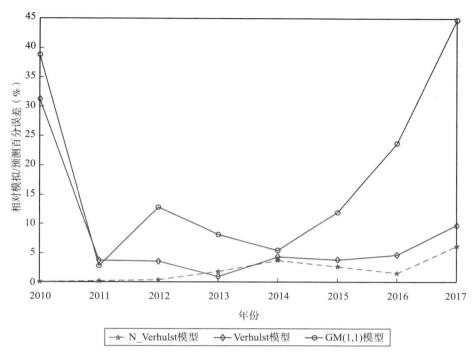

图 6 - 8　三个灰色模型相对模拟及预测百分残差对比图

第四步，中国致密气产量预测与对策建议：查阅灰色预测模型的性能等级参照表可知，N_Verhulst 模型的误差等级接近一级，可以用于预测。根据公式（6.3.1），当 $k = 10$，11，12，我们可以对 2018 ~ 2020 年中国致密气产量进行预测，结果如下：

当 $k = 10$ 时，

$$\hat{y}^{(0)}(10) = (0.00625 \times 0.32438^8 + \sum_{i=1}^{8} 0.00187 \times 0.32438^{i-1})^{-1} = 360;$$

当 $k = 11$ 时，

$$\hat{y}^{(0)}(11) = (0.00625 \times 0.32438^9 + \sum_{i=1}^{9} 0.00187 \times 0.32438^{i-1})^{-1} = 361;$$

当 $k = 12$ 时，

$$\hat{y}^{(0)}(12) = (0.00625 \times 0.32438^{10} + \sum_{i=1}^{10} 0.00187 \times 0.32438^{i-1})^{-1} = 361。$$

可见，我国致密气产量从 2014 年后总体呈现下降趋势，但是 2018 年后产量预计将缓慢提升，并在未来三年维持在 360×10^8 立方米这个水平。在中国天然气消费量持续增加并严重依赖进口的情况下，加大致密气资源开发力度，是缓解我国天然气供需矛盾的战略选择。然而，致密气产量为何自 2014 年以后增速放缓甚至出现负增长？其主要原因是我国致密气的开发经济效益差又缺少政府相关政策的支持。

目前中国政府给页岩气的补贴标准是每立方米 0.4 元，对煤层气的补贴标准也达到每立方米 0.2 元，但并没有专门针对致密气的补贴政策。在政策扶植下，社会资本纷纷加强了对页岩气和煤层气的投资力度。但在现行天然气价格体系下，致密气相对开发成本偏高，经济效益较差，导致企业投资开发致密气的动力不足。另外，我国致密气资源品位不断下降导致开发难度增加，缺乏致密气开采的核心技术及充分竞争的市场环境也是导致我国致密气产量增长缓慢的重要因素。

为了促进致密气产量快速增长，有效缓解我国天然气的供需矛盾，本书提出以下两点建议供参考。一是建议中国政府比照页岩气的财政补贴标准，对致密气勘探开发提供相应的经济激励政策，以调动企业参与致密气开发的积极性。二是对致密气新技术、新工艺的研发费用给予税费优惠政策，鼓励自主创新，积极推动工程技术与设备配套发展。

随着我国天然气消费量的持续增加以及致密气开发技术的不断成熟，未来我国致密气产量预计呈现持续增加的大趋势。然而，在当前国家对致密气经济激励政策尚未出台，开采技术无大突破以及高品位大型致密气田的探明尚未取得实质性突破之前，预计我国 2020 年致密气产量保持在 360×10^8 立方米这个水平。因此，当前致密气开发的不利因素使得我国致密气产量增速放缓。在我国天然气消费量持续增加的背景下，中国政府为了确保天然气的供需平衡，仍然需要向国外大量进口天然气。

在表 6 - 4 中，应用 VGSMS1.0 软件分别构建 N_Verhulst 模型、Verhulst 模型及 GM(1, 1) 模型，结果如软件辅助建模，结果如图 6 - 9 ~ 图 6 - 11 所示。

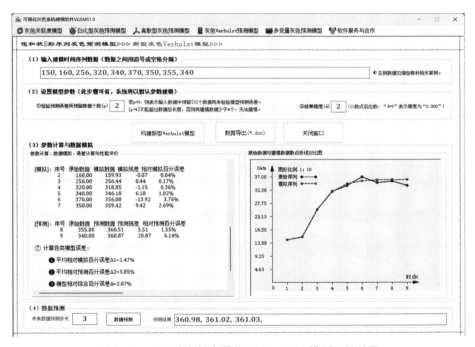

图 6 - 9　中国致密气产量的 N_Verhulst 模型运行结果

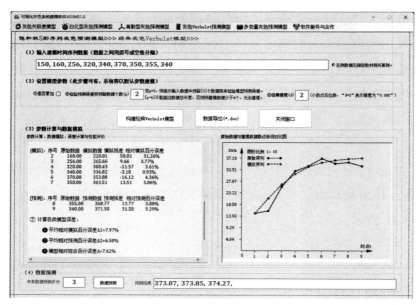

图 6 – 10　中国致密气产量的 Verhulst 模型运行结果

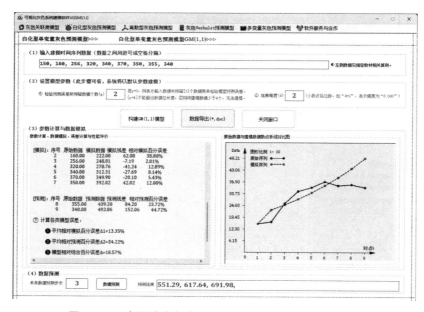

图 6 – 11　中国致密气产量的 GM(1，1) 模型运行结果

6.4 本 章 小 结

本章首先介绍了适用于饱和状 S 形序列建模的经典灰色 Verhulst 模型，然后分析了该模型存在的问题和缺陷。然后，提出了一个改进的新型灰色 Verhulst 模型，简记为 N_Verhulst。详细介绍了 N_Verhulst 模型的定义、参数估计、时间响应函数等。最后，应用 N_Verhulst 预测中国致密气产量，详细介绍了中国致密气研究背景、数据特征及 N_Verhulst 模型的建模步骤。

第七章

多变量灰色预测模型

　　灰色预测模型按照变量个数可以分为单变量灰色预测模型与多变量灰色预测模型。单变量灰色预测模型以 GM(1，1) 为代表（含 1 个变量一阶导数的灰色预测模型），其建模对象仅为一条时序数据，主要通过灰色生成方法挖掘蕴含在时序数据中的系统运行规律，进而实现系统发展趋势的预测。显然，单变量灰色预测模型不用考虑相关因素对系统发展趋势的影响，具有建模过程简单等优点，是目前灰色预测模型研究领域成果最多应用最广的主流模型。但是，此类模型通常不能反映外部环境变化对系统变化趋势的影响，具有较大局限性。

　　多变量灰色预测模型以 GM(1，N) 为代表，该模型建模对象由一个系统特征序列（或称因变量序列）及（$N-1$）个相关因素序列（或称自变量序列）构成，其建模过程充分考虑了相关因素对系统变化趋势的影响，是一种典型的因果关系预测模型，与多元回归模型具有一定的相似之处（但是二者具有本质区别，前者以灰色理论为基础，而后者以概率统计为基础）。GM(1，N) 模型弥补了单变量灰色预测模型结构单一模拟能力有限的不足，然而，长期以来该模型仅作为一种系统分析工具，而其重要的预测功能并未得到大量推广与应用。其主要原因是该模型在建模机理与模型结构等方面均存在许多不足，导致该模型在实际应用中的模型误差常常大于 GM（1，1）模型。

本章首先介绍传统多变量灰色预测模型的建模方法并分析其缺陷，然后构建一种新的多变量灰色预测模型，最后介绍模型的实际应用。

7.1 传统多变量灰色预测模型

定义 7.1.1 设 $X_1^{(0)}$ 为系统特征数据序列（或称因变量序列）：

$$X_1^{(0)} = (x_1^{(0)}(1), x_1^{(0)}(2), \cdots, x_1^{(0)}(m))。$$

序列 $X_i^{(0)}$（$i = 2, 3, \cdots, N$）为与序列 $X_1^{(0)}$ 相关性较高的解释变量序列（或称自变量序列）：

$$X_i^{(0)} = (x_i^{(0)}(1), x_i^{(0)}(2), \cdots, x_i^{(0)}(m))。$$

$X_j^{(1)}$ 为 $X_j^{(0)}$ 的 $1 - \mathrm{AGO}$ 序列（$j = 1, 2, \cdots, N$）：

$$X_j^{(1)} = (x_j^{(1)}(1), x_j^{(1)}(2), \cdots, x_j^{(1)}(m)),$$

其中 $x_j^{(1)}(k) = \sum_{g=1}^{k} x_j^{(0)}(g)$，$k = 1, 2, \cdots, m$。$Z_1^{(1)}$ 为 $X_1^{(1)}$ 的紧邻均值生成序列：

$$Z_1^{(1)} = (z_1^{(1)}(2), z_1^{(1)}(3), \cdots, z_1^{(1)}(m)),$$

其中 $z_1^{(1)}(k) = 0.5 \times (x_1^{(1)}(k) + x_1^{(1)}(k-1))$，$k = 2, 3, \cdots, m$。则称

$$x_1^{(0)}(k) + az_1^{(1)}(k) = \sum_{i=2}^{N} b_i x_i^{(1)}(k) \tag{7.1.1}$$

为 GM（1，N）模型的基本形式。

注：在以往关于多变量灰色系统预测模型的定义中，通常用 N 表示变量个数，而用 n 表示序列中元素个数。本书为避免 N 和 n 的混淆，用字母 m 代替 n 表示序列中元素个数，从而确保对 GM（1，N）模型的定义更清晰准确。

定义 7.1.2 在 GM$(1, N)$ 模型中，$-a$ 称为系统发展系数，$b_i x_i^{(1)}(k)$ 称为驱动项，b_i 称为驱动系数，$\hat{a} = [a, b_1, b_2, \cdots, b_N]^T$ 称为参数列。

定理 7.1.1 设 $X_1^{(0)}$ 为系统特征数据序列，$X_i^{(0)}$ $(i = 2, 3, \cdots, N)$ 为相关因素数据序列，$X_i^{(1)}$ 为 $X_i^{(0)}$ 的 1 – AGO 序列，$Z_1^{(1)}$ 为 $X_1^{(1)}$ 的紧邻均值生成序列，则称参数列 $\hat{a} = [a, b_1, b_2, \cdots, b_N]^T$ 的最小二乘估计满足

$$P = (B^T B)^{-1} B^T Y \tag{7.1.2}$$

其中

$$B = \begin{bmatrix} -z_1^{(1)}(2) & x_2^{(1)}(2) & \cdots & x_N^{(1)}(2) \\ -z_1^{(1)}(3) & x_2^{(1)}(3) & \cdots & x_N^{(1)}(3) \\ \cdots & \cdots & \cdots & \cdots \\ -z_1^{(1)}(m) & x_2^{(1)}(m) & \ddots & x_N^{(1)}(m) \end{bmatrix}, \quad Y = \begin{bmatrix} x_1^{(0)}(2) \\ x_1^{(0)}(3) \\ \vdots \\ x_1^{(0)}(m) \end{bmatrix}。$$

定义 7.1.3 设 $\hat{a} = [a, b_1, b_2, \cdots, b_N]^T$，则

$$\frac{dx_1^{(1)}}{dt} + a x_1^{(1)} = \sum_{i=2}^{N} b_i x_i^{(1)} \tag{7.1.3}$$

为 GM$(1, N)$ 模型的白化方程，也称影子方程。

定理 7.1.2 设序列 $X_i^{(0)}$，$X_i^{(1)}$ $(i = 1, 2, \cdots, N)$，$Z_1^{(1)}$ 及矩阵 B，Y，$\hat{a}$ 如定理 7.1.1 所述，则

（1）白化方程 $\dfrac{dx_1^{(1)}}{dt} + a x_1^{(1)} = \sum\limits_{i=2}^{N} b_i x_i^{(1)}$ 的解为

$$x_1^{(1)}(t) = e^{-at} \left[x_1^{(1)}(0) - t \sum_{i=2}^{N} b_i x_i^{(1)}(0) + \sum_{i=2}^{N} \int b_i x_i^{(1)}(t) e^{at} dt \right]$$

$$\tag{7.1.4}$$

（2）当 $X_i^{(1)}$ $(i = 1, 2, \cdots, N)$ 的变化幅度很小时，可视 $\sum\limits_{i=2}^{N} b_i x_i^{(1)}(k)$ 为灰常量，则 GM$(1, N)$ 模型的近似时间响应式为

$$\hat{x}_1^{(1)}(k+1) = \left[x_1^{(1)}(0) - \frac{1}{a} \sum_{i=2}^{N} b_i x_i^{(1)}(k+1) \right] e^{-ak} + \frac{1}{a} \sum_{i=2}^{N} b_i x_i^{(1)}(k+1)$$

(7.1.5)

（3）GM(1, N) 模型的累减还原式为：

$$\hat{x}_1^{(0)}(k+1) = \alpha^{(1)} \hat{x}_1^{(1)}(k+1) = \hat{x}_1^{(1)}(k+1) - \hat{x}_1^{(1)}(k)$$ (7.1.6)

通过深入研究了 GM(1, N) 模型定义及其建模流程，发现该模型在建模机理、参数使用及模型结构方面尚存在一些缺陷，进而影响了 GM(1, N) 模型性能的稳定性。

（1）机理缺陷。根据 GM(1, N) 模型的建模过程可知，从 GM(1, N) 模型白化方程的解到 GM(1, N) 模型近似时间响应函数的推导过程中，存在高度理想情况下的简化处理，即在假设 $X_i^{(1)}$（$i = 1, 2, \cdots, N$）变化幅度很小的情况下，将 $\sum_{i=2}^{N} b_i x_i^{(1)}(k)$ 视为灰常量，在此基础上实现从公式（7.1.4）到公式（7.1.5）的推导。实际上，$X_i^{(1)}$（$i = 1, 2, \cdots, N$）"变化幅度很小"是一个非常理想且很难满足的假设条件；另外，如果将 $\sum_{i=2}^{N} b_i x_i^{(1)}(k)$ 视为灰常量，则其离散解公式（7.1.5）中的线性组合就不应该与时间有关，而应该是常数。因此定理 7.1.2 中从公式（7.1.4）到公式（7.1.5）的推导条件过于理想化，很难与实际情况相符，这是导致 GM(1, N) 模型性能不稳定的重要因素，属于 GM(1, N) 模型的机理缺陷。

（2）参数缺陷。GM(1, N) 模型的参数列 $\hat{a} = [a, b_1, b_2, \cdots, b_N]^T$ 是以公式（7.1.1）为基础，基于最小二乘法来进行估计的，这表示上述参数可以在现有建模序列 $X_i^{(0)}$（$i = 1, 2, \cdots, N$）、累加生成序列 $X_i^{(1)}$（$i = 2, 3, \cdots, N$）与紧邻均值序列 $Z_1^{(1)}$ 基础上，能确保公式（7.1.1）中的系统特征数据 $\hat{x}_1^{(0)}(k)_{k=2}^{m}$ 具有最小偏差。然而，GM(1, N) 模型的时间响应式，即公式（7.1.5）并不是从公式（7.1.1）推导

得到的，而是从 GM(1，N) 模型的影子方程 $dx_1^{(1)}/dt + ax_1^{(1)} = \sum_{i=2}^{N} b_i x_i^{(1)}$ 衍生而来的。换言之，参数列 $\hat{a} = [a，b_1，b_2，\cdots，b_N]^T$ 的估计值源于公式（7.1.1），而在 GM(1，N) 模型中却将其作为公式（7.1.5）的模型参数，这种参数估计及其应用对象的"错位"是导致 GM(1，N) 模型性能不稳定的又一重要因素，属于 GM(1，N) 模型的参数缺陷。

（3）结构缺陷。从公式（7.1.1）容易看出，GM(1，N) 模型属于因子模型及状态模型，结构相对简单，缺乏从模型本身挖掘出的灰色作用量，也没有考虑项数 k 的线性关系对 GM(1，N) 模型性能的影响。另外，GM(1，N) 模型是含 N 个变量的一阶方程灰色系统预测模型，然而当 $N=1$ 时，现有的 GM(1，N) 模型在结构上并不能实现与 GM(1，1) 模型的等价转换。这表示模型在结构方面还存在问题，这也是导致 GM(1，N) 模型预测精度不理想的客观原因，属于 GM(1，N) 模型的结构缺陷。

7.2 多变量灰色预测模型结构优化

本小节根据现有 GM(1，N) 模型的机理缺陷、参数缺陷及结构缺陷，对 GM(1，N) 模型进行结构改造，并提出一种具有新结构的多变量灰色预测模型。

定义 7.2.1 设 $X_1^{(0)}$ 为系统特征数据序列（或称因变量序列），$X_i^{(0)}$（$i=2，3，\cdots，N$）为相关因素数据序列（或称自变量序列），$X_i^{(1)}$ 为 $X_i^{(0)}$ 的 1 - AGO 序列，$Z_1^{(1)}$ 为 $X_1^{(1)}$ 的紧邻均值生成序列，$k=2，3，\cdots，m$ 则称

$$x_1^{(0)}(k) + az_1^{(1)}(k) = \sum_{i=2}^{N} b_i x_i^{(1)}(k) + h_1(k-1) + h_2 \qquad (7.2.1)$$

为含一阶差分方程及多个变量的新结构灰色预测模型，简称 NSGM（1，N）模型（New Structure Grey Model with one first order equation and multiple variables），公式（7.2.1）中 $h_1(k-1)$ 及 h_2 分别称为 NSGM（1，N）模型的线性修正项及灰色作用量。

定义 7.2.2 NSGM（1，N）模型如定义 7.2.1 所述，参数列 $\hat{p} = [b_1, b_2, \cdots, b_N, a, h_1, h_2]^T$ 如定理 7.2.1 所示，则称

$$\hat{x}_1^{(0)}(k) = \sum_{i=2}^{N} b_i \hat{x}_i^{(1)}(k) - a z_1^{(1)}(k) + h_1(k-1) + h_2 \qquad (7.2.2)$$

为 NSGM（1，N）的差分模型。

定理 7.2.1 序列 $X_1^{(0)}$，$Z_1^{(1)}$ 及 $X_i^{(1)}$（$i = 1, 2, \cdots, N$）如定义 7.1.1 所述，则 NSGM（1，N）模型参数列 $\hat{p} = [b_2, b_3, \cdots, b_N, a, h_1, h_2]^T$ 的最小二乘估计满足

（1）当 $m = N+3$ 且 $|B| \neq 0$ 时，$\hat{p} = B^{-1}Y$；

（2）当 $m > N+3$ 且 $|B^T B| \neq 0$ 时，$\hat{p} = (B^T B)^{-1} B^T Y$；

（3）当 $m < N+3$ 且 $|BB^T| \neq 0$ 时，$\hat{p} = B^T (BB^T)^{-1} Y$。

其中

$$B = \begin{bmatrix} x_2^{(1)}(2) & x_3^{(1)}(2) & \cdots & x_N^{(1)}(2) & -z_1^{(1)}(2) & 1 & 1 \\ x_2^{(1)}(3) & x_3^{(1)}(3) & \cdots & x_N^{(1)}(3) & -z_1^{(1)}(3) & 2 & 1 \\ \vdots & \vdots & \vdots & \vdots & \vdots & \vdots & \vdots \\ x_2^{(1)}(m) & x_3^{(1)}(m) & \ddots & x_N^{(1)}(m) & -z_1^{(1)}(m) & m-1 & 1 \end{bmatrix},$$

$$Y = \begin{bmatrix} x_1^{(0)}(2) \\ x_1^{(0)}(3) \\ \vdots \\ x_1^{(0)}(m) \end{bmatrix}。$$

证明（1）： 当 $k = 2, 3, \cdots, m$ 时，将数据 $X_1^{(0)}$，$Z_1^{(1)}$，$X_i^{(1)}$（$i =$

2，3，…，N）代入公式（7.2.2），可得

$$\begin{cases} x_1^{(0)}(2) = \sum_{i=2}^{N} b_i x_i^{(1)}(2) - az_1^{(1)}(2) + h_1 + h_2 \\ x_1^{(0)}(3) = \sum_{i=2}^{N} b_i x_i^{(1)}(3) - az_1^{(1)}(3) + 2h_1 + h_2 \\ \qquad\qquad\vdots \\ x_1^{(0)}(m) = \sum_{i=2}^{N} b_i x_i^{(1)}(m) - az_1^{(1)}(m) + h_1(m-1) + h_2 \end{cases} \qquad (7.2.3)$$

方程组（7.2.3）是关于 b_2，b_3，…，b_N，a，h_1，h_2 的线性方程组，即 $Y = B\hat{p}$。则当 $|B| \neq 0$、B 可逆且 $m = N + 3$ 时，方程组（7.2.3）有唯一解 $\hat{p} = B^{-1}Y$。

证明（2）：当 $m > N + 3$ 时，B 为列全秩矩阵且 $|B^T B| \neq 0$。由于任意矩阵都可分解为一个列全秩矩阵与一个行全秩矩阵的乘积（满秩分解），故矩阵 B 可以表示为 $B = DC$，其中 D 为 $m - 1$ 行 $N + 2$ 列矩阵，C 为 $N + 2$ 行 $N + 2$ 列矩阵。当 $|B^T B| \neq 0$ 时，

$$rank(D) = rank(C) = N + 2。$$

故，矩阵 B 的广义逆矩阵为

$$B^{\dagger} = C^T (CC^T)^{-1}(D^T D)^{-1}D^T。$$

则参数列 $\hat{p}$ 可表示为

$$\hat{p} = B^{\dagger}Y = C^T(CC^T)^{-1}(D^T D)^{-1}D^T Y \qquad (7.2.4)$$

当 B 为列全秩矩阵时，令 $C = I_{N+2}$，可得

$$B = DC = DI_{N+2} = D \qquad (7.2.5)$$

根据公式（7.2.4）和公式（7.2.5），整理得

$$\hat{p} = C^T(CC^T)^{-1}(D^T D)^{-1}D^T Y = I_{N+2}^T(I_{N+2}I_{N+2}^T)^{-1}(B^T B)^{-1}B^T Y$$

$$= (B^T B)^{-1}B^T Y \qquad (7.2.6)$$

证明（3）：当 $m < N + 3$ 时，B 为行全秩矩阵且 $|BB^T| \neq 0$。令 $D =$

I_{m-1}，矩阵 B 可表示为

$$B = I_{m-1}C = C。$$

参照证明（2）可得

$$\hat{p} = C^T (CC^T)^{-1} (D^TD)^{-1} D^TY = B^T (BB^T)^{-1} (I_{m-1}^T I_{m-1})^{-1} I_{m-1}^T Y = B^T (BB^T)^{-1}Y \tag{7.2.7}$$

证明结束。

GM(1, N) 模型通过其影子方程（公式（7.1.3））来推导 GM(1, N) 模型的时间响应式（公式（7.1.5）），通过其基本形式（公式（7.1.1））所估计得到的模型参数作为 GM(1, N) 时间响应式的参数，这就导致了参数估计（公式（7.1.1））与参数应用（公式（7.1.5））的非统一性或"非同源性"。事实证明这是导致 GM(1, N) 模型误差根源之一。

NSGM(1, N) 模型没有影子方程，或者说 NSGM(1, N) 用差分模型（公式（7.2.2））代替了 GM(1, N) 模型的影子方程，并通过该差分模型来推导 NSGM(1, N) 的时间响应式。由于 NSGM(1, N) 差分模型（公式（7.2.2））完全源于 NSGM(1, N) 模型（公式（7.2.1））的等价变形，这就确保了参数估计（公式（7.2.1））与参数应用（公式（7.2.2））的"同源性"。

本小节将对 NSGM(1, N) 的时间响应式和累减还原式进行推导。推导需完成的目标是，在 NSGM(1, N) 的累减还原式中输入时间 k 和对应自变量 $x_i^{(0)}(k)$（$i = 2, 3, \cdots, N$）的值，就能实现因变量 $\hat{x}_1^{(0)}(k)$ 的模拟和计算。由于 NSGM(1, N) 差分模型（公式（7.2.2））包含因变量未知分量 $z_1^{(1)}(k)$，因此需要与 $\hat{x}_1^{(0)}(k)$ 进行整合。

定理 7.2.2 NSGM(1, N) 模型及其差分模型分别如定义 7.2.1 及定义 7.2.2 所述，则

（1）当 $k = 2, 3, \cdots$ 时，NSGM(1, N) 模型的时间响应式为

$$\hat{x}_1^{(1)}(k) = \sum_{t=1}^{k-1} \left[\mu_1 \sum_{i=2}^{N} \mu_2^{t-1} b_i x_i^{(1)}(k-t+1) \right] + \mu_2^{k-1} \hat{x}_1^{(1)}(1)$$

$$+ \sum_{j=0}^{k-2} \mu_2^{j} \left[(k-j)\mu_3 + \mu_4 \right] \qquad (7.2.8)$$

（2）当 $k = 2, 3, \cdots$ 时，NSGM$(1, N)$ 模型的最终还原式为

$$\hat{x}_1^{(0)}(k) = \mu_1(\mu_2 - 1) \sum_{t=1}^{k-2} \left[\sum_{i=2}^{N} \mu_2^{t-1} b_i x_i^{(1)}(k-t) \right] + \mu_1 \sum_{i=2}^{N} b_i x_i^{(1)}(k)$$

$$+ \sum_{j=0}^{k-3} \mu_2^{j} \mu_3 + (\mu_2 - 1)\mu_2^{k-2} x_1^{(0)}(1) + \mu_2^{k-2}(2\mu_3 + \mu_4),$$

$$k = 2, 3, \cdots \qquad (7.2.9)$$

其中

$$\mu_1 = \frac{1}{1 + 0.5a}, \quad \mu_2 = \frac{1 - 0.5a}{1 + 0.5a}, \quad \mu_3 = \frac{h_1}{1 + 0.5a}, \quad \mu_4 = \frac{h_2 - h_1}{1 + 0.5a}。$$

证明（1）：根据定义 7.2.2 可知

$$\hat{x}_1^{(0)}(k) = \sum_{i=2}^{N} b_i \hat{x}_i^{(1)}(k) - az_1^{(1)}(k) + h_1(k-1) + h_2。$$

其中 $k = 2, 3, \cdots, m$。根据定义 7.1.1 可知，

$$x_1^{(0)}(k) = x_1^{(1)}(k) - x_1^{(1)}(k-1) \qquad (7.2.10)$$

$$z_1^{(1)}(k) = 0.5 \times \left[x_1^{(1)}(k) + x_1^{(1)}(k-1) \right] \qquad (7.2.11)$$

将公式（7.2.10）、公式（7.2.11）代入公式（7.2.1）得，

$$\hat{x}_1^{(1)}(k) - \hat{x}_1^{(1)}(k-1)$$

$$= \sum_{i=2}^{N} b_i x_i^{(1)}(k) - 0.5a \times \left[\hat{x}_1^{(1)}(k) + \hat{x}_1^{(1)}(k-1) \right] + h_1(k-1) + h_2$$

$$(7.2.12)$$

整理公式（7.2.12）得，

$$\hat{x}_1^{(1)}(k) = \frac{1}{1 + 0.5a} \sum_{i=2}^{N} b_i x_i^{(1)}(k) + \frac{1 - 0.5a}{1 + 0.5a} \hat{x}_1^{(1)}(k-1) +$$

$$\frac{h_1}{1 + 0.5a}(k-1) + \frac{h_2}{1 + 0.5a} \qquad (7.2.13)$$

令

$$\mu_1 = \frac{1}{1+0.5a}, \quad \mu_2 = \frac{1-0.5a}{1+0.5a}, \quad \mu_3 = \frac{h_1}{1+0.5a}, \quad \mu_4 = \frac{h_2-h_1}{1+0.5a},$$

则公式（7.2.13）可变形为

$$\hat{x}_1^{(1)}(k) = \mu_1 \sum_{i=2}^{N} b_i x_i^{(1)}(k) + \mu_2 \hat{x}_1^{(1)}(k-1) + \mu_3 k + \mu_4, \quad k = 2, 3, \cdots$$

$$(7.2.14)$$

根据公式（7.2.14）可知，当 $k=2$ 时，

$$\hat{x}_1^{(1)}(2) = \mu_1 \sum_{i=2}^{N} b_i x_i^{(1)}(2) + \mu_2 \hat{x}_1^{(1)}(1) + 2\mu_3 + \mu_4 \qquad (7.2.15)$$

当 $k=3$ 时，

$$\hat{x}_1^{(1)}(3) = \mu_1 \sum_{i=2}^{N} b_i x_i^{(1)}(3) + \mu_2 \hat{x}_1^{(1)}(2) + 3\mu_3 + \mu_4 \qquad (7.2.16)$$

将公式（7.2.15）代入公式（7.2.16）可得

$$\hat{x}_1^{(1)}(3) = \mu_1 \sum_{i=2}^{N} b_i x_i^{(1)}(3) + \mu_2 \Big[\mu_1 \sum_{i=2}^{N} b_i x_i^{(1)}(2) + \mu_2 \hat{x}_1^{(1)}(1)$$

$$+ 2\mu_3 + \mu_4 \Big] + 3\mu_3 + \mu_4;$$

$$\hat{x}_1^{(1)}(3) = \mu_1 \sum_{i=2}^{N} b_i x_i^{(1)}(3) + \mu_1 \mu_2 \sum_{i=2}^{N} b_i x_i^{(1)}(2) + \mu_2^2 \hat{x}_1^{(1)}(1) + \swarrow$$

$$\nearrow 2\mu_2 \mu_3 + \mu_2 \mu_4 + 3\mu_3 + \mu_4 \qquad (7.2.17)$$

尚无法从公式（7.2.17）发现 $\hat{x}_1^{(1)}(k)$ 的规律，需继续推导，

当 $k=4$ 时，

$$\hat{x}_1^{(1)}(4) = \mu_1 \sum_{i=2}^{N} b_i x_i^{(1)}(4) + \mu_2 \hat{x}_1^{(1)}(3) + 3\mu_3 + \mu_4 \qquad (7.2.18)$$

将公式（7.2.17）代入公式（7.2.18）可得

$$\hat{x}_1^{(1)}(4) = \mu_1 \sum_{i=2}^{N} b_i x_i^{(1)}(4) + \mu_1 \mu_2 \sum_{i=2}^{N} b_i x_i^{(1)}(3) + \mu_1 \mu_2^2 \sum_{i=2}^{N} b_i x_i^{(1)}(2) + \swarrow$$

$$\nearrow \mu_2^3 \hat{x}_1^{(1)}(1) + 2\mu_2^2 \mu_3 + \mu_2^2 \mu_4 + 3\mu_2 \mu_3 + \mu_2 \mu_4 + 3\mu_3 + \mu_4$$

$$\vdots$$

$$(7.2.19)$$

当 $k = t$ 时，

$$\hat{x}_1^{(1)}(t) = \mu_1 \sum_{i=2}^{N} b_i x_i^{(1)}(t) + \mu_1 \mu_2 \sum_{i=2}^{N} b_i x_i^{(1)}(t-1) + \cdots + \mu_1 \mu_2^{t-2} \sum_{i=2}^{N} b_i x_i^{(1)}(2) +$$

$$\mu_2^{t-1} \hat{x}_1^{(1)}(1) + 2\mu_2^{t-2}\mu_3 + \mu_2^{t-2}\mu_4 + 3\mu_2^{t-3}\mu_3 + \mu_2^{t-3}\mu_4 + \cdots + t\mu_3 + \mu_4$$

$$(7.2.20)$$

在公式（7.2.20）中，令

$$A = \mu_1 \sum_{i=2}^{N} b_i x_i^{(1)}(t) + \mu_1 \mu_2 \sum_{i=2}^{N} b_i x_i^{(1)}(t-1) + \cdots + \mu_1 \mu_2^{t-1} \sum_{i=2}^{N} b_i x_i^{(1)}(2)$$

$$= \sum_{v=1}^{t-1} \left[\mu_1 \sum_{i=2}^{N} \mu_2^{v-1} b_i x_i^{(1)}(t-v+1) \right];$$

$$B = 2\mu_2^{t-2}\mu_3 + \mu_2^{t-2}\mu_4 + 3\mu_2^{t-3}\mu_3 + \mu_2^{t-3}\mu_4 + \cdots + t\mu_3 + \mu_4$$

$$= \sum_{j=0}^{t-2} \mu_2^{j} \left[(t-j)\mu_3 + \mu_4 \right]。$$

则将 A 及 B 分别代入公式（7.2.20），则公式（7.2.20）可简化为

$$\hat{x}_1^{(1)}(k) = \sum_{v=1}^{k-1} \left[\mu_1 \sum_{i=2}^{N} \mu_2^{v-1} b_i x_i^{(1)}(k-v+1) \right] + \mu_2^{k-1} \hat{x}_1^{(1)}(1)$$

$$+ \sum_{j=0}^{k-2} \mu_2^{j} \left[(k-j)\mu_3 + \mu_4 \right] \qquad (7.2.21)$$

其中 $k = 2, 3, \cdots$。定理 7.2.2 第（i）部分证明结束。

证明（2）：根据定义 7.1.1 可知，

$$\hat{x}_1^{(0)}(k) = \hat{x}_1^{(1)}(k) - \hat{x}_1^{(1)}(k-1), \quad k = 2, 3, 4, \cdots$$

根据公式（7.2.21），我们可以得到

$$\hat{x}_1^{(1)}(k-1) = \sum_{v=1}^{k-2} \left[\mu_1 \sum_{i=2}^{N} \mu_2^{v-1} b_i x_i^{(1)}(k-v) \right] + \mu_2^{k-2} \hat{x}_1^{(1)}(1) +$$

$$\sum_{j=0}^{k-3} \mu_2^{j} \left[(k-j-1)\mu_3 + \mu_4 \right]。$$

则

$$\hat{x}_1^{(0)}(k) = \sum_{v=1}^{k-1} \left[\mu_1 \sum_{i=2}^{N} \mu_2^{v-1} b_i x_i^{(1)}(k-v+1) \right] + \mu_2^{k-1} \hat{x}_1^{(1)}(1)$$

$$+ \sum_{j=0}^{k-2} \mu_2^j \left[(k-j)\mu_3 + \mu_4 \right] - \left\{ \sum_{v=1}^{k-2} \left[\mu_1 \sum_{i=2}^{N} \mu_2^{v-1} b_i x_i^{(1)}(k-v) \right] \right.$$

$$\left. + \mu_2^{k-2} \hat{x}_1^{(1)}(1) + \sum_{j=0}^{k-3} \mu_2^j \left[(k-j-1)\mu_3 + \mu_4 \right] \right\}_{\circ}$$

因为

$$\sum_{v=1}^{k-1} \left[\mu_1 \sum_{i=2}^{N} \mu_2^{v-1} b_i x_i^{(1)}(k-v+1) \right] - \sum_{v=1}^{k-2} \left[\mu_1 \sum_{i=2}^{N} \mu_2^{v-1} b_i x_i^{(1)}(k-v) \right]$$

$$= \mu_1 \sum_{i=2}^{N} b_i x_i^{(1)}(k) + \mu_1 \mu_2 \sum_{i=2}^{N} b_i x_i^{(1)}(k-1) + \cdots + \mu_1 \mu_2^{k-2} \sum_{i=2}^{N} b_i x_i^{(1)}(2)$$

$$- \left[\mu_1 \sum_{i=2}^{N} b_i x_i^{(1)}(k-1) + \mu_1 \mu_2 \sum_{i=2}^{N} b_i x_i^{(1)}(k-2) + \cdots \right.$$

$$\left. + \mu_1 \mu_2^{k-3} \sum_{i=2}^{N} b_i x_i^{(1)}(2) \right]$$

$$= \mu_1 \sum_{i=2}^{N} b_i x_i^{(1)}(k) + \mu_1 (\mu_2 - 1) \sum_{i=2}^{N} b_i x_i^{(1)}(k-1) + \cdots$$

$$+ \mu_1 \mu_2^{k-3} (\mu_2 - 1) \sum_{i=2}^{N} b_i x_i^{(1)}(2)$$

$$= \mu_1 \sum_{i=2}^{N} b_i x_i^{(1)}(k) + \mu_1 (\mu_2 - 1) \sum_{v=1}^{k-2} \left[\sum_{i=2}^{N} \mu_2^{v-1} b_i x_i^{(1)}(k-v) \right],$$

且

$$\sum_{j=0}^{k-2} \mu_2^j \left[(k-j)\mu_3 + \mu_4 \right] - \sum_{j=0}^{k-3} \mu_2^j \left[(k-j-1)\mu_3 + \mu_4 \right]$$

$$= 2\mu_2^{k-2} \mu_3 + \mu_2^{k-2} \mu_4 + 3\mu_2^{k-3} \mu_3 + \mu_2^{k-3} \mu_4 + \cdots + k\mu_3 + \mu_4$$

$$- \left[2\mu_2^{k-3} \mu_3 + \mu_2^{k-3} \mu_4 + 3\mu_2^{k-4} \mu_3 + \mu_2^{k-4} \mu_4 + \cdots + (k-1) \cdot \mu_3 + \mu_4 \right]$$

$$= (2\mu_3 + \mu_4)\mu_2^{k-2} + \sum_{j=0}^{k-3} \mu_2^j \mu_3,$$

则

$$\hat{x}_1^{(0)}(k) = \mu_1 \sum_{i=2}^{N} b_i x_i^{(1)}(k) + \mu_1 (\mu_2 - 1) \sum_{v=1}^{k-2} \left[\sum_{i=2}^{N} \mu_2^{v-1} b_i x_i^{(1)}(k-v) \right] +$$

$$(2\mu_3 + \mu_4)\mu_2^{k-2} + \sum_{j=0}^{k-3} \mu_2^j \mu_3 + (\mu_2 - 1)\mu_2^{k-2} \hat{x}_1^{(1)}(1),$$

$$k = 2, 3, 4, \cdots \tag{7.2.22}$$

定理 7.2.2 证明结束。

在公式（7.2.22）中，μ_1，μ_2，μ_3，μ_4 是常数，$\hat{x}_1^{(1)}(1)$ 是灰色预测模型初始值，均为已知项。因此对于一个给定的 k 和对应自变量 $x_i^{(0)}(k)$（$i = 2, 3, \cdots, N$）的值，根据公式（7.2.22）就能实现因变量 $\hat{x}_1^{(0)}(k)$ 的模拟和计算。

在 NSGM（1，N）模型中，没有"$X_i^{(1)}$（$i = 1, 2, \cdots, N$）变化幅度很小情况下，$\sum_{i=2}^{N} b_i x_i^{(1)}(k)$ 可视为灰常量"的前提假设，也不存在 GM（1，N）模型参数估计（公式（7.1.1））与参数应用（公式（7.1.5））的"非同源性"问题。同时在模型中增加了线性修正项及灰色作用量，结构更趋合理。因此，NSGM（1，N）模型在一定程度上解决了传统 GM（1，N）模型的机理缺陷、参数缺陷与结构缺陷，下面从理论上证明了该模型与传统单变量灰色预测模型之间的转化关系。

性质 7.2.1 TDGM（1，1）模型及 NSGM（1，N）分别如定义 6.2.1 及定义 7.2.1 所述，则当 $N = 1$ 时，NSGM（1，N）模型与 TDGM（1，1）模型等价。

证明：当 $N = 1$ 时，根据定义 7.2.1 可知，

$$x_1^{(0)}(k) + az_1^{(1)}(k) = h_1(k-1) + h_2 \tag{7.2.23}$$

令 $h_1 = b$、$h_2 = c + 0.5b$，则公式（7.2.23）变形为

$$x_1^{(0)}(k) + az_1^{(1)}(k) = b(k-1) + 0.5b + c。$$

整理得

$$x_1^{(0)}(k) + az_1^{(1)}(k) = 0.5(2k-1)b + c \tag{7.2.24}$$

公式（7.2.24）即为 TDGM（1，1）模型。证明结束。

因为 TDGM（1，1）模型能实现对齐次/非齐次指数序列及线性函数序列的无偏模拟，因此根据性质 7.2.1，可以进一步得到 NSGM（1，N）

如下性质。

推论 7.2.1 NSGM$(1, N)$ 模型如定义 7.2.1 所述，则当 $N=1$ 时，NSGM$(1, N)$ 模型能实现对齐次指数序列及非齐次指数序列的无偏模拟。

推论 7.2.2 NSGM$(1, N)$ 模型如定义 7.2.1 所述，则当 $N=1$ 时，NSGM$(1, N)$ 模型能实现对线性函数序列的无偏模拟。

推论 7.2.1 及推论 7.2.2 可通过矩阵运算或克拉默法则加以证明，此处略。

性质 7.2.2 GM$(1, N)$ 模型及 NSGM$(1, N)$ 模型如定义 7.1.1 及定义 7.2.1 所述，则当 $N>1$，$h_1=0$ 且 $h_2=0$ 时，NSGM$(1, N)$ 模型与 GM$(1, N)$ 模型等价。

证明：当 $N>1$，$h_1=0$ 且 $h_2=0$ 时，根据公式（7.2.1）可知

$$x_1^{(0)}(k) + az_1^{(1)}(k) = \sum_{i=2}^{N} b_i x_i^{(1)}(k) \tag{7.2.25}$$

公式（7.2.25）即为含 N 个变量的灰色预测模型，即 GM$(1, N)$ 模型。证明结束。

从性质 7.2.1 及性质 7.2.2 可以看出，NSGM$(1, N)$ 模型可以通过模型参数的变化实现与传统多变量 GM$(1, N)$ 模型及单变量 TDGM$(1, 1)$ 模型的转换，表明 NSGM$(1, N)$ 模型具有较强的兼容性、通用性与泛化能力。

例 7.2.1 设因变量序列 $X_1^{(0)}$、自变量序列 $X_2^{(0)}$ 及 $X_3^{(0)}$ 分别为

$X_1^{(0)} = (342, 345, 347, 350, 354, 357, 360, 363, 366)$；

$X_2^{(0)} = (37.2, 39.6, 37.7, 37.6, 39.1, 41.5, 35, 34.5, 33.6, 34.1, 33.9, 33.5)$；

$X_3^{(0)} = (38.9, 36.9, 36.9, 36.2, 36.1, 36.6, 36.2, 36.3, 35.4, 35.3, 35, 34.5)$。

选取序列 $X_1^{(0)} \sim X_3^{(0)}$ 前 8 组样本数据构建 NSGM（1，3）模型，并测试其模拟性能；预留第 9 组数据用于分析模型的预测效果；自变量序列 $X_2^{(0)}$ 及 $X_3^{(0)}$ 的第 10、第 11、第 12 组数据用于预测因变量序列未来数据，其建模过程如下：

第一步，序列处理：

（i）计算 $X_1^{(0)}$ 的 1 – AGO 序列 $X_1^{(1)}$ 和紧邻均值序列 $Z_1^{(1)}$。

$$X_1^{(1)} = (x_1^{(1)}(1), x_1^{(1)}(2), x_1^{(1)}(3), x_1^{(1)}(4), x_1^{(1)}(5), x_1^{(1)}(6),$$
$$x_1^{(1)}(7), x_1^{(1)}(8))$$
$$= (342, 687, 1034, 1384, 1738, 2095, 2455, 2818);$$

$$Z_1^{(1)} = (z_1^{(1)}(2), z_1^{(1)}(3), z_1^{(1)}(4), z_1^{(1)}(5), z_1^{(1)}(6), z_1^{(1)}(7), z_1^{(1)}(8))$$
$$= (514.5, 860.5, 1209, 1561, 1916.5, 2275, 2636.5)。$$

（ii）计算 $X_2^{(0)}$ 与 $X_3^{(0)}$ 的 1 – AGO 序列 $X_2^{(1)}$ 和 $X_3^{(1)}$。

$$X_2^{(1)} = (x_2^{(1)}(1), x_2^{(1)}(2), x_2^{(1)}(3), x_2^{(1)}(4), x_2^{(1)}(5), x_2^{(1)}(6),$$
$$x_2^{(1)}(7), x_2^{(1)}(8))$$
$$= (37.2, 76.8, 114.5, 152.1, 191.2, 232.7, 267.7, 302.2);$$

$$X_3^{(1)} = (x_3^{(1)}(1), x_3^{(1)}(2), x_3^{(1)}(3), x_3^{(1)}(4), x_3^{(1)}(5), x_3^{(1)}(6),$$
$$x_3^{(1)}(7), x_3^{(1)}(8))$$
$$= (38.9, 75.8, 112.7, 148.9, 185, 221.6, 257.8, 294.1)。$$

第二步，参数估计：

（i）构建参数矩阵。

根据定理 7.2.1 构造 NSGM（1，3）模型参数矩阵 B 和 Y。

$$B = \begin{bmatrix} x_2^{(1)}(2) & x_3^{(1)}(2) & -z_1^{(1)}(2) & 1 & 1 \\ x_2^{(1)}(3) & x_3^{(1)}(3) & -z_1^{(1)}(3) & 2 & 1 \\ \vdots & \vdots & \vdots & \vdots & \vdots \\ x_2^{(1)}(8) & x_3^{(1)}(8) & -z_1^{(1)}(8) & 7 & 1 \end{bmatrix}$$

$$= \begin{bmatrix} 76.8 & 75.8 & -514.5 & 1 & 1 \\ 114.5 & 112.7 & -860.5 & 2 & 1 \\ \vdots & \vdots & \vdots & \vdots & \vdots \\ 302.2 & 294.1 & -2636.5 & 7 & 1 \end{bmatrix},$$

$Y = \left[x_1^{(0)}(2), \ x_1^{(0)}(3), \ \cdots, \ x_1^{(0)}(8) \right]^\mathrm{T} = \left[345, \ 347, \ 350, \ 354, \ 357, \right.$
$\left. 360, \ 363 \right]^\mathrm{T}$。

（ii）估计模型参数。

计算模型参数列 $\hat{p} = (b_2, \ b_3, \ a, \ h_1, \ h_2)^T$ 如下：

$\hat{p} = (b_2, \ b_3, \ a, \ h_1, \ h_2)^T = (B^T B)^{-1} B^T Y$

$\quad = \left[0.1316, \ -1.9436, \ -0.0171, \ 62.6995, \ 410.7307 \right]^T$。

第三步，模型构造：

（1）计算中间变量 μ_1，μ_2，μ_3 和 μ_4。

根据参数 b_2，b_3，a，h_1 和 h_2 计算 NSGM（1，3）模型累减生成式中间变量 μ_1，μ_2，μ_3 和 μ_4：

$$\mu_1 = \frac{1}{1 + 0.5a} = 1.0086, \quad \mu_2 = \frac{1 - 0.5a}{1 + 0.5a} = 1.0173,$$

$$\mu_3 = \frac{h_1}{1 + 0.5a} = 63.2415, \quad \mu_4 = \frac{h_2 - h_1}{1 + 0.5a} = 351.0393。$$

（2）构建 NSGM（1，3）模型最终还原式。

将 μ_1，μ_2，μ_3 和 μ_4 代入公式（7.2.9），构建 NSGM（1，3）模型累减生成式：

$$\hat{x}_1^{(0)}(k) = 1.0086 \times (1.0173 - 1) \sum_{t=1}^{k-2} \left[\sum_{i=2}^{3} 1.0173^{t-1} b_i x_i^{(1)}(k-t) \right]$$

$$+ 1.0086 \sum_{i=2}^{3} b_i x_i^{(1)}(k) + 63.2415 \sum_{j=0}^{k-3} 1.0173^j$$

$$+ (1.0173 - 1) \times 1.0173^{k-2} \times 342 + 1.0173^{k-2}$$

$$\times (2 \times 63.2415 + 351.0393)。$$

化简整理得

$$\hat{x}_1^{(0)}(k) = 0.0174 \sum_{t=1}^{k-2} \left[\sum_{i=2}^{3} 1.0173^{t-1} b_i x_i^{(1)}(k-t) \right]$$
$$+ 1.0086 \sum_{i=2}^{3} b_i x_i^{(1)}(k) + 63.2415 \sum_{j=0}^{k-3} 1.0173^{j}$$
$$+ 483.43889 \times 1.0173^{k-2} \qquad (7.2.26)$$

第四步，模拟误差计算：

根据公式（7.2.26），当 $k=2,3,\cdots,8$ 时，计算 $x_1^{(0)}(k)$ 的模拟值、残差、相对模拟误差及平均相对模拟误差，结果如表 7-1 所示。

表 7-1　　　　基于 NSGM(1，3) 模型的模拟检验信息表

序号	原始序列 $x_1^{(0)}(k)$	模拟序列 $\hat{x}_1^{(0)}(k)$	残差 $\varepsilon(k)$	相对模拟误差 $\bar{\Delta}(k)$
$k=1$	342	–	–	–
$k=2$	345	345.0288	0.0288	0.0083%
$k=3$	347	346.8993	−0.1007	0.0290%
$k=4$	350	350.1612	0.1612	0.0461%
$k=5$	354	353.8746	−0.1254	0.0354%
$k=6$	357	356.9904	−0.0096	0.0027%
$k=7$	360	360.0817	0.0817	0.0227%
$k=8$	363	362.9641	−0.0359	0.0099%
平均相对模拟误差	$\bar{\Delta}_s = 0.0220\%$			

由表 7-1 可知，NSGM(1，3) 模型的平均相对模拟误差为 0.0220%。查阅灰色预测模型误差等级参照表，可知 NSGM(1，3) 模型的模拟误差等级为 I 级，模拟误差满足系统精度要求。

第五步，预测误差计算：

（1）当 $k=9$ 时，计算预测值、残差、相对预测误差及平均相对预测误差，结果如表 7-2 所示。

表 7 - 2　　　　　　　　基于 NSGM（1，3）模型的预测检验信息

序号	原始序列 $x_1^{(0)}(k)$	预测序列 $\hat{x}_1^{(0)}(k)$	残差 $\varepsilon(k)$	相对预测误差 $\bar{\Delta}(k)$
$k=9$	366	367.5412	1.5412	0.4211%
平均相对预测误差	$\bar{\Delta}_p = 0.4211\%$			

由表 7 - 2 可知，NSGM（1，3）模型的平均相对预测误差为 0.4211%。查阅灰色预测模型误差等级参照表，可知 NSGM（1，3）模型的预测误差等级为 I 级，预测误差满足系统精度要求。

（2）综合误差检验。

根据表 7 - 1 及表 7 - 2 中平均相对模拟误差 $\bar{\Delta}_s = 0.0220\%$ 与平均相对预测误差 $\bar{\Delta}_p = 0.4211\%$ 计算 NSGM（1，3）模型的平均综合误差。计算 NSGM（1，3）模型平均综合误差如下，

$$\bar{\Delta} = \frac{\bar{\Delta}_s \times 7 + \bar{\Delta}_p \times 1}{8} = 0.0719\%。$$

NSGM（1，3）模型平均综合误差 $\bar{\Delta}$ 为 0.0719%，查阅灰色预测模型误差等级参照表，可知该模型的综合误差等级为 I 级，满足系统精度要求，可用于对未来数据的预测。

第六步，未来预测：

当 $k = 10，11，12$ 时，根据公式（7.2.26）计算 $\hat{x}_1^{(0)}(10)$、$\hat{x}_1^{(0)}(11)$、$\hat{x}_1^{(0)}(12)$，结果如下：

$$
\begin{aligned}
\hat{x}_1^{(0)}(10) &= 0.0174 \sum_{t=1}^{8} \left[\sum_{i=2}^{3} 1.0173^{t-1} b_i x_i^{(1)}(10-t) \right] \\
&\quad + 1.0086 \sum_{i=2}^{3} b_i x_i^{(1)}(10) + 63.2415 \sum_{j=0}^{7} 1.0173^j \\
&\quad + 483.43889 \times 1.0173^8 \\
&= 372.4598；
\end{aligned}
$$

$$\hat{x}_1^{(0)}(11) = 0.0174 \sum_{t=1}^{9} \left[\sum_{i=2}^{3} 1.0173^{t-1} b_i x_i^{(1)}(11-t) \right]$$

$$+ 1.0086 \sum_{i=2}^{3} b_i x_i^{(1)}(11) + 63.2415 \sum_{j=0}^{8} 1.0173^{j}$$

$$+ 483.43889 \times 1.0173^{9}$$

$$= 378.0250 ;$$

$$\hat{x}_1^{(0)}(12) = 0.0174 \sum_{t=1}^{10} \left[\sum_{i=2}^{3} 1.0173^{t-1} b_i x_i^{(1)}(12-t) \right]$$

$$+ 1.0086 \sum_{i=2}^{3} b_i x_i^{(1)}(12) + 63.2415 \sum_{j=0}^{9} 1.0173^{j}$$

$$+ 483.43889 \times 1.0173^{10}$$

$$= 384.6136 。$$

在例 7.2.1 中，应用 VGSMS1.0 软件辅助建模，结果如图 7-1 所示。

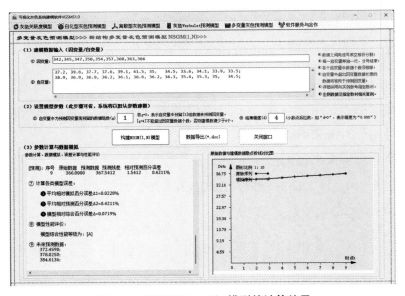

图 7-1　NSGM(1, N) 模型的计算结果

NSGM(1, N) 模型的建模流程图，如图 7-2 所示。

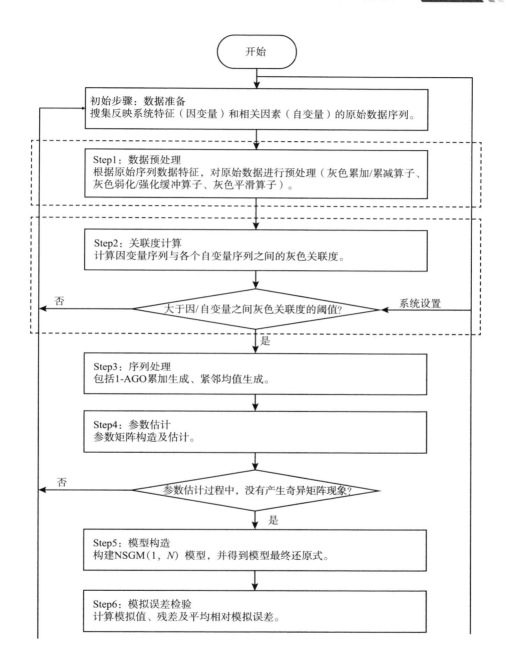

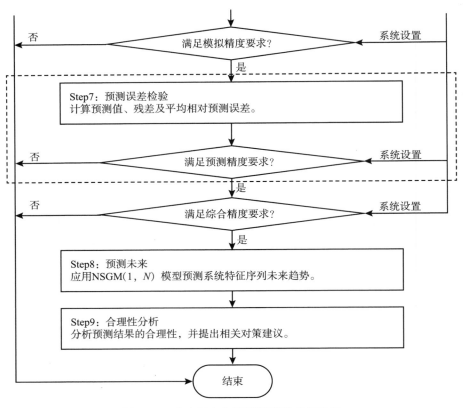

图 7 - 2　多变量灰色预测模型的建模流程

7.3　模型应用：混凝土抗弯强度预测

　　水泥路面混凝土在长期使用过程中，除了承受车辆荷载的反复作用之外，还受到环境温差作用的影响。环境温差会导致混凝土内部各组分间的热变形不均匀，使混凝土内部产生微裂纹，并引发微裂纹扩展甚至造成材料结构损伤。因此，在我国内蒙古、新疆等大温差地区，发现了相当数量的路面、桥梁等由于温度大幅度剧烈变化而引起的混凝土开裂现象。因此，从实际需求出发，研究温度循环作用下混凝土路面的力学性能，在最大限度上降低荷载、温度共同作用对混凝土路面产生的影响，对提高我国道路的使用效率和使用寿命具有积极意义。

混凝土抗弯强度是衡量混凝土力学性能的重要指标之一，主要受到混凝土裂纹扩展大小的影响。而混凝土裂纹扩展则是由于混凝土内部孔结构的贯通引起的。由于混凝土内部孔结构相对于裂纹更便于测量，因此可以通过构建混凝土孔结构与混凝土抗弯强度之间的关系来实现对混凝土抗弯强度大小的分析和预测。

混凝土孔结构的变化受到振捣、养护、外加剂、使用环境情况等诸多因素的影响，具有典型的"灰因白果"特征。同时，由于孔结构及混凝土抗弯强度试验数据的采集不仅成本较高，同时对路面具有一定的破坏性，因此难以获得大样本的统计数据（数据量小）。另外，混凝土原材料的各项性能、混凝土制作工艺、混凝土强度测定过程以及设备精度等存在不确定性，这导致所采集到的样本数据具有一定的"不确定性"特征。

通过大量研究发现，线性函数、幂函数、指数以及对数函数均难以实现混凝土强度和孔结构（通常用孔隙率表示）关系的有效描述。因为这些模型不符合"混凝土系统"的数据特征与结构特征。灰色预测模型是研究"小数据、贫信息"问题的一种常用数学建模方法，尤其对数据信息、结构信息不清晰的系统具有较好的建模能力。因此，我们利用本章所介绍的新结构多变量灰色预测模型 NSGM(1, N) 来建立混凝土抗弯强度与总孔隙率之间的数学关系。

试验采用 P. O42.5 普通硅酸盐水泥，细骨料采用表观密度为 2650 千克/立方米的天然水洗河砂，粗骨料采用表观密度为 2800 千克/立方米的碎石，拌合用自来水。配合比为水泥：粗骨料：细骨料 = 500：1150：546。水胶比分别为 0.36、0.39、0.42 三种。减水剂均为

0.1%。试件尺寸为 $40 \times 40 \times 160$ 立方毫米，标准养护 28 天后进行高低温循环试验（制造环境温差）和抗弯试验。高低温循环采用环境温度箱进行。抗弯试验仪器采用 MTS 试验机，按照《GB/T 50081 - 2002 普通混凝土力学性能试验方法标准》规定进行，加载速率设为 0.04 千牛顿/秒。孔结构测定采用低场核磁共振设备进行。共采集 12 组抗弯强度与总孔隙率相关数据，如表 7 - 3 所示。

表 7 - 3   混凝土抗弯强度及总孔隙率

序号	抗弯强度/MPa	总孔隙率/%	序号	抗弯强度/MPa	总孔隙率/%
$k = 1$	9.45	0.788	$k = 7$	7.13	1.495
$k = 2$	8.93	1.024	$k = 8$	6.71	2.139
$k = 3$	8.51	1.265	$k = 9$	7.24	1.730
$k = 4$	7.52	1.701	$k = 10$	6.64	1.981
$k = 5$	7.48	1.285	$k = 11$	6.49	2.351
$k = 6$	7.26	1.421	$k = 12$	5.38	2.785

第一步，确定建模数据。

由表 7 - 3 可知，样本序列共有 12 组。选取前 8 组样本数据构建 NSGM(1，2) 模型，并测试其模拟性能；预留后 4 组样本用来分析模型的预测效果。因此，系统特征（因变量）序列为

$X_1^{(0)} = (9.45，8.93，8.51，7.52，7.48，7.26，7.13，6.71)$，

相关行为（自变量）序列为

$X_2^{(0)} = (0.788，1.024，1.265，1.701，1.285，1.421，1.495，2.139)$。

第二步，NSGM(1，2) 模型参数估计。

根据 NSGM(1，2) 建模过程，首先对 NSGM(1，2) 参数进行计算，该过程包括如下三个步骤。

（1）考虑到序列 $X_1^{(0)}$ 和 $X_2^{(0)}$ 之间存在较大的数量级差异，为避免参数估计过程中产生奇异矩阵，首先对 $X_1^{(0)}$ 做初值化处理，得

$$X_1^{(0)}D = (x^{(0)}(1)d, \ x^{(0)}(2)d, \ x^{(0)}(3)d, \ x^{(0)}(4)d, \ x^{(0)}(5)d,$$
$$x^{(0)}(6)d, \ x^{(0)}(7)d, \ x^{(0)}(8)d)$$
$$= (1, \ 0.945, \ 0.9005, \ 0.7958, \ 0.7915, \ 0.7683, \ 0.7545, \ 0.7101) \, 。$$

再根据定义 7.1.1 计算序列 $X_1^{(0)}D$ 和序列 $X_2^{(0)}$ 的 1 - AGO 序列 $X_1^{(1)}$，$X_2^{(1)}$：

$$X_1^{(1)} = (x^{(1)}(1), \ x^{(1)}(2), \ x^{(1)}(3), \ x^{(1)}(4), \ x^{(1)}(5), \ x^{(1)}(6),$$
$$x^{(1)}(7), \ x^{(1)}(8))$$
$$= (1, \ 1.945, \ 2.8455, \ 3.6413, \ 4.4328, \ 5.2011, \ 5.9672, \ 6.7217) ;$$
$$X_2^{(1)} = (x^{(1)}(1), \ x^{(1)}(2), \ x^{(1)}(3), \ x^{(1)}(4), \ x^{(1)}(5), \ x^{(1)}(6),$$
$$x^{(1)}(7), \ x^{(1)}(8))$$
$$= (0.788, \ 1.812, \ 3.077, \ 4.778, \ 6.063, \ 7.484, \ 8.979, \ 11.118) \, 。$$

（2）根据定义 7.1.1 计算系统特征序列 $X_1^{(1)}$ 的紧邻均值序列 $Z_1^{(1)}$：

$$Z^{(1)} = (z^{(1)}(2), \ z^{(1)}(3), \ z^{(1)}(4), \ z^{(1)}(5), \ z^{(1)}(6), \ z^{(1)}(7), \ z^{(1)}(8))$$
$$= (1.4725, \ 2.39525, \ 3.2434, \ 4.03705, \ 4.81695, \ 5.58415, \ 6.34445) \, 。$$

（3）根据定理 7.2.1 构造 NSGM（1，2）参数矩阵 B 及 Y，并计算模型参数 $\hat{p} = (b_2, \ a, \ h_1, \ h_2)^T$

$$B = \begin{bmatrix} 1.812 & -1.47250 & 1 & 1 \\ 3.077 & -2.39525 & 2 & 1 \\ \vdots & \vdots & & \vdots \\ 11.118 & -5.58415 & 7 & 1 \end{bmatrix} ; \quad Y = \begin{bmatrix} 1.945 \\ 2.8455 \\ \vdots \\ 6.7217 \end{bmatrix} 。$$

得 NSGM（1，2）参数列：

$$\hat{p} = (b_2, \ a, \ h_1, \ h_2)^T = (B^TB)^{-1}B^TY$$
$$= [-0.76298, \ 0.47779, \ 4.43123, \ 12.61077]^T \, 。$$

第三步，构建 NSGM（1，2）模型。

根据公式（7.2.9），将模型参数列 $\hat{p} = (b_2, a, h_1, h_2)^T$ 代入 NSGM（1，2）模型，可计算中间变量 μ_1、μ_2、μ_3 和 μ_4：

$$\mu_1 = \frac{1}{1 + 0.5a} = 0.807171, \quad \mu_2 = \frac{1 - 0.5a}{1 + 0.5a} = 0.614342;$$

$$\mu_3 = \frac{h_1}{1 + 0.5a} = 3.57676, \quad \mu_4 = \frac{h_2 - h_1}{1 + 0.5a} = 6.602287。$$

将 μ_1、μ_2、μ_3 和 μ_4 代入公式（7.2.9），可构建混凝土抗弯强度 NSGM（1，2）的最终还原式：

$$\hat{x}_1^{(0)}(k) = -0.31129 \sum_{t=1}^{k-2} \left[0.614342^{t-1}(-0.76298)x_2^{(1)}(k-t) \right]$$
$$+ (-0.61586)x_i^{(1)}(k) + 3.57676 \sum_{j=0}^{k-3} 0.614342^j$$
$$- 0.38566 \times 0.614342^{k-2}x_1^{(0)}(1) + 13.75581 \times 00.614342^{k-2}$$

$$(7.3.1)$$

其中 $k = 2, 3, 4, \cdots$。

第四步，NSGM（1，2）模型模拟/预测及综合误差检验。

根据公式（7.3.1），当 $k = 2, 3, 4, \cdots, 8$ 时，可计算混凝土抗弯强度的模拟值、残差、相对模拟误差及平均相对模拟误差，结果如表 7-4 所示。

表 7-4　　　基于 NSGM（1，2）的混凝土抗弯强度模拟数据信息

序号	原始序列 $x_1^{(0)}(k)$	模拟序列 $\hat{x}_1^{(0)}(k)$	残差 $\varepsilon(k)$	相对模拟误差 $\overline{\Delta}(k)$
$k = 1$	9.45	–	–	–
$k = 2$	8.93	9.00	-0.07	0.78%
$k = 3$	8.51	8.32	0.19	0.23%
$k = 4$	7.52	7.64	-0.12	1.60%

续表

序号	原始序列 $x_1^{(0)}(k)$	模拟序列 $\hat{x}_1^{(0)}(k)$	残差 $\varepsilon(k)$	相对模拟误差 $\overline{\Delta}(k)$
$k=5$	7.48	7.48	0.00	0.00%
$k=6$	7.26	7.30	−0.04	0.55%
$k=7$	7.13	7.14	−0.01	0.13%
$k=8$	6.71	6.65	0.06	0.89%
平均相对模拟误差		$\overline{\Delta}_s = 0.88\%$		

由表7-4知，NSGM（1，2）模型对混凝土抗弯强度的平均相对模拟误差 $\overline{\Delta}_s = 0.88\%$。查阅灰色预测模型误差等级参照表，可知 NSGM（1，2）模型的误差等级为 I 级，表明该模型具有较好的模拟性能，可用于中长期预测。应用 NSGM（1，2）模型对混凝土抗弯强度进行预测，结果如表7-5所示。

表7-5　　基于 NSGM（1，2）的混凝土抗弯强度预测数据信息

序号	原始序列 $x_1^{(0)}(k)$	预测序列 $\hat{x}_1^{(0)}(k)$	残差 $\varepsilon(k)$	相对模拟误差 $\overline{\Delta}(k)$
$k=9$	7.24	6.60	0.64	8.84%
$k=10$	6.64	6.41	0.23	0.46%
$k=11$	6.49	6.07	0.42	6.47%
$k=12$	5.38	5.59	−0.21	3.90%
平均相对预测误差		$\overline{\Delta}_p = 5.67\%$		

综合表7-4和表7-5中因变量（混凝土抗弯强度）的平均相对模拟/预测误差，可计算 NSGM（1，2）模型对混凝土抗弯强度的综合误差：

$$\overline{\Delta} = \frac{\overline{\Delta}_s \times 7 + \overline{\Delta}_p \times 4}{11} = 2.62\% \tag{7.3.2}$$

NSGM(1，2）模型对混凝土抗弯强度的综合误差 $\overline{\Delta} = 2.62\%$ ，该模型综合精度等级介于Ⅰ级和Ⅱ级之间，表明 NSGM(1，2）模型具有较好的综合性能和建模能力。

为更清晰地显示 NSGM(1，2）模型对混凝土抗弯强度的建模效果，根据表 7 - 4 及表 7 - 5 中数据，利用 MATLAB 绘制了混凝土抗弯强度原始序列及其模拟/预测序列的散点折线图，如图 7 - 3 所示。

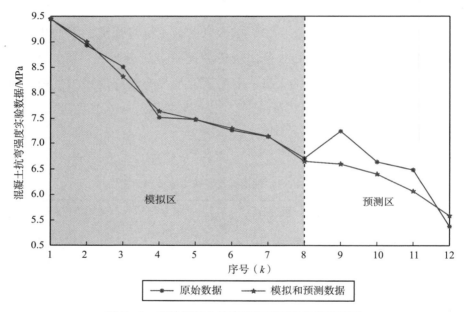

图 7 - 3　原始混凝土抗弯强度序列及其模拟序列

图 7 - 3 中，阴影部分是 NSGM(1，2）模型的模拟区域，剩下的部分是预测区域。可见，通过 NSGM(1，2）模型建模后得到的模拟/预测序列和原始序列的整体趋势基本一致。在模拟过程中，两条曲线接近重合，模拟效果较好；在预测过程中，局部数据点离差较大，表明 NSGM(1，2）模型的预测性能还有待提高。总体而言，NSGM(1，2）

模型的综合性能较好，能比较客观地描述混凝土抗弯强度与总孔隙率之间的变化关系，可以用于预测。

另外，我们用传统的 GM（1，N）模型（定义 7.1.1）对混凝土抗弯强度进行了建模，发现该模型模拟及预测效果差，对混凝土抗弯强度的建模结果无实际参考价值。这表明本章所构建的新结构灰色预测模型 NSGM（1，N），其建模能力优于传统的多变量灰色预测模型。

应用 VGSMS1.0 软件对混凝土抗弯强度预测进行建模，结果如图 7－4 所示。

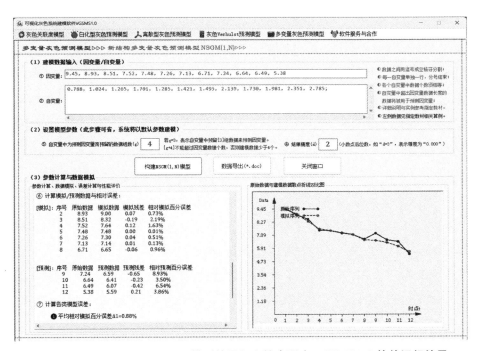

图 7－4　基于 NSGM（1，2）模型的混凝土抗弯强度 VGSMS1.0 软件运行结果

7.4 本章小结

　　单变量灰色预测模型通常要求建模序列满足一定的规律性或趋势性，否则其模型性能难以保证，同时由于缺少驱动变量导致其实现拐点预测比较困难。多变量灰色预测模型由一个因变量（系统特征变量）及若干自变量（解释变量、驱动变量）构成，通过构建因变量和自变量之间的函数关系以实现对因变量的预测。因此，多变量灰色预测模型是典型的因果关系预测模型，与多元回归预测模型在形式上也具有一定的相似之处。

　　然而，传统多变量灰色预测模型 $GM(1, N)$ 在建模机理、参数估计与模型结构方面均存在一些缺陷，这使得 $GM(1, N)$ 模型有时性能甚至比不上传统的单变量灰色预测模型。为此，本章提出了一个新结构的多变量灰色预测模型 $NSGM(1, N)$。新模型解决了传统 $GM(1, N)$ 模型参数估计的"非同源性"问题，同时在模型中增加了线性修正项及灰色作用量，使得新模型具有更加优良的结构兼容性。

　　最后，本章应用 $NSGM(1, N)$ 来建立混凝土抗弯强度与孔隙率之间的关系模型，详细介绍了应用研究背景、试验数据来源及模型构建步骤，并对 $NSGM(1, N)$ 的模拟及预测误差进行了计算和检验。结果表明，$NSGM(1, N)$ 模型的综合误差介于 I 级和 II 级之间，具有较好的综合性能和建模能力。传统的 $GM(1, N)$ 模型的模拟及预测效果差，对混凝土抗弯强度的建模结果无实际参考价值。

第八章

灰色预测模型参数优化方法

灰色预测模型参数是影响其模拟及预测性能的重要因素。灰色预测模型按参数的不同功能，可分为过程参数（初始值，背景值，累加阶数）与基本参数（发展系数、灰作用量等）两类。过程参数通过矩阵 B 和 Y 决定基本参数的大小。基本参数是影响灰色预测模型性能的重要参数，一般通过最小二乘法进行估计，具体过程在前面几个章节已有介绍。本章介绍灰色预测模型过程参数的优化方法，以期构建性能更加优良的高精度灰色预测模型。

不管是单变量灰色预测模型还是多变量灰色预测模型，均具有类似的模型过程参数。本章以三参数离散灰色预测模型 TDGM（1，1）为例，分别介绍灰色预测模型初始值、背景值及累加阶数的优化方法。其他灰色预测模型性能参数的优化过程与此雷同，本书不再赘述。

8.1 灰色预测模型初始值优化方法

灰色预测模型的初始值，又称初始条件或迭代基值，是推导 TDGM（1，1）模型时间响应函数的起点。第五章所介绍的 TDGM（1，1）

模型的时间响应函数就是以 $x^{(0)}(1)$ 为初始值推导得到的。可见，TDGM（1，1）模型的拟合曲线在二维坐标平面上必然经过点（1，$x^{(0)}(1)$）。而根据最小二乘原理，初始值的选取应以模拟误差平方和最小为条件，此时拟合曲线并不一定通过点（1，$x^{(0)}(1)$）。那么，应如何确定灰色预测模型初始条件的最优值？

定理 8.1.1 TDGM（1，1）模型如定义 5.2.1 所述，其时间响应函数如公式（5.2.14）所示，则 TDGM（1，1）模型的最优初始值 Csz 如下：

$$Csz = \frac{\sum_{k=2}^{n}\left[P^{(k-2)}x^{(0)}(k)\right] - V\sum_{k=2}^{n}\left[P^{2(k-2)}\right] - H\sum_{k=2}^{n}\left[P^{(k-2)}\sum_{g=0}^{k-3}P^{g}\right]}{U\sum_{k=2}^{n}\left[P^{2(k-2)}\right]}$$

(8.1.1)

其中

$$U = \frac{1-0.5a}{1+0.5a} - 1, \quad V = \frac{2b}{1+0.5a} + \frac{c-0.5b}{1+0.5a}, \quad P = \frac{1-0.5a}{1+0.5a}, \quad H = \frac{b}{1+0.5a}。$$

证明：最优初始值 Csz 应满足 TDGM（1，1）模型的模拟误差平方和最小，即

$$S = \min \sum_{k=2}^{n}\left[x^{(0)}(k) - \hat{x}^{(0)}(k)\right]^{2}$$

(8.1.2)

初始值的优化，实际上就是用 Csz 来代替默认的初始值 $x^{(0)}(1)$，即 $x^{(0)}(1) \to Csz$，则公式（5.2.14）可变形为

$$\hat{x}^{(0)}(k) = \left[Csz\left(\frac{1-0.5a}{1+0.5a} - 1\right) + \left(\frac{2b}{1+0.5a} + \frac{c-0.5b}{1+0.5a}\right)\right]\left(\frac{1-0.5a}{1+0.5a}\right)^{(k-2)}$$

$$+ \sum_{g=0}^{k-3}\frac{b}{1+0.5a}\left(\frac{1-0.5a}{1+0.5a}\right)^{(g)}$$

(8.1.3)

根据公式（8.1.2）可知，

$$S = \min \sum_{k=2}^{n} \left[x^{(0)}(k) - \left[Csz \left(\frac{1-0.5a}{1+0.5a} - 1 \right) \right. \right.$$

$$\left. + \left(\frac{2b}{1+0.5a} + \frac{c-0.5b}{1+0.5a} \right) \right] \left(\frac{1-0.5a}{1+0.5a} \right)^{(k-2)}$$

$$- \sum_{g=0}^{k-3} \frac{b}{1+0.5a} \left(\frac{1-0.5a}{1+0.5a} \right)^{(g)} \right]^{2} \qquad (8.1.4)$$

对公式（8.1.4）进行简化，得

$$S = \min \sum_{k=2}^{n} \left\{ x^{(0)}(k) - Csz \cdot UP^{(k-2)} - VP^{(k-2)} - \sum_{g=0}^{k-3} HP^{g} \right\}^{2} \quad (8.1.5)$$

其中

$$U = \frac{1-0.5a}{1+0.5a} - 1, \quad V = \frac{2b}{1+0.5a} + \frac{c-0.5b}{1+0.5a}, \quad P = \frac{1-0.5a}{1+0.5a},$$

$$H = \frac{b}{1+0.5a}\,。$$

利用最小二乘法，对公式（8.1.5）中的初始值 Csz 进行优化，即

$$\frac{dS}{dCsz} = -2 \sum_{k=2}^{n} \left[x^{(0)}(k) - Csz \cdot U \cdot P^{(k-2)} - V \cdot P^{(k-2)} - \sum_{g=0}^{k-3} H \cdot P^{g} \right] \cdot UP^{(k-2)},$$

即

$$\sum_{k=2}^{n} \left[U \cdot P^{(k-2)} x^{(0)}(k) - Csz \cdot U^{2} \cdot P^{2(k-2)} - V \cdot U \cdot P^{2(k-2)} - \right.$$

$$\left. U \cdot P^{(k-2)} \sum_{g=0}^{k-3} H \cdot P^{g} \right] = 0\,。$$

展开、整理得

$$Csz \cdot U^{2} \sum_{k=2}^{n} \left[P^{2(k-2)} \right] = U \sum_{k=2}^{n} \left[P^{(k-2)} x^{(0)}(k) \right] - V \cdot U \sum_{k=2}^{n} \left[P^{2(k-2)} \right]$$

$$- U \cdot H \sum_{k=2}^{n} \left[P^{(k-2)} \sum_{g=0}^{k-3} P^{g} \right] = 0\,。$$

则 TDGM(1，1) 模型的最优初始值 Csz 为

$$Csz = \frac{\sum_{k=2}^{n} \left[P^{(k-2)} x^{(0)}(k) \right] - V \sum_{k=2}^{n} \left[P^{2(k-2)} \right] - H \sum_{k=2}^{n} \left[P^{(k-2)} \sum_{g=0}^{k-3} P^g \right]}{U \sum_{k=2}^{n} \left[P^{2(k-2)} \right]}$$

$$(8.1.6)$$

证明结束。

TDGM(1, 1) 模型最优初始值与其基本参数 a、b、c 紧密相关。换言之，TDGM(1, 1) 模型首先通过最小二乘法对参数 a、b 和 c 进行估计，再根据 a、b、c 对 Csz 进行优化。当 Csz 与 $x^{(0)}(1)$ 比较接近时，初始值 Csz 对 TDGM(1, 1) 模型的优化效果不明显；反之，Csz 能显著提高 TDGM(1, 1) 模型的模拟及预测精度。

初始值也可以通过智能寻优算法（粒子群算法、蚁群算法、遗传算法等）进行优化。

8.2 灰色预测模型背景值优化方法

在灰色预测模型中，紧邻均值生成是弱化 1 - AGO 序列中极端值对灰色作用量大小影响的一种平滑措施，而背景值系数则是在构造紧邻均值序列过程中对相邻元素所占权重的分配。在实际建模过程中，通常将背景值系数设定为 0.5，即通过 $z^{(1)}(k) = 0.5 \times \left[x^{(1)}(k) + x^{(1)}(k-1) \right]$ 来构造灰色预测模型背景值。这本质上是一种简化处理。背景值系数大小应该以模拟误差平方和最小为条件，应用智能寻优算法（粒子群算法、蚁群算法等）进行优化。

定义 8.2.1 设原始序列 $X^{(0)} = (x^{(0)}(1), x^{(0)}(2), \cdots, x^{(0)}(n))$，其中 $x^{(0)}(k) \geqslant 0$，$k = 1, 2, \cdots, n$；

$X^{(1)} = (x^{(1)}(1), x^{(1)}(2), \cdots, x^{(1)}(n))$ 是 $X^{(0)}$ 的一阶累加生成序

列，其中

$$x^{(1)}(k) = \sum_{i=1}^{k} x^{(0)}(i)，k = 1，2，\cdots n。$$

$Z^{(1)} = (z^{(1)}(2)，z^{(1)}(3)，\cdots，z^{(1)}(n))$ 是背景值系数为 ξ 的紧邻生成序列，其中

$$z^{(1)}(k) = \xi x^{(1)}(k) + (1-\xi)x^{(1)}(k-1)，$$

则称

$$x^{(0)}(k) + a(\xi x^{(1)}(k) + (1-\xi)x^{(1)}(k-1)) = \frac{1}{2}(2k-1)b + c$$

$$(8.2.1)$$

是背景值系数为 ξ（$0 < \xi < 1$）的 TDGM(1，1) 模型，记作 TDGM(1，1，ξ) 模型。

定理 8.2.1 序列 $X^{(0)}$ 和 $X^{(1)}$ 如定义 8.2.1 所示，$\hat{p} = (a，b，c)^T$ 为参数列，且

$$Y = \begin{bmatrix} x^{(0)}(2) \\ x^{(0)}(3) \\ \vdots \\ x^{(0)}(k) \end{bmatrix},$$

$$B = \begin{bmatrix} -(\xi x^{(1)}(2) + (1-\xi)x^{(1)}(1)) & \frac{3}{2} & 1 \\ -(\xi x^{(1)}(3) + (1-\xi)x^{(1)}(2)) & \frac{5}{2} & 1 \\ \vdots & \vdots & \vdots \\ -(\xi x^{(1)}(n) + (1-\xi)x^{(1)}(n-1)) & \frac{2n-1}{2} & 1 \end{bmatrix},$$

则 TDGM(1，1，ξ) 模型 $x^{(0)}(k) + a(\xi x^{(1)}(k) + (1-\xi)x^{(1)}(k-1)) = \frac{1}{2}(2k-1)b + c$ 的最小二乘估计参数列 $\hat{p} = (a，b，c)^T$ 满足

$$\hat{p} = (a, \ b, \ c)^T = (B^T B)^{-1} B^T Y。$$

证明过程略。

在定理 8.2.1 中，TDGM(1, 1, ξ) 模型参数列 $\hat{p} = (a, \ b, \ c)^T$ 的估计依赖于矩阵 B 和 Y，而矩阵 B 中存在待定背景值系数 ξ。由于不同的背景值系数 ξ 对应不同的矩阵 B，因此背景值系数 ξ 是影响 TDGM(1, 1, ξ) 模型参数列 $\hat{p} = (a, \ b, \ c)^T$ 大小进而影响模型精度的重要参数。

背景值系数 ξ 的最优值应该满足 TDGM(1, 1, ξ) 模型的模拟误差平方和最小，即

$$\min f(\xi) = \frac{1}{n-1} \sum_{k=2}^{n} \left[x^{(0)}(k) - \hat{x}^{(0)}(k) \right]^2, 0 < \xi < 1 \qquad (8.2.2)$$

公式 (8.2.2) 中，$x^{(0)}(k)$ 是建模原始数据，为已知信息；$\hat{x}^{(0)}(k)$ 是 TDGM(1, 1, ξ) 模型的模拟数据，需要通过 TDGM(1, 1, ξ) 的时间响应函数进行计算。

定理 8.2.2 TDGM(1, 1, ξ) 模型如定义 8.2.1 所述，则其时间响应函数为

$$\hat{x}^{(0)}(k) = \left[x^{(0)}(1) \cdot \frac{1-(1-\xi)a}{1+\xi a} + \left(2\frac{b}{1+\xi a} + \frac{c-0.5b}{1+\xi a} \right) \right] \left(\frac{1-(1-\xi)a}{1+\xi a} \right)^{(k-2)}$$

$$+ \sum_{g=0}^{k-3} \frac{b}{1+\xi a} \left(\frac{1-(1-\xi)a}{1+\xi a} \right)^g。$$

证明：根据定义 8.2.1 可知，

$$x^{(1)}(k) - x^{(1)}(k-1) + a \times \left(\xi x^{(1)}(k) + (1-\xi)x^{(1)}(k-1) \right)$$

$$= \frac{1}{2}(2k-1)b + c,$$

整理得

$$x^{(1)}(k) = \frac{1-(1-\xi)a}{1+\xi a}x^{(1)}(k-1) + \frac{b}{1+\xi a}k + \frac{c-0.5b}{1+\xi a} \qquad (8.2.3)$$

在公式 (8.2.3) 中，由于 $x^{(1)}(k-1)$ 是未知项，故无法计算 $x^{(1)}(k)$。

因此，需进一步分析当 $k=2$，3，$\cdots$，n 时，公式（8.2.3）的变化规律，从而推导能直接计算 $x^{(1)}(k)$ 的时间响应函数。

根据公式（8.2.3），当 $k=2$，3 时，可得如下等式：

$$\hat{x}^{(1)}(2)=\frac{1-(1-\xi)a}{1+\xi a}x^{(1)}(1)+2\cdot\frac{b}{1+\xi a}+\frac{c-0.5b}{1+\xi a} \qquad (8.2.4)$$

$$\hat{x}^{(1)}(3)=\frac{1-(1-\xi)a}{1+\xi a}\hat{x}^{(1)}(2)+3\cdot\frac{b}{1+\xi a}+\frac{c-0.5b}{1+\xi a} \qquad (8.2.5)$$

公式（8.2.4）代入公式（8.2.5），整理得，

$$\hat{x}^{(1)}(3)=\left(\frac{1-(1-\xi)a}{1+\xi a}\right)^2 x^{(1)}(1)+$$

$$\frac{1-(1-\xi)a}{1+\xi a}\left(2\cdot\frac{b}{1+\xi a}+\frac{c}{1+\xi a}\right)+\left(3\cdot\frac{b}{1+\xi a}+\frac{c-0.5b}{1+\xi a}\right) \qquad (8.2.6)$$

当 $k=4$，

$$\hat{x}^{(1)}(4)=\frac{1-(1-\xi)a}{1+\xi a}\hat{x}^{(1)}(3)+4\cdot\frac{b}{1+\xi a}+\frac{c-0.5b}{1+\xi a} \qquad (8.2.7)$$

类似地，公式（8.2.6）代入公式（8.2.7），整理得，

$$\hat{x}^{(1)}(4)=\left(\frac{1-(1-\xi)a}{1+\xi a}\right)^3 x^{(1)}(1)+\left(\frac{1-(1-\xi)a}{1+\xi a}\right)^2\left(2\cdot\frac{b}{1+\xi a}+\frac{c-0.5b}{1+\xi a}\right)+$$

$$\frac{1-(1-\xi)a}{1+\xi a}\left(3\cdot\frac{b}{1+\xi a}+\frac{c-0.5b}{1+\xi a}\right)+\left(4\cdot\frac{b}{1+\xi a}+\frac{c-0.5b}{1+\xi a}\right)$$

$$\vdots \qquad (8.2.8)$$

当 $k=u$，得

$$\hat{x}^{(1)}(u)=\left(\frac{1-(1-\xi)a}{1+\xi a}\right)^{(u-1)}x^{(1)}(1)$$

$$+\left(\frac{1-(1-\xi)a}{1+\xi a}\right)^{(u-2)}\left(2\cdot\frac{b}{1+\xi a}+\frac{c-0.5b}{1+\xi a}\right)+$$

$$\left(\frac{1-(1-\xi)a}{1+\xi a}\right)^{(u-3)}\left(3\cdot\frac{b}{1+\xi a}+\frac{c-0.5b}{1+\xi a}\right)+\cdots$$

$$+ \left(\frac{1 - (1 - \xi)a}{1 + \xi a} \right)^{(1)} \times \searrow$$

$$\nearrow \left((u - 1) \cdot \frac{b}{1 + \xi a} + \frac{c - 0.5b}{1 + \xi a} \right)$$

$$+ \left(\frac{1 - (1 - \xi)a}{1 + \xi a} \right)^{(0)} \left(u \cdot \frac{b}{1 + \xi a} + \frac{c - 0.5b}{1 + \xi a} \right) \qquad (8.2.9)$$

令

$$\alpha = \frac{1 - (1 - \xi)a}{1 + \xi a}, \ \beta = \frac{b}{1 + \xi a}, \ \gamma = \frac{c - 0.5b}{1 + \xi a},$$

则公式（8.2.9）可简写为

$$\hat{x}^{(1)}(u) = x^{(1)}(1)\alpha^{(u-1)} + \sum_{g=0}^{u-2} [(u - g)\beta + \gamma]\alpha^g \qquad (8.2.10)$$

根据定义 8.2.1 可知 $\hat{x}^{(0)}(k) = \hat{x}^{(1)}(k) - \hat{x}^{(1)}(k - 1)$，故

$$\hat{x}^{(0)}(k) = x^{(1)}(1)\alpha^{(k-1)} + \sum_{g=0}^{k-2} [(k - g)\beta + \gamma]\alpha^g - \swarrow$$

$$\nearrow x^{(1)}(1)\alpha^{(k-2)} - \sum_{g=0}^{k-3} [(k - g - 1)\beta + \gamma]\alpha^g \qquad (8.2.11)$$

整理公式（8.2.11）可得，

$$\hat{x}^{(0)}(k) = [x^{(0)}(1)(\alpha - 1) + (2\beta + \gamma)]\alpha^{(k-2)} + \sum_{g=0}^{k-3} \beta\alpha^g, \qquad (8.2.12)$$

即

$$\hat{x}^{(0)}(k) = \left[x^{(0)}(1) \cdot \frac{1 - (1 - \xi)a}{1 + \xi a} + \left(2\frac{b}{1 + \xi a} + \frac{c - 0.5b}{1 + \xi a} \right) \right] \left(\frac{1 - (1 - \xi)a}{1 + \xi a} \right)^{(k-2)}$$

$$+ \sum_{g=0}^{k-3} \frac{b}{1 + \xi a} \left(\frac{1 - (1 - \xi)a}{1 + \xi a} \right)^g \qquad (8.2.13)$$

证明结束。

　　给定任意满足条件（$0 < \xi < 1$）的背景值系数 ξ，均可计算得到 TDGM（1，1，ξ）模型的一组模拟数据及模拟误差。而最优背景值系数应确保 TDGM（1，1，ξ）模型的模拟误差平方和最小。理论上，我们可

以为 ξ 设置一个足够小的初始值作为循环的起点和步长，通过数十亿次的循环，并根据每一次循环迭代的 ξ 值计算 TDGM（1，1，ξ）模型的模拟误差平方和，然后选择满足相对最小模拟误差平方和条件下的 ξ 值，作为背景值系数的最优值。

显然，上述背景值系数 ξ 的优化过程需要耗费大量时间并占用有限的计算机资源。各种群体寻优算法（如粒子群算法、细菌觅食算法、萤火虫算法、人工鱼群算法、蚁群算法等）的出现和日趋成熟为复杂分布式的寻优问题提供了良好的解决方案。而粒子群算法具有易理解、易实现、全局搜索能力强等特点，备受科学工程领域的极大关注。

粒子群优化算法（Particle Swarm Optimization，PSO）是由埃伯哈特（Eberhart）与肯尼达（Kennedy）于 1995 年提出的一种全局优化进化算法，其基本概念来源于对鸟群觅食行为的研究。PSO 算法具有概念较简单、需要调整参数不多、易于实现编程等优点，已广泛应用于函数优化与神经网络训练等领域。同时，基于群体适应度方差自适应变异的粒子群优化算法有效解决了早熟收敛现象，可显著提高全局收敛性能。

当前，MATLAB 已实现了对 PSO 算法的封装。在 MATLAB 工具中，通过调用 particle swarm 函数，同时传递待优化的相关参数信息，即可实现参数优化。实现背景值系数 ξ 优化的完整 MATLAB 程序，可参考本章附录部分内容。

8.3 灰色预测模型累加阶数的实数域拓展与优化

本书第二章介绍了灰色累加生成算子及其逆算子。其中，阶数是影响灰色累加生成算子作用效果及灰色预测模型性能的重要参数。传统累加阶数只能取正整数，并按实际情况可分为一阶灰色累加生成算子、二阶灰色累加生成算子、三阶灰色累加生成算子等。吴利丰（2014）[①] 基于"in between"思想提出了分数阶灰色预测模型的建模思想，实现了灰色预测模型累加阶数从正整数到正分数的跨越。孟伟（2016）[②] 对分数阶灰色累加生成的解析表达式与系列性质（互逆性、交换律、指数律等）进行了系统研究，并通过引入粒子群算法对灰色预测模型累加的阶数进行了优化，提高了灰色预测模型性能。

上述研究对丰富灰色累加生成算子理论体系具有积极作用，对改善灰色预测模型性能具有重要价值。然而，灰色累加生成算子的阶数为非零正实数（R+），这限制了阶数的取值范围以及对原始序列的作用空间。那么，灰色累加生成算子的阶数是否可以为零或负数？当阶数为零或负数时序列数据之间的运算关系如何？灰色累加生成算子与灰色累减生成算子是否可以统一为一个公式？如何实现阶数在实数域 R 范围内的拓展与优化？围绕上述问题，曾波教授及其研究团队在传统 Gamma 函数基础上引入参数 δ，实现了阶数从 R+ 到 R 的拓展，进而构建了一种阶数面向实数域 R 的新型灰色累加生成算子。该算子通过阶数极性的正负来判定灰色算子的类型，实现了传统灰色累加生成算子和累减还原算子计算公式的统一。进一步研究表明，阶数通过其极性的正负来判定灰色算子的类型：当阶数 $r > 0$，灰色算子对序列做累加生成；当 $r < 0$，灰色算子对序列做累减生成；当 $r = 0$，灰色算子对序列不做任何运算。

灰色累加生成算子阶数的四个发展阶段，如图 8 - 1 所示。

---

① 吴利丰，刘思峰，刘健. 灰色 GM（1，1）分数阶累积模型及其稳定性 [J]. 控制与决策，2014，29（05）：919 - 924.

② 孟伟. 基于分数阶拓展算子的灰色预测模型 [D]. 南京：南京航空航天大学，2016.

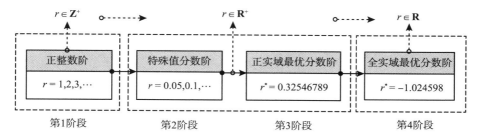

图 8 – 1 灰色累加生成算子阶数的四个拓展阶段

本小节介绍如何实现灰色累加生成算子的实数域拓展与优化。

（1）灰色累加生成算子局限性分析。

在灰色预测理论中，灰色累加生成算子用于弱化原始序列随机性，以提高灰色预测模型的稳定性和可靠性。灰色累减还原算子是累加生成算子的逆算子，主要用于对累加序列的还原处理。

定义 8.3.1 设 $X^{(0)} = (x^{(0)}(1), x^{(0)}(2), \cdots, x^{(0)}(n))$ 为原始序列，$X^{(r)}$ （$r \in \mathbf{Z}^+$）为新序列，且

$$X^{(r)} = (x^{(r)}(1), x^{(r)}(2), \cdots, x^{(r)}(n)),$$

其中

$$x^{(r)}(k) = \sum_{i=1}^{k} x^{(r-1)}(i), \ k = 1, 2, \cdots n \quad (8.3.1)$$

则称公式（8.3.1）为序列 $X^{(0)}$ 的 r 阶灰色累加生成算子，简记为 r – AGO；称 $X^{(r)}$ 为原始序列 $X^{(0)}$ 的 r – AGO 生成新序列；称 r 为灰色累加生成算子的阶数。

定义 8.3.2 设 $X^{(0)} = (x^{(0)}(1), x^{(0)}(2), \cdots, x^{(0)}(n))$ 为原始序列，$\alpha^{(r)} X^{(0)}$ （$r \in \mathbf{Z}^+$）为新序列，且

$$\alpha^{(r)} X^{(0)} = (\alpha^{(r)} x^{(0)}(1), \alpha^{(r)} x^{(0)}(2), \cdots, \alpha^{(r)} x^{(0)}(n)),$$

其中

$$\alpha^{(r)} x^{(0)} (1) = x^{(0)} (1) ;$$

$$\alpha^{(r)} x^{(0)} (k) = \alpha^{(r-1)} x^{(0)} (k) - \alpha^{(r-1)} x^{(0)} (k-1) , \quad k = 2, 3, \cdots, n$$

$$(8.3.2)$$

则称公式（8.3.2）为序列 $X^{(0)}$ 的 r 阶灰色累减还原算子，简记为 r – IAGO；称 $\alpha^{(r)} X^{(0)}$ 为原始序列 $X^{(0)}$ 的 r – IAGO 生成新序列；称 r 为灰色累减还原算子的阶数。

定义 8.3.3 r 阶灰色累加生成算子（r – AGO）与 r 阶灰色累减还原算子（r – IAGO）合称为整数阶灰色生成算子（r – GO）。

定义 8.3.1 及定义 8.3.2 中，灰色生成算子阶数 r 为正整数 $\mathbf{Z}^+$。刘思峰、吴利丰、孟伟等将分数阶微积分理论及 Gamma 函数的积分性质引入灰色预测理论，实现了灰色累加生成算子的阶数 r 从正整数 $\mathbf{Z}^+$ 到正实数 $\mathbf{R}^+$ 的拓展（$r \in \mathbf{Z}^+ \Rightarrow r \in \mathbf{R}^+$），对改善原始序列的数据预处理效果、提高灰色预测模型性能具有重要价值。

定义 8.3.4 设 $X^{(0)} = (x^{(0)} (1), x^{(0)} (2), \cdots, x^{(0)} (n))$ 为原始序列，$X^{(r)}$（$r \in \mathbf{R}^+$）为一新序列，且

$$X^{(r)} = (x^{(r)} (1), x^{(r)} (2), \cdots, x^{(r)} (n)),$$

其中

$$x^{(r)} (k) = \sum_{i=1}^{k} \frac{\Gamma(r + k - i)}{\Gamma(k - i + 1)\Gamma(r)} x^{(0)} (i), \quad k = 1, 2, \cdots, n \quad (8.3.3)$$

则称公式（8.3.3）为序列 $X^{(0)}$ 的分数阶灰色累加生成算子，简记为 r – FAGO；称 $X^{(r)}$ 为原始序列 $X^{(0)}$ 的 r – FAGO 生成新序列。

定义 8.3.5 设 $X^{(0)} = (x^{(0)} (1), x^{(0)} (2), \cdots, x^{(0)} (n))$ 为原始序列，$\alpha^{(r)} X^{(0)}$（$r \in \mathbf{R}^+$）为新序列，且

$$\alpha^{(r)} X^{(0)} = (\alpha^{(r)} x^{(0)} (1), \alpha^{(r)} x^{(0)} (2), \cdots, \alpha^{(r)} x^{(0)} (n)),$$

其中

$$\alpha^{(r)} x^{(0)} (k) = \sum_{i=0}^{k-1} (-1)^i \frac{\Gamma(r + 1)}{\Gamma(i + 1)\Gamma(r - i + 1)} x^{(0)} (k - i),$$

$$k = 1, 2, \cdots, n \qquad (8.3.4)$$

则称公式（8.3.4）为序列 $X^{(0)}$ 的分数阶累减还原算子，简记为 $r - \text{FIAGO}$；称 $\alpha^{(r)} X^{(0)}$ 为原始序列 $X^{(0)}$ 的 $r - \text{FIAGO}$ 生成新序列。

定义 8.3.6　分数阶灰色累加生成算子（$r - \text{FAGO}$）与分数阶灰色累减还原算子（$r - \text{FIAGO}$），合称为分数阶灰色生成算子（$r - \text{FGO}$）。

当前，在分数阶灰色生成算子领域，各类创新性研究成果不断涌现，并被广泛应用于各类灰色预测模型的构建，大大提高了灰色预测模型的建模能力，促进了灰色预测理论与现实问题的有效对接。然而，现有分数阶灰色生成算子尚存不足之处，主要表现在以下三个方面：

①灰色累加生成算子的作用是弱化原始序列随机性，从而使累加生成新序列具有近指数规律。在原始序列本已具有近指数规律情况下，若还对其进行灰色累加生成处理反而可能破坏其已存在的近指数规律。实际上，若灰色累加生成算子对原始序列不做任何运算，此时可将灰色累加生成算子的阶数视为 0。换言之，阶数 $r = 0$ 是灰色累加生成算子的一种特殊情况。然而，当前整数阶灰色生成算子（$r - \text{GO}$）以及分数阶灰色生成算子（$r - \text{FGO}$）阶数的取值范围均不包括 0 点，这影响了灰色预测模型的建模能力与适用范围。

②灰色累减还原算子的主要作用是对累加生成序列进行还原处理，是作为灰色累加生成算子的逆算子而存在的。通过灰色累减还原算子可以获取序列数据之间的差异信息，这同样是一种挖掘序列数据特征的重要方法。曾波、刘思峰等早期提出的近似非齐次指数序列间接 DGM(1, 1) 模型，通过灰色累减还原算子获取序列数据差异信息，所构建的新型 DGM(1, 1) 模型，效果良好。然而，当前灰色累减还原算子主要用于对累加生成序列进行还原处理，其更重要的序列差异信息挖掘功能尚未得到体现。

③序列数据的灰色累加生成，本质上是获取序列数据之间的增量信息；而累减生成则是获取差异信息。增量信息与差异信息可以理解为两个数据之间的"和"与"差"之间的运算。由于两个数"和"与"差"的运算可统一为"和"的运算，比如 $a-b$ 可以表示为 $a+(-b)$，数据之间求"差"的信息则蕴含在被加数 b 符号的正负上。因此，灰色累加/累减生成算子具有相同的运算内涵，而阶数 r 的正或负则对应了算子的运算类型是累加抑或累减。然而，当前灰色累加/累减生成算子为两个独立且互不兼容的计算公式，这导致了阶数 r 无法实现在全体实数域的优化。

（2）灰色生成算子阶数的拓展与算子公式的统一。

根据前面的分析，灰色生成算子的阶数 r 可为任意实数，即 $r \in \mathbf{R}$。阶数 r 通过其极性正负来决定灰色生成算子类型（累加/累减）。当阶数 $r > 0$，表示灰色生成算子对原始序列做累加生成；当 $r < 0$，表示灰色生成算子对原始序列做累减生成；当 $r = 0$，表示灰色生成算子对原始序列不做任何运算。可见，阶数 $r = 0$ 是灰色累加生成算子与累减生成算子的临界点。当前分数阶灰色生成算子通过 Gamma 函数来定义，故其取值范围受到 Gamma 函数定义域的限制。本小节首先给出 Gamma 函数定义。

定义 8.3.7 设 $x \in \mathbf{R}$ 且 $x \notin \{0, -1, -2, -3, \cdots\}$，则称

$$\Gamma(x) = \int_0^\infty t^{x-1} e^{-t} dt \qquad (8.3.5)$$

为 x 的 Gamma 函数。根据定义 8.3.7 可绘制 Gamma 函数图像，如图 8-2 所示。

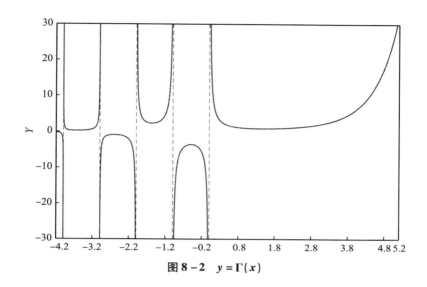

图 8 - 2 　 $y = \Gamma(x)$

根据定义 8.3.7 及图 8 - 2 可知，Gamma 函数的定义域为 $x \in \mathbf{R}$ 且 $x \notin \{0, -1, -2, -3, \cdots\}$。若灰色生成算子的阶数 $r \in \mathbf{R}$，显然超出了 Gamma 函数的取值范围。为了解决该问题，当 $r \in \{0, -1, -2, -3, \cdots\}$ 时，设定一足够小的实数 $\delta \in \mathbf{R}^+$，使 $(r - \delta) \notin \{0, -1, -2, -3, \cdots\}$。$\delta$ 的选择需满足两个条件：一是确保 $\Gamma(r - \delta)$ 有意义，二是满足 $\lim\limits_{\delta \to 0} \Gamma(r - \delta) = \lim\limits_{x \to r} \Gamma(x)$。实数 δ 的引入并未实质性拓展 Gamma 函数的定义域，但将灰色累加生成算子的阶数近似地拓展到了整个实数域。

根据前面的分析，灰色累加生成算子与灰色累减还原算子并无本质差异，完全可以整合为一个公式。换言之，公式（8.3.3）和公式（8.3.4）完全等价，它们通过阶数 r 的正负或 0 来决定灰色生成算子的运算类型。

定义 8.3.8　设 $X^{(0)} = (x^{(0)}(1), x^{(0)}(2), \cdots, x^{(0)}(n))$ 为原始序列，阶数 $r \in \mathbf{R}$，$X_{\mathrm{R}}^{(r)}$ 是阶数为 r 的灰色累加生成新序列，且

$$X_{\mathrm{R}}^{(r)} = (x_{\mathrm{R}}^{(r)}(1), x_{\mathrm{R}}^{(r)}(2), \cdots, x_{\mathrm{R}}^{(r)}(n)),$$

其中

$$x_R^{(r)}(k) = \sum_{i=1}^{k} \frac{\Gamma(r+k-i)}{\Gamma(k-i+1)\Gamma(r)} x^{(0)}(i), \ k = 1, 2, \cdots, n \quad (8.3.6)$$

则称公式（8.3.6）为序列 $X^{(0)}$ 的 r 阶实数域灰色生成算子，简记为 r - RGO（r - order Real number field Generation Operator）；称 $X_R^{(r)}$ 为原始序列 $X^{(0)}$ 的 r - RGO 生成新序列。

尽管实数域灰色生成算子（定义 8.3.8）形式上与分数阶累加生成算子（定义 8.3.4）类似，但两者具有本质差异。定义 8.3.8 中由于阶数 r 取值范围扩展到了全体实数，使 r - RGO 同时具有累加（$r>0$）与累减（$r<0$）功能，而临界点（$r=0$）则实现了对原始序列近指数特征的保护。由于定义 8.3.4 受制于阶数取值范围（$r>0$）使其仅具有累加生成的功能。因此，定义 8.3.8 具有比定义 8.3.4 更好的系统性与更强大的数据预处理能力，建模时完全可以根据原始序列实际情况对阶数 r 进行优化，以实现对序列数据特征与演变规律的挖掘。

例 8.3.1 设原始序列 $X^{(0)} = (1.1, 3.2, 5.3, 6.1, 9.2, 15.2)$，当阶数 $r = \{-1, -0.5, 0, 0.5, 1\}$，试分别计算序列 $X^{(0)}$ 的 r - RGO 生成新序列 $X_R^{(-1)}$、$X_R^{(-0.5)}$、$X_R^{(0)}$、$X_R^{(0.5)}$ 及 $X_R^{(1)}$。

根据定义 8.3.7 及公式（8.3.6），可计算原始序列的 r - RGO 生成新序列：

$X_R^{(-1)} = (1.1, 2.1, 2.1, 0.8, 3.1, 6.0)$；

$X_R^{(-0.5)} = (1.1, 2.65, 3.5625, 2.9812, 5.2445, 9.3512)$；

$X_R^{(0)} = (1.1, 3.2, 5.3, 6.1, 9.2, 15.2)$；

$X_R^{(0.5)} = (1.1, 3.75, 7.3125, 10.2937, 15.5383, 24.8895)$；

$X_R^{(1)} = (1.1, 4.3, 9.6, 15.7, 24.9, 40.10)$。

根据以上计算结果，可进一步得到如下结论：

① $X_R^{(1)}$ 是原始序列 $X^{(0)}$ 的 1 阶灰色累加生成序列，其计算结果与定

义 8.3.1 及定义 8.3.4 计算结果相同。

②$X_R^{(-1)}$ 是原始序列 $X^{(0)}$ 的 1 阶灰色累减生成序列，与定义 8.3.2 及定义 8.3.5 计算结果相同。

③$X_R^{(0.5)}$ 是原始序列 $X^{(0)}$ 的 0.5 阶累加生成序列，与定义 8.3.4 计算结果相同。

④$X_R^{(-0.5)}$ 是原始序列 $X^{(0)}$ 的 0.5 阶累减生成序列，仅定义 8.3.8 可以计算。

⑤$X_R^{(0)} = X^{(0)}$，表示当 $r = 0$ 时，$r - \text{RGO}$ 算子不对原始序列做任何操作（0 算子）。

⑥$r - \text{RGO}$ 算子集成了累加、累减与 0 算子（$r = 0$）功能，不仅为阶数提供了更加广阔的优化空间，同时实现了灰色累加生成算子与累减还原算子的整合。

为了直观对比不同阶数的 $r - \text{RGO}$ 生成新序列的情况，应用 MAT-LAB 绘制各序列的二维散点折线图，如图 8 - 3 所示。

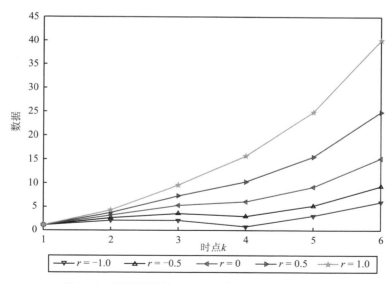

图 8 - 3　不同阶数的 $r - \text{RGO}$ 生成序列散点折线图

（3）基于 r – RGO 的三参数离散型单变量灰色预测模型

定义 8.3.9　设原始序列 $X^{(0)}$ 及其 r 阶（$r \in \mathbf{R}$）累加生成序列 $X_R^{(r)}$ 如定义 8.3.8 所述，则称序列 $Z_R^{(r)} = (z_R^{(r)}(2), z_R^{(r)}(3), \cdots, z_R^{(r)}(n))$ 为 $X_R^{(r)}$ 的紧邻均值生成序列，其中

$$z_R^{(r)}(k) = \frac{x_R^{(r)}(k) + x_R^{(r)}(k-1)}{2}, \ k = 2, 3\cdots, n_{\circ}$$

定义 8.3.10　设序列 $X^{(0)}$、$X_R^{(r)}$ 及 $Z_R^{(r)}$ 分别如定义 8.3.8 及 8.3.9 所述，$r \in \mathbf{R}$，则称

$$X_R^{(r-1)}(k) + az_R^{(r)}(k) = \frac{1}{2}(2k-1)b + c \qquad (8.3.7)$$

为基于实数域分数阶的三参数离散型单变量灰色预测模型，简称 TDGM（1，1，r）模型。

定理 8.3.1　设序列 $X^{(0)}$、$X_R^{(r)}$ 及 $Z_R^{(r)}$ 分别如定义 8.3.8 及 8.3.9 所述，$\hat{p} = (a, b, c)^T$ 为参数列，且

$$Y = \begin{bmatrix} x_R^{(r-1)}(2) \\ x_R^{(r-1)}(3) \\ \vdots \\ x_R^{(r-1)}(n) \end{bmatrix}; \ B = \begin{bmatrix} -z_R^{(r)}(2) & \dfrac{3}{2} & 1 \\ -z_R^{(r)}(3) & \dfrac{5}{2} & 1 \\ \vdots & \vdots & \vdots \\ -z_R^{(r)}(n) & \dfrac{2n-1}{2} & 1 \end{bmatrix},$$

则 TDGM（1，1，r）模型 $x_R^{(r-1)}(k) + az_R^{(r)}(k) = 0.5(2k-1)b + c$ 的最小二乘估计参数列满足

$$\hat{p} = (a, b, c)^T = (B^T B)^{-1} B^T Y_{\circ}$$

证明过程略。

参数估计是构建灰色预测模型的第一步。显然，仅根据 TDGM（1，1，r）模型的基本形式 $x_R^{(r-1)}(k) + az_R^{(r)}(k) = 0.5(2k-1)b + c$ 尚无法实

现对系统特征变量 $\hat{x}^{(0)}(k)$ 的模拟及预测，还需进一步推导 TDGM（1，1，r）模型的时间响应函数，即建立系统特征变量 $\hat{x}^{(0)}(k)$ 与时间 k 的函数关系，才能实现在不同时点 k 对应 $\hat{x}^{(0)}(k)$ 大小的计算。

定理 8.3.2 设 TDGM（1，1，r）模型及其参数列 $\hat{p}=(a，b，c)^T$ 分别如定义 8.3.10 及定理 8.3.1 所述，则当 $k=2，3，\cdots，n，\cdots$ 时，TDGM（1，1，r）模型的时间响应式及最终还原式分别为

$$\hat{x}^{(r)}(k) = x^{(1)}(1)\cdot\alpha^{(k-1)} + \sum_{g=0}^{k-2}\left[(k-g)\cdot\beta+\gamma\right]\cdot\alpha^g \qquad (8.3.8)$$

$$\hat{x}^{(0)}(k) = \sum_{i=1}^{k}\frac{\Gamma(-r+k-i)}{\Gamma(k-i+1)\Gamma(-r)}\hat{x}^{(r)}(i) \qquad (8.3.9)$$

其中

$$\alpha=\frac{1-0.5a}{1+0.5a};\ \beta=\frac{b}{1+0.5a};\ \gamma=\frac{c-0.5b}{1+0.5a}。$$

证明过程略。

本文提出的面向实数域的灰色生成算子（r – RGO），对丰富和完善灰色算子理论体系、拓展灰色算子的作用范围、提高灰色预测模型建模能力等方面均具有积极意义。本书通过 TDGM（1，1）模型验证了 r – RGO 的有效性。同样地，阶数"实数域拓展"思想也适用于多变量灰色预测模型。不同于单变量灰色预测模型中灰色生成算子仅作用于因变量序列，在多变量预测模型中，灰色生成算子同时作用于因变量和自变量序列。通过实数域灰色生成算子可弱化各变量序列的波动性和不确定性，有效挖掘序列信息及序列之间的关联关系，对构建高性能的多变量灰色预测模型具有积极意义。

与背景值系数 ξ 的优化过程类似，对灰色累加生成算子的阶数 r 进行优化也可通过调用 particle swarm 函数完成，详细 MATLAB 程序，可参考本章附录相关内容。

8.4 实例应用：基于参数组合优化的雷达发射机故障预测

灰色预测模型的初始值、背景值和累加阶数，都能在一定程度上影响灰色预测模型性能。本小节以雷达发射机故障预测为例，验证模型参数对模型性能的影响。

雷达是收集各种军事情报，保持、恢复和提高战斗力的重要设备。雷达一旦发生故障或者损坏，将对战争造成巨大影响。现代雷达系统变得越来越复杂，性能也越来越精密，在获取雷达特征参数时存在不确定性和不完整性。雷达发射机是雷达系统中造价最昂贵的部分，是为雷达提供大功率射频信号的无线电装置，对其进行故障预测从而进行状态维修具有极其重要的意义。如果雷达发射机输出高压因某种因素发生变化，超过 25KV 的阈值时，就需要进行调整，从而控制输出高压以达到稳压效果，避免雷达发射机发生故障，以确保雷达系统正常工作。

本书对某航空维修厂的某型雷达发射机输出高压进行等间隔采样获得 1 组波纹电压数据，每隔 50H 采集 1 次，相关数据如表 8 – 1 所示。

表 8 – 1　　　　某型雷达发射机输出高压原始数据（KV）

序号	$k=1$	$k=2$	$k=3$	$k=4$	$k=5$	$k=6$	$k=7$	$k=8$	$k=9$
电压	19.92	20.06	20.21	20.43	20.68	20.97	21.84	22.62	23.83

本小节以 TDGM(1，1) 为基础模型，以表 8 – 1 中的数据为原始序列，分以下 9 种情况（见表 8 – 2）构建雷达发射机输出高压的灰色预测模型，并对模型性能进行对比分析。

表 8 – 2　　不同参数（组合）优化背景下的 TDGM(1，1) 模型名称与描述

序号	模型名称	描述
模型 1	TDGM(1，1)	参数未优化的 TDGM(1，1) 模型
模型 2	TDGM(1，1，r)	阶数 r（$r \in R$）最优的 TDGM(1，1) 模型
模型 3	TDGM(1，1，r^+)	阶数 r（$r \in R^+$）最优的 TDGM(1，1) 模型
模型 4	TDGM(1，1，ξ)	背景值 ξ 最优的 TDGM(1，1) 模型
模型 5	TDGM(1，1，Csz)	初始值 Csz 最优的 TDGM(1，1) 模型
模型 6	TDGM(1，1，r，ξ)	阶数 r（$r \in R$）和背景值 ξ 同时优化的 TDGM(1，1) 模型
模型 7	TDGM(1，1，r，Csz)	阶数 r（$r \in R$）和初始值 Csz 同时优化的 TDGM(1，1) 模型
模型 8	TDGM(1，1，ξ，Csz)	背景值 ξ 和初始值 Csz 同时优化的 TDGM(1，1) 模型
模型 9	TDGM(1，1，r，ξ，Csz)	阶数 r（$r \in R$）、背景值 ξ 和初始值 Csz 同时优化的 TDGM(1，1) 模型

表 8 – 1 中的数据为建模原始数据，故原始序列 $X^{(0)}$ 为

$$X^{(0)} = (x^{(0)}(1)，x^{(0)}(2)，\cdots，x^{(0)}(9))$$
$$= (19.92，20.06，20.21，\cdots，22.62，23.83)。$$

模型 1，TDGM（1，1）。

构建序列 $X^{(0)}$ 的 TDGM（1，1）模型，模型参数 $a = -0.3597$，$b = -7.0973$，$c = 23.4734$，将模型参数代入公式（5.2.14），可得 TDGM(1，1) 模型的累减还原式：

$$\hat{x}^{(0)}(k) = 20.051 \times 1.4386^{k-2} + \sum_{g=0}^{k-3}(-8.6539) \times 1.4386^g \quad (8.4.1)$$

当 $k = 2$，3，$\cdots$，9 时，根据公式（8.4.1），可计算序列 $X^{(0)}$ 的模拟序列 $\hat{X}^{(0)}$：

$$\hat{X}^{(0)} = (\hat{x}^{(0)}(2), \hat{x}^{(0)}(3), \cdots, \hat{x}^{(0)}(9))$$
$$= (20.051, 20.192, 20.395, 20.686, 21.106, 21.709,$$
$$22.578, 23.827)。$$

根据模拟序列 $\hat{X}^{(0)}$ 及定义 4.4.1，可计算 TDGM(1，1) 模型的相对模拟百分误差（RSPE）及平均相对模拟百分误差（MRSPE），结果如表 8 - 3 所示。

表 8 - 3 　　　　　　　　　TDGM(1，1) 模型的模拟误差

序号	$k=2$	$k=3$	$k=4$	$k=5$	$k=6$	$k=7$	$k=8$	$k=9$
RSPE（%）	0.0449	0.0895	0.1731	0.0303	0.6478	0.5978	0.1866	0.1256
MRSPE（%）	0.2228							

模型 2，TDGM(1，1，r)。

构建序列 $X^{(0)}$ 的 TDGM(1，1，r) 模型，模型参数 $a = -0.24039$，$b = 0.0764$，$c = -4.943$，$r^* = -0.0095$。将模型参数代入公式（8.3.8）及（8.3.9），可得 TDGM(1，1，r) 模型在实数域范围内的 r 阶累加生成序列 $\hat{X}^{(r)}$ 和累减还原式 $\hat{X}^{(0)}$：

$$\hat{x}^{(-0.0095)}(k) = 19.92 \times 1.2732^{(k-1)} + \sum_{g=0}^{k-2} [(k-g) \times 0.0868 - 5.6617]$$
$$\times 1.2732^g \tag{8.4.2}$$

$$\hat{x}^{(0)}(k) = \sum_{i=1}^{k} \frac{\Gamma(0.0095 + k - i)}{\Gamma(k - i + 1)\Gamma(0.0095)} \hat{x}^{(-0.0095)}(i) \tag{8.4.3}$$

当 $k = 2$，3，$\cdots$，9 时，根据公式（8.4.2）及公式（8.4.3），可计算 $X^{(0)}$ 的模拟序列 $\hat{X}^{(0)}$：

$$\hat{X}^{(0)} = (\hat{x}^{(0)}(2), \hat{x}^{(0)}(3), \cdots, \hat{x}^{(0)}(9))$$
$$= (20.063, 20.187, 20.375, 20.669, 21.109, 21.741,$$
$$22.62, 23.818)。$$

根据模拟序列 $\hat{X}^{(0)}$ 及定义 4.4.1，可计算 TDGM（1，1，r）模型的相对模拟百分误差（RSPE）及平均相对模拟百分误差（MRSPE），结果如表 8 - 4 所示。

表 8 - 4　　　　　　　　TDGM（1，1，r）模型的模拟误差

序号	$k=2$	$k=3$	$k=4$	$k=5$	$k=6$	$k=7$	$k=8$	$k=9$
RSPE（％）	0.0169	0.1118	0.2679	0.0524	0.6627	0.4554	0.0000	0.052
MRSPE（％）	0.2024							

模型 3，TDGM（1，1，r^+）。

构建序列 $X^{(0)}$ 的 TDGM（1，1，r^+）模型，模型参数 $a = -0.3513$，$b = -6.9357$，$c = 19.9727$，$r^* = 1.0018$。将模型参数代入公式（8.3.8）及公式（8.3.9），可得 TDGM（1，1，r^+）模型正实数域范围内的 r 阶累加生成序列 $\hat{X}^{(r)}$ 和累减还原式 $\hat{X}^{(0)}$：

$$\hat{x}^{(1.0018)}(k) = 19.92 \times 1.4261^{(k-1)} + \sum_{g=0}^{k-2} \big[(k-g) \times (-8.4133)$$
$$+ 28.4344 \big] \times 1.4261^{g} \qquad (8.4.4)$$

$$\hat{x}^{(0)}(k) = \sum_{i=1}^{k} \frac{\Gamma(-1.0018 + k - i)}{\Gamma(k-i+1)\Gamma(-1.0018)} \hat{x}^{(1.0018)}(i) \qquad (8.4.5)$$

当 $k = 2$，3，$\cdots$，9 时，根据公式（8.4.4）及公式（8.4.5），可计算序列 $X^{(0)}$ 的模拟序列 $\hat{X}^{(0)}$：

$$\hat{X}^{(0)} = (\hat{x}^{(0)}(2)，\hat{x}^{(0)}(3)，\cdots，\hat{x}^{(0)}(9))$$

$$= (20.06，20.191，20.391，20.685，21.109，21.717，22.589，23.834)。$$

根据模拟序列 $\hat{X}^{(0)}$ 及定义 4.4.1，可计算 TDGM（1，1，r^+）模型的相对模拟百分误差（RSPE）及平均相对模拟百分误差（MRSPE），结果如表 8 - 5 所示。

表 8 − 5 　　　　　　　　TDGM（1，1，r^+） 模型的模拟误差

序号	$k=2$	$k=3$	$k=4$	$k=5$	$k=6$	$k=7$	$k=8$	$k=9$
RSPE（%）	0.0000	0.0941	0.1899	0.0224	0.661	0.5615	0.1377	0.0185
MRSPE（%）	0.2106							

模型 4，TDGM（1，1，ξ）。

构建序列 $X^{(0)}$ 的 TDGM（1，1，ξ） 模型，模型参数 $a=-0.306$，$b=-6.0388$，$c=16.8806$，$\xi^*=1.00$，将模型参数代入公式（8.1.13），可得 TDGM（1，1，ξ） 模型的累减还原式：

$$\hat{x}^{(0)}(k) = 39.9739 \times 1.4409^{(k-2)} + \sum_{g=0}^{k-3}(-8.7012) \times 1.4409^g$$

$$(8.4.6)$$

当 $k=2$，3，…，9 时，根据公式（8.4.6），可计算序列 $X^{(0)}$ 的模拟序列 $\hat{X}^{(0)}$：

$$\hat{X}^{(0)} = (\hat{x}^{(0)}(2)，\hat{x}^{(0)}(3)，…，\hat{x}^{(0)}(9))$$
$$= (20.054，20.194，20.396，20.687，21.106，21.71，$$
$$22.581，23.835)。$$

根据模拟序列 $\hat{X}^{(0)}$ 及定义 4.4.1，可计算 TDGM（1，1，ξ） 模型的相对模拟百分误差（RSPE）及平均相对模拟百分误差（MRSPE），结果如表 8 − 6 所示。

表 8 − 6 　　　　　　　　TDGM（1，1，ξ） 模型的模拟误差

序号	$k=2$	$k=3$	$k=4$	$k=5$	$k=6$	$k=7$	$k=8$	$k=9$
RSPE（%）	0.0318	0.0802	0.1676	0.0327	0.6489	0.5941	0.1733	0.0216
MRSPE（%）	0.2188							

模型 5，TDGM（1，1，Csz）。

构建序列 $X^{(0)}$ 的 TDGM（1，1，Csz）模型，模型参数 $a = -0.3598$，$b = -7.0986$，$c = 19.9285$，$Csz = 19.9201776$，将模型参数代入公式（6.2.14），可得 TDGM（1，1，Csz）模型的累减还原式：

$$\hat{x}^{(0)}(k) = 39.9708 \times 1.4386^{(k-2)} + \sum_{g=0}^{k-3}(-8.6539) \times 1.4386^{g}$$

(8.4.7)

当 $k = 2$，3，$\cdots$，9 时，根据公式（8.4.7），可计算序列 $X^{(0)}$ 的模拟序列 $\hat{X}^{(0)}$：

$$\hat{X}^{(0)} = (\hat{x}^{(0)}(2)，\hat{x}^{(0)}(3)，\cdots，\hat{x}^{(0)}(9))$$
$$= (20.051，20.192，20.395，20.687，21.106，21.710，$$
$$22.578，23.828)。$$

根据模拟序列 $\hat{X}^{(0)}$ 及定义 4.4.1，可计算 TDGM（1，1，Csz）模型的相对模拟百分误差（RSPE）及平均相对模拟百分误差（MRSPE），结果如表 8 -7 所示。

表 8 -7　　　　　　　**TDGM（1，1，Csz）模型的模拟误差**

序号	$k=2$	$k=3$	$k=4$	$k=5$	$k=6$	$k=7$	$k=8$	$k=9$
RSPE（%）	0.0445	0.0890	0.1723	0.0315	0.6494	0.5956	0.1836	0.0084
MRSPE（%）	0.2218							

模型 6，TDGM（1，1，r，ξ）。

构建序列 $X^{(0)}$ 的 TDGM（1，1，r，ξ）模型，模型参数 $a = -0.2525$，$b = 0.0599$，$c = -5.1349$，$r^* = -0.0082$，$\xi^* = 0.6865$。综合公式（8.3.8）~公式（8.3.9）和公式（8.1.13），可得 TDGM（1，1，r，ξ）模型的 r 阶累加生成序列 $\hat{X}^{(r)}$ 和累减还原式 $\hat{X}^{(0)}$：

$$\hat{x}^{(-0.0082)}(k) = 19.92 \times 1.3055^{(k-1)} + \sum_{g=0}^{k-2} \left[(k-g) \times 0.0724 - 6.2479 \right]$$
$$\times 1.3055^{g} \qquad (8.4.8)$$

$$\hat{x}^{(0)}(k) = \sum_{i=1}^{k} \frac{\Gamma(0.0082 + k - i)}{\Gamma(k-i+1)\Gamma(0.0082)} \hat{x}^{(-0.0082)}(i) \qquad (8.4.9)$$

当 $k = 2$，3，$\cdots$，9 时，根据公式（8.4.8）~公式（8.4.9），可计算序列 $X^{(0)}$ 的模拟序列 $\hat{X}^{(0)}$：

$$\hat{X}^{(0)} = (\hat{x}^{(0)}(2)，\hat{x}^{(0)}(3)，\cdots，\hat{x}^{(0)}(9))$$
$$= (20.066，20.197，20.388，20.681，21.116，21.742，$$
$$22.62，23.83)。$$

根据模拟序列 $\hat{X}^{(0)}$ 及定义 4.4.1，可计算 TDGM$(1，1，r，\xi)$ 模型的相对模拟百分误差（RSPE）及平均相对模拟百分误差（MRSPE），结果如表 8-8 所示。

表 8-8　　　　　　　　TDGM$(1，1，r，\xi)$ 模型的模拟误差

序号	$k=2$	$k=3$	$k=4$	$k=5$	$k=6$	$k=7$	$k=8$	$k=9$
RSPE（%）	0.0281	0.0653	0.2033	0.0064	0.6972	0.4493	0.0000	0.0000
MRSPE（%）	0.1812							

模型 7，TDGM$(1，1，r，Csz)$。

构建序列 $X^{(0)}$ 的 TDGM$(1，1，r，Csz)$ 模型，模型参数 $a = -0.2423$，$b = 0.0749$，$c = -4.9751$，$r^* = -0.0092$，$Csz = 19.9201776$。将模型参数代入公式（8.3.8）及公式（8.3.9），可得 TDGM$(1，1，r，Csz)$ 模型的 r 阶累加生成序列 $\hat{X}^{(r)}$ 和累减还原式 $\hat{X}^{(0)}$：

$$\hat{x}^{(-0.0092)}(k) = 19.9201776 \times 1.2757^{(k-1)} + \sum_{g=0}^{k-2} \left[(k-g) \times 0.0853 \right.$$
$$\left. - 5.7035 \right] \times 1.2757^{g} \qquad (8.4.10)$$

$$\hat{x}^{(0)}(k) = \sum_{i=1}^{k} \frac{\Gamma(0.0092 + k - i)}{\Gamma(k - i + 1)\Gamma(0.0092)} \hat{x}^{(-0.0092)}(i) \qquad (8.4.11)$$

当 $k = 2$，3，$\cdots$，9 时，根据公式（8.4.10）~ 公式（8.4.11），可计算序列 $X^{(0)}$ 的模拟序列 $\hat{X}^{(0)}$：

$$\hat{X}^{(0)} = (\hat{x}^{(0)}(2), \hat{x}^{(0)}(3), \cdots, \hat{x}^{(0)}(9))$$

$$= (20.063, 20.187, 20.376, 20.67, 21.11, 21.741,$$

$$22.62, 23.818)。$$

根据模拟序列 $\hat{X}^{(0)}$ 及定义 4.4.1，可计算 TDGM$(1, 1, r, Csz)$ 模型的相对模拟百分误差（RSPE）及平均相对模拟百分误差（MRSPE），结果如表 8 - 9 所示。

表 8 - 9　　　　　TDGM$(1, 1, r, Csz)$　模型的模拟误差

序号	$k = 2$	$k = 3$	$k = 4$	$k = 5$	$k = 6$	$k = 7$	$k = 8$	$k = 9$
RSPE（%）	0.0129	0.1130	0.2660	0.0491	0.6656	0.4541	0.0000	0.0504
MRSPE（%）	0.2014							

模型 8，TDGM$(1, 1, \xi, Csz)$。

构建序列 $X^{(0)}$ 的 TDGM$(1, 1, \xi, Csz)$ 模型，模型参数 $a = -0.306$，$b = -6.0388$，$c = 16.8806$，$\xi^* = 1.00$，$Csz = 19.9201776$，将模型参数代入公式（8.1.13），可得 TDGM$(1, 1, \xi, Csz)$ 模型的累减还原式：

$$\hat{x}^{(0)}(k) = 39.9742 \times 1.4409^{(k-2)} + \sum_{g=0}^{k-3}(-8.7012) \times 1.4409^{g}$$

$$(8.4.12)$$

当 $k = 2$，3，$\cdots$，9 时，根据公式（8.4.12），可计算序列 $X^{(0)}$ 的模拟序列 $\hat{X}^{(0)}$：

$$\hat{X}^{(0)} = (\hat{x}^{(0)}(2), \hat{x}^{(0)}(3), \cdots, \hat{x}^{(0)}(9))$$

$$= (20.054, 20.194, 20.396, 20.687, 21.106, 21.711,$$
$$22.581, 23.836)。$$

根据模拟序列 $\hat{X}^{(0)}$ 及定义 4.4.1，可计算 TDGM$(1, 1, \xi, Csz)$ 模型的相对模拟百分误差（RSPE）及平均相对模拟百分误差（MRSPE），结果如表 8-10 所示。

表 8-10   **TDGM$(1, 1, \xi, Csz)$ 模型的模拟误差**

序号	$k=2$	$k=3$	$k=4$	$k=5$	$k=6$	$k=7$	$k=8$	$k=9$
RSPE（%）	0.0305	0.0796	0.1668	0.0338	0.6505	0.5919	0.1702	0.0259
MRSPE（%）	0.2186							

模型 9，TDGM$(1, 1, r, \xi, Csz)$。

构建序列 $X^{(0)}$ 的 TDGM$(1, 1, r, \xi, Csz)$ 模型，模型参数 $a = -0.2542$，$b = 0.0587$，$c = -5.1646$，$r^* = -0.008$，$\xi^* = 0.6807$，$Csz = 19.9201776$。综合公式（8.3.8）、公式（8.3.9）和公式（8.1.13），可得 TDGM$(1, 1, r, \xi, Csz)$ 模型的 r 阶累加生成序列 $\hat{X}^{(r)}$ 和累减还原式 $\hat{X}^{(0)}$：

$$\hat{x}^{(-0.008)}(k) = 19.9201776 \times 1.3074^{(k-1)} + \sum_{g=0}^{k-2} \big[(k-g) \times 0.0709$$
$$- 6.2808 \big] \times 1.3074^{g} \tag{8.4.13}$$

$$\hat{x}^{(0)}(k) = \sum_{i=1}^{k} \frac{\Gamma(0.008+k-i)}{\Gamma(k-i+1)\Gamma(0.008)} \hat{x}^{(-0.008)}(i) \tag{8.4.14}$$

当 $k = 2, 3, \cdots, 9$ 时，根据公式（8.4.13）~公式（8.4.14），可计算序列 $X^{(0)}$ 的模拟序列 $\hat{X}^{(0)}$：

$$\hat{X}^{(0)} = (\hat{x}^{(0)}(2), \hat{x}^{(0)}(3), \cdots, \hat{x}^{(0)}(9))$$
$$= (20.065, 20.196, 20.388, 20.682, 21.117, 21.742,$$
$$22.62, 23.83)。$$

根据模拟序列 $\hat{X}^{(0)}$ 及定义 4.4.1，可计算 TDGM$(1, 1, r, \xi, Csz)$

模型的相对模拟百分误差（RSPE）及平均相对模拟百分误差（MR-SPE），结果如表 8 – 11 所示。

表 8 – 11　　　　　TDGM(1，1，r，ξ，Csz) 模型的模拟误差

序号	$k=2$	$k=3$	$k=4$	$k=5$	$k=6$	$k=7$	$k=8$	$k=9$
RSPE（%）	0.0227	0.0685	0.2035	0.0083	0.6994	0.448	0	0
MRSPE（%）	0.1813							

　　各模型的参数求解结果及误差对比结果如表 8 – 12 所示。

表 8 – 12　　　　不同优化条件下的灰色预测模型的参数值及误差对比

模型	灰色累加阶数 r	背景值系数 ξ	初始值 Csz	MRSPE（%）
TDGM(1，1)	—	—	—	0.2228
TDGM(1，1，r)	− 0.0095	—	—	0.2024
TDGM(1，1，r^+)	1.0018	—	—	0.2106
TDGM(1，1，ξ)	—	1.00	—	0.2188
TDGM(1，1，Csz)	—	—	19.9201776	0.2218
TDGM(1，1，r，ξ)	− 0.0082	0.6865	—	0.1812
TDGM(1，1，r，Csz)	− 0.0092	—	19.9201776	0.2014
TDGM(1，1，ξ，Csz)	—	1.00	19.9201776	0.2186
TDGM(1，1，r，ξ，Csz)	− 0.008	0.6807	19.9201776	0.1813

　　根据表 8 – 12，可得出如下结论：

　　（1）本例中，由于最优初始值 $Csz = 19.9201776$ 与初始值 $x^{(0)}(1) = 19.92$ 非常接近，故初始值优化前后对原始 TDGM(1，1) 模型（或称基础模型）性能的改善效果不明显。

　　（2）TDGM(1，1) 基础模型的 MRSPE 最大（0.2228%），TDGM(1，

1，r，ξ）模型的 MRSPE 最小（0.1812%），说明参数组合优化能改善灰色预测模型的建模能力。

（3）TDGM（1，1，r）模型的 MRSPE 优于 TDGM（1，1，r^+）模型，表明阶数 r 从正实数到全体实数域的拓展，扩大了阶数的寻优范围，提高了灰色预测模型的建模能力。

（4）TDGM（1，1，r）模型的 MRSPE 优于 TDGM（1，1，ξ）模型，表明本例中优化阶数 r 对 TDGM（1，1）模型性能的改善效果强于背景值系数 ξ。

（5）不同的原始序列具有不同的数据特点与趋势特征，灰色预测模型的选择及其参数优化类型和个数的选择应围绕 MRSPE 来展开。

8.5　本章小结

灰色预测模型的初始值、背景值及累加阶数，在本书中统称为"过程参数"。灰色预测模型的过程参数具有不同的优化顺序。序列累加是构建灰色预测模型的第一步，所以累加阶数是最先被优化的灰色预测模型性能参数。背景值系数的优化是建立在累加序列基础之上的。所以，背景值系数是第二个被优化的灰色预测模型参数。灰色预测模型的最优初始值是通过最小二乘求解的，该过程建立在灰色预测模型基本参数 a，b 和 c 基础之上。换言之，首先应确定灰色模型基本参数 a，b 和 c，才能求解灰色预测模型的最优初始值。因此，初始值是最后被优化的灰色预测模型参数。

灰色预测模型基本参数 a，b 和 c 是影响模型模拟及预测性能的重要参数，而累加阶数 r 和背景值系数 ξ 对参数 a，b 和 c 的大小有直接影响。因此，累加阶数 r 和背景值系数 ξ 能在较大程度上改善灰色预测模型性能。初始值 Csz 的优化建立在基本参数 a，b 和 c 基础之上，其优化效果通常弱于累加阶数 r 和背景值系数 ξ。

灰色预测模型过程参数的优化能在一定程度上改善模型性能。然而，本质上影响模型性能的最主要因素是模型结构。模型结构是否适合建模数据的趋势特征是决定模型性能的关键。简单地说，我们无法用一个结构参数及性能参数堪称完美的 TDGM(1，1) 模型去对一个波动序列进行模拟和预测。因为 TDGM(1，1) 模型本质上是个指数模型，其模拟及预测数据序列具有单调性，其变换规律不可能具有波动特征。

另外，不管是单变量灰色预测模型还是多变量灰色预测模型，均具有类似的模型过程参数。因此，其他灰色预测模型初始值、背景值及累加阶数的优化过程，均与 TDGM（1，1）模型类似，本书不再一一介绍。

附录：TDGM(1，1) 模型参数组合优化的 MATLAB 程序

以 TDGM(1，1) 模型为例，介绍如何编制 TDGM(1，1) 的 MAT-LAB 程序，以及如何应用 MATLAB 自带的 PSO 算法优化 TDGM(1，1) 的参数。该程序由一个主程序（tdgm. m）、5 个模块程序（rinit. m、ragoa. m、wbgg. m、ymatrix. m、bmatrix、simpredis. m）及一个 MATLAB 系统程序（builtin_pso. m）构成，程序结构如下图所示。

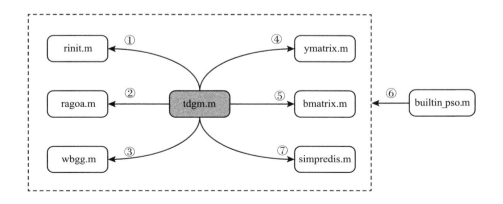

各个 MATLAB 的完整代码，如下所示。

程序名称：tdgm. m；

程序功能：运行 TDGM（1，1）模型的 MATLAB 程序

% 三参数离散型单变量灰色预测模型 TDGM（1，1）：建模、优化、计算与显示

% X0：原始数据向量，是需强制输入的建模数据；

% TDGM（1，1）模型中，非强制性输入的数据包括：

%（1）simlen：原始数据中用于建模的个数，若省略则 simlen = len；

%（2）presteps：未来预测数据的步长，若省略则 presteps = 0；

%（3）r：原始数据累加生成的阶数，若省略则 r = 1；

%（4）w：生成背景值序列的权重系数，若省略则 w = 0.5；

%（5）ini：TDGM（1，1）的初始值，若省略则 ini = X0（1）；

% 函数 tdgm 返回模拟及预测综合误差，其形参默认为 r，可根据优化参数个数修改为 r、w 及 ini；

% 若选择优化 r，则需屏蔽 r 的默认值（在"r = 1"前加"%"）；优化其他参数也需做类似处理；

% 使用 MATLAB 自带粒子群优化算法 particleswarm 的时候，要合理设置参数的取值范围；

% 若不需对参数进行优化而是直接运行程序，则需将函数头"function sumerror = tdgm（r）"及函数尾"end"进行屏蔽（对应程序前加"%"）；

% 本程序由重庆工商大学曾波教授开发，进一步咨询可通过微信 18523027911 或 QQ：190484108。

```
function sumerror = tdgm( r, w)
format long;


%  ****参数输入开始****
%输入建模原始序列( X0 若为列向量,则需转置,即 X0 = X0')
X0 = [312.0, 421.0, 525.0, 591.0, 611.0, 746.0, 946.3, 1254.0,
1340.0];
%  X0 = X0';


%原始序列 X0 中的数据个数
len = length( X0);


%原始序列 X0 中预留最后两个数据以检验模型预测误差
simlen = len − 2;


%预测未来三个数据
presteps = 3;


%如果不对阶数和背景值进行优化,则 r = 1、w = 0.5
%如果要对阶数和背景值进行优化,则注释掉"r = 1、w = 0.5"
%  r = 1;
%  w = 0.5;


%模型初始值,默认为序列第一个元素
ini = X0( 1);
```

% **** 参数输入结束 ****

% 调用 rinit 函数对阶数 r 进行初始化，解决当 r 为负整数或 0 时，gamma 函数无意义的问题；

% 调用 ragoa 函数对序列 X0 进行 r 阶生成（r 为全体实数域）；

% 调用 wbgg 函数对累加序列 Xr 进行背景值系数为 w 的紧邻生成；

% 调用 ymatrix 函数构造 TDGM（1，1）模型参数矩阵 Y；

% 调用 bmatrix 函数构造 TDGM（1，1）模型参数矩阵 B，该矩阵与 TWGM（1，1）模型对应的 B 矩阵相同；

r = rinit(r)；

Xr = ragoa(X0, simlen, r)；

Zr = wbgg(Xr, simlen, w)；

Y = ymatrix(Xr, simlen, 'Y0')

B = bmatrix(Zr, simlen, 'TWGM')

P = (B'*B)^(−1)*B'*Y

a = P(1)；b = P(2)；c = P(3)；

alpha = (1−(1−w)*a)/(1+w*a)；

beta = b/(1+w*a)；

gama = (c−0.5*b)/(1+w*a)；

% 以下根据 TDGM（1，1）模型时间响应式进行数据模拟（或预测）

tmp = []；

tmp(1) = X0(1)；

for k = 2：len + presteps

    tmp1 = ini * power(alpha, k−1)；

```
    tmp2 = 0;
    for g = 0：k - 2
      tmp2 = tmp2 + ((k - g) * beta + gama) * power(alpha，g);
    end
    tmp = [tmp，tmp1 + tmp2];
end


% 调用 ragoa 函数对 tmp 序列中的序列进行 r 阶累减还原(传递参数 - r);
% 调用 simpredis 函数计算 TDGM(1，1)模型的各类误差;
simpredata = [];
simpredata(1) = X0(1);
simpredata = ragoa(tmp，length(tmp)，- r);
sumerror = simpredis(X0，simlen，simpredata);
end
```

程序名称：rinit. m;

程序功能：对阶数 r 进行初始化处理，以确保 gamma 函数有意义。

```
% 调用此函数，返回初始化后的阶数 r;
% 此函数用于对阶数 r 进行初始化处理，目的是基于 Gamma 函数的
累加生成算子能覆盖全体实数域;
% 由于 Gamma 函数不能取 0 及非负整数，为了实现累加阶数在实数
域的全覆盖，当 r 为 0 或负整数时，对 r 进行非 0 及非负整数处理;
% 当 r = 0 或负整数时，用 r 减去一个足够小的数字 δ，只要结果能够
确保 Gamma 函数有意义即可;
```

%　　fix(r)：向最靠近 0 的整数取整，目的是判断是否是整数。

```
function order = rinit(r)
    format long;
    if (r = =0) | | (r < 0 && r = = fix(r))
        order = r - 9.9 * 10^ - 10;
else
    order = r;
    end
end
```

程序名称：ragoa. m;

程序功能：执行阶数为 r 的灰色累加/累减生成。

%　　此函数用来对输入序列 X0 做 r 阶灰色生成(累加累减)处理;

%　　X0 可能是向量(单变量灰色模型)或矩阵(多变量灰色模型);

%　　得益于 Gamma 函数定义域的近似实数域拓展，此函数同时实现了序列累加生成与累减还原功能;

%　　阶数 r 通过其极性的正负来判定灰色算子的类型:

%　　当阶数 r > 0，灰色算子对序列做累加生成;当 r < 0，灰色算子对序列做累减生成;当 r = 0，灰色算子对序列不做任何运算。

%　　simlen：原始序列中用于建模的序列元素个数，其长度不大于原始序列;

%　　r：灰色生成的阶数;

%　　Xr：原始数据矩阵中每个变量的 r 阶灰色生成矩阵。

% ragoa：面向所有实数的 r 阶累加生成算子(ago)，最后一个 a 意指所有(all)实数。

```
function Xr = ragoa(X0, simlen, r)
r = rinit(r);
[rowslen, ~] = size(X0);
Xr = zeros(rowslen, simlen);
for u = 1: rowslen
  for k = 1: simlen;
    tmp = 0;
    for i = 1: k;
      tmp = tmp + gamma(r + k - i) * X0(u, i)/(gamma(k - i + 1) *
gamma(r));
    end;
    format short;
    Xr(u, k) = roundn(tmp, -5);
  end
 end
end
```

程序名称：wbgg. m;
程序功能：用来返回 Xr 序列的背景值序列(权重为 w)。

% Xr：原始序列的 r 阶生成序列；

% simlen：原始序列中用于建模的序列元素个数，其长度不大于原始序列；

% w：权重系数；当 w = 0.5 的时候，背景值序列为传统的紧邻均值生成序列

% 方法名 wbgg，意即权重为 w 的 background value generation。

```
function ZXr = wbgg( Xr, simlen, w)
 ZXr = [ ];
 for i = 2: simlen;
     tmp = w * Xr( i) + (1 - w) * Xr( i - 1);
     ZXr = [ ZXr, tmp];
 end
end
```

程序名称：ymatrix. m；

程序功能：返回指定灰色模型的参数矩阵 Y。

% Xr：原始序列的 r 阶灰色生成序列；

% Xr0 = Xr(1,:)：取 Xr 的第一行，主要是综合考虑单变量和多变量灰色模型两种情况；

% simlen：原始序列中用于建模的序列元素个数，其长度不大于原始序列；

% ytype：参数矩阵 Y 的类型，主要有两种情况：一种是原始序列构成矩阵 Y，类型用"Y0"来标识；另一种是由 r 阶累加生成序列组成，类型"Y1"来标识。

```
function Y = ymatrix( Xr, simlen, ytype)
```

```
Y = [ ] ;
Xr0 = Xr( 1 , : ) ;
if strcmp( ytype , strtrim( 'Y0') )
%  Y = [ X( 0 ) ]
   for k = 2 : simlen ;
      tmp = Xr0( k ) − Xr0( k − 1 ) ;
      Y = [ Y , tmp ] ;
   end
   Y = Y';
   return ;
end

if strcmp( ytype , strtrim( 'Y1') )
 %  Y = [ X( 1 ) ] ;
   for k = 2 : simlen ;
    Y = [ Y , Xr0( k ) ] ;
   end
   Y = Y';
   return ;
 end
end
```

程序名称：bmatrix. m；

程序功能：返回指定灰色模型的参数矩阵 B。

%　此函数用来构造参数矩阵 B，参数矩阵 B 受模型基本形式的影响，不同模型对应不同的参数矩阵；

%　ZXr：r 阶背景值生成序列或 r 阶累加序列；

%　simlen：原始序列中用于建模的序列元素个数，其长度不大于原始序列；

%　mtype：灰色模型类型。"GM"对应 GM（1，1）与 DGM（1，1）；"TWGM"对应 TWGM（1，1）与 TDGM（1，1）；"VER"对应 Verhulst 模型。

```
function B = bmatrix( ZXr，simlen，mtype)
B = - ZXr；
if strcmp( mtype，'GM')
% B = [ - Zr，1]；
    B = [ B；ones(1，simlen - 1)]；
    B = B'；
    return；
end


if strcmp( mtype，'TWGM')
% B = [ - Zr，(2k - 1)/2，1]；
    Kv = 3/2：1：(2 * simlen - 1)/2；
    B = [ B；Kv；ones(1，simlen - 1)]；
    B = B'；
```

```
      return;
    end


if strcmp(mtype, 'VER')
%  B = [ – Zr, (Zr)^2];
    Pv = ZXr. ^2;
    B = [B; Pv];
    B = B';
    return;
    end
end
```

程序名称：simpredis. m；

程序功能：计算并显示模拟或预测相关数据，并返回模型综合误差（模拟误差与预测误差）.

%　　simlen：原始序列中用于建模的序列元素个数，其长度不大于原始序列；

%　　simpredata：存储所有数据的向量，其长度为 splen；simpredata 中一共包括三类数据：(1) simpredata 前 simlen 项是模拟数据(用来检验模拟误差)；(2) simpredata 第(simlen + 1)项和 len 项之间的是用来检验预测误差的预测数据(此序列可能为空，表示没有预留预测误差检验数据)；(3) simpredata 第(len + 1)项和 splen 项之间的是预测得到的未来数据(此序列可能为空，表示没有预测未来).

```
function result = simpredis(X0, simlen, simpredata)
```

```
len = length(X0);
splen = length(simpredata);

error = [];
relatverror = [];
simerror = 0;
sumerror = 0;

% 计算模型相关误差，存储到相应的向量中
for k = 2: len
    tmp1 = simpredata(k) - X0(k);
    tmp2 = abs(tmp1 * 100/X0(k));
    if k < = simlen
        simerror = simerror + tmp2;
    end
    sumerror = sumerror + tmp2;
    error = [error, tmp1];
    relatverror = [relatverror, tmp2];
end

sno = 1: 1: splen;

% 显示模拟数据、模拟残差、百分误差
Col_name = {'No', 'Raw_data', 'Simulated_data', 'Residual_error', 'Per-
centage_error'}; Simulation = table(sno(2: simlen)', X0(2: simlen)',
```

simpredata(2: simlen)', error(1: simlen − 1)', relatverror(1: simlen − 1)', 'VariableNames', Col_name)

str1 = ['平均相对模拟百分误差 = ' num2str(simerror/(simlen − 1)) '%'];

disp(str1);

% 显示预测数据、预测残差、百分误差

if len > simlen

　Col_name = {'No', 'Raw_data', 'Predicted_data', 'Residual_error', 'Percentage_error'}; Prediction = table(sno(simlen + 1: len)', X0(simlen + 1: len)', simpredata(simlen + 1: len)', error(simlen: len − 1)', relatverror(simlen: len − 1)', 'VariableNames', Col_name)

　　str2 = ['平均相对预测百分误差 = ' num2str((sumerror − simerror)/(len − simlen)) '%'];

　　disp(str2);

　　str3 = ['灰色模型综合百分误差 = ' num2str(sumerror/(len − 1)) '%'];

　　disp(str3);

end

% 显示未来预测数据

if splen > len

　Col_name = {'No', 'Future_predicted_data'};

　Prediction = table(sno(len + 1: splen)', simpredata(len + 1: splen)', 'VariableNames', Col_name)

　end

　result = sumerror/(len − 1);

end

程序名称：builtin_pso. m；

程序功能：执行 TDGM(1，1)模型参数优化的 PSO 程序(MATLAB 自带)．

```
% 优化一个参数(模板)：
% 1：1 维，即优化一个参数
% -3，3：优化参数的取值上下限，即取值范围
% [x，fval] = particleswarm(@(p) tdgm(p)，1，-3，3)


% 优化多个参数(模板)
fun = @(x) tdgm(x(1)，x(2))；
nvars = 2；      % 维度，即待优化的参数个数
lb = [-3，0]；    % 参数 1 和参数 2 取值范围的下界；
ub = [3，1]；     % 参数 1 和参数 2 取值范围的上界；
[x，fval] = particleswarm(fun，nvars，lb，ub)
```

第九章

特殊序列灰色预测模型

此处所谓特殊序列，是相对于传统齐次/非齐次指数序列及饱和状 S 形序列而言的，主要指原始序列的不确定性与数据变化规律的无序性两个方面。前者是指原始序列为具有不确定性特征的灰色数据，后者则是指原始序列的数据特征具有波动性或振荡性。本章主要对区间灰数预测模型、灰色异构数据预测模型及波动序列及振荡序列灰色预测模型的建模方法进行研究，以拓展传统灰色预测模型的建模对象与适应范围，从而提高灰色预测模型对特殊序列的建模能力。

9.1 基于灰数带及灰数层的区间灰数预测模型

目前为止，本书所介绍的灰色预测模型，不管是单变量的 TDGM（1，1）模型还是多变量的 NSGM（1，N）模型，其建模对象均为实数。在灰色系统理论中，灰数是灰色系统最基本的表示单元或"细胞"。因此，构建适用于灰数序列的灰色预测模型，更符合人们对系统未来趋势的把握和认识，更能有效地体现灰数的信息内涵。为此，本章将介绍灰数预测模型的建模方法。

区间灰数是一种最为常见的灰数形式，本章主要对区间灰数预测模型的建模方法进行讨论，对离散灰数预测模型的构建，有兴趣者可以查阅相关文献。

（1）构建区间灰数预测模型所面临的问题。

构建区间灰数预测模型所面临的问题，主要体现在以下三个方面。

一是区间灰数间的代数运算将导致结果灰度增加。目前，由于灰代数运算体系尚不完善，区间灰数之间的代数运算将导致结果灰度增加。若按照传统灰色预测模型的建模思路来构建区间灰数预测模型，就需要对区间灰数进行累加、累减、矩阵乘法和求逆等操作，涉及大量的代数运算，这必然导致模拟或预测的最终结果灰度急剧增加，甚至接近于黑数，从而失去了构建预测模型应有的价值。

二是区间灰数序列的累加生成序列无法进行指数拟合。传统灰色预测模型通过对非负序列进行累加生成来寻找序列的灰指数规律，从而实现对原始序列的指数拟合。由于灰色预测模型的建模对象为实数序列，非负序列通过累加生成后得到一条单增的数据序列，在二维直角坐标平面上表现为一组离散上升的数据点。因此，可以对这些数据点按照灰色理论的基本思想进行最小二乘意义上的指数拟合。而对于区间灰数序列，其累加生成后得到的新序列，在二维直角坐标平面上表现为一组区间距越来越大的区间灰数序列，而不是离散上升的数据点，故无法对其进行指数拟合。

三是基于区间灰数界点序列的灰色预测模型存在病态。区间灰数的上界和下界在形式上表现为实数，为了构建区间灰数预测模型，容易想到直接构建基于区间灰数上界序列和下界序列（合称"界点序列"）的灰色预测模型，从而分别实现区间灰数上界和下界的预测，然后组合起来实现区间灰数的预测。然而，由于基于"界点序列"的灰色预测模型的累减还原式均为齐次指数函数，通常具有不同的"陡峭"程度，有可能在相同的预测时点，出现区间灰数下界值大于上界值的情况

（如图9-1所示）。导致这种病态现象的主要原因是，该方法破坏了区间灰数的独立性和完整性。区间灰数的上界和下界是标志区间灰数作为一个独立数据单元密不可分的两个组成部分，将区间灰数的上界和下界割裂开来分别建立灰色预测模型，本质上破坏了区间灰数的独立性和完整性，导致预测结果产生病态。

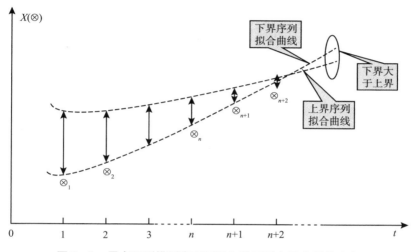

图9-1 界点预测模型出现区间灰数下界大于上界的病态

本小节基于区间灰数序列空间映射的几何表征体系，提出了灰数带及灰数层的基本概念，通过计算灰数层的面积以及灰数层中位线中点的坐标，在不破坏区间灰数独立性与完整性的前提下，将区间灰数序列转换成等信息量的实数序列，然后在此基础上推导并构建了基于区间灰数的预测模型。

（2）面积序列与坐标序列。

考虑到灰代数运算体系在短期内难以取得有效突破，无法按照传统灰色预测模型的建模方式直接构建面向区间灰数序列的灰色预测模型。

为了规避区间灰数之间的代数运算，首先将区间灰数序列转变成实数序列，其次通过构建实数序列的灰色预测模型，去反推区间灰数预测模型。因此，区间灰数序列与实数序列间的转换，是构建区间灰数预测模型应首先解决的关键问题，在设计转换算法时，需要满足一定的规则。

规则1：区间灰数序列与转换后的实数序列具有同等的信息量。（信息等价性）

规则2：转换所得实数序列均同时包含区间灰数的上界和下界信息。（数据完整性）

本小节我们利用区间灰数序列的几何特征，在满足信息等价性与数据完整性的前提下，实现区间灰数序列与实数序列的转换，在此基础上构建区间灰数预测模型。

定义 9.1.1 设 $X(\otimes) = (\otimes_1, \otimes_2, \cdots, \otimes_n)$ 为区间灰数序列，其中 $\otimes_k \in [a_k, b_k]$，$k = 1, 2, \cdots, n$。将 $X(\otimes)$ 中所有元素在二维直角坐标平面体系中进行映射，顺次连接相邻区间灰数的上界点和下界点而围成的图形，称为 $X(\otimes)$ 的灰数带；相邻区间灰数之间的灰数带，称为灰数层。根据灰数层在灰数带中的位置，依次记为灰数层①，②，$\cdots$，如图 9 - 2 所示。

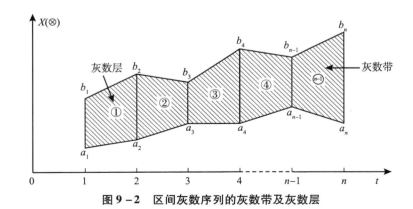

图 9 - 2　区间灰数序列的灰数带及灰数层

图 9 - 3 中，$A_1 B_1$ 表示灰数层①中位线，O_1 表示中位线 $A_1 B_1$ 的中点。类似地，$A_k B_k$（$k = 1$，2，…，n）表示灰数层①，②，③，…，⑥，⑥₊₁，…，⑥₋₁的中位线，O_k 表示中位线 $A_k B_k$ 的中点。

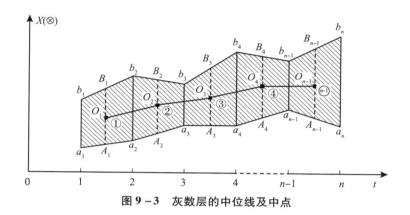

图 9 - 3　灰数层的中位线及中点

接下来，我们计算灰数层的面积与中位线中点的坐标，通过"面积转换"和"坐标转换"，实现区间灰数序列与实数序列的转换。

根据定义 9.1.1 及图 9 - 2 可知，可计算灰数层 p 的面积 s_p，$p = 1$，2，…，$n - 1$，根据梯形的面积公式，可得

$$s_p = \frac{(b_p - a_p) + (b_{p+1} - a_{p+1})}{2} \qquad (9.1.1)$$

公式（9.1.1）在形式上表现为灰数层 p 的面积，在数值上等于区间灰数 $\otimes_p$ 与 $\otimes_{p+1}$ 区间距的紧邻均值生成。通过公式（9.1.1），灰数带中所有灰数层的面积构成实数序列 S，即

$S = (s_1$，s_2，…，$s_{n-1})$。

为了方便，称通过灰数层面积实现的转换为"面积转换"，通过面积转换而得到的实数序列为"面积序列"。

根据图 9 - 3 可知，灰数层①中，点 A_1 经过（1，a_1）和（2，a_2）

两点，则可计算经过点 A_1 所在的直线方程为

$$x = (a_2 - a_1) \times t + 2a_1 - a_2 \qquad (9.1.2)$$

因 A_1B_1 为灰数层①的中位线，可知点 A_1 的横坐标 $t = 1.5$，根据公式（9.1.2），可计算点 A_1 的纵坐标：

$$x_{A_1} = (a_2 - a_1) \times 1.5 + 2a_1 - a_2 \Rightarrow x_{A_1} = \frac{(a_1 + a_2)}{2} \qquad (9.1.3)$$

因为 A_1B_1 是灰数层①的中位线，根据梯形的中位线定理，得 A_1B_1 的长度为

$$L_{A_1B_1} = \frac{(b_1 - a_1) + (b_2 - a_2)}{2} \qquad (9.1.4)$$

因 O_1 是 A_1B_1 的中点，则 O_1 点的纵坐标 w_1 为

$$w_1 = \frac{(a_1 + a_2)}{2} + \frac{(b_1 - a_1) + (b_2 - a_2)}{2 \times 2} = \frac{a_1 + a_2 + b_1 + b_2}{4} \qquad (9.1.5)$$

类似地，所有灰数层中心点纵坐标可构成纵坐标序列 W：

$$W = (w_1, w_2, \cdots, w_{n-1})_\circ$$

其中

$$w_p = \frac{a_p + a_{p+1} + b_p + b_{p+1}}{4}, \quad p = 1, 2, \cdots, n-1 \qquad (9.1.6)$$

为了方便，称通过灰数层中位线中点纵坐标实现的转换为"坐标转换"，通过坐标转换而得到的实数序列为"坐标序列"。

区间灰数序列的面积序列与坐标序列，统称为该区间灰数序列的"白化序列"。

性质 9.1.1 区间灰数的白化序列所含信息量与原区间灰数序列相等。

证明：根据公式（9.1.1），可推导得

$$s_p = \frac{(b_p - a_p) + (b_{p+1} - a_{p+1})}{2} \Rightarrow (b_{p+1} - a_{p+1}) = 2s_p - (b_p - a_p)$$

$$(9.1.7)$$

根据公式（9.1.7），当 $p=1$ 时

$(b_2 - a_2) = 2s_1 - (b_1 - a_1)$；

当 $p=2$ 时

$(b_3 - a_3) = 2s_2 - (b_2 - a_2) = 2s_2 - 2s_1 + (b_1 - a_1)$；

当 $p=3$ 时

$(b_4 - a_4) = 2s_3 - (b_3 - a_3) = 2s_3 - 2s_2 + 2s_1 - (b_1 - a_1)$；

当 $p=t$ 时（$t=4$，5，$\cdots$，$n-1$）

$$(b_{t+1} - a_{t+1}) = 2s_t - (b_t - a_t)$$

$$= 2s_t + 2\sum_{i=1}^{t-1}(-1)^{i+t}s_i + (-1)^t(b_1 - a_1) \quad (9.1.8)$$

类似地，根据公式（9.1.6），可推导得

$$(b_{t+1} + a_{t+1}) = 4w_t + 4\sum_{i=1}^{t-1}(-1)^{i+t}w_i + (-1)^t(b_1 + a_1) \quad (9.1.9)$$

联合公式（9.1.8）和公式（9.1.9）得，

$$\begin{cases} (b_{t+1} - a_{t+1}) = 2s_t + 2\sum_{i=1}^{t-1}(-1)^{i+t}s_i + (-1)^t(b_1 - a_1) \\ (b_{t+1} + a_{t+1}) = 4w_t + 4\sum_{i=1}^{t-1}(-1)^{i+t}w_i + (-1)^t(b_1 + a_1) \end{cases}$$

$$(9.1.10)$$

解方程组（9.1.10）可得

$$\begin{cases} a_{t+1} = 2w_t - s_t + 2\sum_{i=1}^{t-1}(-1)^{i+t}w_i - \sum_{i=1}^{t-1}(-1)^{i+1}s_i + (-1)^t a_1 \\ b_{t+1} = 2w_t + s_t + 2\sum_{i=1}^{t-1}(-1)^{i+t}w_i + \sum_{i=1}^{t-1}(-1)^{i+1}s_i + (-1)^t b_1 \end{cases}$$

$$(9.1.11)$$

公式（9.1.11）中，参数 a_1、b_1 视为序列转换的初始值，为已知

参数。因此，根据区间灰数序列可计算得到对应的面积序列和坐标序列。而根据面积序列和坐标序列可以推导出对应区间灰数的上界与下界。因此，区间灰数的白化序列所蕴含信息量与原区间灰数序列相等，即

$$X(\otimes) = (\otimes_1, \otimes_2, \cdots, \otimes_n) \Leftrightarrow \begin{cases} S = (s_1, s_2, \cdots, s_{n-1}) \\ W = (w_1, w_2, \cdots, w_{n-1}) \end{cases}。$$

证明结束。

该性质表明了面积转换与坐标转换满足转换规则 1（信息等价性）。另外，无论是面积序列还是坐标序列，其中每个元素的信息均同时来自区间灰数的上界和下界，表明转换过程满足规则 2（数据完整性）。实际上，灰数层的面积决定了灰数的长度，而灰数层中位线中点的坐标则决定了灰数的位置。一个区间灰数，当其长度与位置均确定的情况下，则该区间灰数就被确定了。

（3）区间灰数预测模型的构建。

在本小节分别建立面积序列和坐标序列 GM（1，1）模型，然后通过公式（9.1.11）模拟及预测区间灰数的上界/下界，进而实现对区间灰数预测模型的构建。

面积序列 $S = (s_1, s_2, \cdots, s_{n-1})$ 显然为非负序列，满足构建 GM（1，1）模型的基本条件。按照 GM（1，1）模型建模步骤，可推导面积序列 GM（1，1）模型的最终还原式：

$$\hat{s}_{t+1} = (1 - e^{a_s}) \left(s_1 - \frac{b_s}{a_s} \right) e^{-a_s t}, \quad t = 1, 2, \cdots, n-2 \qquad (9.1.12)$$

类似地，可推导坐标序列 $W = (w_1, w_2, \cdots, w_{n-1})$ GM（1，1）模型的最终还原式：

$$\hat{w}_{t+1} = (1 - e^{a_w}) \left(w_1 - \frac{b_w}{a_w} \right) e^{-a_w t}, \quad t = 1, 2, \cdots, n-2 \qquad (9.1.13)$$

公式（9.1.12）及公式（9.1.13）可进一步简化为

$$\hat{s}_{t+1} = C_s e^{-a_s t}, \quad t = 1, 2, \cdots, n-2 \tag{9.1.14}$$

$$\hat{w}_{t+1} = C_w e^{-a_w t}, \quad t = 1, 2, \cdots, n-2 \tag{9.1.15}$$

其中

$$C_s = (1 - e^{a_s})\left(s_1 - \frac{b_s}{a_s}\right); \quad C_w = (1 - e^{a_w})\left(w_1 - \frac{b_w}{a_w}\right)。$$

因为

$$q_s = -\frac{2\hat{s}_{t-1}}{2\hat{s}_t} = -\frac{2\hat{s}_{t-2}}{2\hat{s}_{t-1}} = \cdots = -\frac{2\hat{s}_2}{2\hat{s}_3} = -e^{a_s},$$

因此公式（9.1.7）前（$t-1$）项是一等比数列，其公比为 q_s，根据等比数列的求和公式，可将公式（9.1.7）变形为

$$\hat{b}_{t+1} - \hat{a}_{t+1} = \frac{2 C_s e^{-a_s(t-1)}}{1 + e^{a_s}}\left[1 - (-e^{a_s})^{t-1}\right] + 2(-1)^{t+1} s_1$$

$$+ (-1)^t (b_1 - a_1) \tag{9.1.16}$$

类似地

$$\hat{b}_{t+1} + \hat{a}_{t+1} = \frac{4 C_w e^{-a_w(t-1)}}{1 + e^{a_w}}\left[1 - (-e^{a_w})^{t-1}\right] + 4(-1)^{t+1} w_1$$

$$+ (-1)^t (b_1 + a_1) \tag{9.1.17}$$

联合公式（9.1.16）和公式（9.1.17），可得区间灰数 $\hat{\otimes}_{t+1}$ 下界 $\hat{a}_k$ 和上界 $\hat{b}_k$ 的模拟及预测公式

$$\begin{cases} \hat{a}_{t+1} = \dfrac{2 C_w e^{-a_w(t-1)}}{1 + e^{a_w}}\left[1 - (-e^{a_w})^{t-1}\right] - \dfrac{C_s e^{-a_s(t-1)}}{1 + e^{a_s}}\left[1 - (-e^{a_s})^{t-1}\right] \\[4mm] \qquad\quad + 2(-1)^{t+1} w_1 - (-1)^{t+1} s_1 + (-1)^t a_1 \\[4mm] \hat{b}_{t+1} = \dfrac{2 C_w e^{-a_w(t-1)}}{1 + e^{a_w}}\left[1 - (-e^{a_w})^{t-1}\right] + \dfrac{C_s e^{-a_s(t-1)}}{1 + e^{a_s}}\left[1 - (-e^{a_s})^{t-1}\right] \\[4mm] \qquad\quad + 2(-1)^{t+1} w_1 + (-1)^{t+1} s_1 + (-1)^t b_1 \end{cases}$$

$$\tag{9.1.18}$$

公式（9.1.18）称为基于灰数带及灰数层的区间灰数预测模型，简称为区间灰数的几何预测模型，在不引起混淆的情况下可直接简称为区间灰数预测模型或 IGM（1，1）。

例 9.1.1 设区间灰数序列 $X(\otimes) = (\otimes_1，\otimes_2，\otimes_3，\otimes_4，\otimes_5)$，其中 $\otimes_1 \in [21.4，61.6]$，$\otimes_2 \in [196.3，241.6]$，$\otimes_3 \in [345.2，393.7]$，$\otimes_4 \in [745.5，796.9]$，$\otimes_5 \in [1284.4，1341.2]$。试构建序列 $X(\otimes)$ 的区间灰数预测模型，并写出建模步骤。

第一步，将 $X(\otimes)$ 转换成面积序列和坐标序列。

根据公式（9.1.1）可得面积序列 S：

$$S = (s_1，s_2，s_3，s_4) = (43.75，46.90，49.95，54.10)$$

根据公式（9.1.6）可得坐标序列 W：

$$W = (w_1，w_2，w_3，w_4) = (130.72，294.20，570.32，1042.00)$$

第二步，计算建面积序列 S 和坐标序列 W 的 GM（1，1）模型参数。

应用 VGSMS1.0 软件计算面积序列 S 及坐标序列 W 的 GM（1，1）模型参数 a_s、b_s 及 a_w、b_w，并进一步计算 C_s 和 C_w。参数计算结果如表 9-1 所示。

表 9-1　　面积序列 S 和坐标序列 W 的 GM（1，1）模型参数

面积序列 S			坐标序列 W		
a_s	b_s	C_s	a_w	b_w	C_w
-0.0718	41.9313	43.492	-0.6015	133.4675	159.3828

第三步，构建序列 $X(\otimes)$ 的区间灰数预测模型。

将表 9-1 中的参数代入公式（9.1.18）可得，

$$
\begin{cases}
\hat{a}_{t+1} = \dfrac{411.8481 \times e^{0.6015(t-1)} \times \left[1 - \left(-e^{-0.6015}\right)^{k-1}\right] - 45.0532 \times e^{0.0718(t-1)} \times \left[1 - \left(-e^{-0.0718}\right)^{k-1}\right]}{2} + (-1)^{t+1} \times 196.3 \\[4mm]
\hat{b}_{t+1} = \dfrac{45.0532 \times e^{0.0718(t-1)} \times \left[1 - \left(-e^{-0.0718}\right)^{k-1}\right] + 411.8481 \times e^{0.6015(t-1)} \times \left[1 - \left(-e^{-0.6015}\right)^{k-1}\right]}{2} + (-1)^{t+1} \times 241.6
\end{cases}
$$

$$(9.1.19)$$

第四步，模拟值的计算与误差检验。

根据公式（9.1.19）模拟区间灰数 $\otimes_2$、$\otimes_3$、$\otimes_4$ 和 $\otimes_5$ 的上界和下界，并与原始数据进行对比，结果如表 9-2 所示。

表 9-2　　　　　　　基于 IGM(1，1) 模型的序列模拟值及误差

序列	$\otimes_2$		$\otimes_3$		$\otimes_4$		$\otimes_5$	
	下界 a_2	上界 b_2	下界 a_3	上界 b_3	下界 a_4	上界 b_4	下界 a_5	上界 b_5
原始值 $\otimes$	196.3	241.6	345.2	393.7	745.5	796.9	1284.4	1341.2
模拟值 $\hat{\otimes}$	196.29	241.59	338.69	386.85	672.63	724.89	1210.6	1266.2
相对模拟百分误差%	0.5094	0.4139	1.8872	1.7411	9.7742	9.0362	5.7496	5.5929

平均模拟相对百分误差：$\overline{\Delta}_a = \dfrac{1}{4} \sum_{k=2}^{5} \Delta_a(k) = 4.4801\%$，$\overline{\Delta}_b = \dfrac{1}{4} \sum_{k=2}^{5} \Delta_b(k) = 4.196\%$

第五步，预测。

当 $k = 6,7,8$ 时，根据公式（9.1.19）预测区间灰数 $\hat{\otimes}_6$、$\hat{\otimes}_7$ 及 $\hat{\otimes}_8$ 的上界和下界，计算结果如表 9-3 所示。

表 9-3　　　　　　　基于 IGM(1，1) 模型的序列预测值

序列	$\hat{\otimes}_6$		$\hat{\otimes}_7$		$\hat{\otimes}_8$	
	下界 a_6	上界 b_6	下界 a_7	上界 b_7	下界 a_8	上界 b_8
模拟值 $\hat{\otimes}$	2266.5	2326.8	4122.1	4186.3	7582.8	7652.4

9.2 基于核和灰度的灰色异构数据预测模型

多源信息集是提高复杂环境下统计数据可靠性的一种重要手段，但信息渠道的多源性极易导致集结信息数据类型不一致、不兼容，形成灰色异构数据序列。由于灰色异构数据序列中的元素（区间灰数、离散灰数、实数或其他灰信息）具有不同的数据结构及灰信息特征，这给灰色异构数据预测模型的构建带来了极大困难。本小节试图从灰信息的基本属性出发，对灰色异构数据序列预测模型的建模理论和方法展开研究，以期建立更具普适性和通用性的统一灰色系统预测模型。

（1）灰色异构数据的概念与灰度不减公理。

灰色异构数据并不是一种特殊的数据类型，此处所谓的"异构"是指数据集中元素的数据类型不统一。因此，灰色异构数据是指元素数据类型不统一的数据集。下面对灰色异构数据集及灰色异构数据代数运算进行定义。

定义 9.2.1 设灰数 $\otimes_k = \otimes_m o \otimes_n$，其中 $\otimes_m$、$\otimes_n$ 可能为区间灰数、离散灰数或白数（即实数），o 为运算关系，$o \in \{+, -, \times, \div\}$，有以下几种情形：

①$\otimes_m$ 与 $\otimes_n$ 同为区间灰数，但 $\otimes_m$ 与 $\otimes_n$ 可能度函数类型不一致（三角形、梯形、矩形或其他几何图形）。

②$\otimes_m$ 与 $\otimes_n$ 同为离散灰数，但 $\otimes_m$ 与 $\otimes_n$ 元素个数不相等。

③$\otimes_m$ 与 $\otimes_n$ 分别为区间灰数和实数、离散灰数和实数。

④$\otimes_m$ 与 $\otimes_n$ 分别为区间灰数和离散灰数。

这些情况下，称 $\otimes_m$ 与 $\otimes_n$ 组成的集合为灰色异构数据集，$\otimes_k = \otimes_m o \otimes_n$ 为灰色异构数据代数运算。

从定义 9.2.1 不难发现，传统区间灰数代数运算法则只是灰色异构数据代数运算的一个特例，即当 $\otimes_m$ 与 $\otimes_n$ 同为区间灰数且其可能度函数均为矩形时才成立。

定义 9.2.2　设 $\tilde{\otimes}_k$ 为灰数 $\otimes_k$ 的核，g_k° 为灰数 $\otimes_k$ 的灰度，则称 $\tilde{\otimes}_k(g_k^{\circ})$ 为灰数 $\otimes_k$ 的简化形式。

公理 9.2.1（灰度不减公理）　两个灰度不同的区间灰数进行和、差、积、商运算时，运算结果的灰度不小于灰度较大的区间灰数的灰度。

根据公理 9.2.1，可得如下两个推论：

推论 9.2.1　一个实数与一个区间灰数进行和、差、积、商运算时，运算结果的灰度与区间灰数的灰度相同。

推论 9.2.2　两个信息域不同的区间灰数进行和、差、积、商运算时，运算结果的信息域不小于信息域较大的区间灰数的信息域。

（2）灰色异构数据的公有属性：核与灰度。

根据定义 9.2.1 可知，灰色异构数据由不同类型的灰数构成，这些灰数可能是区间灰数、离散灰数或其他灰色数据，同时区间灰数所对应的可能度函数种类也可能不一致。根据灰色预测模型建模机理，建模时需要对原始序列进行累加生成以及一系列代数运算与矩阵计算，当原始序列中元素的数据类型异构时，我们很难对这些异构数据进行传统意义的代数运算与矩阵计算，因为我们难以知道一个区间灰数与一个离散灰数的运算结果究竟应该是什么类型的灰数。

虽然灰色异构数据序列中的元素（区间灰数、离散灰数、实数或其他灰信息）具有不同的数据结构及灰信息特征，但均属"灰数"范畴（注：实数是灰度为"0"的特殊灰数），都具有"核"和"灰度"这一基本的共同属性。因此，可以通过"核"和"灰度"来研究灰色异构数据的预测建模方法。显然，灰色异构数据之间进行加、减、乘、除、开方以及矩阵等运算之后，其运算结果自然也是灰数。因此，构建灰色异构数据预测模型之前，需要首先对灰色异构数据序列进行规范化处理，将其转换为"核"序列与"灰度"序列，然后在此基础上研究灰色异构数据序列的预测建模方法。

抓住灰色异构数据"核"与灰度这一共同属性，实际上就是找到了灰色异构数据之间交流和沟通的桥梁。"核"决定灰数的"中心"，"灰度"确定灰数的"变化范围"，它们均为实数。因此，可以通过"核与灰度"来研究灰色异构数据之间的代数运算问题，而对灰色异构数据预测模型的研究则转变为对灰色异构数据"核与灰度"的研究，这是研究灰色异构数据预测模型的基本思路。

定义 9.2.3 设 $X(\otimes) = (\otimes_1, \otimes_2, \cdots, \otimes_n)$ 为灰色异构数据，$\tilde{\otimes}_k$、g_k°（$k = 1, 2, \cdots, n$）分别为 $\otimes_k$ 的核及灰度，则每个灰元的"核"及"灰度"所构成的序列，分别称为 $X(\otimes)$ 的"核"序列 $X(\tilde{\otimes})$ 及灰度序列 $X(G^\circ)$，即

$$X(\tilde{\otimes}) = (\tilde{\otimes}_1, \tilde{\otimes}_2, \cdots, \tilde{\otimes}_n); \quad X(G^\circ) = (g_1^\circ, g_2^\circ, \cdots, g_n^\circ).$$

从定义 9.2.3 可知，灰色异构数据的"核"序列与"灰度"序列，均由"实数"构成。可见，对灰色异构数据进行规范化处理，将其统一为两组"实数"序列，可以应用传统的灰色预测建模方法来构建以灰色异构数据为建模对象的灰色预测模型，有效地规避了直接对灰色异构数据进行代数运算这一难题。（提示：核及灰度的定义和计算方法可参考本书第一章相关内容。）

（3）灰色异构数据预测模型的构建。

构建灰色异构数据预测模型的任务，是实现对灰色异构数据序列中各灰元的模拟及对灰元未来趋势的预测。要完成该任务，首先需要确定灰元的变化范围；其次是确定灰元在该范围内的最大可能取值。前者用灰域来表示，具体可以通过灰度不减公理来确定；后者用"核"来代表，可以通过构建核序列的 GM(1, 1) 模型来实现。

设灰色异构数据 $X(\otimes) = (\otimes_1, \otimes_2, \cdots, \otimes_n)$ 的灰度序列 $X(G°)$ 如定义 9.2.3 所述，则根据灰度不减公理，可以取 $X(G°)$ 中最大的灰度作为灰色异构数据预测模型模拟及预测结果之灰度。即

$$\hat{g}° = \max\{g_1°, g_2°, \cdots, g_n°\} \tag{9.2.1}$$

设灰色异构数据 $X(\otimes) = (\otimes_1, \otimes_2, \cdots, \otimes_n)$ 的 "核" 序列 $X(\tilde{\otimes}) = (\tilde{\otimes}_1, \tilde{\otimes}_2, \cdots, \tilde{\otimes}_n)$ 如定义 9.2.3 所述，则根据 GM(1, 1) 模型的建模机理，可构建灰色异构数据 "核" 序列 $X(\tilde{\otimes})$ 的 GM(1, 1) 模型，即

$$\hat{\tilde{\otimes}}_{k+1} = (1 - e^a)\left(\otimes_1 - \frac{b}{a}\right)e^{-ak}, \quad k = 1, 2, \cdots, n-1, \cdots \tag{9.2.2}$$

公式（9.2.2）中，当 $k = 1, 2, \cdots, n-1$ 时，$\hat{\tilde{\otimes}}_{k+1}$ 称为核的模拟值；当 $t = n, n+1, \cdots$时，$\hat{\tilde{\otimes}}_{k+1}$ 称为核的预测值。通过公式（9.2.2）可实现对灰色异构数据中灰元最大可能取值（核）的模拟与预测，而公式（9.2.1）则界定了灰元 "核" 的变化范围。

将公式（9.2.1）及公式（9.2.2）合并，得

$$\begin{cases} \hat{g}° = \max\{g_1°, g_2°, \cdots, g_n°\} \\ \hat{\tilde{\otimes}}_{k+1} = (1 - e^a)\left(\tilde{\otimes}_1 - \frac{b}{a}\right)e^{-ak} \end{cases} \tag{9.2.3}$$

称公式（9.2.3）为灰色异构数据预测模型，或简称为 HGM(1, 1) 模型。

根据上面的介绍，可归纳出灰色异构数据预测模型的建模过程：

①计算灰色异构数据中各灰元的 "核"，并构成 "核" 序列。

②计算灰色异构数据中各灰元的 "灰度"，并构成 "灰度" 序列。

③构建 "核" 序列的灰色预测模型，实现对 "核" 的模拟及预测。

④根据灰度不减公理，确定 "核" 的变化范围。

⑤组合步骤（iii）及步骤（iv），实现对灰元核及核变化范围的模

拟与预测。

上述灰色异构数据预测模型的建模过程，实际上是一种简化处理（抓住问题的主要方面和关键环节，忽略次要因素）。通过"核"序列的建模，实现对未来"核"的预测，通过灰度不减公理，确定未来"核"的变化范围。可见，灰色异构数据预测模型的预测结果也必然是灰的，这符合灰色理论解的非唯一性原理。

例 9.2.1　设灰色异构数据序列 $X(\otimes) = (\otimes_1, \otimes_2, \otimes_3, \otimes_4, \otimes_5, \otimes_6)$，其中 $\otimes_1 \in [190, 230]$，$\otimes_2 \in [160, 170, 180]$，$\otimes_3 \in [120, 145]$，$\otimes_4 \in [95, 100, 108, 112]$，$\otimes_5 \in [80]$，$\otimes_6 \in [50, 65]$；图 9-4 是区间灰数 $\otimes_1$、$\otimes_3$、$\otimes_6$ 的可能度函数。试构建 $X(\otimes)$ 的灰色异构数据预测模型，并写出建模步骤。

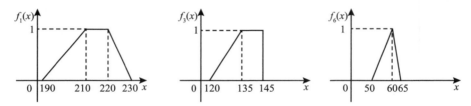

图 9-4　区间灰数 $\otimes_1$、$\otimes_3$、$\otimes_6$ 对应的可能度函数

第一步，计算 $X(\otimes)$ 中各灰元的"核"，并构成"核"序列。

根据公式（1.3.6）、公式（1.3.7）、公式（1.3.11），对灰色异构数据序列 $X(\otimes)$ 的核进行计算，如下所示：

$$\tilde{\otimes}_1 = \frac{(a_1+b_1)(b_1-c_1) + (2b_1-c_1+a_1+d_1)(c_1+d_1-a_1-b_1)/3}{(b_1-a_1)+(d_1-c_1)}$$

$$= \frac{(190+230)(230-210) + (2\times230-210+190+220)(210+220-190-230)/3}{(230-190)+(220-210)}$$

$$= 212;$$

$$\widetilde{\otimes}_2 = \frac{160 + 170 + 180}{3} = 170;$$

$$\widetilde{\otimes}_3 = \frac{(a_3 + b_3)(b_3 - c_3) + (2b_3 - c_3 + a_3 + d_3)(c_3 + d_3 - a_3 - b_3)/3}{(b_3 - a_3) + (d_3 - c_3)}$$

$$= \frac{\begin{array}{c}(120 + 145)(145 - 135) + \\ (2 \times 145 - 135 + 120 + 145)(135 + 145 - 120 - 145)/3\end{array}}{(145 - 120) + (145 - 135)}$$

$$= 135.71;$$

$$\widetilde{\otimes}_4 = \frac{95 + 100 + 108 + 112}{4} = 103.75;$$

$$\widetilde{\otimes}_6 = \frac{50 + 60 + 65}{3} = 58.33,$$

则灰色异构数据序列 $X(\otimes)$ 的核序列 $X(\widetilde{\otimes})$ 为

$X(\widetilde{\otimes}) = (\widetilde{\otimes}_1, \widetilde{\otimes}_2, \cdots, \widetilde{\otimes}_6) = (212, 170, 135.71, 103.75, 80,$ 58.33)。

第二步，计算 $X(\otimes)$ 中各灰元的"灰度"，并构成"灰度"序列。

根据定义 1.3.1 及定义 1.3.3，可对灰色异构数据序列 $X(\otimes)$ 中区间灰数的灰度进行计算，如下所示：

$$g^{\circ}(\otimes_1) = \frac{(d_1 - c_1) + (b_1 - a_1)}{2\mu(\Omega)} = \frac{(220 - 210) + (230 - 190)}{2 \times 190} = 0.13;$$

$$g^{\circ}(\otimes_3) = \frac{(d_3 - c_3) + (b_3 - a_3)}{2\mu(\Omega)} = \frac{(145 - 135) + (145 - 120)}{2 \times 190} = 0.09;$$

$$g^{\circ}(\otimes_6) = \frac{b_6 - a_6}{2\mu(\Omega)} = \frac{65 - 50}{2 \times 190} = 0.04。$$

第三步，构建"核"序列的 DGM(1,1) 模型，实现对"核"的模拟及预测。

设灰色预测模型建模序列 $X(\otimes) = (\otimes_1, \otimes_2, \cdots, \otimes_6)$，由第 1

步可知，其核序列为 $\widetilde{\otimes} = (\widetilde{\otimes}_1, \widetilde{\otimes}_2, \cdots, \widetilde{\otimes}_6) = (212, 170, 135.71,$ $103.75, 80, 58.33)$，根据定义 5.1.1、定理 5.1.1 及定理 5.1.2 构建 $\widetilde{\otimes}$ 序列的 DGM(1, 1) 预测模型。

由定义 5.1.1 计算序列 $\widetilde{\otimes}$ 一次累加序列 $\widetilde{\otimes}^{(1)}$ 及紧邻均值序列 $Z^{(1)}$，其中

$$z^{(1)}(k) = 0.5 \times (\widetilde{\otimes}^{(1)}(k) + \widetilde{\otimes}^{(1)}(k-1)),$$
$$\widetilde{\otimes}^{(1)} = (212, 382, 517.71, 621.46, 701.46, 759.49),$$
$$Z^{(1)} = (297, 449.855, 569.585, 661.46, 730.625)。$$

根据定理 5.1.1，构造 DGM(1, 1) 模型参数矩阵 B, Y，估计模型参数 a, b

$$Y = \begin{bmatrix} \widetilde{\otimes}_2 \\ \widetilde{\otimes}_3 \\ \vdots \\ \widetilde{\otimes}_n \end{bmatrix} = \begin{bmatrix} 170 \\ 135.71 \\ \vdots \\ 58.33 \end{bmatrix}, \quad B = \begin{bmatrix} -z^{(1)}(2) & 1 \\ -z^{(1)}(3) & 1 \\ \vdots & \vdots \\ -z^{(1)}(n) & 1 \end{bmatrix} = \begin{bmatrix} -297 & 1 \\ -449.855 & 1 \\ \vdots & \vdots \\ -730.625 & 1 \end{bmatrix},$$

$$\hat{a} = (a, b)^T = (B^T B)^{-1} B^T Y = \begin{bmatrix} 0.2566 \\ 248.5793 \end{bmatrix}。$$

根据定理 5.1.2 构建 DGM(1, 1) 模型的最终还原式可得，

$\beta = 0.7725$；$\gamma = 220.3096$；$\alpha = 172.0901$。

根据模型将参数 α, β 代入公式（5.1.13），则 DGM(1, 1) 模型的最终还原式为

$$\widehat{\widetilde{\otimes}}_k = 172.0901 \times 0.7725^{k-2}, \quad k = 2, 3, \cdots, n, \cdots \quad (9.2.4)$$

根据公式（9.2.4）计算 DGM(1, 1) 模型对序列 $\widetilde{\otimes}$ 的模拟误差，当 $k = 2, 3, \cdots, 6$ 时，可计算 DGM(1, 1) 模型的模拟值、模拟误差、残差及相对误差，结果如表 9-4 所示。

表 9 – 4　　　　　　　灰色异构数据"核"序列的模拟值及模拟误差

k	核的原始值与模拟值		核的残差与相对误差	
	原始值 $\tilde{\otimes}_k$	模拟值 $\hat{\tilde{\otimes}}_k$	残差 $\varepsilon(k) = \tilde{\otimes}_k - \hat{\tilde{\otimes}}_k$	相对误差/% $\Delta_k = |\varepsilon(k)|/\tilde{\otimes}_k$
2	170.00	172.0901	2.0901	1.23%
3	135.71	132.9481	−2.7619	2.04%
4	103.75	102.7090	−1.041	1.00%
5	80.00	79.3478	−0.6522	0.82%
6	58.33	61.3001	2.9701	5.09%

平均相对模拟百分误差 $\Delta_s = \dfrac{1}{5}\sum_{k=2}^{6}\Delta_k = 2.04\%$。

第四步，根据灰度不减公理，确定"核"的变化范围。

由于区间灰数在信息域内的取值是连续的，包含无穷多个具体的数值，而离散灰数中的元素则是有限个数的，由于具体的取值越多，表示真值的选择范围就越大，则信息就越不确定。因此，即使取值范围非常小的区间灰数，其灰度依然比离散灰数大，所以当灰色异构数据序列中同时包含区间灰数与离散灰数时，只需通过比较区间灰数的灰度来确定灰色异构数据预测模型预测结果之信息域即可，不再考虑离散灰数的情况。因此，根据第 2 步的计算结果，预测值的灰度及信息域分别为

$$g^\circ(\otimes_1) = 0.13 \Rightarrow d_1 = b_1 - a_1 = 230 - 190 = 40。$$

第五步，组合第三步及第四步，构建灰色异构数据预测模型。

$$\begin{cases} a_{n+k} = 172.0901 \times 0.7725^{n+k-2} - 0.5 \times 40 = 172.0901 \times 0.7725^{n+k-2} - 20 \\ b_{n+k} = 172.0901 \times 0.7725^{n+k-2} + 0.5 \times 40 = 172.0901 \times 0.7725^{n+k-2} + 20 \end{cases}。$$

可得，当 $k = 7$，8，9 时，

$$\hat{\otimes}_7 \in [a_7, b_7] = [27.3573, 67.3573] \Rightarrow \hat{\tilde{\otimes}}_7 = 47.3573;$$

$$\hat{\otimes}_8 \in [a_8, b_8] = [16.5859, 56.5859] \Rightarrow \hat{\tilde{\otimes}}_8 = 36.5859;$$

$$\hat{\otimes}_9 \in [a_9, b_9] = [8.2644, 48.2644] \Rightarrow \hat{\tilde{\otimes}}_9 = 28.2644。$$

9.3 基于平滑算子的小数据波动序列灰色预测模型

所谓波动序列，简单地说就是指在时间轴上由一组高低相间的数据组成的序列。序列的波动性也是现实生活中比较常见的现象，比如经济周期性波动、某高校录取分数线一年高一年低、农产品价格周期性波动等。单变量灰色预测模型通常对具有近指数增长规律的序列具有较好的建模能力，而对波动序列则精度较差。本章将介绍一种平滑算子，并基于该平滑算子构建小数据波动序列的灰色预测模型。

（1）波动序列与平滑算子。

定义 9.3.1 设数据序列 $X = (x(1), x(2), \cdots, x(n))$，

①当 $k \in \{1, 3, \cdots,\}$ 且 $k \leq n - 2$ 时，$x(k) - x(k+1) > 0$ 且 $x(k+1) - x(k+2) < 0$；

②当 $k \in \{2, 4, \cdots,\}$ 且 $k \leq n - 1$ 时，$x(k-1) - x(k) < 0$ 且 $x(k) - x(k+1) > 0$；

则称满足条件（i）或（ii）的数据序列 X 为波动序列。

定义 9.3.2 波动序列 $X = (x(1), x(2), \cdots, x(n))$ 如定义 9.3.2 所述，设

$$M = \max\{x(k) \mid k = 1, 2, \cdots, n\},$$

$$m = \min\{x(k) \mid k = 1, 2, \cdots, n\},$$

则称 $T = M - m$ 为波动序列 X 的振幅。

定义 9.3.3 波动序列 $X = (x(1), x(2), \cdots, x(n))$ 及其振幅 T 分别如定义 9.3.1 ~ 定义 9.3.2 所述，D 是作用于 X 的序列算子，即

$$XD = (x(1)d, x(2)d, \cdots, x(n-1)d),$$

其中

$$x(k)d = \frac{[x(k) + T] + [x(k+1) + T]}{4}, \quad k = 1, 2, \cdots, n-1$$

$$(9.3.1)$$

则称 D 为序列 X 的一阶平滑性算子，序列 XD 为序列 X 的平滑序列。

由于平滑性算子不满足缓冲算子三公理中的"不动点公理"及"解析化、规范化公理"，因此平滑性算子不属于缓冲算子，其主要作用是改善序列的光滑性。

性质 9.3.1 设 $T(X)$ 及 $T(XD)$ 分别为波动序列 X 及其平滑序列 XD 的振幅，则 $T(X) \geqslant 2T(XD)$。

证明：设

$$\max\{x(k) \mid k = 1, 2, \cdots, n\} = x(p), \quad p = 1, 2, \cdots, n,$$

$$\min\{x(k) \mid k = 1, 2, \cdots, n\} = x(q), \quad q = 1, 2, \cdots, n,$$

则，根据定义 9.3.2，可计算波动序列 X 的振幅，

$$T(X) = x(p) - x(q).$$

类似地，设

$$\max\{x(k)d \mid k = 1, 2, \cdots, n-1\} = x(i)d, \quad i = 1, 2, \cdots, n-1,$$

$$\min\{x(k)d \mid k = 1, 2, \cdots, n-1\} = x(j)d, \quad j = 1, 2, \cdots, n-1,$$

则，序列 XD 的振幅

$$T(XD) = x(i)d - x(j)d.$$

因为

$$x(i)d = 0.25[x(i) + T(X)] + 0.25[x(i+1) + T(X)] \qquad (9.3.2)$$

$$x(j)d = 0.25[x(j) + T(X)] + 0.25[x(j+1) + T(X)] \qquad (9.3.3)$$

则

$$T(XD) = x(i)d - x(j)d = 0.25 \, | x(i) - x(j) |$$
$$+ 0.25 \, | x(i+1) - x(j+1) | \qquad (9.3.4)$$

根据振幅的定义可知，

$$| x(i) - x(j) | \leqslant T(X) \, 且 \, | x(i+1) - x(j+1) | \leqslant T(X) \, 。$$

故

$$T(XD) = 0.25 [x(i) - x(j)] + 0.25 [x(i+1) - x(j+1)] \leqslant 0.5 T(X) \qquad (9.3.5)$$

即

$$T(X) \geqslant 2T(XD) \, 。$$

从性质 9.3.1 可以发现，平滑性算子对波动序列振幅具有"压缩"作用，可有效提高波动建模序列的光滑度，这是构建高性能灰色预测模型的基础。

（2）波动序列灰色预测模型的构建。

由于直接对波动序列建立灰色预测模型精度较差，而波动序列的平滑序列具有较好的光滑性。因此，首先构建波动序列所对应平滑序列的 GM（1，1）模型，然后再根据定义 9.3.3，反推波动序列的灰色预测模型。

设波动序列 $X = (x(1), \, x(2), \, \cdots, \, x(n+1))$，$X$ 的一阶平滑序列 $Y = (y(1), \, y(2), \, \cdots, \, y(n))$ 分别如定义 9.3.1 及定义 9.3.3 所述。根据 Y 建立 GM（1，1）模型，得

$$\hat{y}_{k+1} = (1 - e^a) \left(y_1 - \frac{b}{a} \right) e^{-ak}, \quad k = 1, \, 2, \, \cdots, \, n-1, \, \cdots \qquad (9.3.6)$$

公式（9.3.6）称为波形序列 X 一阶平滑序列 Y 的 GM（1，1）模型。下面根据定义 9.3.3，推导波动序列 X 的模拟及预测公式。

根据定义 9.3.3 可知，

$$\hat{y}(k) = \frac{1}{4}\left[\hat{x}(k) + T + \hat{x}(k+1) + T\right],\ k = 1,\ 2,\ \cdots,\ n.$$

推导得

$$\hat{x}(k+1) = 4\hat{y}(k) - \hat{x}(k) - 2T \tag{9.3.7}$$

当 $k = 1$

$$\hat{x}(2) = 4\hat{y}(1) - \hat{x}(1) - 2T = x(2) \tag{9.3.8}$$

$x(2)$ 被称为构建灰色预测模型的初始条件，视为已知数据。

当 $k = 2$

$$\hat{x}(3) = 4\hat{y}(2) - x(2) - 2T。$$

当 $k = 3$

$$\hat{x}(4) = 4\hat{y}(3) - (4\hat{y}(2) - x(2) - 2T) - 2T。$$

推导得

$$\hat{x}(4) = 4\hat{y}(3) - 4\hat{y}(2) + x(2)$$

$$\vdots$$

当 $k = t$ 时，

$$\hat{x}(t+1) = 4\hat{y}(t) - 4\hat{y}(t-1) + \cdots + 4(-1)^t \hat{y}(2)$$
$$+ (-1)^{t+1} x(2) - (1 + (-1)^t)T \tag{9.3.9}$$

因为

$$q = -\frac{4\hat{y}(t-1)}{4\hat{y}(t)} = -\frac{4\hat{y}(t-2)}{4\hat{y}(t-1)} = \cdots = -\frac{4\hat{y}(2)}{4\hat{y}(3)} = -e^a,$$

因此公式（9.3.9）前（$t-1$）项是公比为 q 的等比数列，根据等比数列的求和公式，可将公式（9.3.9）变形为

$$\hat{x}(t+1) = 4(1-e^a)(1+e^a)^{-1}\left(y_1 - \frac{b}{a}\right)e^{-a(t-1)}(1 - (-e^a)^{t-1})$$
$$+ (-1)^{t+1} x(2) - (1 + (-1)^t)T \tag{9.3.10}$$

令

$$M = 4(1-e^a)(1+e^a)^{-1}(y_1 - b/a),$$

则公式 (9.3.10) 可简化为

$$\hat{x}(t+1) = Me^{-a(t-1)}\left[1-(-e^a)^{t-1}\right] + (-1)^{t+1}x(2) - \left[1+(-1)^t\right]T$$

$$(9.3.11)$$

$k = 2, 3, \cdots, n-1$。称公式 (9.3.11) 为基于平滑算子的波动序列灰色预测模型,简称为 WGM(1,1) 模型。建模时,若原始序列严格满足高低相间的波动序列且具有一定的趋势性,则 WGM(1,1) 模型通常具有较高的模拟及预测精度;否则由于误差累积的放大效应,可能导致 WGM(1,1) 模型的精度极不理想,甚至低于传统的 GM(1,1) 模型。实际上,现实生活中严格满足高低相间的波动序列并不常见,在这样的情况下,如何提高 WGM(1,1) 模型的建模能力还有待深入研究。

例 9.3.1　设波动序列 $X = (20.3, 22.5, 16.4, 26.6, 20.3, 28.6)$,试基于平滑算子技术构建波动序列 X 的灰色预测模型。

第一步,计算波动序列 X 振幅。

根据定义 9.3.2,可计算 X 振幅:

$T = M - m = 28.6 - 16.4 = 12.2$。

第二步,计算波动序列 X 的平滑序列 XD。

根据公式 (9.3.1) 可计算 X 的平滑序列 XD,结果如下:

$$XD = (x(1)d, x(2)d, x(3)d, x(4)d, x(5)d)$$
$$= (16.8, 15.825, 16.85, 17.825, 18.325)。$$

第三步,计算平滑序列 XD 的 GM(1,1) 模型参数。

应用 VGSMS1.0 软件计算平滑序列 XD 的 GM(1,1) 模型参数 a、b,结果如下:

$a = -0.0489, b = 14.7522$。

第四步,构建波动序列 X 的灰色预测模型。

将振幅 T 及参数 a、b 代入公式 (9.3.11) 可得,

$$\hat{x}(t+1) = 31.1423 \times e^{0.0489 \times (t-1)} \left[1 - \left(-e^{-0.0489} \right)^{t-1} \right]$$
$$+ (-1)^{t+1} \times 22.5 - \left[1 + (-1)^t \right] \times 12.2 \qquad (9.3.12)$$

第五步，模拟值的计算与误差检验。

根据公式（9.3.12）模拟 $\hat{X}(3)$，$\hat{X}(4)$，$\hat{X}(5)$ 及 $\hat{X}(6)$ 的值，并与原始数据进行对比，结果如表 9 - 5 所示。

表 9 - 5　　　　　基于 WGM（1，1）模型的序列模拟值及误差

k	3	4	5	6
原始数据 $X(k)$	16.4	26.6	20.3	28.6
模拟数据 $\hat{X}(k)$	16.946	25.702	20.309	29.233
相对模拟百分误差/%	3.3309	3.3768	0.0423	2.2123
平均相对模拟百分误差/%	2.2406			

第六步，预测。

当 $k = 7$，8，9，10 时，根据公式（9.3.12）预测 $\hat{X}(7)$、$\hat{X}(8)$、$\hat{X}(9)$ 及 $\hat{X}(10)$ 的值，结果如表 9 - 6 所示。

表 9 - 6　　　　　基于 WGM（1，1）模型的序列预测值

	$\hat{X}(7)$	$\hat{X}(8)$	$\hat{X}(9)$	$\hat{X}(10)$
预测值 $\hat{X}(k)$	24.017	33.127	28.106	37.421

9.4　基于包络线的小数据振荡序列区间预测模型

单变量灰色预测模型只包含因变量而无自变量，主要通过对原始

数据的挖掘和整理来寻求系统变化的一般规律并建立数学模型。因此，单变量灰色预测模型通常只能对具有一定变化规律的系统具有较好的建模能力。如 TDGM（1，1）模型对单调性序列或 Verhulst 模型对饱和序列，模型精度较高。而现实世界中，单调序列或饱和序列只是两类特殊情况，更多反映系统行为特征的时序数据通常表现出振荡性等特征，在这样的情况下，如何实现小数据振荡序列的灰色预测建模？

小数据振荡序列具有样本数据稀缺性及系统变化规律无序性两大特征。尽管灰色预测模型是研究小数据问题的一种常用方法，但是其模型结构难以适应振荡序列的数据特征，导致其模拟及预测效果并不理想。对于小数据振荡序列的预测建模问题，目前主要有两种思路。一是通过改善振荡序列的光滑性进而创造满足传统单变量灰色预测模型的建模条件；二是通过包络线对振荡性序列变化区间进行预测建模。

本小节通过包络曲线将振荡序列拓展为具有明确上界与下界的区间灰数序列，还原了影响因素不确定性条件下振荡序列的区间灰数形式，在此基础上通过区间灰数建模方法实现了振荡序列取值范围的模拟与预测。相对于传统通过序列变换强制提高振荡序列光滑性的建模思路，这里所提出的基于包络线的振荡序列区间预测建模方法则从"范围"的角度对小样本振荡序列预测建模进行了研究。

（1）振荡序列及其区间拓展。

定义 9.4.1 设数据序列 $X = (x(1)，x(2)，\cdots，x(n))$，对 $\forall k \in \{2，3，\cdots，n\}$：

①若 $x(k) - x(k-1) > 0$，则称 X 为单调增长序列；

②若 $x(k) - x(k-1) < 0$，则称 X 为单调衰减序列；

③若 $\exists k，k' \in \{2，3，\cdots，n\}$，有

$$x(k) - x(k-1) > 0, \ x(k') - x(k'-1) < 0,$$

则称 X 为振荡序列。

可以证明经典 GM(1，1) 模型的模拟值是按照固定增长率变化的指数模型，因此 GM(1，1) 模型能实现对单增性序列的有效拟合，而对振荡序列这类增长率离差较大的序列，GM(1，1) 模型的模拟及预测精度并不理想，因为模拟后的单调性增长序列不可能符合原始序列的振荡特征。实际上对于单变量小样本振荡序列，其样本序列的随机性与样本数量的稀缺性，导致了目前尚无有效的预测方法与建模手段，那些试图通过构造精确数学模型去模拟振荡序列变化规律与发展趋势的尝试，或许都难以得到满意的预测结论。

振荡序列反映了系统在多种复杂因素作用下的变化规律，换言之，影响因素的复杂性与不确定性是导致系统呈现振荡状态的主要原因，其中蕴含了灰色理论"灰因白果"的建模思想，同时这种灰色不确定性也体现了振荡数据本身的"灰性"。因此，相对于传统的小样本振荡序列预测建模方法，通过模拟振荡序列的变化范围与取值区间进而实现振荡序列发展趋势的模拟与预测，显然更具合理性。

本书通过振荡序列"包络线"实现对振荡数据的区间拓展，进而通过区间灰数预测模型建模方法实现对振荡序列的区间预测。

定义 9.4.2 设 $X = (x(1)，x(2)，\cdots，x(n))$ 为振荡序列，$X(t)$ 为序列 X 对应的折线，$f_u(t)$ 和 $f_s(t)$ 为光滑连续曲线，若对 $\forall k \in \{1，2，\cdots，n\}$，满足

$$f_u(t) \leqslant X(t) \leqslant f_s(t),$$

则称，$f_u(t)$ 为 $X(t)$ 的下界函数，$f_s(t)$ 为 $X(t)$ 的上界函数，并称

$$Range = \{(t，X(t)) \mid X(t) \in [f_u(t)，f_s(t)]\}$$

为 $X(t)$ 的取值区间，$f_s(t)$ 及 $f_u(t)$ 也分别称为振荡序列 X 的上包络曲线及下包络曲线，统称包络线。

定义 **9.4.3** 设 $f_u(t)$ 和 $f_s(t)$ 分别为振荡序列 $X = (x(1)$, $x(2)$, $\cdots$, $x(n))$ 的下界函数和上界函数，则当 $t = 1$, 2, $\cdots$, n 时，计算得到的 $f_u(t)$ 值构成 X 的下界序列 U，记为

$$U = (f_u(1), f_u(2), \cdots, f_u(n))。$$

类似地，$t = 1$, 2, $\cdots$, n 时，可计算得到的 $f_s(t)$ 值构成 X 的上界序列 S，记为

$$S = (f_s(1), f_s(2), \cdots, f_s(n))。$$

根据定义 9.4.2 可知，当 $t = 1$ 时，显然 $f_u(1) \leqslant x(1) \leqslant f_s(1)$。可知 $x(1)$ 是一个具有明确下界 $f_u(1)$ 及上界 $f_s(1)$ 的区间灰数，根据区间灰数的定义，记为 $\otimes(1) \in [f_u(1), f_s(1)]$。类似地，当 $t = 2$, 3, $\cdots$, n 时，振荡序列 X 可拓展成为一个区间灰数序列，记为

$$X \rightarrow X(\otimes) = (\otimes(1), \otimes(2), \cdots, \otimes(n))。$$

其中，$\otimes(k) \in [f_u(k), f_s(k)]$，$k = 1$, 2, $\cdots$, n。

振荡序列与区间灰数序列之间的转换，如图 9-5 所示。

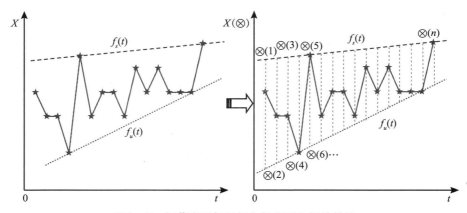

图 9-5　振荡序列与区间灰数序列之间的转换

在图 9-5 中，振荡序列的下界函数 $f_u(t)$ 及上界函数 $f_s(t)$ 均为两

条直线。实际上，振荡序列的包络曲线也可能是其他函数，比如指数函数等（如图9-6所示）。在设计包络曲线的时候，除了必须满足下界函数$f_u(t)$及上界函数$f_s(t)$的定义9.4.2之外，还需要满足如下两条原则：

原则1：包络曲线应体现振荡序列的总体发展变化趋势。

原则2：包络曲线所构造的振荡序列取值区间应尽可能小，否则基于包络曲线所得到的区间灰数区间距将被放大，进而导致预测数据的不确定性增加。

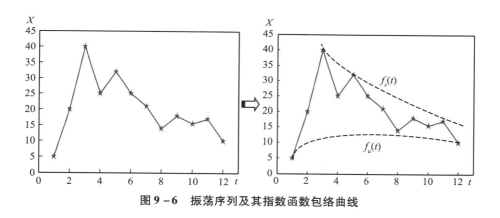

图9-6　振荡序列及其指数函数包络曲线

振荡序列包络曲线的设计需要根据振荡数据的具体情况来确定，本书主要研究振荡序列的区间预测建模方法，因此对振荡序列的包络曲线不做详细讨论。

（2）振荡序列的区间预测建模。

设振荡序列$X = (x(1), x(2), \cdots, x(n))$如定义9.4.1所述，$f_u(t)$和$f_s(t)$分别为振荡序列$X$的下界函数和上界函数，其拓展后的区间灰数序列为$X(\otimes) = (\otimes(1), \otimes(2), \cdots, \otimes(n))$，其中，$\otimes(k) \in [f_u(k), f_s(k)]$，$k = 1, 2, \cdots, n$。根据9.1小节灰数带及灰数层的

概念，可绘制区间灰数序列 $X(\otimes)$ 的灰数层及其中位线示意图，如图 9 - 7 及图 9 - 8 所示。

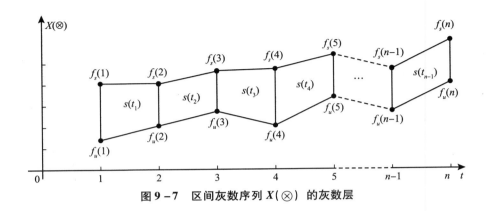

图 9 - 7　区间灰数序列 $X(\otimes)$ 的灰数层

图 9 - 7 中，$s(t_1)$，$s(t_2)$，$\cdots$，$s(t_{n-1})$ 为区间灰数序列 $X(\otimes)$ 各灰数层之面积。

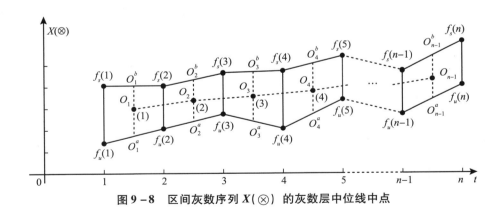

图 9 - 8　区间灰数序列 $X(\otimes)$ 的灰数层中位线中点

图 9 - 8 中，O_1，O_2，O_3，$\cdots$ 为各灰数层中位线中点，$w(t_1)$，$w(t_2)$，$\cdots$，$w(t_{n-1})$ 为 O_1，O_2，O_3，$\cdots$ 之纵坐标。根据公式（9.1.1）

及公式（9.1.6），可计算区间灰数序列 $X(\otimes)$ 的面积序列 A 及坐标序列 W：

$$A = (s(t_1),\ s(t_2),\ \cdots,\ s(t_{n-1}));$$
$$W = (w(t_1),\ w(t_2),\ \cdots,\ w(t_{n-1}))。$$

其中

$$s(t_p) = \frac{[f_s(p) - f_u(p)] + [f_s(p+1) - f_u(p+1)]}{2},\ p = 1,\ 2,\ \cdots,\ n-1;$$

$$w(t_p) = \frac{[f_s(p) + f_u(p)] + [f_s(p+1) + f_u(p+1)]}{4},\ p = 1,\ 2,\ \cdots,\ n-1;$$

分别构建面积序列 A 及坐标序列 W 的 GM(1, 1) 模型，可以推导得如下结果

$$\hat{f}_s(k) - \hat{f}_u(k) = \frac{2(1 - e^{a_s})\left[s(t_1) - \frac{b_s}{a_s}\right]e^{-a_s(k-2)}\left[1 - (-e^{a_s})^{k-2}\right]}{1 + e^{a_s}}$$
$$+ (-1)^k[f_s(2) - f_u(2)] \tag{9.4.1}$$

$$\hat{f}_s(k) + \hat{f}_u(k) = \frac{4(1 - e^{a_w})\left(w(t_1) - \frac{b_w}{a_w}\right)e^{-a_w(k-2)}\left[1 - (-e^{a_w})^{k-2}\right]}{1 + e^{a_w}}$$
$$+ (-1)^k[f_s(2) + f_u(2)] \tag{9.4.2}$$

其中，$k = 2,\ 3,\ \cdots,\ n$，$\hat{a}_s = [a_s,\ b_s]$，$\hat{a}_w = [a_w,\ b_w]$ 分别为面积序列 A 及坐标序列 W 的 GM(1, 1) 模型参数。联立公式（9.4.1）及公式（9.4.2），可以求得区间灰数下界 $\hat{f}_u(k)$ 及上界 $\hat{f}_s(k)$ 的模拟及预测公式，即

$$\begin{cases} \hat{f}_u(k) = \dfrac{2(1-e^{a_w})\left[w(t_1)-\dfrac{b_w}{a_w}\right]e^{-a_w(k-2)}\left[1-(-e^{a_w})^{k-2}\right]}{1+e^{a_w}} - \swarrow \\[2em] \quad \nearrow \dfrac{(1-e^{a_s})\left[s(t_1)-\dfrac{b_s}{a_s}\right]e^{-a_s(k-2)}\left[1-(-e^{a_s})^{k-2}\right]}{1+e^{a_s}} \\[2em] \quad + (-1)^k \cdot \hat{f}_u(2) \\[1em] \hat{f}_s(k) = \dfrac{2(1-e^{a_w})\left[w(t_1)-\dfrac{b_w}{a_w}\right]e^{-a_w(k-2)}\left[1-(-e^{a_w})^{k-2}\right]}{1+e^{a_w}} + \swarrow \\[2em] \quad \nearrow \dfrac{(1-e^{a_s})\left[s(t_1)-\dfrac{b_s}{a_s}\right]e^{-a_s(k-2)}\left[1-(-e^{a_s})^{k-2}\right]}{1+e^{a_s}} \\[2em] \quad + (-1)^k \cdot \hat{f}_s(2) \end{cases}$$

$$(9.4.3)$$

公式（9.4.3）可以进一步简化为

$$\begin{cases} \hat{f}_u(k) = P_1 e^{-a_w(k-2)}(1-P_2^{k-2}) - P_3 e^{-a_s(k-2)}(1-P_4^{k-2}) + (-1)^k \cdot \hat{f}_u(2) \\ \hat{f}_s(k) = P_1 e^{-a_w(k-2)}(1-P_2^{k-2}) + P_3 e^{-a_s(k-2)}(1-P_4^{k-2}) + (-1)^k \cdot \hat{f}_s(2) \end{cases}$$

$$(9.4.4)$$

其中

$$P_1 = \frac{2(1-e^{a_w})\left[w(t_1)-\dfrac{b_w}{a_w}\right]}{1+e^{a_w}}, \quad P_2 = -e^{a_w};$$

$$P_3 = \frac{(1-e^{a_s})\left[s(t_1)-\dfrac{b_s}{a_s}\right]}{1+e^{a_s}}, \quad P_4 = -e^{a_s}。$$

公式（9.4.4）称为振荡序列 X 的区间预测模型，简称为 OSGM(1, 1) 模型。进一步地，

①当 $k=2$，3，$\cdots$，n 时，称 $\left[\hat{f}_u(k),\ \hat{f}_s(k)\right]$ 为振荡数据 $\hat{x}(k)$ 的模拟区间。

②当 $k=n+1$，$n+2$，$\cdots$时，称 $\left[\hat{f}_u(k),\ \hat{f}_s(k)\right]$ 为振荡数据$\hat{x}(k)$ 的预测区间。

③称 $\hat{x}(k)=0.5\times\left[\hat{f}_u(k)+\hat{f}_s(k)\right]$ 振荡数据 $\hat{x}(k)$ 在其取值范围内的最大可能值（"核"）。

（3）振荡序列区间预测模型的建模步骤。

第一步，根据振荡序列包络曲线定义与设计原则，确定振荡序列包络曲线。

第二步，根据振荡序列上下包络曲线，对振荡序列进行区间拓展。

第三步，根据区间灰数预测模型建模方法，构建振荡序列的区间灰数预测模型。

第四步，根据所构建的振荡序列区间预测模型，计算灰数上下界的模拟值及误差。

第五步，根据振荡序列预测模型模拟误差等级，对未来进行短期或中长期预测。

归纳上述步骤可知，建立振荡序列区间预测模型实际上包括两部分内容：一是振荡序列区间拓展；二是基于区间灰数预测模型的振荡序列上界与下界的模拟及预测。其中最核心问题是振荡序列包络线的设计。由于包络线的设计需要根据具体的振荡序列来确定，没有统一的固定范式。而振荡序列包络线一旦确定，即可根据既有的区间灰数预测建模方法，模拟及预测振荡序列的上界与下界。考虑到振荡序列包络线的设计无法程序化，因此，本书不提供振荡序列区间预测的MATLAB 程序。

9.5 模型应用：北京市 SO_2 浓度的区间预测

北京是中国的首都，作为一个国际化都市，其空气质量一直备受关注。北京市在 2015 年一共发生了 46 天重度污染，其中秋冬季占了 35 天。除了工业基地大量排放污染物之外，北京偏南区域秋收换播季节大面积秸秆的燃烧也造成了大量细颗粒物的排放，另外北京市大量机动车的尾气排放也是加剧北京市空气污染的一个重要原因。上述多种因素导致北京市空气质量一直不容乐观，防范和治理空气污染迫在眉睫。SO_2 是大气污染物中危害较大、影响较广的重要污染物之一，也是形成酸雨的主要成分。因此，合理预测北京市 SO_2 浓度的变化趋势，对政府采取合理有效的污染控制措施，提高空北京市气质量，改善居民生活水平具有积极意义。

（1）北京市 SO_2 浓度数据特征。

本小节选取 2000 ~ 2018 年北京市 SO_2 浓度值作为原始建模数据，然后分析北京市 SO_2 浓度的数据特征及变化趋势。数据来源于北京市生态环境局官网，具体数值如表 9 – 7 所示。

表 9 – 7　　　　　　2000 ~ 2018 年北京市 SO_2 年均浓度值　　　　单位：mg/m³

年份	2000	2001	2002	2003	2004	2005	2006	2007	2008	2009
日均浓度	0.071	0.064	0.067	0.061	0.055	0.050	0.053	0.047	0.036	0.034

年份	2010	2011	2012	2013	2014	2015	2016	2017	2018
日均浓度	0.032	0.028	0.028	0.0265	0.0218	0.0135	0.010	0.008	0.006

资料来源：北京市生态环境局官网（http://sthjj.beijing.gov.cn/）。

为了更加直观地了解北京市 2000 ~ 2018 年 SO_2 浓度值变化趋势，应用 MATLAB 绘制了表 9 - 7 中的数据的散点折线图，如图 9 - 9 所示。

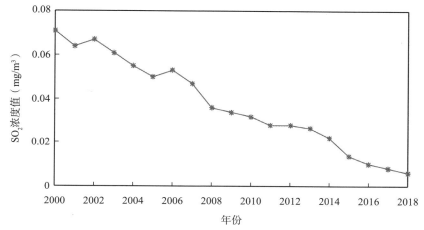

图 9 - 9　北京市 2000 ~ 2018 年 SO_2 浓度散点折线图

根据图 9 - 9 可以看出，北京市近 19 年来的 SO_2 浓度值呈现逐渐下降的总体趋势，但局部又具有一定的振荡序列特征。因此，我们采用基于包络线的区间灰数预测模型，对北京市 SO_2 浓度进行区间预测。

（2）北京市 SO_2 浓度数据区间预测建模。

令北京市 2000 ~ 2018 年 SO_2 浓度数据为原始序列 X，根据振荡序列上下包络线设计原则，本小节应用指数函数曲线来作为 SO_2 浓度数据之包络线，如图 9 - 10 所示。

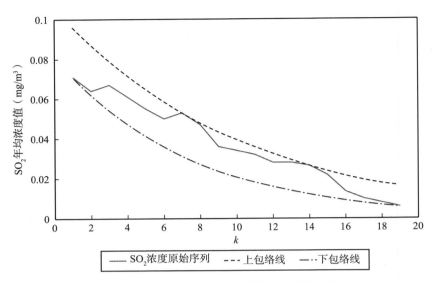

图 9 – 10　原始 SO_2 浓度振荡序列及其包络线

从图 9 – 10 可以看出，指数函数曲线的包络线将 2000 年至 2018 年北京市 SO_2 浓度数据序列都包含在下界与上界的区间中，且上下包络线没有产生相交或相离的情况，基本符合实际数据的变化规律与演变趋势。

其中，上包络线的函数表达式为：

$$f_s(t) = e^{-0.099t - 2.2443} \tag{9.5.1}$$

下包络线的函数表达式为：

$$f_u(t) = e^{-0.1373t - 2.5078} \tag{9.5.2}$$

根据定义 9.4.3 可知，当 $t = 1, 2, \cdots, n$ 时，通过建模序列下包络函数（公式（9.5.2））计算得到的 $f_u(t)$ 值，构成 X 的下界序列 U，即

$$U = (0.071, 0.0619, 0.054, 0.047, 0.041, 0.0357, 0.0311,$$
$$0.0272, 0.0237, 0.0206, 0.018, 0.0157, 0.0137, 0.012,$$
$$0.0104, 0.009, 0.0079, 0.0069, 0.006)。$$

类似地，$t = 1, 2, \cdots, n$ 时，通过建模序列上包络函数（公式

(9.5.1)) 计算得到的 $f_s(t)$ 值构成 X 的上界序列 S，即

$$S = (0.096, 0.087, 0.0788, 0.0713, 0.0646, 0.0585, 0.053,$$
$$0.048, 0.0435, 0.0394, 0.0357, 0.0323, 0.0293, 0.0265,$$
$$0.024, 0.0217, 0.0197, 0.0178, 0.0162)。$$

因此，当 $t = 1, 2, \cdots, n$ 时，综合上界序列 S 及下界序列 U，可将原始序列 X 拓展为一区间灰数序列 $X(\otimes)$，即

$$X(\otimes) = ([0.071, 0.096], [0.0619, 0.087], [0.054, 0.0788],$$
$$[0.047, 0.0713], [0.041, 0.0646], [0.0357, 0.0585],$$
$$[0.0311, 0.053], [0.0272, 0.048], [0.0237, 0.0435],$$
$$[0.0206, 0.0394], [0.0179, 0.0357], [0.0157, 0.0323],$$
$$[0.0137, 0.0293], [0.012, 0.0265], [0.0104, 0.024],$$
$$[0.009, 0.0217], [0.0079, 0.0197], [0.0069, 0.0178],$$
$$[0.006, 0.0162])。$$

根据9.1小节中灰数带和灰数层的概念，可计算区间灰数序列 $X(\otimes)$ 的面积序列 A 及坐标序列 W 分别为

$$A = (s(t_1), s(t_2), \cdots, s(t_{n-1}));$$
$$W = (w(t_1), w(t_2), \cdots, w(t_{n-1}))。$$

面积序列和坐标序列中元素值，如表9-8所示。

表9-8　　　　SO$_2$ 浓度区间灰数序列的面积序列及坐标序列　　　单位：mg/m^3

面积序列 A				坐标序列 W			
t	$s(t_i)$	t	$s(t_i)$	t	$w(t_i)$	t	$w(t_i)$
1	0.025	10	0.0183	1	0.079	10	0.028
2	0.0249	11	0.0172	2	0.07	11	0.025
3	0.0246	12	0.0161	3	0.063	12	0.023
4	0.024	13	0.015	4	0.056	13	0.0204

面积序列 A			坐标序列 W			
5	0.0232	14	0.014	5	0.05	14	0.018
6	0.0224	15	0.0132	6	0.045	15	0.0163
7	0.0214	16	0.0123	7	0.04	16	0.0146
8	0.0203	17	0.0113	8	0.036	17	0.0131
9	0.0193	18	0.0101	9	0.032	18	0.0117

通过表 9-8 的序列值分别建立面积序列 A 及坐标序列 W 的 GM(1，1) 模型，其模型参数分别为

$$\hat{a}_s = [a_s，b_s]^T = [0.052，0.0286]^T;$$

$$\hat{a}_w = [a_w，b_w]^T = [0.1125，0.083]^T。$$

将参数 $\hat{a}_s$ 和 $\hat{a}_w$ 代入区间灰数预测模型的公式（9.4.3）中，可得 SO_2 浓度的区间灰数预测模型：

$$\begin{cases} \hat{f}_s(k) = 0.074e^{-0.1125(k-2)}(1-(-1.119)^{(k-2)}) \\ \qquad + 0.0136^{-0.052(k-2)}(1-(-1.0534)^{(k-2)}) + 0.0869 \cdot (-1)^k \\ \hat{f}_u(k) = 0.074e^{-0.1125(k-2)}(1-(-1.119)^{(k-2)}) \\ \qquad - 0.0136^{-0.052(k-2)}(1-(-1.0534)^{(k-2)}) + 0.0619 \cdot (-1)^k \end{cases}$$

$$(9.5.3)$$

其中，区间灰数预测模型的相关参数，如表 9-9 所示。

表 9-9　　　　　　　SO_2 浓度区间灰数预测模型参数

参数名称	P_1	P_2	P_3	P_4
参数值	0.074	-1.119	0.0136	-1.0534

通过该 SO_2 浓度区间灰数预测模型的计算，可得 SO_2 振荡序列的上

下界函数的模拟值及模拟误差，分别如表 9 – 10、表 9 – 11 所示。

表 9 – 10　　　　　SO₂ 浓度区间灰数上界函数模拟及其误差

$S(\otimes)$	$f_s(k)$	$\hat{f}_s(k)$	$\overline{\Delta}_s(k)(\%)$	$S(\otimes)$	$f_s(k)$	$\hat{f}_s(k)$	$\overline{\Delta}_s(k)(\%)$
$\otimes(2)$	0.0869	0.0869	0	$\otimes(11)$	0.0357	0.0362	1.40
$\otimes(3)$	0.0788	0.0798	1.269	$\otimes(12)$	0.0323	0.0314	2.786
$\otimes(4)$	0.0713	0.0707	0.841	$\otimes(13)$	0.0293	0.0299	2.048
$\otimes(5)$	0.0646	0.0652	0.928	$\otimes(14)$	0.0265	0.0258	2.642
$\otimes(6)$	0.0585	0.0576	1.538	$\otimes(15)$	0.024	0.0248	3.333
$\otimes(7)$	0.053	0.0534	0.754	$\otimes(16)$	0.0217	0.0212	2.304
$\otimes(8)$	0.048	0.0469	2.292	$\otimes(17)$	0.0197	0.0207	5.076
$\otimes(9)$	0.0435	0.0439	0.919	$\otimes(18)$	0.0178	0.0175	1.685
$\otimes(10)$	0.0394	0.0384	2.538	$\otimes(19)$	0.0162	0.0173	6.79

表 9 – 11　　　　北京市 SO₂ 浓度区间灰数下界函数模拟及其误差

$S(\otimes)$	$f_u(k)$	$\hat{f}_u(k)$	$\overline{\Delta}_u(k)(\%)$	$S(\otimes)$	$f_u(k)$	$\hat{f}_u(k)$	$\overline{\Delta}_u(k)(\%)$
$\otimes(2)$	0.0619	0.0619	0	$\otimes(11)$	0.0179	0.0168	6.145
$\otimes(3)$	0.0539	0.0517	4.081	$\otimes(12)$	0.0157	0.0174	10.828
$\otimes(4)$	0.047	0.0483	2.765	$\otimes(13)$	0.0137	0.0123	10.218
$\otimes(5)$	0.041	0.0396	3.414	$\otimes(14)$	0.0119	0.0134	12.605
$\otimes(6)$	0.0357	0.0376	5.322	$\otimes(15)$	0.0103	0.0087	15.534
$\otimes(7)$	0.0311	0.0302	2.894	$\otimes(16)$	0.0091	0.0102	12.088
$\otimes(8)$	0.0272	0.0292	7.353	$\otimes(17)$	0.0078	0.0059	24.359
$\otimes(9)$	0.0237	0.0227	4.219	$\otimes(18)$	0.0069	0.0078	13.043
$\otimes(10)$	0.0206	0.0226	9.708	$\otimes(19)$	0.005	0.0038	24.0

在表 9 – 10 中，上界序列的平均相对模拟百分误差为

$$\overline{\Delta}_s = \frac{1}{n-1} \sum_{k=2}^{n} \overline{\Delta}_s(k) = 2.3028\% \ 。$$

在表 9.5.5 中，下界序列的平均相对模拟百分误差为

$$\overline{\Delta}_u = \frac{1}{n-1} \sum_{k=2}^{n} \overline{\Delta}_u(k) = 9.9165\% \ 。$$

根据 $\overline{\Delta}_s$ 及 $\overline{\Delta}_u$，可计算 SO_2 浓度区间灰数预测模型的综合模拟百分误差

$$\overline{\Delta} = \frac{\overline{\Delta}_s + \overline{\Delta}_u}{2} = 6.1097\% \ 。$$

北京市 SO_2 浓度区间灰数预测模型的综合模拟误差为 6.1097%，查灰色预测模型误差等级参照表可知，该模型性能接近 Ⅱ 级，可用于短期北京市 SO_2 浓度的区间预测，结果如表 9 - 12 所示。

表 9 - 12	北京市 2019 ~ 2021 年 SO_2 浓度预测区间		单位：mg/m^3
年份	2019	2020	2021
SO_2 浓度预测区间	[0.0059, 0.0144]	[0.0021, 0.01453]	[0.0045, 0.0119]

根据表 9 - 12 可以发现，2019 ~ 2020 年，北京市 SO_2 浓度总体呈现下降趋势，表明北京市政府治理污染措施得当。为了进一步控制北京市 SO_2 及其他大气污染物浓度，北京市政府部门按照新的尾气排放标准，对不符合排放标准的汽车予以限制出行，并提倡公交出行，加强科普宣传，提高公众环保意识。

9.6 本章小结

本章主要研究了区间灰数预测模型、灰色异构数据预测模型、灰色

波动序列预测模型及灰色振荡序列预测模型。实际上，关于区间灰数预测模型的构建，本章只是做了一些简单的尝试，灰数带及灰数层只是实现区间灰数序列实数化转换的一种方式，这种方式的科学性与合理性还有待进一步检验。本章提出的基于核和灰度的灰色异构数据预测模型，是基于灰度不减公理所做的简化处理，以解决灰色异构数据之间的运算及建模问题，整个建模过程还略显粗糙。灰色波动序列预测模型，主要对具有波峰波谷交替出现且总体趋势相对平缓的波动序列效果较好，对上升或下降趋势明显的波动序列，效果还有待提高。基于包络线的灰色振荡序列预测模型，首先这种对振荡序列"包络"建模的思想比较符合振荡序列变化趋势的随机性特征，但是包络线的设计具有一定的主观性，这在一定程度上增加了振荡序列预测结果的随意性。

　　总体而言，在灰色系统理论中，关于灰数（区间灰数、离散灰数等）预测模型及灰色异构数据预测模型的研究尚处于起步阶段；而对灰色波动序列预测模型及灰色振荡序列预测模型的领域的有效研究成果还相对有限。因此，围绕上述灰色预测模型科学系统的研究，还任重而道远，这既是挑战也是机遇。

第十章

灰色关联分析模型

　　灰色关联分析模型，又称灰色关联度模型，是用来定量研究不同对象之间关系紧密程度的一种数学方法。比如，某地区农村居民收入可能受到该地区农村工业化水平、第三产业比重、资源禀赋及政策环境等多种因素的影响。在这些因素中，哪些是影响农村居民收入的主要因素？哪些是次要因素？这本质上就是研究农村居民收入与其相关影响因素（农村工业化水平、第三产业比重、技术能力水平）之间关联性强弱的问题。关联性越强的因素，对农村居民收入的影响就越大，反之则越小。

　　数理统计中的回归分析、方差分析及主成分分析等都是用来进行系统因素分析的常用方法。这些方法首先要求样本数据足够大（30 组样本以上），其次这些数据需服从某个典型概率分布规律，并通过相关统计检验。然而，在某些研究中（如农作物品种改良、地质勘探分析等），要获得大样本统计数据十分困难。有时即使上述条件均满足，数理统计方法也可能出现系统因素的量化结果与定性分析结论不相符的情况。

　　灰色关联分析模型为研究系统的运行信息不清晰（机理缺失）、结构信息不确定（影响因素不完整）、数据信息不完整（样本量小且不确定）的灰色系统问题提供了一套有效的建模方法和研究手段。其主要根据表征对象的序列数据几何曲线相似度（位置、变化率、振幅平移）大小来判断对象之间关系的紧密程度。相对于以数理统计为基础的系统因素分析方法，灰色关联分析模型具有所需样本量小、建模过程简单、浅显易懂、易学易用等优点，目前已被广泛应用于系统因素分析、方案决策评估、指标聚类降维、模型误差检验等诸多领域，成功解决了经济管理、生态环境、能源系统、工业生产、地质分析等生产生活中的大量现实问题，并逐渐发展成为灰色系统理论中最为活跃的一个重要分支。

本章主要围绕灰色关联分析模型的基本定义、计算步骤、模型结构、模型构造等内容展开研究。首先，本章介绍了几种常用的无量纲化方法及两种常用的灰色关联度模型——邓氏灰色关联度模型及灰色面积关联度模型。其次，对两类灰色关联度模型的函数结构进行对比分析并提出了灰色通用关联度模型的概念，并对灰色关联度模型的相似性与相近性等内容进行了介绍。最后，介绍如何应用可视化建模软件解决灰色关联度模型的计算问题。

10.1 几种常用的无量纲化方法

灰色关联分析模型作为一种定量化的系统分析方法，研究主体（如农村居民收入）的确定及其影响因素（如农村工业化水平、第三产业比重、技术能力水平）的遴选是模型构建的第一步。然后，根据研究主体及其影响因素搜集相关数据，主要内容包括指标数据起止范围的确定、空缺数据的补充、噪声数据的清洗、数据格式的统一等，并最终得到一组能较为客观反映系统变化特征与演化趋势的序列数据。最后，根据系统研究的实际需要选择相应灰色关联分析模型，对影响系统发展的相关因素及其影响程度进行计算、排序与分析。

　　灰色关联分析模型通过比较对应指标数据之间的差异性来分析系统及其影响因素之间关系的紧密程度。由于不同的序列数据代表不同的实体对象，通常具有不同的物理单位。因此，在构建灰色关联分析模型之前，首先需要对具有不同物理单位的序列数据进行无量纲化处理（俗称"去量纲"），以实现不同序列数据之间的计算和比较，进而对序列指标之间的差异性大小及系统影响因素之间关联性强弱进行测度与排序。

　　定义 10.1.1　某研究对象 i 在序号 k（$k=1,2,\cdots,n$）上的观测数据记为 $x_i(k)$，则称

$$X_i = (x_i(1),\ x_i(2),\ \cdots,\ x_i(n))$$

为研究对象 i 的行为序列数据。

　　（1）若 k 为时间序号，$x_i(k)$ 为研究对象 i 在时刻 k 的观测数据，则称 X_i 为时间序列数据，简称**时序数据**。

　　（2）若 k 为指标序号，$x_i(k)$ 为研究对象 i 关于第 k 个指标的观测数据，则称 X_i 为指标序列数据，简称**指标数据**。

　　（3）若 k 为目标对象序号，$x_i(k)$ 为研究对象 i 关于第 k 个目标对象的观测数据，则称 X_i 为横向序列数据，简称**横向数据**。

　　例 10.1.1　分别通过三个例子解释时序数据、指标数据与横向数据的含义与表达方式。

　　（1）重庆市 2014～2018 年的 GDP 数据构成重庆市 GDP 的时序数据，记为 X_1：

$$X_1 = (x_1(1),\ x_1(2),\ x_1(3),\ x_1(4),\ x_1(5))$$
$$= (14263,\ 15717,\ 17741,\ 19425,\ 20363)。$$

　　（2）重庆市 2018 年规模以上工业主要产品产量：汽车 205.04 万辆、笔记本电脑 5730.23 万台、工业机器人 2917 套、液晶显示屏

14261.06 万片、集成电路 54062.26 万块。上述数据构成重庆市 2018 年规模以上工业主要产品产量的指标数据，记为 X_2：

$$X_2 = (x_2(1), x_2(2), x_2(3), x_2(4), x_2(5))$$
$$= (205.04, 5730.23, 2917, 14261.06, 54062.26)。$$

（3）2018 年中国四大直辖市（北京、上海、天津、重庆）的 GDP（亿元）分别为 30320、32680、18810、20363。上述数据构成 2018 年中国直辖市 GDP 的横向数据，记为 X_3：

$$X_3 = (x_3(1), x_3(2), x_3(3), x_3(4)) = (30320, 32680, 8810, 20363)。$$

时序数据、指标数据及横向数据，统称序列数据，都可用来建立灰色关联分析模型。

定义 10.1.2 设 $X_i = (x_i(1), x_i(2), \cdots, x_i(n))$ 为研究对象 i 的序列数据，D_1 为序列算子，且

$$X_i D_1 = (x_i(1)d_1, x_i(2)d_1, \cdots, x_i(n)d_1)。$$

其中

$$x_i(k)d_1 = x_i(k)/x_i(1); \quad x_i(1) \neq 0, \quad k = 1, 2, \cdots, n \qquad (10.1.1)$$

则称 D_1 为初值化算子，新序列 $X_i D_1$ 为 X_i 在初值化算子 D_1 下的像，简称初值像。

此处所谓算子可以简单理解为一种数学运算方法。通过算子对原始序列进行处理，实际上就是通过一种数学运算把原始序列变成另一新序列的过程。$X_i D_1$ 表示序列算子 D_1 这种数学运算方法作用于序列 X_i，而不是指 X_i 与 D_1 相乘。序列算子 D_1 作用于序列 X_i 后所生成的新序列，称为序列 X_i 在算子作用下的"像"，即原始序列→算子→新序列（像）。

例 10.1.2 试计算例 10.1.1（1）中序列 X_1 的初值像 X_1'。

根据定义 10.1.2 可知，当 $k = 1, 2, 3, 4, 5$ 时

$$x_1(1)d_1 = \frac{x_1(1)}{x_1(1)} = \frac{14263}{14263} = 1；\quad x_1(2)d_1 = \frac{x_1(2)}{x_1(1)} = \frac{15717}{14263} = 1.1019；$$

$$x_1(3)d_1 = \frac{x_1(3)}{x_1(1)} = \frac{17741}{14263} = 1.2438；\quad x_1(4)d_1 = \frac{x_1(4)}{x_1(1)} = \frac{19425}{14263} = 1.3619；$$

$$x_1(5)d_1 = \frac{x_1(5)}{x_1(1)} = \frac{20363}{14263} = 1.4277。$$

即，序列 X_1 的初值像 X_1' 为

$$X_1' = X_1 D_1 = (x_1(1)d_1,\ x_1(2)d_1,\ x_1(3)d_1,\ x_1(4)d_1,\ x_1(5)d_1)$$
$$= (1,\ 1.1019,\ 1.2438,\ 1.3619,\ 1.4277)。$$

可见，所谓序列的初值像，实际上就是序列中所有元素与该序列第一个元素做除法后所得到的新序列。这里的"像"可理解为原始序列通过某种数学运算（算子）映射并得到的一新序列。

定义 10.1.3 设 $X_i = (x_i(1),\ x_i(2),\ \cdots,\ x_i(n))$ 为研究对象 i 的行为序列数据，$\bar{X}_i$ 为序列 X_i 中所有元素的算术平均数（均值），即

$$\bar{X}_i = \frac{1}{n}\sum_{k=1}^{n} x_i(k)；\quad k = 1,\ 2,\ \cdots,\ n。$$

D_2 为序列算子，且

$$X_i D_2 = (x_i(1)d_2,\ x_i(2)d_2,\ \cdots,\ x_i(n)d_2)。$$

其中

$$x_i(k)d_2 = \frac{x_i(k)}{\bar{X}_i}；\quad k = 1,\ 2,\ \cdots,\ n \tag{10.1.2}$$

则称 D_2 为均值化算子，新序列 $X_i D_2$ 为 X_i 在均值化算子 D_2 下的像，简称均值像。

例 10.1.3 试计算例 10.1.1（1）中序列 X_1 的均值像。

根据定义 10.1.3，首先计算序列 X_1 的算术平均数（均值）$\bar{X}_1$：

$$\bar{X}_1 = \frac{1}{5}(14263 + 15717 + 17741 + 19425 + 20363) = 17501.8。$$

然后，根据公式（10.1.2），当 $k = 1$，2，3，4，5 时，计算序列 X_1 的均值像 X_1'：

$$x_1(1)d_2 = \frac{x_1(1)}{\overline{X}_1} = \frac{14263.0}{17501.8} = 0.8149;$$

$$x_1(2)d_2 = \frac{x_1(2)}{\overline{X}_1} = \frac{15717.0}{17501.8} = 0.8980;$$

$$x_1(3)d_2 = \frac{x_1(3)}{\overline{X}_1} = \frac{17741.0}{17501.8} = 1.0137;$$

$$x_1(4)d_2 = \frac{x_1(4)}{\overline{X}_1} = \frac{19425.0}{17501.8} = 1.1099;$$

$$x_1(5)d_2 = \frac{x_1(5)}{\overline{X}_1} = \frac{20363.0}{17501.8} = 1.1635。$$

即，序列 X_1 的均值像 X_1' 为

$$X_1' = X_1 D_2 = (x_1(1)d_2, x_1(2)d_2, x_1(3)d_2, x_1(4)d_2, x_1(5)d_2)$$
$$= (0.8149, 0.8980, 1.0137, 1.1099, 1.1635)。$$

定义 10.1.4 设 $X_i = (x_i(1), x_i(2), \cdots, x_i(n))$ 为研究对象 i 的序列数据，D_3 为序列算子且

$$X_i D_3 = (x_i(1)d_3, x_i(2)d_3, \cdots, x_i(n)d_3),$$

其中

$$x_i(k)d_3 = \frac{x_i(k) - \min\limits_{k} x_i(k)}{\max\limits_{k} x_i(k) - \min\limits_{k} x_i(k)}; \quad k = 1, 2, \cdots, n \qquad (10.1.3)$$

则称 D_3 为区间值化算子，$X_i D_3$ 为 X_i 在区间值化算子 D_3 下的像，简称区间值像。

例 10.1.4 试计算例 10.1.1（1）中序列 X_1 的区间值像。

根据定义 10.1.4，首先计算序列 X_1 中的最大值 M 与最小值 m：

$$M = \max\limits_{k} x_1(k) = x_1(5) = 20363; \quad m = \min\limits_{k} x_1(k) = x_1(1) = 14263。$$

然后，根据公式（10.1.3），当 $k = 1$，2，3，4，5 时，计算序列 X_1 的

区间值像 X'_1：

$$x_1(1)d_3 = \frac{x_1(1) - m}{M - m} = \frac{14263 - 14263}{20363 - 14263} = 0;$$

$$x_1(2)d_3 = \frac{x_1(2) - m}{M - m} = \frac{15717 - 14263}{20363 - 14263} = 0.2384;$$

$$x_1(3)d_3 = \frac{x_1(3) - m}{M - m} = \frac{17741 - 14263}{20363 - 14263} = 0.5702;$$

$$x_1(4)d_3 = \frac{x_1(4) - m}{M - m} = \frac{19425 - 14263}{20363 - 14263} = 0.8462;$$

$$x_1(5)d_3 = \frac{x_1(5) - m}{M - m} = \frac{20363 - 14263}{20363 - 14263} = 1。$$

即序列 X_1 的区间值像 X'_1 为

$$X'_1 = X_1 D_3 = (x_1(1)d_3,\ x_1(2)d_3,\ x_1(3)d_3,\ x_1(4)d_3,\ x_1(5)d_3)$$
$$= (0,\ 0.2384,\ 0.5702,\ 0.8462,\ 1)。$$

初值化算子 D_1、均值化算子 D_2 和区间值化算子 D_3 是去除序列量纲的三种常用算子，可使系统行为序列实现无量纲化。通常情况下 D_1、D_2 及 D_3 不宜混合、重叠使用。在进行系统因素分析时，可根据实际情况选用其中的一种算子。另外，序列的无量纲化过程可能会导致序列丢失部分信息，故应谨慎对待。

10.2 邓氏灰色关联分析模型

20 世纪 80 年代初，邓聚龙教授首次提出了灰色关联度模型的概念与公理体系，在此基础上进一步提出了通过序列对应元素之间距离的接近程度来测度序列之间关联性强弱的一种计算方法，本书称为邓氏灰色关联度模型。

定义 10.2.1 设 X_0 为系统行为序列（或称因变量序列），X_i（$i=$ 1，2，$\cdots$，m）是影响 X_0 的相关因素行为序列（或称自变量序列、解释变量序列），即

$$X_0 = (x_0(1), x_0(2), \cdots, x_0(n)); \quad X_i = (x_i(1), x_i(2), \cdots, x_i(n))_\circ$$

对于 $\xi \in (0, 1)$，令

$$M_{\min} = \min_i \min_k |x_0(k) - x_i(k)|; \quad M_{\max} = \max_i \max_k |x_0(k) - x_i(k)|,$$

则称

$$\gamma_{0i}(k) = \frac{M_{\min} + \xi M_{\max}}{|x_0(k) - x_i(k)| + \xi M_{\max}} \tag{10.2.1}$$

为序列 X_0 与 X_i 对应第 k 个元素之间的邓氏灰色关联系数，称

$$\gamma_{0i} = \frac{1}{n} \sum_{k=1}^{n} \gamma_{0i}(k) \tag{10.2.2}$$

为序列 X_0 与 X_i 的邓氏灰色关联度，其中 ξ 称为分辨系数，通常 $\xi =$ 0.5。基于邓氏灰色关联度的灰色关联分析模型，简称为邓氏灰色关联度模型，或邓氏灰色关联模型。

关于邓氏灰色关联度模型的定义，需作以下几点说明：

（1）在公式（10.2.1）中，$M_{\min}$ 表示所有相关因素行为序列 X_i （$i = 1$，2，$\cdots$，m）与系统行为序列 X_0 中所有点 k（$k = 1$，2，$\cdots$，n）对应元素距离之最小值；类似地，$M_{\max}$ 表示 X_i 与 X_0 中所有点 k 对应元素距离之最大值。显然，$|x_0(k) - x_i(k)| \geqslant M_{\min}$，可推导得 $0 < \gamma_{0i}(k) \leqslant 1 \Rightarrow 0 < \gamma(X_0, X_i) \leqslant 1$，即任何两条序列都不可能是完全无关的，此即邓氏灰色关联度的规范性。

（2）$|x_0(k) - x_i(k)|$ 表示序列 X_0 与 X_i 对应第 k 个元素 $x_0(k)$ 及 $x_i(k)$ 之间的距离。显然，点 $x_0(k)$ 与点 $x_i(k)$ 之间的距离越短，$|x_0(k) - x_i(k)|$ 就越小，其邓氏灰色关联系数 $\gamma_{0i}(k)$ 就越大，序列 X_0 与 X_i 之间的邓氏灰色关联度 γ_{0i} 就越大，此即邓氏灰色关联度的接

近性。

灰色关联度的规范性和接近性以及耦合对称性合称为灰色关联公理。灰色关联公理是构建和研究灰色关联度模型需要遵守的基本原则。

（3）根据公式（10.2.1）可知，灰色关联系数 $\gamma_{0i}(k)$ 的大小不仅取决于 $x_0(k)$ 及 $x_i(k)$ 之间的距离 $|x_0(k) - x_i(k)|$，还受到所有序列对应元素距离之最大值 $M_{\max}$ 和最小值 $M_{\min}$ 的影响。这说明了序列 X_0 与 X_i 之间的关联度不仅受到自身关联性的影响，还受到系统中其他序列关联性（大环境）的影响，这体现了邓氏灰色关联度的整体性。另外，$M_{\max}$ 和 $M_{\min}$ 在邓氏灰色关联度的计算过程中，还起到了消除指标序列量纲的作用。

（4）灰色关联度模型的计算公式与经典数学中的计算公式（如等比数列求和），具有本质的区别。前者是在满足灰色关联公理前提下，根据实际情况设计和构造而得到的，具有一定的主观性；而后者是通过严格的数学推导得到的。

（5）邓氏灰色关联度模型在其定义中并未将序列的无量纲化处理作为模型计算的必备过程。但是在可查阅的相关文献中，无论指标序列量纲是否相同，均将序列初值化处理作为模型计算的第一步，这可能对结果分析的合理性带来一定影响。

定理 10.2.1 在邓氏灰色关联度模型中，若分辨系数 $\xi = 0.5$，则序列 X_0 与 X_i 之间的邓氏灰色关联度 $\gamma_{0i} \geqslant \dfrac{1}{3}$。

证明：根据公式（10.2.1）可知，当分辨系数 $\xi = 0.5$ 时，若 $M_{\min} = 0$ 且 $M_{\max} = \max |x_0(k) - x_i(k)|$，则 $\gamma_{0i}(k)$ 取得最小值，即

$$\gamma_{0i}(k) = \frac{M_{\min} + \xi M_{\max}}{|x_0(k) - x_i(k)| + \xi M_{\max}} \geqslant \frac{0 + 0.5 M_{\max}}{M_{\max} + 0.5 M_{\max}} = \frac{1}{3}。$$

根据公式（10.2.2）可知，

$$\gamma_{0i} = \frac{1}{n}\sum_{k=1}^{n}\gamma_{0i}(k) \geq \frac{1}{n} \times n \times \frac{1}{3} = \frac{1}{3}.$$

证明结束。

定理 10.2.1 说明即使两条完全不相关的指标序列，其邓氏灰色关联度也不小于 1/3。明确这一点，对第十一章如何设置阈值以判断序列之间关联性强弱具有一定参考意义。

例 10.2.1 2013～2018 年，重庆市地区生产总值 X_0 以及第一产业 X_1、第二产业 X_2、第三产业 X_3 的数据（单位：亿元；资料来源：2019 年重庆市统计年鉴）如下：

$$X_0 = (x_0(1), x_0(2), x_0(3), x_0(4), x_0(5))$$
$$= (14.3229, 15.7898, 17.6742, 19.4247, 20.3632);$$
$$X_1 = (x_1(1), x_1(2), x_1(3), x_1(4), x_1(5))$$
$$= (0.9907, 1.0677, 1.2369, 1.2761, 1.3783);$$
$$X_2 = (x_2(1), x_2(2), x_2(3), x_2(4), x_2(5))$$
$$= (6.6372, 7.1950, 7.8989, 8.5846, 8.3288);$$
$$X_3 = (x_3(1), x_3(2), x_3(3), x_3(4), x_3(5))$$
$$= (6.6950, 7.5271, 8.5384, 9.5640, 10.6561).$$

现以 X_0 为系统特征序列，计算序列 X_i（$i=1$，2，3）与序列 X_0 的邓氏灰色关联度 γ_{0i}。

第一步，计算序列初值像。

根据定义 10.1.2，即 $X'_i = X_i/x_i(1) = (x'_i(1), x'_i(2), x'_i(3), x'_i(4), x'_i(5))$，可计算序列 X_i 的初值像 X'_i：

$$X'_0 = (x'_0(1), x'_0(2), x'_0(3), x'_0(4), x'_0(5))$$
$$= (1, 1.1024, 1.2340, 1.3562, 1.4217);$$
$$X'_1 = (x'_1(1), x'_1(2), x'_1(3), x'_1(4), x'_1(5))$$
$$= (1, 1.0777, 1.2485, 1.2881, 1.3912);$$

$$X'_2 = (x'_2(1), x'_2(2), x'_2(3), x'_2(4), x'_2(5))$$
$$= (1, 1.0840, 1.1901, 1.2934, 1.2549);$$
$$X'_3 = (x'_3(1), x'_3(2), x'_3(3), x'_3(4), x'_3(5))$$
$$= (1, 1.1243, 1.2753, 1.4285, 1.5917)。$$

第二步，计算初值像距离序列。

计算 X'_i 与 X'_0 对应元素之距离，构成初值像距离序列 Δ_i，其中 $\Delta_i(k) = |x'_0(k) - x'_i(k)|$，

$$\Delta_1 = (\Delta_1(1), \Delta_1(2), \Delta_1(3), \Delta_1(4), \Delta_1(5))$$
$$= (0, 0.0247, 0.0145, 0.0681, 0.0305);$$
$$\Delta_2 = (\Delta_2(1), \Delta_2(2), \Delta_2(3), \Delta_2(4), \Delta_2(5))$$
$$= (0, 0.0184, 0.0439, 0.0628, 0.1669);$$
$$\Delta_3 = (\Delta_3(1), \Delta_3(2), \Delta_3(3), \Delta_3(4), \Delta_3(5))$$
$$= (0, 0.0219, 0.0414, 0.0723, 0.1699)。$$

第三步，求最大值 M_{max} 和最小值 M_{min}：

计算初值像距离序列 Δ_i 中的最大值 M_{max} 和最小值 M_{min}：

$$M_{min} = \min_i \min_k |x_0(k) - x_i(k)| = 0;$$
$$M_{max} = \max_i \max_k |x_0(k) - x_i(k)| = 0.1699。$$

第四步，计算灰色关联系数。

计算 X'_i 与 X'_0 各对应点之间的邓氏灰色关联系数（取 $\xi = 0.5$）。根据公式（10.2.1）可得，

$$\gamma_{0i}(k) = \frac{M_{min} + \xi M_{max}}{|x_0(k) - x_i(k)| + \xi M_{max}} = \frac{0 + 0.5 \times 0.1699}{\Delta_i(k) + 0.5 \times 0.1699} \quad (10.2.3)$$

根据公式（10.2.3），当 $i = 1, 2, 3$ 且 $k = 1, 2, 3, 4, 5$ 时，可计算各点之间的邓氏灰色关联系数

$\gamma_{01}(1) = 1.0000$，$\gamma_{01}(2) = 0.7748$，$\gamma_{01}(3) = 0.8542$，$\gamma_{01}(4) = 0.5550$，$\gamma_{01}(5) = 0.7359$；

$\gamma_{02}(1) = 1.0000$，$\gamma_{02}(2) = 0.8222$，$\gamma_{02}(3) = 0.6594$，$\gamma_{02}(4) = 0.5750$，$\gamma_{02}(5) = 0.3374$；

$\gamma_{03}(1) = 1.0000$，$\gamma_{03}(2) = 0.7950$，$\gamma_{03}(3) = 0.6723$，$\gamma_{03}(4) = 0.5402$，$\gamma_{03}(5) = 0.3333$。

第五步，计算序列邓氏灰色关联度。

计算序列 X_i（$i = 1$，2，3）与序列 X_0 的邓氏灰色关联度。根据公式（10.2.2）可得，

$$\gamma_{01} = \frac{1}{n} \sum_{k=1}^{n} \gamma_{01}(k)$$

$$= \frac{1}{5}(1.0000 + 0.7748 + 0.8539 + 0.5550 + 0.7359) = 0.7839；$$

$$\gamma_{02} = \frac{1}{n} \sum_{k=1}^{n} \gamma_{02}(k)$$

$$= \frac{1}{5}(1.0000 + 0.8222 + 0.6594 + 0.5750 + 0.3374) = 0.6788；$$

$$\gamma_{03} = \frac{1}{n} \sum_{k=1}^{n} \gamma_{03}(k)$$

$$= \frac{1}{5}(1.0000 + 0.7953 + 0.6726 + 0.5410 + 0.3333) = 0.6684。$$

根据序列 X_i（$i = 1$，2，3）与序列 X_0 之间的邓氏灰色关联度大小可知 $\gamma_{01} > \gamma_{02} > \gamma_{03}$，即第一产业与重庆市地区生产总值的关联性最大，第二产业次之，第三产业最小。

10.3 灰色面积关联分析模型

灰色面积关联分析模型，又称广义灰色关联度模型、灰色绝对关联度模型。该模型由刘思峰教授首次提出，主要通过序列曲线之间的面积

关系来测度序列之间的关联性大小。

定义 10.3.1 设序列 $X_0 = (x_0(1)，x_0(2)，\cdots，x_0(n))$，若 X_0 中所有元素 $x_0(i)(i = 1，2，\cdots，n)$ 与其第一个元素 $x_0(1)$ 做差，记作 $x_0^0(i) = x_0(i) - x_0(1)$，则称新序列 $X_0^0 = (x_0^0(1)，x_0^0(2)，\cdots，x_0^0(n))$ 为序列 X_0 的始点零化像；序列从 X_0 至 X_0^0 的变换过程，称为序列 X_0 的始点零化处理。

始点零化处理作为计算灰色面积关联度模型的第一步，其主要作用是统一各条序列曲线的"起点"，从而避免序列曲线与坐标横轴的"矩形空白区域"等"非序列趋势性因素"对灰色面积关联度计算结果的影响，如图 10 – 1 所示。

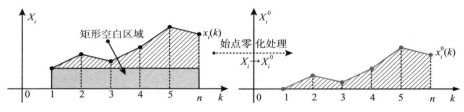

图 10 – 1　始点零化处理消除序列曲线矩形空白区域

始点零化处理并不是一种序列的无量纲化处理方法，本质上是序列曲线在坐标纵轴方向为消除"矩形空白区域"而进行的坐标平移。尽管坐标平移不改变序列本身的几何形状，但序列曲线位置的变化有时可能破坏指标数据本身所蕴含的数据信息。

定义 10.3.2 设 X_0 为系统行为序列，X_i（$i = 1，2，\cdots，m$）是影响 X_0 的相关因素行为序列，即

$$X_0 = (x_0(1)，x_0(2)，\cdots，x_0(n))；X_i = (x_i(1)，x_i(2)，\cdots，x_i(n))。$$

序列 X_0^0、X_i^0 分别为序列 X_0、X_i 的始点零化序列，即

$$X_0^0 = (x_0^0(1)，x_0^0(2)，\cdots，x_0^0(n))；X_i^0 = (x_i^0(1)，x_i^0(2)，\cdots，x_i^0(n))。$$

将序列 X_0^0、X_i^0 分别映射至二维几何坐标平面（如图 10–2 所示），令

$$s_0 = \int_1^n X_0^0 dt ; \quad s_i - s_0 = \int_1^n (X_i^0 - X_0^0) dt,$$

则称 $|s_i|$ 为序列 X_i^0 与坐标横轴在垂直方向所覆盖区域的面积；称 $|s_i - s_0|$ 为序列 X_i^0 与 X_0^0 所覆盖区域的面积（如图 10–2 所示）。

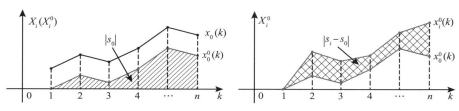

图 10–2　原始序列的始点零化序列与面积

当序列 X_0 及 X_i 均为增长序列或衰减序列且折线 X_0^0 与 X_i^0 不相交时，可以进一步证明，

$$|s_0| = \sum_{k=2}^{n-1} \left| x_0^0(k) + \frac{1}{2} x_0^0(n) \right| ; \quad |s_i| = \sum_{k=2}^{n-1} \left| x_i^0(k) + \frac{1}{2} x_i^0(n) \right|,$$

$$|s_i - s_0| = \sum_{k=2}^{n-1} \left| x_i^0(k) - x_0^0(k) \right| + \frac{1}{2} \left| (x_i^0(n) - x_0^0(n)) \right|。$$

定义 10.3.3　设 X_0、X_i、X_0^0、X_i^0 及 $|s_0|$、$|s_i|$、$|s_i - s_0|$ 分别如定义 10.3.1 及定义 10.3.2 所述，则称

$$\varepsilon_{0i} = \frac{1 + |s_0| + |s_i|}{1 + |s_0| + |s_i| + |s_i - s_0|} \tag{10.3.1}$$

为序列 X_0 与 X_i 的灰色面积关联度（或称灰色绝对关联度、广义灰色关联度）。

在定义 10.3.3 中，$|s_i - s_0|$ 表示序列 X_0 与 X_i 所对应始点零化序列 X_0^0 与 X_i^0 所包夹区域的面积。显然，序列曲线 X_0^0 与 X_i^0 在几何上越接近，其包夹区域的面积 $|s_i - s_0|$ 就越小，则序列 X_0 与 X_i 的灰色绝对关

联度 ε_{0i} 就越大，此即体现了灰色面积关联度模型的接近性。另外，公式（10.3.1）中，由于 $1 + |s_0| + |s_i| + |s_i - s_0| \geqslant 1 + |s_0| + |s_i|$ 且 $1 + |s_0| + |s_i| > 0$，故 $0 < \varepsilon_{0i} \leqslant 1$，这体现了灰色面积关联度模型的规范性。

定理 10.3.1 在灰色面积关联度模型中，序列 X_0 与 X_i 之间的灰色面积关联度 $\varepsilon_{0i} \geqslant 0.5$。

证明：根据公式（10.3.1）可知，

$$\varepsilon_{0i} = \frac{1 + |s_0| + |s_i|}{1 + |s_0| + |s_i| + |s_i - s_0|} = \frac{1}{1 + \dfrac{|s_i - s_0|}{1 + |s_0| + |s_i|}} \qquad (10.3.2)$$

公式（10.3.2）中，令

$$A = \frac{|s_i - s_0|}{1 + |s_0| + |s_i|},$$

则当 A 取得最大值时，ε_{0i} 即取得最小值。显然，当 $|s_0| \to 0$ 且 $|s_i| \to +\infty$ 时，A 取得近似最大值 1，即 $A \leqslant 1$，此时 $\varepsilon_{0i} = 1/(1+A) \geqslant 0.5$。证明结束。

定理 10.3.1 说明即使两条完全不相关的指标序列，其灰色面积关联度也不小于 0.5。明确这一点，对第十一章设置阈值以判断序列之间关联性强弱具有一定参考意义。

例 10.3.1 2013～2018 年重庆市地区生产总值 X_0 以及第一产业 X_1、第二产业 X_2、第三产业 X_3 数据（单位：亿元），如例 10.2.1 所示。现以 X_0 为系统特征序列，计算序列 X_i（$i = 1, 2, 3$）与序列 X_0 的灰色面积关联度。

第一步，计算序列始点零化像。

根据定义 10.3.1，即 $X_j^0 = X_j - x_j(1) = (x_j^0(1), x_j^0(2), x_j^0(3), x_j^0(4), x_j^0(5))$，$j = 0, 1, 2, 3$，可计算序列 X_j 的始点零化像 X_j^0：

$$X_0^0 = (x_0^0(1), \ x_0^0(2), \ x_0^0(3), \ x_0^0(4), \ x_0^0(5))$$
$$= (0, \ 1.4669, \ 3.3513, \ 5.1018, \ 6.0403);$$
$$X_1^0 = (x_1^0(1), \ x_1^0(2), \ x_1^0(3), \ x_1^0(4), \ x_1^0(5))$$
$$= (0, \ 0.0770, \ 0.2462, \ 0.2854, \ 0.3876);$$
$$X_2^0 = (x_2^0(1), \ x_2^0(2), \ x_2^0(3), \ x_2^0(4), \ x_2^0(5))$$
$$= (0, \ 0.5578, \ 1.2617, \ 1.9474, \ 1.6916);$$
$$X_3^0 = (x_3^0(1), \ x_3^0(2), \ x_3^0(3), \ x_3^0(4), \ x_3^0(5))$$
$$= (0, \ 0.8321, \ 1.8434, \ 2.8690, \ 3.9611)_\circ$$

第二步，计算始点零化像与 X 轴之间的面积。

计算始点零化像 X_j^0 与 X 轴所围成图形之面积，由 $|s_j| = |\sum_{k=2}^{n-1} x_j^0(k) + 0.5x_j^0(n)|$，$n = 5$，得：

$$|s_0| = \left| \sum_{k=2}^{4} x_0^0(k) + \frac{1}{2}x_0^0(5) \right| = 12.9401;$$

$$|s_1| = \left| \sum_{k=2}^{4} x_1^0(k) + \frac{1}{2}x_1^0(5) \right| = 0.8024;$$

$$|s_2| = \left| \sum_{k=2}^{4} x_2^0(k) + \frac{1}{2}x_2^0(5) \right| = 4.6127;$$

$$|s_3| = \left| \sum_{k=2}^{4} x_3^0(k) + \frac{1}{2}x_3^0(5) \right| = 7.5250_\circ$$

第三步，计算始点零化像之间的面积。

计算相关因素序列 X_i（$i = 1$，2，3）始点零化像 X_i^0 与系统特征序列 X_0 始点零化像 X_0^0 之间的面积 $|s_i - s_0|$，由 $|s_i - s_0| = |\sum_{k=2}^{n-1}(x_i^0(k) - x_0^0(k)) + 0.5(x_i^0(n) - x_0^0(n))|$，$n = 5$，得：

$$|s_1 - s_0| = \left| \sum_{k=2}^{4}(x_1^0(k) - x_0^0(k)) + \frac{1}{2}(x_1^0(5) - x_0^0(5)) \right| = 12.1377;$$

$$|s_2 - s_0| = \left| \sum_{k=2}^{4} (x_2^0(k) - x_0^0(k)) + \frac{1}{2}(x_2^0(5) - x_0^0(5)) \right| = 6.1531;$$

$$|s_3 - s_0| = \left| \sum_{k=2}^{4} (x_3^0(k) - x_0^0(k)) + \frac{1}{2}(x_3^0(5) - x_0^0(5)) \right| = 5.4151。$$

第四步，计算序列灰色面积关联度。

计算序列 X_i（$i = 1$，2，3）与序列 X_0 的灰色面积关联度。根据公式（10.3.1）可得，

$$\varepsilon_{01} = \frac{1 + |s_0| + |s_1|}{1 + |s_0| + |s_1| + |s_1 - s_0|} = \frac{1 + 12.9401 + 0.8024}{1 + 12.9401 + 0.8024 + 12.1377}$$

$$= 0.5485;$$

$$\varepsilon_{02} = \frac{1 + |s_0| + |s_2|}{1 + |s_0| + |s_2| + |s_2 - s_0|} = \frac{1 + 12.9401 + 4.6127}{1 + 12.9401 + 4.6127 + 6.1531}$$

$$= 0.6902;$$

$$\varepsilon_{03} = \frac{1 + |s_0| + |s_3|}{1 + |s_0| + |s_3| + |s_3 - s_0|} = \frac{1 + 12.9401 + 7.5250}{1 + 12.9401 + 7.5250 + 4.3755}$$

$$= 0.7986。$$

根据序列 X_i（$i = 1$，2，3）与序列 X_0 之间的灰色面积关联度大小可知，$\varepsilon_{03} > \varepsilon_{02} > \varepsilon_{01}$。即第三产业与重庆市地区生产总值的关联性最大，第二产业次之，第一产业最小。

在本例中，如果不对序列做始点零化处理并直接计算序列的灰色面积关联度，可以发现序列之间的灰色面积关联度都非常大且在数值上非常接近。这主要是因为在灰色面积关联度的计算公式中，若不对序列做始点零化处理，则序列折线的面积 $|s_0| + |s_i|$ 远大于 $|s_i - s_0|$，即 $|s_0| + |s_i| \gg |s_i - s_0|$，故 $1 + |s_0| + |s_i| \approx 1 + |s_0| + |s_i| + |s_i - s_0|$。导致这种情况下计算得到的灰色关联度在数值上非常大且接近 1。因此，始点零化处理的主要作用是避免序列曲线与坐标横轴的"矩形空白区域"等"非序列趋势性因素"对灰色面积关联度计算结果的放大效应，从而强

化序列之间的几何形状差异性对灰色关联度大小的影响。

与邓氏灰色关联度模型相比，灰色面积关联度模型在计算过程中，由于不用考虑因变量序列与各个自变量序列对应元素之间距离的最大值与最小值，本质上是消除了序列作为因变量或自变量的身份约束。该特性是计算无身份约束（不区分因变量与自变量）的多个序列两两之间灰色关联度的重要基础。本书后面介绍的灰色关联聚类，就使用灰色面积关联度模型来构造灰色关联矩阵 R。

10.4 灰色关联度模型的结构分解与比较

邓氏灰色关联度模型与灰色面积关联度模型，因其具有所需样本量小、建模过程简单、易学易用等优点，目前已被成功应用于解决生产生活中的大量实际问题，并逐渐发展成为灰色系统理论中最为活跃的一个重要分支。

然而，大量实践研究结果表明，邓氏灰色关联度模型与灰色面积关联度模型即使面向同一实际问题，二者不仅在计算结果上差异较大，而且其相对大小以及排序关系也常常不一致，甚至完全相悖。尽管灰色关联度模型考察的是影响因素之间关联度的相对大小与排序关系，而并不关注灰色关联度在数值上的绝对大小。但当不同灰色关联度模型面向同一实际问题具有不同的排序关系时，这常常给使用者带来困惑。因为大家不清楚哪个灰色关联度模型的计算结果与排序关系更加科学、合理、有效。

如例 10.2.1 及例 10.3.1 中，分别应用邓氏灰色关联度模型与灰色面积关联度模型计算重庆市地区生产总值 X_0 与重庆市第一产业 X_1、第二产业 X_2 及第三产业 X_3 的灰色关联度，结果如表 10-1 所示。

表 10 – 1　　X_0 与 $X_1 \sim X_3$ 的邓氏灰色关联度及灰色面积关联度比较

	X_1 与 X_0	X_2 与 X_0	X_3 与 X_0	灰色关联序
邓氏灰色关联度	$\gamma_{01} = 0.7839$	$\gamma_{02} = 0.6788$	$\gamma_{03} = 0.6682$	$\gamma_{01} > \gamma_{02} > \gamma_{03}$
灰色面积关联度	$\varepsilon_{01} = 0.5485$	$\varepsilon_{01} = 0.6902$	$\varepsilon_{01} = 0.7986$	$\varepsilon_{03} > \varepsilon_{02} > \varepsilon_{01}$

例 10.2.1 及例 10.3.1 中，都是分析相关因素序列 $X_1 \sim X_3$ 与系统特征序列 X_0 之间的灰色关联度，但不同的灰色关联度模型得到的灰色关联排序截然不同。

模型函数结构是影响模型计算结果的重要因素。为此，本小节首先对邓氏灰色关联度模型与灰色面积关联度模型的函数结构进行分解和比较，在此基础上对灰色关联度产生排序差异性的原因进行深入分析。

为了抓住模型函数结构这一主要矛盾，忽略次要细节，本小节不对邓氏灰色关联度模型做初值化处理，也不对面积灰色关联度模型做始点零化处理，而是直接面向原始数据进行灰色关联度模型的推导和构造。

根据公式（10.3.1）可推导得，

$$\frac{1}{\varepsilon_{0i}} = \frac{1 + |s_0| + |s_i| + |s_i - s_0|}{1 + |s_0| + |s_i|} \tag{10.4.1}$$

令 $\mu = 1 + |s_0| + |s_i|$，则公式（10.4.1）可表示为

$$\frac{1}{\varepsilon_{0i}} = 1 + \frac{1}{\mu}|s_i - s_0| \tag{10.4.2}$$

因为

$$|s_i - s_0| = \sum_{k=2}^{n-1} |x_i(k) - x_0(k)| + \frac{1}{2}(|x_i(1) - x_0(1)| + |x_i(n) - x_0(n)|) \tag{10.4.3}$$

将公式（10.4.3）代入公式（10.4.2），可得

$$\frac{1}{\varepsilon_{0i}} = 1 + \frac{1}{\mu}\left(\sum_{k=2}^{n-1}|x_i(k)-x_0(k)| + \frac{1}{2}(|x_i(1)-x_0(1)| \right.$$

$$\left. + |x_i(n)-x_0(n)|)\right) \qquad (10.4.4)$$

公式（10.4.4）本质上是个求和公式，可按 k 的取值做进一步分解：

（i）当 $k=1$ 时

$$\frac{1}{\varepsilon_{0i}(1)} = 1 + \frac{1}{2\mu}|x_i(1)-x_0(1)| \qquad (10.4.5)$$

（ii）当 $k=2,3,\cdots,n-1$ 时

$$\frac{1}{\varepsilon_{0i}(k)} = 1 + \frac{1}{\mu}|x_i(k)-x_0(k)| \qquad (10.4.6)$$

（iii）当 $k=n$ 时

$$\frac{1}{\varepsilon_{0i}(n)} = 1 + \frac{1}{2\mu}|x_i(n)-x_0(n)| \qquad (10.4.7)$$

令 $k=1$，n 时，$\varphi=2\mu$；$k=2,3,\cdots,n-1$ 时，$\varphi=\mu$，则可将公式（10.4.5）、公式（10.4.6）及公式（10.4.7）整合为一个公式，即

$$\frac{1}{\varepsilon_{0i}(k)} = 1 + \frac{1}{\varphi}|x_i(k)-x_0(k)|,\ k=1,2,\cdots,n \qquad (10.4.8)$$

另，对公式（10.2.1）两边做倒数，可得

$$\frac{1}{\gamma_{0i}(k)} = \frac{|x_0(k)-x_i(k)| + \xi\max_i\max_k|x_0(k)-x_i(k)|}{\min_i\min_k|x_0(k)-x_i(k)| + \xi\max_i\max_k|x_0(k)-x_i(k)|}$$

$$(10.4.9)$$

令

$$\upsilon = \min_i\min_k|x_0(k)-x_i(k)| + \xi\max_i\max_k|x_0(k)-x_i(k)|;$$

$$\vartheta = \frac{1}{\upsilon}\xi\max_i\max_k|x_0(k)-x_i(k)|,$$

则公式（10.4.9）可转化为

$$\frac{1}{\gamma_{0i}(k)} = \vartheta + \frac{1}{\upsilon} \mid x_0(k) - x_i(k) \mid \qquad (10.4.10)$$

联立公式（10.4.8）与公式（10.4.10），可得

$$\begin{cases} \dfrac{1}{\varepsilon_{0i}(k)} = 1 + \dfrac{1}{\varphi} \mid x_i^0(k) - x_0^0(k) \mid \\ \dfrac{1}{\gamma_{0i}(k)} = \vartheta + \dfrac{1}{\upsilon} \mid x_0(k) - x_i(k) \mid \end{cases} \qquad (10.4.11)$$

公式组（10.4.11）中，两个公式左边部分分别为邓氏灰色关联度模型及灰色面积关联度模型对应第 k 个元素之灰色关联系数的倒数；而公式右边均为一个常数与第 k 个元素距离之和。换言之，邓氏灰色关联度模型与灰色面积关联度模型均只与两个点之间距离的大小相关，而与其他因素无关。二者具有完全一致的函数结构和类似的动态参数。因此，理论上邓氏灰色关联度模型及灰色面积关联度模型应具有完全一致灰色关联序关系（或简称序关系）。

更直观地理解，邓氏灰色关联度模型通过点与点之间的距离来测度序列之间的关联性；而灰色面积关联度模型则通过序列所覆盖区域的几何面积来计算序列之间的关联性。序列各元素之间距离越大，则序列曲线之间所包夹区域的面积就越大。因此，邓氏灰色关联度模型与灰色面积关联度模型，尽管计算公式在形式上有差异，且其计算结果也完全不同，但这并不影响因素之间关联性的相对大小与排序关系。

可见，邓氏灰色关联度模型与灰色面积关联度模型具有类似的函数结构。那为何不同灰色关联度模型面向同一研究对象，却得到截然不同的灰色关联排序结果呢（见表 10-1）？

通过对邓氏灰色关联度模型与灰色面积关联度模型计算过程的对比分析可以发现，二者具有完全不同的数据预处理方式。原始序列的"初值化处理"是构建邓氏灰色关联度模型的第一步，主要解决原始序列的去量纲化问题；而灰色面积关联度模型的"始点零化处理"则解

决的是原始序列比较基准点（起点）的统一性问题。可见，相同序列基于不同预处理过程得到完全不同的新序列。因此，"原始序列不同的数据预处理方式，是导致邓氏灰色关联度模型与灰色面积关联度模型产生排序差异性的根本原因"。

下面通过一个实际例子来分析数据预处理方式的差异对灰色关联度计算结果及灰色关联序的影响。

例 10.4.1　2013～2018 年重庆市地区生产总值 X_0 以及第一产业 X_1、第二产业 X_2、第三产业 X_3 数据（单位：亿元），如例 10.2.1 所示。现以 X_0 为系统特征序列，计算序列 X_i（$i=1$，2，3）与序列 X_0 在以下三种情况下的邓氏灰色关联度与灰色面积关联度。

情况 1，利用原始序列直接建模。

直接利用原始数据计算序列之间的邓氏灰色关联度与灰色面积关联度，即计算邓氏灰色关联度时不对序列做初值化处理；计算灰色面积关联度时不对序列做始点零化处理。

情况 2，利用原始序列的初值像建模。

对所有序列做初值化处理，然后利用序列初值像分别计算序列之间的邓氏灰色关联度与灰色面积关联度。显然，此时序列间的邓氏灰色关联度与例 10.2.1 相同；而灰色面积关联度的计算直接面向序列初值像，而不再对初值像做始点零化处理。

情况 3，利用原始序列的始点零像建模。

对所有序列做始点零化处理，然后利用序列始点零化像分别计算序列之间的邓氏灰色关联度与灰色面积关联度。其中，邓氏灰色关联度的计算直接面向序列始点零化像，且不再对始点零化像做初值化处理；而序列灰色面积关联度的计算结果与例 10.3.1 相同。

在上述三种情况下，序列 X_i（$i=1$，2，3）与 X_0 的邓氏灰色关联度与灰色面积关联度、计算结果与灰色关联序如表 10-2 所示。

表 10-2 X_0 与 $X_1 \sim X_3$ 在三种不同情况下的邓氏灰色关联度及灰色面积关联度

		X_1 与 X_0	X_2 与 X_0	X_3 与 X_0	灰色关联序
情况 1	邓氏灰色关联度	$\gamma_{01} = 0.6676$	$\gamma_{02} = 0.8938$	$\gamma_{03} = 0.9319$	$\gamma_{03} > \gamma_{02} > \gamma_{01}$
	灰色面积关联度	$\varepsilon_{01} = 0.5375$	$\varepsilon_{02} = 0.7229$	$\varepsilon_{03} = 0.7474$	$\varepsilon_{03} > \varepsilon_{02} > \varepsilon_{01}$
情况 2	邓氏灰色关联度	$\gamma_{01} = 0.7839$	$\gamma_{02} = 0.6788$	$\gamma_{03} = 0.6682$	$\gamma_{01} > \gamma_{02} > \gamma_{03}$
	灰色面积关联度	$\varepsilon_{01} = 0.9905$	$\varepsilon_{02} = 0.9787$	$\varepsilon_{03} = 0.9785$	$\varepsilon_{01} > \varepsilon_{02} > \varepsilon_{03}$
情况 3	邓氏灰色关联度	$\gamma_{01} = 0.5700$	$\gamma_{02} = 0.6396$	$\gamma_{03} = 0.7207$	$\gamma_{03} > \gamma_{02} > \gamma_{01}$
	灰色面积关联度	$\varepsilon_{01} = 0.5485$	$\varepsilon_{02} = 0.6902$	$\varepsilon_{03} = 0.7986$	$\varepsilon_{03} > \varepsilon_{02} > \varepsilon_{01}$

根据表 10-2 可得出如下结论：

（1）原始序列在三种情况下经过了不同数据预处理过程，其邓氏灰色关联度与灰色面积关联度不仅大小不同而且灰色关联序也不尽一致，其中情况 1 和情况 2 则完全相反。

（2）原始序列在相同预处理条件下，尽管邓氏关联度模型与灰色面积关联度模型计算结果并不相同，但是二者具有完全相同的灰色关联序关系。

（3）结论（1）和结论（2）说明了传统邓氏灰色关联度模型与灰色面积关联度模型之所以具有不同的灰色关联序关系，其主要原因是二者经历了不同的数据预处理过程，而并非二者函数结构差异所导致。实际上，二者具有相同的函数结构（参数有差异）。

（4）由于在模型构建过程中引入了分辨系数 ξ，所以邓氏关联度模型相对于灰色面积关联度模型，其计算结果具有更大的离差，表现为邓氏关联度模型的分辨性更好。

表 10-2 中，不同的数据预处理方式，得到不同的灰色关联序关系。究竟何种灰色关联序关系更加符合研究对象的客观实际？应在何种条件下选择与之相适应的数据预处理方法？这就涉及灰色关联度的接近

性与相似性问题。

10.5 灰色通用关联度模型

自邓聚龙教授提出灰色关联度模型以来，研究人员根据不同应用问题的实际建模需要，基于不同研究目的和研究视角构造了大量灰色关联度模型，如灰色面积关联度模型、灰色欧几里德关联度模型、灰色距离关联度模型、灰色斜率关联度模型、灰色 T 形关联度模型、灰色 B 形关联度模型、灰色 C 形关联度模型及灰色 H - 凸关联度模型等。

灰色关联度模型的大量涌现，客观上丰富了模型的种类与表现形式，但同时也在一定程度上导致了模型的简单重复。而更为严重的是，不同灰色关联度模型即使面向同一应用问题，也常常得到不同的灰色关联序关系（见表 10 - 2）。另外，当前各类灰色关联度模型缺乏应用背景的描述与应用条件的约束。这给灰色关联度模型的选择和使用带来了困难。因为人们不知道应如何围绕实际问题选择，也不清楚何种灰色关联度模型的计算结果与排序关系更加科学合理。

从建模过程来看，灰色关联度模型包括两个部分：第一部分是原始序列的预处理（如初值化、始点零化等），其中涉及原始序列的函数变换与新序列的生成；第二部分是灰色关联度的计算，包括模型的函数主体（见公式（10.2.1）、公式（10.3.1））。本小节主要对灰色关联度模型的第二部分内容进行研究，即如何科学构造灰色关联度模型的计算公式。

尽管当前灰色关联度模型种类繁多、形式各异，但本质上还是通过序列曲线各点之间的距离来计算灰色关联度的大小。虽然灰色面积关联度模型通过序列曲线所围面积来计算灰色关联度，但面积大小本质上还是由点与点之间的距离大小来决定的。目前，邓氏灰色关联度模型与灰色面积关联度模型为两大主流的灰色关联度模型，二者具有类似的函数结构。但灰色面积关联度模型在使用时具有"序列折线的始点零化序列不能相交"等一系列限制条件，其相对于邓氏灰色关联度模型具有一定的局限性。因此，本小节以邓氏灰色关联度模型为基础，定义一种在结构上更具兼容性与通用性的新型灰色关联度模型，并进一步讨论在不同数据预处理情况下，其与传统灰色关联度模型的灰色关联序关系。

定义 10.5.1 设系统行为序列 X_0 及其相关因素序列 X_i（$i=1$，2，$\cdots$，m），如定义 10.2.1 所述；序列 X_0' 及 X_i' 分别为序列 X_0 及 X_i 满足某种映射关系的新序列（像），即

$$X_0' = (x_0'(1)，x_0'(2)，\cdots，x_0'(u))；X_i' = (x_i'(1)，x_i'(2)，\cdots，x_i'(u))。$$

其中，$u=1$，2，$\cdots$且 $u \leq n$，对于 $\xi \in (0，1)$，称

$$\gamma(x_0'(k)，x_i'(k)) = \frac{\xi \max_i \max_k |x_0'(k) - x_i'(k)|}{|x_0'(k) - x_i'(k)| + \xi \max_i \max_k |x_0'(k) - x_i'(k)|}$$

$$(10.5.1)$$

为序列 X_0' 及 X_i' 对应第 k 个元素之间的灰色通用关联系数，称

$$\gamma_{0i} = \frac{1}{u} \sum_{k=1}^{u} \gamma(x_0'(k)，x_i'(k)) \tag{10.5.2}$$

为序列 X_0 与 X_i 的灰色通用关联度，通常 ξ 取 0.5。对定义 10.5.1 做以下几点说明：

（1）定义 10.5.1 与定义 10.2.1 的主要区别是，公式（10.5.1）中仅考虑了距离序列 Δ_i 中的最大值 M_{max} 对灰色关联度大小的影响，忽略了 Δ_i 中最小值 M_{min} 的作用。传统邓氏灰色关联度中 $M_{min}=0$，M_{min} 的加入对关联度的计算结果无实际影响。实际上，若 $M_{min}>0$，根据公式（10.2.1）可知，M_{min} 的加入将导致灰色关联度的计算结果偏大进而弱化了序列之间灰色关联度的差异性。而在定义 10.5.1 中忽略 M_{min}，则避免了非测度点之间的距离因素对灰色关联度计算结果的影响，同时在

客观上也起到了简化公式的作用。

（2）分辨系数 ξ 的作用是增大序列之间灰色关联度的离差，以使指标之间的灰色关联序更加清晰。受序列峰值的影响，若 M_{max} 远大于 $|x_0(k) - x_i(k)|$ 时，即 $M_{max} \gg |x_0(k) - x_i(k)|$，则 $M_{max} + |x_0(k) - x_i(k)| \approx M_{max}$，根据公式（10.2.1）可知，此时灰色关联度接近"1"。因此，分辨系数 ξ 的取值应根据 M_{max} 的大小来确定，若 ξ 取 0.5 时，序列之间的灰色关联度均大于 0.9，则可将 ξ 取一个更小的系数；反之，则增大分辨系数 ξ 的值。

（3）灰色通用关联度与传统灰色关联度模型的最大区别是，将模型中灰色关联度的计算与模型中原始序列的预处理方式区别开来，改变了传统由于原始序列预处理方式的差异而大量构建灰色关联度模型的简单做法。原始序列的数据预处理方式，主要表明研究人员对系统某个维度的数据特征感兴趣。比如，原始序列的始点零化处理，表明我们关注序列曲线形状之间的相似性；原始序列的斜率及其均值化过程，则表明我们关注序列变化趋势之间的相似性。可见，不能因为数据预处理方式有新变化，就据此认为提出了一种新的灰色关联度模型。换言之，数据预处理方式只表示某研究视角，而和灰色关联度模型的种类无关。

（4）灰色通用关联度本质上不是一种具体的灰色关联度模型，而只是对灰色关联度模型的函数结构进行了统一定义。在具体应用时，可根据实际情况对原始序列进行某种初始化处理，然后根据定义 10.5.1 计算序列之间的灰色关联度。在原始序列初始化过程相同的前提下，灰色通用关联度模型与其他灰色关联度模型具有相同的灰色关联序关系。

例 10.5.1 序列 X_0、X_1、X_2 及 X_3 如例 10.2.1 所述。现以 X_0 为系统特征序列，（i）计算序列 X_i（$i = 1$，2，3）与序列 X_0 之间的灰色斜率关联度；（ii）利用灰色斜率关联度的数据预处理结果，根据定义 10.5.1 计算其对应的灰色通用关联度；（iii）比较和分析基于灰色斜率关联度模型及灰色通用关联度模型的灰色关联序关系。

（1）原始序列预处理。

第一步，计算序列各点斜率。由于 X_j（$j=0$，1，2，3）均为 1 - 等时序列，故其斜率可表示为

$$\Delta x_j(k) = x_j(k+1) - x_j(k), \quad k=1, 2, 3, 4。$$

则 X_j（$j=0$，1，2，3）的斜率序列 ΔX_j 可表示为

$$\Delta X_0 = (\Delta x_0(1), \Delta x_0(2), \Delta x_0(3), \Delta x_0(4)) = (1.4669, 1.8844,$$
$1.7505, 0.9385)$；

$$\Delta X_1 = (\Delta x_1(1), \Delta x_1(2), \Delta x_1(3), \Delta x_1(4)) = (0.0770, 0.1692,$$
$0.0392, 0.1022)$；

$$\Delta X_2 = (\Delta x_2(1), \Delta x_2(2), \Delta x_2(3), \Delta x_2(4)) = (0.5578, 0.7039,$$
$0.6857, -0.2558)$；

$$\Delta X_3 = (\Delta x_3(1), \Delta x_3(2), \Delta x_3(3), \Delta x_3(4)) = (0.8321, 1.0113,$$
$1.0256, 1.0921)$。

第二步，计算序列均值。计算序列 X_j 中所有元素的算术平均数，即

$$\bar{x}_0 = \frac{1}{5}(14.3229 + 15.7898 + 17.6742 + 19.4247 + 20.3632) = 17.5150；$$

$$\bar{x}_1 = \frac{1}{5}(0.9907 + 1.0677 + 1.2369 + 1.2761 + 1.3783) = 1.1899；$$

$$\bar{x}_2 = \frac{1}{5}(6.6372 + 7.1950 + 7.8989 + 8.5846 + 8.3288) = 7.7289；$$

$$\bar{x}_3 = \frac{1}{5}(6.6950 + 7.5271 + 8.5384 + 9.5640 + 10.6561) = 8.5961。$$

第三步，计算斜率与均值的比值。将斜率序列中的每个元素除以对应序列均值，即

$$\alpha_j(k) = \Delta x_j(k) / \bar{x}_j。$$

则当 $j = 0$，1，2，3 且 $k = 1$，2，3，4 时，比值序列 A_j 可表示为：

$A_0 = (\alpha_0(1)，\alpha_0(2)，\alpha_0(3)，\alpha_0(4)) = (0.0838，0.1076，0.0999，0.0536)$；

$A_1 = (\alpha_1(1)，\alpha_1(2)，\alpha_1(3)，\alpha_1(4)) = (0.0647，0.1422，0.0329，0.0859)$；

$A_2 = (\alpha_2(1)，\alpha_2(2)，\alpha_2(3)，\alpha_2(4)) = (0.0722，0.0911，0.0887，-0.0331)$；

$A_3 = (\alpha_3(1)，\alpha_3(2)，\alpha_3(3)，\alpha_3(4)) = (0.0968，0.1176，0.1193，0.1270)$。

（2）计算序列 X_i（$i = 1$，2，3）与序列 X_0 之间的灰色斜率关联度。

第一步，计算灰色斜率关联系数（放入斜率关联系数的公式），即

$$\xi_1(1) = \frac{1 + 0.0838}{1 + 0.0838 + 0.0191} = 0.9827；$$

$$\xi_1(2) = \frac{1 + 0.1076}{1 + 0.1076 + 0.0346} = 0.9697；$$

$$\xi_1(3) = \frac{1 + 0.0999}{1 + 0.0999 + 0.0670} = 0.9426；$$

$$\xi_1(4) = \frac{1 + 0.0536}{1 + 0.0536 + 0.0323} = 0.9703。$$

类似地，

$\xi_2(1) = 0.9894$；$\xi_2(2) = 0.9853$；$\xi_2(3) = 0.9899$；$\xi_2(4) = 0.9240$；

$\xi_3(1) = 0.9881$；$\xi_3(2) = 0.9911$；$\xi_3(3) = 0.9827$；$\xi_3(4) = 0.9349$。

第二步，计算灰色斜率关联度，即

$$\varepsilon_{01} = \frac{1}{4}(0.9827 + 0.9697 + 0.9426 + 0.9703) = 0.9663；$$

$$\varepsilon_{02} = \frac{1}{4}(0.9894 + 0.9853 + 0.9899 + 0.9240) = 0.9722；$$

$$\varepsilon_{03} = \frac{1}{4}(0.9881 + 0.9911 + 0.9827 + 0.9349) = 0.9742。$$

（3）计算序列 X_i（$i = 1，2，3$）与序列 X_0 之间的灰色通用关联度。

序列 X_j 经过了数据预处理，并得新序列 A_j。灰色通用关联度模型以 A_j 为基础，直接根据公式（10.5.1）与公式（10.5.2）计算序列之间的灰色关联度。

第一步，计算差序列及极差。比值序列 A_j 之间的差序列为

$$|A_0 - A_1| = (0.0191，0.0346，0.0670，0.0323)；$$
$$|A_0 - A_2| = (0.0116，0.0165，0.0112，0.0867)；$$
$$|A_0 - A_3| = (0.0130，0.0100，0.0194，0.0734)。$$

极差为

$$\mathrm{Max} = \max_i \max_k |\alpha_0(k) - \alpha_i(k)| = 0.0867。$$

第二步，计算灰色通用关联系数，即

$$\gamma(\alpha_0(1)，\alpha_1(1)) = \frac{0.5 \times 0.0867}{0.0191 + 0.5 \times 0.0867} = 0.6942；$$

$$\gamma(\alpha_0(2)，\alpha_1(2)) = \frac{0.5 \times 0.0867}{0.0346 + 0.5 \times 0.0867} = 0.5561；$$

$$\gamma(\alpha_0(3)，\alpha_1(3)) = \frac{0.5 \times 0.0867}{0.0670 + 0.5 \times 0.0867} = 0.3928；$$

$$\gamma(\alpha_0(4)，\alpha_1(4)) = \frac{0.5 \times 0.0867}{0.0323 + 0.5 \times 0.0867} = 0.5730。$$

类似地，

$$\gamma(\alpha_0(1)，\alpha_2(1)) = 0.7889；\gamma(\alpha_0(2)，\alpha_2(2)) = 0.7243；$$
$$\gamma(\alpha_0(3)，\alpha_2(3)) = 0.7947；\gamma(\alpha_0(4)，\alpha_2(4)) = 0.3333；$$
$$\gamma(\alpha_0(1)，\alpha_3(1)) = 0.7693；\gamma(\alpha_0(2)，\alpha_3(2)) = 0.8126；$$
$$\gamma(\alpha_0(3)，\alpha_3(3)) = 0.6908；\gamma(\alpha_0(4)，\alpha_3(4)) = 0.3713。$$

第三步，计算灰色通用关联度，即

$$\gamma_{01} = \frac{1}{4}(0.6942 + 0.5561 + 0.3928 + 0.5730) = 0.5540;$$

$$\gamma_{02} = \frac{1}{4}(0.7889 + 0.7243 + 0.7947 + 0.3333) = 0.6603;$$

$$\gamma_{03} = \frac{1}{4}(0.7693 + 0.8126 + 0.6908 + 0.3713) = 0.6610。$$

例 10.5.1 中，两种灰色关联度模型的计算结果及灰色关联序，如表 10 – 3 所示。

表 10 – 3　　　　X_0 与 $X_1 \sim X_3$ 的灰色斜率关联度及灰色通用关联度
计算结果与灰色关联序比较

	X_1 与 X_0	X_2 与 X_0	X_3 与 X_0	灰色关联序
灰色斜率关联度	$\varepsilon_{01} = 0.9663$	$\varepsilon_{02} = 0.9722$	$\varepsilon_{03} = 0.9742$	$\varepsilon_{03} > \varepsilon_{02} > \varepsilon_{01}$
灰色通用关联度	$\gamma_{01} = 0.5540$	$\gamma_{02} = 0.6603$	$\gamma_{03} = 0.6610$	$\gamma_{03} > \gamma_{02} > \gamma_{01}$

根据表 10 – 3 可知，原始序列在相同的数据预处理前提下，序列 $X_1 \sim X_3$ 与 X_0 之间的灰色通用关联度及灰色斜率关联度，尽管大小不同但灰色关联序相同。这验证了序列数据预处理方式的差异是导致灰色关联度模型产生排序差异的根本原因。

另外，表 10 – 3 中序列 $X_1 \sim X_3$ 与 X_0 之间灰色斜率关联度 $\varepsilon_{01} \sim \varepsilon_{03}$ 在数值上非常接近。这主要是因为在构造灰色斜率关联度时，分子分母都加 1 以确保其均为大于 1 的正数。而本例中，由于序列极差远远小于 1（$0.0867 \ll 1$），导致在计算灰色斜率关联系数时，点与点之间距离的差异就被"大数 1"弱化了，并导致灰色关联度之间的差异很小。

根据灰色通用关联度模型的定义，还可得出如下三条结论：（1）当序列 X_0' 及 X_i' 分别为原始序列 X_0 及 X_i 的初值化序列时，灰色通用关联度模型与传统邓氏灰色关联度模型的灰色关联序关系一致；（2）当序列 X_0' 及 X_i' 分别为原始序列 X_0 及 X_i 的始点零化序列时，灰色通用关联度模型与传统灰色面积关联度模型的灰色关联序关系一致；（3）可进一步验证，若原始序列初始化过程相同，则灰色通用关联度模型与其他灰色关联度模型的灰色关联序相同。

10.6 灰色关联度模型的接近性与相似性

尽管灰色关联度模型种类繁多，但均可概括为对序列之间"接近性"或"相似性"关系的测度。刘思峰教授最早提出了灰色相似关联度模型与灰色接近关联度模型的概念，从两个不同视角研究了不同背景下序列之间关联性的测度问题。

灰色关联度的接近性用灰色接近性关联度来描述，主要反映序列曲线在几何空间上的接近程度，本质上就是根据序列曲线各个点之间距离大小来描述序列之间的接近性关系。若邓氏灰色关联度模型在建模过程中不对序列作初值化处理，或灰色面积关联度模型不做始点零化处理，其研究的即为序列之间的"接近性"关系（见例 10.4.1 情况 1）。此时邓氏灰色关联度模型与灰色面积关联度模型，均可称作灰色接近性关联度模型。灰色接近性关联度模型要求序列之间具有完全相同的量纲，否则研究结果缺乏实际意义。

现实生活中，大部分指标都具有不同的物理含义和量纲，此时研究序列之间"接近性"关系毫无意义，而需要研究序列之间的"相似性"。灰色关联度的相似性用灰色相似性关联度来描述，主要反映序列曲线基于某个维度的"相似性"关系，如形状相似性、斜率相似性、位移相似性、周期相似性等。若邓氏灰色关联度模型在建模过程中对序列做初值化处理，或灰色面积关联度模型在统一序列量纲后进行了始点零化处理，则它们研究的即为序列之间增长率的相似性关系（见例 10.4.1 情况 2）。此时邓氏灰色关联度模型与灰色面积关联度模型，均可称作灰色相似性关联度模型，二者均是对序列之间"形状相似性"的测度。

灰色接近性/相似性关联度模型具有相同的建模思想，二者均通过序列各点之间距离大小来测度序列之间接近性及相似性的强弱；不同之处在于灰色接近性关联度直接利用原始序列计算各点之间的距离，而灰色相似性关联度则首先对原始序列进行数据预处理（无量纲化、斜率、位移等）；然后再计算对应新序列各点之间的距离。可见，传统邓氏灰色关联度模型与灰色面积关联度模型，由于分别对序列做了初值化处理与始点零化处理，本质上是对序列之间相似性大小的测度，属于灰色相似性关联度模型。

下面，我们应用灰色通用关联度模型来计算在不同条件下序列之间灰色接近性关联度与灰色相似性关联度。

例 10.6.1 2013～2018 年重庆市地区生产总值 X_0 以及第一产业 X_1、第二产业 X_2、第三产业 X_3 数据（单位：亿元），如例 10.2.1 所示。现以 X_0 为系统特征序列，根据定义 10.5.1 计算序列 X_i（$i=1$，2，3）与序列 X_0 的以下三种灰色关联度。

情况 1，计算序列 X_i 与序列 X_0 的灰色接近关联度。建模前不对原始序列做任何处理，直接利用原始数据计算序列之间的灰色通用关联度，结果即为序列之间的灰色接近关联度。

情况 2，计算序列 X_i 与序列 X_0 的灰色相似关联度（形状相似性）。建模前对原始序列做始点零化处理，然后利用始点零化序列计算序列之间的灰色通用关联度。计算结果即为序列之间的灰色相似关联度（形状相似性）。

情况 3，计算序列 X_i 与序列 X_0 的灰色相似关联度（变化率相似性）：建模前计算原始序列的斜率、均值及其比值，然后利用新序列计算序列之间的灰色通用关联度。计算结果即为序列之间的灰色相似关联度（变化率相似性）。

情况 1，计算过程如下：

第一步：计算差序列与极差。

$$|X_0 - X_1| = (13.3322, 14.7221, 16.4373, 18.1486, 18.9849);$$

$$|X_0 - X_2| = (7.6857, 8.5948, 9.7753, 10.8401, 12.0344);$$

$$|X_0 - X_3| = (7.6279, 8.2627, 9.1357, 9.8607, 9.7071)。$$

极差为：

$$Ma = \max_i \max_k |x_0(k) - x_i(k)| = 18.9849.$$

第二步：计算灰色通用关联系数，即

$$\gamma(x_0(1), x_1(1)) = \frac{0.5 \times 18.9849}{13.3322 + 0.5 \times 18.9849} = 0.4159;$$

$$\gamma(x_0(2), x_1(2)) = \frac{0.5 \times 18.9849}{14.7221 + 0.5 \times 18.9849} = 0.3920;$$

$$\gamma(x_0(3), x_1(3)) = \frac{0.5 \times 18.9849}{16.4373 + 0.5 \times 18.9849} = 0.3661;$$

$$\gamma(x_0(4), x_1(4)) = \frac{0.5 \times 18.9849}{18.1486 + 0.5 \times 18.9849} = 0.3434;$$

$$\gamma(x_0(5), x_1(5)) = \frac{0.5 \times 18.9849}{18.9849 + 0.5 \times 18.9849} = 0.3333。$$

类似地，

$$\gamma(x_0(1), x_2(1)) = 0.5526; \quad \gamma(x_0(2), x_2(2)) = 0.5248;$$

$$\gamma(x_0(3), x_2(3)) = 0.4927; \quad \gamma(x_0(4), x_2(4)) = 0.4669;$$

$$\gamma(x_0(5), x_2(5)) = 0.4410; \quad \gamma(x_0(1), x_3(1)) = 0.5545;$$

$$\gamma(x_0(2), x_3(2)) = 0.5346; \quad \gamma(x_0(3), x_3(3)) = 0.5096;$$

$\gamma(x_0(4), x_3(4)) = 0.4905$；$\gamma(x_0(5), x_3(5)) = 0.4944$。

第三步，计算灰色通用关联度，即

$$\gamma_{01} = \frac{1}{5}(0.4159 + 0.3920 + 0.3661 + 0.3434 + 0.3333) = 0.3701;$$

$$\gamma_{02} = \frac{1}{5}(0.5526 + 0.5248 + 0.4927 + 0.4669 + 0.4410) = 0.4956;$$

$$\gamma_{03} = \frac{1}{5}(0.5545 + 0.5346 + 0.5096 + 0.4905 + 0.4944) = 0.5167。$$

情况 2，计算过程如下：

第一步，对序列 X_j 做始点零化像处理。

始点零化新序列：$A_j = (\alpha_j(1), \alpha_j(2), \alpha_j(3), \alpha_j(4), \alpha_j(5))$，其中 $\alpha_j(k) = \alpha_j(k) - \alpha_j(1)$。

$A_0 = (0, 1.4669, 3.3513, 5.1018, 6.0403)$；$A_1 = (0, 0.0770, 0.2462, 0.2854, 0.3876)$；

$A_2 = (0, 0.5578, 1.2617, 1.9474, 1.6916)$；$A_3 = (0, 0.8321, 1.8434, 2.8690, 3.9611)$。

第二步，计算差序列与极差。

序列 A_j 之间的差序列为

$|A_0 - A_1| = (0, 1.3899, 3.1051, 4.8164, 5.6527)$；
$|A_0 - A_2| = (0, 0.9091, 2.0896, 3.1544, 4.3487)$；
$|A_0 - A_3| = (0, 0.6348, 1.5079, 2.2328, 2.0792)$。

极差为

$$Ma = \max_i \max_k |\alpha_0(k) - \alpha_i(k)| = 5.6527。$$

第三步，计算灰色通用关联系数，即

$$\varepsilon(\alpha_0(1), \alpha_1(1)) = \frac{0.5 \times 5.6527}{0 + 0.5 \times 5.6527} = 1;$$

$$\varepsilon(\alpha_0(2), \alpha_1(2)) = \frac{0.5 \times 5.6527}{1.3899 + 0.5 \times 5.6527} = 0.6703;$$

$$\varepsilon(\alpha_0(3),\ \alpha_1(3)) = \frac{0.5\times5.6527}{3.1051+0.5\times5.6527} = 0.4765;$$

$$\varepsilon(\alpha_0(4),\ \alpha_1(4)) = \frac{0.5\times5.6527}{4.8164+0.5\times5.6527} = 0.3698;$$

$$\varepsilon(\alpha_0(5),\ \alpha_1(5)) = \frac{0.5\times5.6527}{5.6527+0.5\times5.6527} = 0.3333。$$

类似地,

$\gamma(\alpha_0(1),\ \alpha_2(1)) = 1;\ \gamma(\alpha_0(2),\ \alpha_2(2)) = 0.7566;$

$\gamma(\alpha_0(3),\ \alpha_2(3)) = 0.5749;\ \gamma(\alpha_0(4),\ \alpha_2(4)) = 0.4726;$

$\gamma(\alpha_0(5),\ \alpha_2(5)) = 0.3939;\ \gamma(\alpha_0(1),\ \alpha_3(1)) = 1;$

$\gamma(\alpha_0(2),\ \alpha_3(2)) = 0.8166;\ \gamma(\alpha_0(3),\ \alpha_3(3)) = 0.6521;$

$\gamma(\alpha_0(4),\ \alpha_3(4)) = 0.5587;\ \gamma(\alpha_0(5),\ \alpha_3(5)) = 0.5762。$

第四步,计算灰色通用关联度,即

$$\gamma_{01} = \frac{1}{5}(1+0.6703+0.4765+0.3698+0.3333) = 0.5700;$$

$$\gamma_{02} = \frac{1}{5}(1+0.7566+0.5749+0.4726+0.3939) = 0.6396;$$

$$\gamma_{03} = \frac{1}{5}(1+0.8166+0.6521+0.5587+0.5762) = 0.7207。$$

在上述三种情况下,序列 X_i($i=1,\ 2,\ 3$)与 X_0 的灰色关联度结果如表 10-4 所示。

表 10-4　　X_0 与 $X_1 \sim X_3$ 在三种不同情况下的邓氏灰色关联度及灰色面积关联度

三种情况	X_1 与 X_0	X_2 与 X_0	X_3 与 X_0	灰色关联序
情况 1,灰色接近性关联度	$\gamma_{01}=0.3701$	$\gamma_{02}=0.4956$	$\gamma_{03}=0.5167$	$\gamma_{03}>\gamma_{02}>\gamma_{01}$
情况 2,灰色相似性关联度（形状）	$\gamma_{01}=0.5700$	$\gamma_{02}=0.6396$	$\gamma_{03}=0.7207$	$\gamma_{03}>\gamma_{02}>\gamma_{01}$
情况 3,灰色相似性关联度（变化率）	$\gamma_{01}=0.5540$	$\gamma_{02}=0.6603$	$\gamma_{03}=0.6610$	$\gamma_{03}>\gamma_{02}>\gamma_{01}$

若序列之间具有相同量纲，则研究序列之间的灰色接近性与相似性同样重要。前者描述了序列之间当前状态的接近性情况，后者则反映了序列发展趋势的一致性程度。在此情况下，可进一步将序列之间的相似性与接近性进行加权综合，从而计算得到序列之间的灰色综合关联度，进而可以从相似性与接近性两个维度来系统描述序列之间关联关系。

定义 10.6.1 设 γ_{0i} 和 γ_{0i}^* 分别为序列 X_0 与 X_i 的灰色接近性关联度和灰色相似性关联度，$\theta \in [0, 1]$，则称

$$\rho_{0i} = \theta\gamma_{0i} + (1-\theta)\gamma_{0i}^* \tag{10.6.1}$$

为序列 X_0 与 X_i 的灰色综合关联度。

例 10.6.2 计算序列 X_i（$i = 1, 2, 3$）与 X_0 基于情况 1 和情况 2 的灰色综合关联度，其中 $\theta = 0.5$。

$\rho_{01} = 0.5 \times 0.3701 + 0.5 \times 0.5700 = 0.4700$；

$\rho_{02} = 0.5 \times 0.4956 + 0.5 \times 0.6396 = 0.5676$；

$\rho_{03} = 0.5 \times 0.5167 + 0.5 \times 0.7207 = 0.6187$。

即序列 X_i 与 X_0 灰色综合关联度的序关系为 $\rho_{03} > \rho_{02} > \rho_{01}$。

10.7 本章小结

本章首先介绍了邓氏灰色关联度模型与灰色面积关联度模型的基本概念与建模步骤。其次，通过对模型结构进行分解证明了邓氏灰色关联度模型及灰色面积关联度模型具有一致的函数结构。再次，以邓氏灰色关联度模型为基础提出了灰色通用关联度模型的概念，通过实例验证了该模型与其他灰色关联度模型的"通用性"。最后，本章介绍了灰色关联度模型的相似性与接近性及灰色综合关联度模型的概念。本章可得到如下结论：

（1）邓氏灰色关联度模型与灰色面积关联度模型具有类似的函数结构和测度形式，而数据序列预处理方式（初值化、始点零化）的差异性则是导致邓氏灰色关联度模型与灰色面积关联度模型具有不同灰色关联序关系的根本原因。

（2）灰色面积关联度模型在计算过程中不用考虑因变量序列与各个自变量序列对应元素之间距离的最大值与最小值，本质上是消除了序列作为因变量或自变量的身份约束。该特性是计算无身份约束（不区分因变量与自变量）的多个序列两两之间灰色关联度的一种重要工具。第十一章介绍的灰色关联聚类，就使用灰色面积关联度模型来构造灰色关联矩阵。

（3）灰色通用关联度模型本质上不是一种具体的灰色关联度模型，而是对灰色关联度模型函数结构的统一定义。该模型实现了原始序列预处理过程与灰色关联度计算过程的分离，改变了传统由于序列预处理方式的差异而大量构建灰色关联度模型的简单做法。

（4）灰色接近性/相似性关联度模型从两个不同视角研究了不同背景下序列之间关联性的测度问题。前者反映了原始序列曲线在几何空间上的接近性程度；后者则反映了原始序列基于某个维度的"相似性"关系，如形状相似性、斜率相似性、位移相似性等。

（5）灰色综合关联度模型是在原始序列量纲相同的情况下，同时对序列之间的相似性与相近性进行综合测度的一种灰色关联度模型。本质上是序列相似性关联度与相近性关联度的加权求和，以综合反映序列之间发展趋势的一致性及当前状态的接近性。

（6）邓聚龙教授提出的灰色关联度模型，本质上就是根据序列几何曲线之间的距离关系来判断序列之间的紧密程度。因此，"距离"是测度灰色关联度模型的基本途径。

（7）基于不同序列预处理方式构造得到的灰色关联度模型，本质上不属于构建了一种新的灰色关联度模型，而仅仅体现了研究人员研究视角的差异。

　　本书第十一章将通过具体案例分析灰色关联度模型在系统因素分析、指标聚类降维、决策方案综合评估及预测模型性能检验等领域的实际应用。

第十一章

灰色聚类与灰色决策

灰色关联度模型作为一种建模条件宽松、样本大小包容、计算过程简单的系统因素分析方法，目前已被广泛应用于国计民生的诸多领域，成功地解决了生产生活中的大量现实问题。其中，系统影响因素的量化分析是灰色关联度模型的基本功能，而灰色关联聚类与灰色关联决策则是灰色关联度模型在应用领域的两个重要拓展。前者研究的是同类变量的聚类与降维，而后者则主要研究决策方案的综合评估与合理选择。此外，灰色关联度模型还可以用于预测模型的性能检验，其主要通过比较模拟数据与实际数据之间灰色关联度大小来对预测模型性能进行检验、评估与分级。本章将结合实际案例介绍灰色关联度模型的具体应用。

11.1 系统影响因素的灰色关联分析

在现实世界中，任何系统都不是孤立存在的，其发生、发展与演化总是受到一系列内部与外部因素的影响。灰色关联度模型为定量研究系统影响因素及其影响强弱提供了一套有效的研究工具和量化手段。通过灰色关联度模型，能明确影响系统的诸多因素中，哪些是主要因素哪些是次要因素，进而可以对影响因素的强弱关系进行比较和排序。

对系统影响因素进行灰色关联分析，首先需要明确研究对象，然后分析该研究对象的影响因素构成并搜集相关数据，最后计算和比较研究对象（系统）及其影响因素之间的灰色关联度大小，进而对系统影响因素及其影响程度进行量化分析。本小节以上海市垃圾产生量的影响因素分析为例，来介绍灰色关联度模型在该领域的实际应用。

城市垃圾的大量产生及其恶性堆积已成为世界性的环境问题，严重影响了城市经济的可持续发展与公民的身体健康。因此，对城市垃圾产生量的影响因素进行深入研究和系统分析是一项重要工作。本小节通过灰色关联分析模型对影响上海市垃圾产生量的相关因素进行建模、计算、比较和排序，进而挖掘影响上海市垃圾产生量的主要因素，从而为上海市政府相关部门制定环保政策提供理论支撑与参考依据。

第一步，数据搜集。

城市垃圾产生量与该城市经济发展水平（地区生产总值、居民人均年收入、居民消费水平）、城市常住人口、城市贸易规模（社会消费品零售总额、货物进出口总额）、城市人口流动与货物流通情况（旅客运输量、货物运输量）等指标相关。城市垃圾产生量各相关指标的名称、单位、符号等信息如表 11 - 1 所示。

表 11 −1　　　　　城市垃圾产生量及其影响因素相关信息

序号	指标名称	指标符号	指标单位	说明
1	城市垃圾产生量	X_0	万吨	系统特征变量
2	地区生产总值	X_1	亿元	城市经济发展水平主要指标
3	居民人均年收入	X_2	元	
4	居民最终消费支出	X_3	亿元	
5	城市常住人口	X_4	万人	城市人口规模指标
6	社会消费品零售总额	X_5	亿元	城市贸易规模指标
7	货物进出口总额	X_6	百万美元	
8	旅客运输量	X_7	万人	城市人口流动与货物流通规模指标
9	货物运输量	X_8	万吨	

2010～2017 年，上海市年垃圾产生量及其影响因素相关数据，如表 11 −2 所示。

表 11 −2　　　2010～2017 年上海市垃圾产生量及其影响因素相关数据

指标	2010 年	2011 年	2012 年	2013 年	2014 年	2015 年	2016 年	2017 年
X_0	732	704	716	735	743	790	880	900
X_1	17165.98	19195.69	20181.72	21818.15	23567.70	25123.45	28178.65	30632.99
X_2	46752	51972	56304	60432	65412	71268	78048	85584
X_3	9375.12	10759.58	11457.15	12536.38	13777.76	14757.52	16181.90	17550.97
X_4	2302.46	2347.46	2380.43	2415.15	2425.68	2415.27	2419.70	2418.33
X_5	6901.39	8052.21	8833.20	9693.15	10592.68	11605.70	12588.21	13699.52
X_6	368869.44	437435.85	436758.03	441398.09	446622.26	449240.72	433768.19	476196.65
X_7	10233	10033	10859	11691	13317	13844	14416	15485
X_8	87256	92962	94038	84305	89980	90893	88324	96850

资料来源：指标 X_5 年份数据来自上海市统计年鉴2020，其余指标数据来自文献（陈文龙，董振武.上海市垃圾产量影响因素分析及规模预测——基于灰色系统理论的研究［J］.再生资源与循环经济，2020，13（05）：13－19.）

第二步，数据处理。

表 11-2 中，不同序列代表不同指标，具有不同含义与量纲。因此，在构建灰色关联分析模型前，需首先对表 11-2 中的数据做"无量纲化"处理。"无量纲化"方法的选择十分关键，其不仅具有去量纲化的本质功能，同时还反映了研究人员对序列之间灰色关联关系的研究思路和研究视角。本例中，研究目的是分析上海市垃圾产生量相关影响因素的强弱，主要考察的是发展趋势的强弱关联性。由于所有指标序列第一个数据（即 2010 年所对应列）均不为"0"，因此，本例选择序列"初值像"（定义 10.1.2）方法来对表 11-2 中的序列数据做无量纲化处理，相关结果如表 11-3 所示。

表 11-3　2010~2017 年上海市垃圾产生量及其影响因素相关数据的初值像

指标	2010 年	2011 年	2012 年	2013 年	2014 年	2015 年	2016 年	2017 年
X_0	1.0000	0.9617	0.9781	1.0041	1.0150	1.0792	1.2022	1.2295
X_1	1.0000	1.1182	1.1757	1.2710	1.3729	1.4636	1.6415	1.7845
X_2	1.0000	1.1117	1.2043	1.2926	1.3991	1.5244	1.6694	1.8306
X_3	1.0000	1.1477	1.2221	1.3372	1.4696	1.5741	1.7260	1.8721
X_4	1.0000	1.0195	1.0339	1.0489	1.0535	1.0490	1.0509	1.0503
X_5	1.0000	1.1668	1.2799	1.4045	1.5349	1.6816	1.8240	1.9850
X_6	1.0000	1.1859	1.1840	1.1966	1.2108	1.2179	1.1759	1.2910
X_7	1.0000	0.9805	1.0612	1.1425	1.3014	1.3529	1.4088	1.5132
X_8	1.0000	1.0654	1.0777	0.9662	1.0312	1.0417	1.0122	1.1100

第三步，模型选择与计算。

在本例中，由于对原始序列做了初值化处理，根据本书第十章定义 10.5.1 可知，此时邓氏灰色关联度模型与灰色通用关联度模型建模结果相同。不同之处在于，由于邓氏灰色关联度模型自带初值化处理功能，故其建模数据源于表 11 - 2；而灰色通用关联度模型无序列预处理过程，故其建模数据来自表 11 - 3。图 11 - 1 ~ 图 11 - 2，分别是应用"可视化灰色系统建模软件 VGSMS1.0"计算邓氏灰色关联度模型与灰色通用关联度模型的结果。关于 VGSMS1.0 软件的介绍和使用，可参考本书第十二章相关内容。

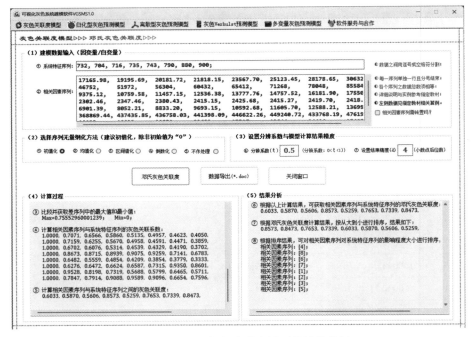

图 11 -1　邓氏灰色关联度模型的计算结果

根据图 11 - 1 可知，应用邓氏灰色关联度模型计算序列 X_0 与序列 $X_1 \sim X_8$ 之间的灰色关联度，结果分别为 $\gamma_{01} = 0.6033$，$\gamma_{02} = 0.5870$，$\gamma_{03} = 0.5606$，$\gamma_{04} = 0.8573$，$\gamma_{05} = 0.5259$，$\gamma_{06} = 0.7653$；$\gamma_{07} = 0.7339$，$\gamma_{08} = 0.8473$；灰色关联序为 $\gamma_{04} > \gamma_{08} > \gamma_{06} > \gamma_{07} > \gamma_{01} > \gamma_{02} > \gamma_{03} > \gamma_{05}$。

图 11 - 2　灰色通用关联度模型的计算结果

根据图 11 - 2 可知，应用灰色通用关联度模型计算序列 X_0 与序列 $X_1 \sim X_8$ 之间的灰色关联度，结果分别为 $\varepsilon_{01} = 0.6033$，$\varepsilon_{02} = 0.5870$，$\varepsilon_{03} = 0.5606$，$\varepsilon_{04} = 0.8573$，$\varepsilon_{05} = 0.5259$，$\varepsilon_{06} = 0.7653$，$\varepsilon_{07} = 0.7338$，$\varepsilon_{08} = 0.8473$；灰色关联序为 $\varepsilon_{04} > \varepsilon_{08} > \varepsilon_{06} > \varepsilon_{07} > \varepsilon_{01} > \varepsilon_{02} > \varepsilon_{03} > \varepsilon_{05}$。

根据图 11 - 1 及图 11 - 2 的计算结果可知，影响上海市垃圾产生量的最主要因素是城市常住人口，其次为货物运输量，而居民人均年收入、居民最终消费支出及社会消费品零售总额对上海市垃圾产生量的影响相对较小。另外，还可以发现本例中邓氏灰色关联度模型（见图 11 - 1）与灰色通用关联度模型（见图 11 - 2）具有相同的计算结果与一致的灰色关联序关系，进一步验证了本书第十章的相关结论。

11.2 变量筛选与灰色聚类

本小节介绍如何应用灰色关联度模型对影响系统特征变量的相关因素进行识别和筛选，在此基础上对同类指标进行聚类与降维，并以城市人口密度为例介绍具体步骤。

定义 11.2.1 设 X_0 为因变量序列（或称系统特征序列），X_u（$u = 1, 2, \cdots, m$）为影响 X_0 的相关因素序列，序列 X_0、X_u 长度相等，且均由 n 个数据元素组成，即

$$X_0 = (x_0(1), x_0(2), \cdots, x_0(n)); \quad X_u = (x_u(1), x_u(2), \cdots, x_u(n))。$$

对所有的 $i \leqslant j$，$i, j = 0, 1, 2, \cdots, m$，计算 X_i 与 X_j 的灰色面积关联度 ε_{ij}，得矩阵 R：

$$R = \begin{bmatrix} \varepsilon_{00} & \varepsilon_{01} & \varepsilon_{02} & \cdots & \varepsilon_{0m} \\ \varepsilon_{10} & \varepsilon_{11} & \varepsilon_{12} & \cdots & \varepsilon_{1m} \\ \varepsilon_{20} & \varepsilon_{21} & \varepsilon_{22} & \cdots & \varepsilon_{2m} \\ \vdots & \vdots & \vdots & \cdots & \vdots \\ \varepsilon_{m0} & \varepsilon_{m1} & \varepsilon_{m2} & \cdots & \varepsilon_{mm} \end{bmatrix}。$$

在灰色面积关联度中 $\varepsilon_{ij} = \varepsilon_{ji}$，故矩阵 R 可简化为上三角矩阵，则称

$$R = \begin{bmatrix} \varepsilon_{00} & \varepsilon_{01} & \varepsilon_{02} & \cdots & \varepsilon_{0m} \\ & \varepsilon_{11} & \varepsilon_{12} & \cdots & \varepsilon_{1m} \\ & & \varepsilon_{22} & \cdots & \varepsilon_{2m} \\ & & & \ddots & \vdots \\ & & & & \varepsilon_{mm} \end{bmatrix}$$

为灰色关联矩阵。

矩阵 R 明确了任意两条序列之间灰色关联度的大小。因此，我们首先可根据矩阵 R 的首行行向量 $R_1 = [\varepsilon_{01}, \varepsilon_{02}, \cdots, \varepsilon_{0m}]$，从 X_u 中对影响因变量 X_0 的主要因素进行筛选；然后，根据矩阵 R 对筛选后的变量进行聚类降维，以确定因变量 X_0 的自变量构成。上述操作既包含自变量的筛选，又涉及自变量的聚类降维。自变量的筛选和降维是构建多变量灰色预测模型以及多元线性/非线性回归模型的基础。

变量筛选，即从相关因素序列 X_u（$u = 1, 2, \cdots, m$）中，把属于因变量 X_0 的自变量挑选出来。其过程如下：取临界值 $\delta \in (0.5, 1]$，当 $\varepsilon_{0j} \geq \delta$（$j = 1, 2, \cdots, m$）时，表明 X_j 与 X_0 高度相关，则 X_j 是 X_0 的自变量；反之，若 $\varepsilon_{0j} < \delta$，即 X_j 与 X_0 的灰色关联度较小，则 X_j 不是 X_0 的自变量。通过 ε_{0j} 与临界值 δ 的比较，可从相关因素序列 X_u 中选择若干满足阈值条件的序列构成因变量 X_0 的自变量序列 X_a，$a \in \{1, 2, \cdots, m\}$。该过程即为因变量 X_0 的自变量筛选。

临界值 δ 的大小应根据实际问题的需要来选取。δ 越接近 1，表示在相关因素序列 X_u 中，对其是否属于因变量 X_0 的自变量的判别标准就越高，此时 X_u 中属于 X_0 的自变量 X_a 就越少；反之，δ 越接近 0.5，则表示判别标准就越低，此时 X_u 中属于 X_0 的自变量 X_a 就越多。

例 11.2.1 设因变量序列 X_0 与 5 个相关因素序列 X_u（$u = 1, 2, \cdots, 5$）的灰色面积关联度分别为 $\varepsilon_{01} = 0.782$，$\varepsilon_{02} = 0.563$，$\varepsilon_{03} = 0.935$，$\varepsilon_{04} = 0.841$，$\varepsilon_{05} = 0.687$。取临界值 $\delta = 0.70$，显然 $\varepsilon_{01} > \delta$，$\varepsilon_{03} > \delta$，$\varepsilon_{04} > \delta$。因此，因变量 X_0 的自变量 $X_a = \{X_1, X_3, X_4\}$。类似地，若取临界值 $\delta = 0.60$，则 $X_a = \{X_1, X_3, X_4, X_5\}$。可见，临界值 δ 越小，表示自变量选择的门槛就越低，此时因变量 X_0 的自变量个数就越多。

变量筛选明确了因变量 X_0 的自变量构成情况，但自变量与自变量之间可能高度相关，表现为序列之间具有较高的灰色关联度，如序列 X_2 与 X_4 之间的灰色面积关联度 $\varepsilon_{24} = 0.983$，则表明序列 X_2 与 X_4 具有

强相关关系。在构建多变量灰色预测模型时，自变量高度相关可能导致模型存在"多重共线性"问题。另外，自变量个数太多还将导致模型结构复杂。因此，对于具有强相关关系的自变量，还需进行"聚类降维"以减少变量个数。

灰色聚类，即从筛选出来的自变量中，把具有强相关关系的自变量聚到一起成为一类，故称"聚类"。其过程如下：取临界值 $\vartheta \in (0.5, 1]$，当 $\varepsilon_{ij} \geq \vartheta$（$i \neq j$；$i, j = 1, 2, \cdots, m$）时，表明 X_i 与 X_j 高度相关，则认为 X_i 与 X_j 为同类变量（亦称 X_i 与 X_j 同组）。此时，若 X_i 与 X_0 的灰色关联度 ε_{0i} 大于 X_j 与 X_0 的灰色关联度 ε_{0j}，即 $\varepsilon_{0i} \geq \varepsilon_{0j}$，则选择 X_i 作为该组自变量之代表，或者说在 X_0 的自变量中删除 X_j，从而减少自变量个数。该过程即为自变量的灰色聚类降维。

由于灰色关联度不具备传递性（若变量 A 和变量 B、变量 B 和变量 C 同时强相关，不能由此推导 A 和 C 亦强相关），因此在进行灰色聚类时，应确保被聚到一组的各个变量两两强相关。

例 11.2.2 在例 11.2.1 中，因变量 X_0 的自变量 $X_a = \{X_1, X_3, X_4, X_5\}$，计算两两自变量序列之间的灰色面积关联度，分别为 $\varepsilon_{13} = 0.527$，$\varepsilon_{14} = 0.963$，$\varepsilon_{15} = 0.935$，$\varepsilon_{34} = 0.758$，$\varepsilon_{35} = 0.876$，$\varepsilon_{45} = 0.957$。取临界值 $\vartheta = 0.65$，显然 $\varepsilon_{14} > \vartheta$，$\varepsilon_{15} > \vartheta$，$\varepsilon_{34} > \vartheta$，$\varepsilon_{35} > \vartheta$，$\varepsilon_{45} > \vartheta$，则 X_a 可分为两组：$X_{a1} = \{X_1, X_4, X_5\}$ 与 $X_{a2} = \{X_3, X_4, X_5\}$。$X_4$ 与 X_5 同时出现在 X_{a1} 及 X_{a2} 组中，尚需进一步确定其归属。由于 $\varepsilon_{14} > \varepsilon_{34}$，$\varepsilon_{15} > \varepsilon_{35}$，故将 X_4 与 X_5 归入 X_{a1}，即 $X_{a1} = \{X_1, X_4, X_5\}$ 与 $X_{a2} = \{X_3\}$。在 $X_{a1} = \{X_1, X_4, X_5\}$ 组中，因 $\varepsilon_{01} = 0.782$，$\varepsilon_{04} = 0.841$，$\varepsilon_{05} = 0.687$，即该组中 X_4 与 X_0 的关系最紧密，则选择 X_4 作为该组变量之代表。故 X_0 的最终自变量为 X_3 及 X_4，即 $X_a = \{X_3, X_4\}$。

临界值 ϑ 的大小也应根据实际问题的需要来选取。ϑ 越接近 1，则表示对变量之间是否属于同类的判别标准就越高，分类就越细，每一组中的变量就越少；反之，ϑ 越接近 0.5，则表示分类就越粗，此时每一组中的同类变量就越多。临界值（或称阈值）δ 与 ϑ 具有相同的取值范围，但其实际取值可以相同也可以不同。

例 11.2.3 江苏省人口密度影响因素筛选与聚类。城市人口密度是指单位面积内的人口数量，用城市人口数量（人）与城市面积（平方公里）之比来测度，表示生活在城市范围内人口稠密的程度。城市人口密度与城市经济发展水平、工业化水平、医疗水平、教育水平、交通状况等因素具有一定的内在联系。城市人口密度的变化主要取决于城市本地居民人口的自然增长及人口的迁移流动。通常，经济发达城市具有较高的工资水平、生活条件和工作机会，且能够为居民提供更好的医疗保健服务，因此更能吸引外地人口的流入。

从人口发展理论和实践层面来看，影响城市人口密度的主要因素包括两个方面：一是影响城市人口增加或减少的直接因素，包括生育政策与移民政策所引致本地人口出生与死亡形成的人口自然增长率、人口迁入与迁出形成的人口机械增长率；二是影响城市人口增加或减少的间接因素，这些因素通过影响新生儿存活率与人口死亡率、人口迁入与迁出的中间介质，进而对人口自然增长率和人口机械增长率产生不同程度的影响。这些因素涉及一个城市的经济发展水平、产业结构状况、居民的收入与消费所反映的生活水平、医疗条件、教育水平、居住条件、通行便利与效率等。

对上述因素，现有的研究通常使用人口自然增长率、人口迁移率、城镇化率、GDP 增长率、人均 GDP、医疗病床数等指标来进行分析。为更全面刻画影响城市人口密度的因素，应增加一些反映城市产业结构、居民生活、教育水平、交通便利等间接因素的指标，如第三产业比重、工业化水平、居民人均月收入、恩格尔系数、每名老师负责学生数、人均住房面积、高等级公路密度等指标。本小节以江苏省人口密度为例，对其常住人口密度进行变量筛选与灰色聚类。江苏省 2005 ~ 2019 年常住人口密度及相关影响因素指标如表 11 – 4 所示。

表 11 – 4　　　　2005 ~ 2019 年江苏省人口密度及其影响因素相关数据

指标	2005 年	2006 年	2007 年	2008 年	2009 年	2010 年	2011 年	2012 年
常住人口密度 X_0	740.00	746.00	753.00	756.00	761.00	767.00	770.00	772.00
GDP 增长率 X_1	14.50	14.90	14.90	12.70	12.40	12.70	11.00	10.10
常住人口人均 GDPX_2	24616	28526	33837	40014	44253	52840	62290	68347
高等级公路密度 X_3	6.92	8.33	9.79	10.87	11.91	13.23	13.71	14.47
第三产业比重 X_4	35.60	36.40	37.40	38.40	39.60	41.40	42.40	43.50
每名老师负责学生数 X_5	18.37	17.02	15.82	15.45	14.67	14.37	14.08	13.92
每万人床位数 X_6	24.70	25.90	26.80	30.10	31.60	33.10	36.30	38.80
城镇化率 X_7	50.50	51.90	53.20	54.30	55.60	60.60	61.90	63.00
恩格尔系数 X_8	39.18	35.96	36.66	37.94	36.29	37.01	36.11	35.37
工业占比 X_9	50.80	51.00	50.40	49.30	47.80	46.50	45.40	44.20
指标	2013 年	2014 年	2015 年	2016 年	2017 年	2013 年	2018 年	2019 年
常住人口密度 X_0	772.00	774.00	742.00	744.00	746.00	749.00	751.00	753.00
GDP 增长率 X_1	10.10	9.60	8.70	8.50	10.11	10.59	7.48	7.33
常住人口人均 GDPX_2	68347	75354	81874	87995	96887	107150	115168	123607
高等级公路密度 X_3	14.47	15.33	16.08	16.79	17.25	17.77	18.24	18.67
第三产业比重 X_4	43.50	45.50	47.00	48.60	50.00	50.30	51.00	51.30
每名老师负责学生数 X_5	13.92	14.85	14.04	14.34	14.32	14.22	14.04	14.02
每万人床位数 X_6	38.80	46.40	49.30	51.90	42.80	43.30	41.30	44.20
城镇化率 X_7	63.00	64.10	65.20	66.50	67.70	68.76	69.61	70.61
恩格尔系数 X_8	35.37	34.72	28.52	28.05	28.31	27.80	26.11	25.65
工业占比 X_9	44.20	42.70	41.40	39.90	39.35	39.61	38.73	37.97

资料来源：指标 $X_1^{(0)}$ 来自江苏省人民政府官网 www.jiangsu.gov.cn；指标 $X_3^{(0)}$ 中 2017 ~ 2019 年的数据来自灰色模型预测结果；其余指标数据来自中国统计年鉴 www.stats.gov.cn。

第一步，自变量的初筛。

表 11 - 4 中不同指标具有不同的量纲，因此需对表中的数据做初始化处理以消除指标量纲，然后再选择灰色面积关联度模型计算两两序列之间的灰色关联度。

选择 VGSMS1.0 软件 > > 灰色关联度模型 > > 灰色面积关联度模型，首先计算序列 X_0 与序列 X_1 之间的灰色面积关联度。输入指标数据，选择序列无量纲化方法[①]并设置结果精度，运行结果如图 11 - 3 所示。

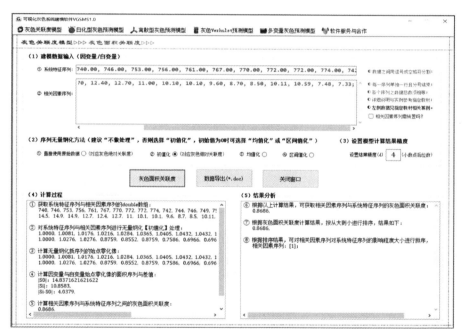

图 11 - 3　计算序列 $X_1^{(0)}$ 与序列 $X_2^{(0)}$ 之间的灰色面积关联度

---

①　VGSMS1.0 软件中"序列无量纲化方法"选择"初值化"，此时的灰色面积关联度模型即为刘思峰等著的《灰色系统理论及其应用》中的"灰色相对关联度"。

重复应用 VGSMS1.0 软件的该项功能，分别计算序列 X_0 与 X_2、X_3、$\cdots$、X_9；X_1 与 X_2、X_3、$\cdots$、X_9；$\cdots$；X_8 与 X_9 之间的灰色面积关联度，结果如表 11 - 5 所示。

表 11 - 5　　　　　　　　序列两两之间的灰色面积关联度

	X_0	X_1	X_2	X_3	X_4	X_5	X_6	X_7	X_8	X_9
X_0	1.0000	0.8686	0.6820	0.7515	0.9146	0.8927	0.8318	0.9182	0.9132	0.9267
X_1		1.0000	0.6348	0.6862	0.8068	0.9363	0.7457	0.8097	0.9317	0.9297
X_2			1.0000	0.8602	0.7195	0.6430	0.7743	0.7176	0.6505	0.6553
X_3				1.0000	0.8033	0.6975	0.8789	0.8006	0.7078	0.7146
X_4					1.0000	0.8256	0.9002	0.9886	0.8427	0.8538
X_5						1.0000	0.7606	0.8285	0.9465	0.9591
X_6							1.0000	0.8967	0.7742	0.7832
X_7								1.0000	0.8457	0.8569
X_8									1.0000	0.9718
X_9										1.0000

表 11 - 4 中，X_0 为因变量序列，$X_1 \sim X_9$ 为相关因素序列。取临界值 $\delta = 0.82$，根据表 11 - 5 可明确 X_0 与 $X_1 \sim X_9$ 之间的灰色面积关联度大小，并初步确定因变量 X_0 的自变量构成。由于

$$\varepsilon_{02} = 0.6820 < \delta, \quad \varepsilon_{03} = 0.7515 < \delta,$$

故在相关因素序列 $X_1 \sim X_9$ 中，除去 X_2 及 X_3 之外，其余序列均为 X_0 的自变量序列，即

$$X_a = \{X_1, X_4, X_5, X_6, X_7, X_8, X_9\}。$$

然而，$X_a = \{X_1, X_4, X_5, X_6, X_7, X_8, X_9\}$ 尚不是 X_0 的最终自变量，因为 X_a 内部各变量之间还可能存在相关性，需进行聚类分析，故该步骤称为自变量的初筛。

第二步，自变量的聚类。

自变量的聚类，实际上是在"自变量的初筛"基础上，对 $X_a = \{X_1, X_3, X_4, X_5, X_6, X_7, X_8, X_9\}$ 中灰色关联度接近的两个或多个自变量进行聚类分组，并从每组中选择一个变量作为代表构成 X_0 的最终自变量，以此达到减少变量个数（降维）之目的。

（1）表格数据整理。由于聚类操作完全针对自变量，无须因变量 X_0 参与，另外，变量 X_2 及 X_3 已在自变量初筛中被剔除，故不再考虑 X_2 及 X_3 与其他变量之间聚类问题。为简化操作，首先删除表 11－5 中 X_0、X_2 及 X_3 所在行列；再将表中变量之间灰色关联度小于阈值 $\vartheta = 0.85$ 的单元格清空，结果如表 11－6 所示。

表 11－6　　　　有效自变量之间大于聚类阈值 ϑ 的灰色关联度

	X_1	X_4	X_5	X_6	X_7	X_8	X_9
X_1			0.9363			0.9317	0.9297
X_4				0.9002	0.9886		0.8538
X_5						0.9465	0.9591
X_6					0.8967		
X_7							0.8569
X_8							0.9718
X_9							

（2）变量聚类分组。即根据每个变量与其他变量之间灰色关联度的大小，进行聚类分组。根据表 11－6 可知，对变量 X_1，由于

$$\varepsilon_{15} = 0.9363, \quad \varepsilon_{18} = 0.9317, \quad \varepsilon_{19} = 0.9297,$$

故变量 X_1、X_5、X_8 及 X_9 分为第一组，即 $X_{a1} = \{X_1, X_5, X_8, X_9\}$；类似地，

变量 X_4：$X_{a2} = \{X_4, X_6, X_7, X_9\}$ 分为第二组；

变量 X_5：$X_{a3} = \{X_5, X_8, X_9\}$ 分为第三组；

变量 X_6：$X_{a4} = \{X_6, X_7\}$ 分为第四组；

变量 X_7：$X_{a5} = \{X_7, X_9\}$ 分为第五组；

变量 X_8：$X_{a6} = \{X_8, X_9\}$ 分为第六组。

由于

$X_{a3} \subset X_{a1}$；$X_{a4} \subset X_{a2}$；$X_{a5} \subset X_{a2}$；$X_{a6} \subset X_{a1}$。

即 X_{a3}、X_{a4}、X_{a5} 及 X_{a6} 与 X_{a1} 及 X_{a2} 之间存在包含关系。为简化操作，将 X_{a3} 及 X_{a6} 归入 X_{a1} 组，将 X_{a4} 及 X_{a5} 归入 X_{a2} 组，故不再对 X_{a3}、X_{a4}、X_{a5} 及 X_{a6} 组进行讨论。可见，X_a 初步可分为两组，即 X_{a1} 及 X_{a2}。

（3）组内变量筛选。即组内任意变量两两之间的灰色关联度不小于临界值 ϑ，否则应对小于临界值的变量进行剔除并重组。在 $X_{a1} = \{X_1, X_5, X_8, X_9\}$ 组中，

$\varepsilon_{58} = 0.9465$；$\varepsilon_{59} = 0.9591$；$\varepsilon_{89} = 0.9718$。

在该组中，任意两两变量之间的灰色关联度均大于阈值 ϑ；在 $X_{a2} = \{X_4, X_6, X_7, X_9\}$ 中，

$\varepsilon_{67} = 0.8967$；$\varepsilon_{69} < \vartheta$；$\varepsilon_{79} = 0.8569$。

可见，变量 X_6 与 X_9 的灰色关联度均小于阈值 ϑ，需将 X_6 与 X_9 其中之一从 X_{a2} 分组中剔除。考虑到 $\varepsilon_{46} + \varepsilon_{67} > \varepsilon_{49} + \varepsilon_{79}$，即 X_6 与组内其他变量的关联度大于 X_9，故 X_9 从 X_{a2} 中删除，此时 $X_{a2} = \{X_4, X_6, X_7\}$。假如 X_9 不属于其他任何组，此时 X_9 可单独成组。

（4）变量唯一性分组。即任意变量不能归属于不同的组别。在本例中

$X_{a1} = \{X_1, X_5, X_8, X_9\}$；$X_{a2} = \{X_4, X_6, X_7\}$。

显然，在组 X_{a1} 及 X_{a2} 中，均不存在变量跨组问题，为最终分组。

在本例中，假设 $X_{a1} = \{X_1, X_5, X_8, X_9\}$，$X_{a2} = \{X_4, X_6, X_7,$

X_9 ｝，即变量 X_9 同时属于 X_{a1} 及 X_{a2} 组，此时应如何确定变量 X_9 的最终分组？我们通过计算 X_9 与 X_{a1} 及 X_{a2} 组中其他变量之间灰色关联度的均值大小来确定。X_9 与 X_{a1} 组中所有变量灰色关联度的均值，记作 $\bar{\varepsilon}_{9\_a1}$：

$$\bar{\varepsilon}_{9\_a1} = \frac{\varepsilon_{91} + \varepsilon_{95} + \varepsilon_{98}}{3} = \frac{0.9297 + 0.9591 + 0.9718}{3} = 0.9535 ;$$

$$\bar{\varepsilon}_{9\_a2} = \frac{\varepsilon_{94} + \varepsilon_{96} + \varepsilon_{97}}{3} = \frac{0.8538 + 0.7832 + 0.8569}{3} = 0.8313 。$$

显然 $\bar{\varepsilon}_{9\_a1} > \bar{\varepsilon}_{9\_a2}$，即变量 X_9 与 X_{a1} 所在小组各变量的灰色关联度强于其与 X_{a2} 小组对应的灰色关联度，故 X_9 应归入 X_{a1} 组。

第三步，自变量的确定。

根据前面的聚类结果，$X_a = \{X_1，X_4，X_5，X_6，X_7，X_8，X_9\}$ 可分为两个小组，即

$X_{a1} = \{X_1，X_5，X_8，X_9\}$、$X_{a2} = \{X_4，X_6，X_7\}$。

现从每小组中选择一个变量作为所在小组的代表。具体选择时，通过比较小组中每个变量与因变量 X_0 之间的灰色关联度来确定。根据表 $11-5$ 可知，

$\varepsilon_{01} = 0.8686$；$\varepsilon_{05} = 0.8927$；$\varepsilon_{08} = 0.9132$；$\varepsilon_{09} = 0.9267$；

$\varepsilon_{04} = 0.9146$；$\varepsilon_{06} = 0.8318$；$\varepsilon_{07} = 0.9182$。

在 X_{a1} 中，$\varepsilon_{09} > \varepsilon_{08} > \varepsilon_{05} > \varepsilon_{01}$，故选择 X_9 作为 X_{a1} 的代表；类似地，在 X_{a2} 中，选择 X_7 作为 X_{a2} 的代表。因此，X_0 的最终自变量构成为 $X_a = \{X_7，X_9\}$。

根据聚类结果可知，江苏省人口密度与江苏省城镇化率 X_7 和工业占比 X_9 密切相关。当然，选择不同的临界值 δ 与 ϑ，可能会得到不同的聚类结果。灰色聚类目前已成为研究和解决小样本条件下多指标降维问题的一种常用数学方法。

11.3 灰色关联决策评估

本小节介绍如何应用灰色关联度模型对多个备选方案的综合实力进行量化分析，在此基础上对备选方案的优劣进行合理评估，并以制造类企业供应商选择为例介绍具体过程。

定义 11.3.1 设多指标决策问题有 m 个被评估对象或待定决策方案，组成决策方案集 S

$$S = (s_1, s_2, \cdots, s_m)。$$

每个决策方案由 n 个评价指标或属性组成，构成指标集 T

$$T = (t_1, t_2, \cdots, t_n)。$$

决策方案 s_i（$i = 1, 2, \cdots, m$）对指标 t_j（$j = 1, 2, \cdots, n$）的属性值记为 u_{ij}，则决策方案集 S 对指标集 T 构成矩阵 U，即

$$U = \begin{bmatrix} u_{11} & u_{12} & \cdots & u_{1n} \\ u_{21} & u_{22} & \cdots & u_{2n} \\ \vdots & \vdots & \vdots & \vdots \\ u_{m1} & u_{m2} & \cdots & u_{mn} \end{bmatrix}。$$

则称矩阵 U 为决策方案矩阵；称 $s_i = (u_{i1}, u_{i2}, \cdots, u_{in})$ 为决策方案 s_i 的属性向量。

由于不同指标的物理意义、量纲、类型和性质可能各不相同，因此需将决策矩阵 U 中各指标的属性值进行规范化处理，将决策矩阵 U 转化为规范化矩阵 U^+，以便于比较决策方案的优劣。通常情况下，指标可分为效益型、成本型和固定型三种类型。

定义 11.3.2 方案集 S、指标集 T、决策矩阵 U 如定义 11.3.1 所述，则

（1）若 t_j $(j = 1, 2, \cdots, n)$ 为效益型指标，即属性值 u_{ij} 越大越好，称

$$u_{ij}^+ = \frac{u_{ij}}{\max\{u_{1j}, u_{2j}, \cdots, u_{mj}\}} \qquad (11.3.1)$$

为 u_{ij} 的上限效果测度。

（2）若 t_j $(j = 1, 2, \cdots, n)$ 为成本型指标，即属性值 u_{ij} 越小越好，称

$$u_{ij}^+ = \frac{\min\{u_{1j}, u_{2j}, \cdots, u_{mj}\}}{u_{ij}} \qquad (11.3.2)$$

为 u_{ij} 的下限效果测度；

（3）若 t_j $(j = 1, 2, \cdots, n)$ 为适中型指标，即 u_{ij} 越接近适中值 u_j^0 越好，称

$$u_{ij}^+ = \frac{u_j^0}{u_j^0 + |u_{ij} - u_j^0|} \qquad (11.3.3)$$

为 u_{ij} 的适中效果测度。

上限效果测度 u_{ij}^+ 反映了属性值 u_{ij} 与指标 t_j 中最大属性值 $\max\{u_{1j}, u_{2j}, \cdots, u_{mj}\}$ 之间的接近程度；下限效果测度 u_{ij}^+ 反映了属性值 u_{ij} 与指标 t_j 中最小属性值 $\min\{u_{1j}, u_{2j}, \cdots, u_{mj}\}$ 之间的接近程度；适中效果测度 u_{ij}^+ 反映了属性值 u_{ij} 与适中值 u_j^0 之间的接近程度。

定义 11.3.2 具有如下三大功能：

（1）实现了决策矩阵 U 中不同指标的"无量纲化"。

（2）实现了属性值 u_{ij} 取值范围的"规范化"，即 $u_{ij}^+ \in [0, 1]$。

（3）实现了指标"极性"的"同向化"，即无论何种类型指标，均"越接近 1 越好"。

通过定义 11.3.2，可将决策矩阵 U 转换为一个新的矩阵 U^+，并称

$$U^+ = \begin{bmatrix} u_{11}^+ & u_{12}^+ & \cdots & u_{1n}^+ \\ u_{21}^+ & u_{22}^+ & \cdots & u_{2n}^+ \\ \vdots & \vdots & \vdots & \vdots \\ u_{m1}^+ & u_{m2}^+ & \cdots & u_{mn}^+ \end{bmatrix}$$

为决策矩阵 U 的标准化矩阵；称 $s_i^+ = (u_{i1}^+, u_{i2}^+, \cdots, u_{in}^+)$ 为决策方案 s_i 的标准化属性向量。

定义 11.3.3 在标准化矩阵 U^+ 中，称向量 $u^* = (u_1^*, u_2^*, \cdots, u_n^*)$ 为理想决策方案，其中

$$u_j^* = \max\{u_{1j}^+, u_{2j}^+, \cdots, u_{mj}^+\}, j = 1, 2, \cdots, n。$$

举例来说，我们需要对 ABC 三家供应商的综合实力进行评估，其中供应商 A 产品质量好但价格太高，供应商 B 产品价格低但交货周期长，供应商 C 交货周期短但售后服务差。可见，我们很难找到一个所有指标都最优的供应商，只能在当前条件下选择一个相对最优的供应商。所谓理想决策方案，实际上就是把所有决策方案中的最优指标（供应商 A 的商品质量、供应商 B 的商品价格、供应商 C 的供货周期……）挑选出来构成一个理想化的新方案 $u^* = (u_1^*, u_2^*, \cdots, u_n^*)$，然后计算决策方案 $s_i^+ = (u_{i1}^+, u_{i2}^+, \cdots, u_{in}^+)$ $(i = 1, 2, \cdots, m)$ 与理想决策方案 $u^* = (u_1^*, u_2^*, \cdots, u_n^*)$ 之间的灰色关联度 γ_{*i}。显然，γ_{*i} 越大，表示决策方案 s_i^+ 与 u^* 就越接近，则方案 s_i 就越好。

下面，我们通过一个具体案例来介绍灰色关联决策评估的过程。

例 11.3.1 制造业供应商选择问题。供应商选择是供应链采购管理的重要内容。企业供应商的综合实力是决定企业综合竞争力的主要因素，供应商的评估和选择对企业的生存与发展至关重要。供应商选择是一个包含定性因素和定量因素的多目标决策问题。本小节介绍如何应用灰色关联决策评估模型解决制造业供应商的选择问题。

影响制造企业供应商选择的指标包括产品质量、产品可靠性、企业协作能力、产品供应能力、企业发展能力、产品提前期、产品价格、产品售后服务以及企业环境共 9 指标。其中，企业协作能力、产品售后服务和企业环境指标可通过相关人员的评价给出；产品质量通过合格率来度量；产品可靠性通过合格产品的故障率来度量；产品价格、产品提前期通过实际数据度量；供应能力通过供应商的供应量与企业的需求量的比值来度量，比值大于 1 为 1，否则为实际比值；企业发展能力采用企业利润增长率、固定资产净值变化、培训费用比例三项之和的近三年内的均值来度量。已知某制造企业需从 14 个零部件供应商中选择 1 个作为合作伙伴，按前述的评价指标体系，各指标的评价值如表 11 – 7 所示。

表 11 – 7 　　　　　　　　　某制造企业 14 家供应商 9 个评价指标数据

供应商 S	指标 T								
	产品质量 t_1	可靠性 t_2	协作能力 t_3	供应能力 t_4	发展能力 t_5	提前期 t_6	产品价格 t_7	售后服务 t_8	企业环境 t_9
s_1	0.92	0.90	0.81	1.00	0.22	12	12.36	0.85	0.90
s_2	0.98	0.94	0.98	1.00	0.25	10	13.48	0.92	0.85
s_3	0.95	0.92	0.93	1.00	0.24	9	12.35	0.70	0.84
s_4	0.89	0.68	0.82	1.00	0.22	8	12.98	0.89	0.72
s_5	0.92	0.79	0.76	0.85	0.18	7	12.58	0.95	0.65
s_6	0.94	0.89	0.91	1.00	0.24	6	12	0.98	0.90
s_7	0.95	0.95	0.88	1.00	0.26	9	13.1	0.86	0.95
s_8	0.88	0.84	0.95	1.00	0.19	10	12.96	0.66	0.67
s_9	0.90	0.92	0.76	1.00	0.27	12	12.63	0.88	0.86
s_{10}	0.88	0.86	0.86	0.80	0.08	6	12.85	0.70	0.74
s_{11}	0.78	0.71	0.75	0.90	0.12	8	11.9	0.86	0.78

供应商 S	指标 T								
	产品质量 t_1	可靠性 t_2	协作能力 t_3	供应能力 t_4	发展能力 t_5	提前期 t_6	产品价格 t_7	售后服务 t_8	企业环境 t_9
s_{12}	0.68	0.87	0.86	1.00	0.18	6	12.34	0.92	0.82
s_{13}	0.87	0.94	0.77	1.00	0.22	7	11.96	0.81	0.91
s_{14}	0.85	0.86	0.87	1.00	0.27	8	11.56	0.83	0.88

资料来源：郜振华，陈森发. 基于改进灰色关联分析的供应商评价方法 [J]. 制造业自动化，2004（10）：60 – 62.

第一步，构造决策矩阵 U。根据表 11 – 7 可知，14 家供应商组成决策方案集 $S = (s_1, s_2, \cdots, s_{14})$；9 个评价构成指标集 $T = (t_1, t_2, \cdots, t_9)$。根据定义 11.3.1 可构造决策矩阵 U，如下所示：

$$U = \begin{bmatrix} u_{11} & u_{12} & \cdots & u_{19} \\ u_{21} & u_{22} & \cdots & u_{29} \\ \vdots & \vdots & \vdots & \vdots \\ u_{14,1} & u_{14,2} & \cdots & u_{14,9} \end{bmatrix} = \begin{bmatrix} 0.92 & 0.9 & \cdots & 0.9 \\ 0.98 & 0.94 & \cdots & 0.85 \\ \vdots & \vdots & \vdots & \vdots \\ 0.85 & 0.86 & \cdots & 0.88 \end{bmatrix}.$$

第二步，构造标准化矩阵 U^+。根据表 11 – 7 可知，指标 $t_1 \sim t_5$ 及 $t_8 \sim t_9$ 为效益型，越大越好；产品价格 t_7 是成本型指标，越小越好；产品"提前期"太多可能影响产品质量，而太少则影响按时交货，故产品提前期 t_6 为固定型指标，本例令其适中值 $u_6^0 = 9$。

（1）计算效益型指标的上限效果测度。

①t_1 指标的上限效果测度。

首先，比较决策矩阵 U 中所有方案 t_1 指标的最大值 M_1：

$$M_1 = \max\{u_{11}, u_{21}, u_{31}, u_{41}, u_{51}, u_{61}, u_{71}, u_{81}, u_{91}, u_{10,1}, u_{11,1}, u_{12,1}, u_{13,1}, u_{14,1}\}$$

$$= \max\{0.92, 0.98, 0.95, 0.89, 0.92, 0.94, 0.95, 0.88,$$

0.9，0.88，0.78，0.68，0.87，0.85} = 0.98。

（注：$u_{10,1}$下标的逗号是为避免两位数以上行列编号产生混乱而添加的分隔符，下同。）

然后，根据公式（11.3.1）计算所有方案t_1指标的上限效果测度，如下：

$$u_{11}^+ = \frac{u_{11}}{M_1} = \frac{0.92}{0.98} = 0.9388; \quad u_{21}^+ = \frac{u_{21}}{M_1} = \frac{0.98}{0.98} = 1.0000;$$

$$u_{31}^+ = \frac{u_{31}}{M_1} = \frac{0.95}{0.98} = 0.9694; \quad u_{41}^+ = \frac{u_{41}}{M_1} = \frac{0.89}{0.98} = 0.9082;$$

$$u_{51}^+ = \frac{u_{51}}{M_1} = \frac{0.92}{0.98} = 0.9388; \quad u_{61}^+ = \frac{u_{61}}{M_1} = \frac{0.94}{0.98} = 0.9592;$$

$$u_{71}^+ = \frac{u_{71}}{M_1} = \frac{0.95}{0.98} = 0.9694; \quad u_{81}^+ = \frac{u_{81}}{M_1} = \frac{0.88}{0.98} = 0.8980;$$

$$u_{91}^+ = \frac{u_{91}}{M_1} = \frac{0.90}{0.98} = 0.9184; \quad u_{10,1}^+ = \frac{u_{10,1}}{M_1} = \frac{0.88}{0.98} = 0.8980;$$

$$u_{11,1}^+ = \frac{u_{11,1}}{M_1} = \frac{0.78}{0.98} = 0.7959; \quad u_{12,1}^+ = \frac{u_{12,1}}{M_1} = \frac{0.68}{0.98} = 0.6939;$$

$$u_{13,1}^+ = \frac{u_{13,1}}{M_1} = \frac{0.87}{0.98} = 0.8878; \quad u_{14,1}^+ = \frac{u_{14,1}}{M_1} = \frac{0.85}{0.98} = 0.8673。$$

类似地，按照上述步骤可计算效益型指标$t_2 \sim t_5$及$t_8 \sim t_9$的上限效果测度。

②t_2指标的上限效果测度。

$$M_2 = \max\{u_{12}, u_{22}, u_{32}, u_{42}, u_{52}, u_{62}, u_{72}, u_{82}, u_{92}, u_{10,2}, u_{11,2},$$
$$u_{12,2}, u_{13,2}, u_{14,2}\}$$
$$= \max\{0.90, 0.94, 0.92, 0.68, 0.79, 0.89, 0.95, 0.84,$$
$$0.92, 0.86, 0.71, 0.87, 0.94, 0.86\} = 0.95。$$

$$u_{12}^+ = \frac{u_{12}}{M_2} = \frac{0.90}{0.95} = 0.9474; \quad u_{22}^+ = \frac{u_{22}}{M_2} = \frac{0.94}{0.95} = 0.9895;$$

$$u_{32}^+ = \frac{u_{32}}{M_2} = \frac{0.92}{0.95} = 0.9684; \quad u_{42}^+ = \frac{u_{42}}{M_2} = \frac{0.68}{0.95} = 0.7158;$$

$$u_{52}^+ = \frac{u_{52}}{M_2} = \frac{0.79}{0.95} = 0.8316; \quad u_{62}^+ = \frac{u_{62}}{M_2} = \frac{0.89}{0.95} = 0.9368;$$

$$u_{72}^+ = \frac{u_{72}}{M_2} = \frac{0.95}{0.95} = 1.0000; \quad u_{82}^+ = \frac{u_{82}}{M_2} = \frac{0.84}{0.95} = 0.8842;$$

$$u_{92}^+ = \frac{u_{92}}{M_2} = \frac{0.92}{0.95} = 0.9684; \quad u_{10,2}^+ = \frac{u_{10,2}}{M_2} = \frac{0.86}{0.95} = 0.9053;$$

$$u_{11,2}^+ = \frac{u_{11,2}}{M_2} = \frac{0.71}{0.95} = 0.7474; \quad u_{12,2}^+ = \frac{u_{12,2}}{M_2} = \frac{0.87}{0.95} = 0.9158;$$

$$u_{13,2}^+ = \frac{u_{13,2}}{M_2} = \frac{0.94}{0.95} = 0.9895; \quad u_{14,2}^+ = \frac{u_{14,2}}{M_2} = \frac{0.86}{0.95} = 0.9053 \, 。$$

③t_3 指标的上限效果测度。

$$M_3 = \max\{u_{13}, u_{23}, u_{33}, u_{43}, u_{53}, u_{63}, u_{73}, u_{83}, u_{93}, u_{10,3}, u_{11,3},$$
$$\qquad u_{12,3}, u_{13,3}, u_{14,3}\}$$
$$= \max\{0.81, 0.98, 0.93, 0.82, 0.76, 0.91, 0.88, 0.95,$$
$$\qquad 0.76, 0.86, 0.75, 0.86, 0.77, 0.87\} = 0.98 \, 。$$

$$u_{13}^+ = \frac{u_{13}}{M_3} = \frac{0.81}{0.98} = 0.8265; \quad u_{23}^+ = \frac{u_{23}}{M_3} = \frac{0.98}{0.98} = 1.0000;$$

$$u_{33}^+ = \frac{u_{33}}{M_3} = \frac{0.93}{0.98} = 0.9490; \quad u_{43}^+ = \frac{u_{43}}{M_3} = \frac{0.82}{0.98} = 0.8367;$$

$$u_{53}^+ = \frac{u_{53}}{M_3} = \frac{0.76}{0.98} = 0.7755; \quad u_{63}^+ = \frac{u_{63}}{M_3} = \frac{0.91}{0.95} = 0.9286;$$

$$u_{73}^+ = \frac{u_{73}}{M_3} = \frac{0.88}{0.98} = 0.8980; \quad u_{83}^+ = \frac{u_{83}}{M_3} = \frac{0.95}{0.98} = 0.9694;$$

$$u_{93}^+ = \frac{u_{93}}{M_3} = \frac{0.76}{0.98} = 0.7755; \quad u_{10,3}^+ = \frac{u_{10,3}}{M_3} = \frac{0.86}{0.98} = 0.8776;$$

$$u_{11,3}^+ = \frac{u_{11,3}}{M_3} = \frac{0.75}{0.98} = 0.7653; \quad u_{12,3}^+ = \frac{u_{12,3}}{M_3} = \frac{0.86}{0.98} = 0.8776;$$

$$u_{13,3}^+ = \frac{u_{13,3}}{M_3} = \frac{0.77}{0.98} = 0.7857 \; ; \quad u_{14,3}^+ = \frac{u_{14,3}}{M_3} = \frac{0.87}{0.98} = 0.8878 \; 。$$

④t_4 指标的上限效果测度。

$$M_4 = \max\{u_{14} \, , \; u_{24} \, , \; u_{34} \, , \; u_{44} \, , \; u_{54} \, , \; u_{64} \, , \; u_{74} \, , \; u_{84} \, , \; u_{94} \, , \; u_{10,4} \, , \; u_{11,4} \, ,$$
$$u_{12,4} \, , \; u_{13,4} \, , \; u_{14,4}\}$$
$$= \max\{1.00 \, , \; 1.00 \, , \; 1.00 \, , \; 1.00 \, , \; 0.85 \, , \; 1.00 \, , \; 1.00 \, , \; 1.00 \, ,$$
$$1.00 \, , \; 0.80 \, , \; 0.90 \, , \; 1.00 \, , \; 1.00 \, , \; 1.00\} = 1.00 \; 。$$

$$u_{14}^+ = \frac{u_{14}}{M_4} = \frac{1.00}{1.00} = 1.0000 \; ; \quad u_{24}^+ = \frac{u_{24}}{M_4} = \frac{1.00}{1.00} = 1.0000 \; ;$$

$$u_{34}^+ = \frac{u_{34}}{M_4} = \frac{1.00}{1.00} = 1.0000 \; ; \quad u_{44}^+ = \frac{u_{44}}{M_4} = \frac{1.00}{1.00} = 1.0000 \; ;$$

$$u_{54}^+ = \frac{u_{54}}{M_4} = \frac{0.85}{1.00} = 0.8500 \; ; \quad u_{64}^+ = \frac{u_{64}}{M_4} = \frac{1.00}{1.00} = 1.0000 \; ;$$

$$u_{74}^+ = \frac{u_{74}}{M_4} = \frac{1.00}{1.00} = 1.0000 \; ; \quad u_{84}^+ = \frac{u_{84}}{M_4} = \frac{1.00}{1.00} = 1.0000 \; ;$$

$$u_{94}^+ = \frac{u_{94}}{M_4} = \frac{1.00}{1.00} = 1.0000 \; ; \quad u_{10,4}^+ = \frac{u_{10,4}}{M_4} = \frac{0.80}{1.00} = 0.8000 \; ;$$

$$u_{11,4}^+ = \frac{u_{11,4}}{M_4} = \frac{0.90}{1.00} = 0.9000 \; ; \quad u_{12,4}^+ = \frac{u_{12,4}}{M_4} = \frac{1.00}{1.00} = 1.0000 \; ;$$

$$u_{13,4}^+ = \frac{u_{13,4}}{M_4} = \frac{1.00}{1.00} = 1.0000 \; ; \quad u_{14,4}^+ = \frac{u_{14,4}}{M_4} = \frac{1.00}{1.00} = 1.0000 \; 。$$

⑤t_5 指标的上限效果测度。

$$M_5 = \max\{u_{15} \, , \; u_{25} \, , \; u_{35} \, , \; u_{45} \, , \; u_{55} \, , \; u_{65} \, , \; u_{75} \, , \; u_{85} \, , \; u_{95} \, , \; u_{10,5} \, , \; u_{11,5} \, ,$$
$$u_{12,5} \, , \; u_{13,5} \, , \; u_{14,5}\}$$
$$= \max\{0.22 \, , \; 0.25 \, , \; 0.24 \, , \; 0.22 \, , \; 0.18 \, , \; 0.24 \, , \; 0.26 \, , \; 0.19 \, ,$$
$$0.27 \, , \; 0.08 \, , \; 0.12 \, , \; 0.18 \, , \; 0.22 \, , \; 0.27\} = 0.27 \; 。$$

$$u_{15}^+ = \frac{u_{15}}{M_5} = \frac{0.22}{0.27} = 0.8148 \; ; \quad u_{25}^+ = \frac{u_{25}}{M_5} = \frac{0.25}{0.27} = 0.9259 \; ;$$

$$u_{35}^+ = \frac{u_{35}}{M_5} = \frac{0.24}{0.27} = 0.8889; \quad u_{45}^+ = \frac{u_{45}}{M_5} = \frac{0.22}{0.27} = 0.8148;$$

$$u_{55}^+ = \frac{u_{55}}{M_5} = \frac{0.18}{0.27} = 0.6667; \quad u_{65}^+ = \frac{u_{65}}{M_5} = \frac{0.24}{0.27} = 0.8889;$$

$$u_{75}^+ = \frac{u_{75}}{M_5} = \frac{0.26}{0.27} = 0.9630; \quad u_{85}^+ = \frac{u_{85}}{M_5} = \frac{0.19}{0.27} = 0.7037;$$

$$u_{95}^+ = \frac{u_{95}}{M_5} = \frac{0.27}{0.27} = 1.0000; \quad u_{10,5}^+ = \frac{u_{10,5}}{M_5} = \frac{0.08}{0.27} = 0.2963;$$

$$u_{11,5}^+ = \frac{u_{11,5}}{M_5} = \frac{0.12}{0.27} = 0.4444; \quad u_{12,5}^+ = \frac{u_{12,5}}{M_5} = \frac{0.18}{0.27} = 0.6667;$$

$$u_{13,5}^+ = \frac{u_{13,5}}{M_5} = \frac{0.22}{0.27} = 0.8148; \quad u_{14,5}^+ = \frac{u_{14,5}}{M_5} = \frac{0.27}{0.27} = 1.0000。$$

⑥t_8 指标的上限效果测度。

$$M_8 = \max\{u_{18}, u_{28}, u_{38}, u_{48}, u_{58}, u_{68}, u_{78}, u_{88}, u_{98}, u_{10,8}, u_{11,8},$$
$$u_{12,8}, u_{13,8}, u_{14,8}\}$$
$$= \max\{0.85, 0.92, 0.70, 0.89, 0.95, 0.98, 0.86, 0.66,$$
$$0.88, 0.70, 0.86, 0.92, 0.81, 0.83\} = 0.98。$$

$$u_{18}^+ = \frac{u_{18}}{M_8} = \frac{0.85}{0.98} = 0.8673; \quad u_{28}^+ = \frac{u_{28}}{M_8} = \frac{0.92}{0.98} = 0.9388;$$

$$u_{38}^+ = \frac{u_{38}}{M_8} = \frac{0.70}{0.98} = 0.7143; \quad u_{48}^+ = \frac{u_{48}}{M_8} = \frac{0.89}{0.98} = 0.9082;$$

$$u_{58}^+ = \frac{u_{58}}{M_8} = \frac{0.95}{0.98} = 0.9694; \quad u_{68}^+ = \frac{u_{68}}{M_8} = \frac{0.98}{0.98} = 1.0000;$$

$$u_{78}^+ = \frac{u_{78}}{M_8} = \frac{0.86}{0.98} = 0.8776; \quad u_{88}^+ = \frac{u_{88}}{M_8} = \frac{0.66}{0.98} = 0.6735;$$

$$u_{98}^+ = \frac{u_{98}}{M_8} = \frac{0.88}{0.98} = 0.8980; \quad u_{10,8}^+ = \frac{u_{10,8}}{M_8} = \frac{0.70}{0.98} = 0.7143;$$

$$u_{11,8}^+ = \frac{u_{11,8}}{M_8} = \frac{0.86}{0.98} = 0.8776; \quad u_{12,8}^+ = \frac{u_{12,8}}{M_8} = \frac{0.92}{0.98} = 0.9388;$$

$$u_{13,8}^+ = \frac{u_{13,8}}{M_8} = \frac{0.81}{0.98} = 0.8265 \; ; \quad u_{14,8}^+ = \frac{u_{14,8}}{M_8} = \frac{0.83}{0.98} = 0.8469 \, 。$$

⑦t_9 指标的上限效果测度。

$$M_9 = \max\{u_{19}, \, u_{29}, \, u_{39}, \, u_{49}, \, u_{59}, \, u_{69}, \, u_{79}, \, u_{89}, \, u_{99}, \, u_{10,9}, \, u_{11,9},$$
$$u_{12,9}, \, u_{13,9}, \, u_{14,9}\}$$
$$= \max\{0.90, \, 0.85, \, 0.84, \, 0.72, \, 0.65, \, 0.90, \, 0.95, \, 0.67,$$
$$0.86, \, 0.74, \, 0.78, \, 0.82, \, 0.91, \, 0.88\} = 0.95 \, 。$$

$$u_{19}^+ = \frac{u_{19}}{M_9} = \frac{0.90}{0.95} = 0.9474 \; ; \quad u_{29}^+ = \frac{u_{29}}{M_9} = \frac{0.85}{0.95} = 0.8947 \; ;$$

$$u_{39}^+ = \frac{u_{39}}{M_9} = \frac{0.84}{0.95} = 0.8842 \; ; \quad u_{49}^+ = \frac{u_{49}}{M_9} = \frac{0.72}{0.95} = 0.7579 \; ;$$

$$u_{59}^+ = \frac{u_{59}}{M_9} = \frac{0.65}{0.95} = 0.6842 \; ; \quad u_{69}^+ = \frac{u_{69}}{M_9} = \frac{0.90}{0.95} = 0.9474 \; ;$$

$$u_{79}^+ = \frac{u_{79}}{M_9} = \frac{0.95}{0.95} = 1.0000 \; ; \quad u_{89}^+ = \frac{u_{89}}{M_9} = \frac{0.67}{0.95} = 0.7053 \; ;$$

$$u_{99}^+ = \frac{u_{99}}{M_9} = \frac{0.86}{0.95} = 0.9053 \; ; \quad u_{10,9}^+ = \frac{u_{10,9}}{M_9} = \frac{0.74}{0.95} = 0.7789 \; ;$$

$$u_{11,9}^+ = \frac{u_{11,9}}{M_{11}} = \frac{0.78}{0.95} = 0.8211 \; ; \quad u_{12,9}^+ = \frac{u_{12,9}}{M_9} = \frac{0.82}{0.95} = 0.8632 \; ;$$

$$u_{13,9}^+ = \frac{u_{13,9}}{M_9} = \frac{0.91}{0.95} = 0.9579 \; ; \quad u_{14,9}^+ = \frac{u_{14,9}}{M_9} = \frac{0.88}{0.95} = 0.9263 \, 。$$

（2）计算成本型指标 t_7 的下限效果测度。

首先，比较决策矩阵 U 中所有方案 t_7 指标的最小值 m_7：

$$m_7 = \min\{u_{17}, \, u_{27}, \, u_{37}, \, u_{47}, \, u_{57}, \, u_{67}, \, u_{77}, \, u_{87}, \, u_{97}, \, u_{10,7}, \, u_{11,7},$$
$$u_{12,7}, \, u_{13,7}, \, u_{14,7}\}$$
$$= \min\{12.36, \, 13.48, \, 12.35, \, 12.98, \, 12.58, \, 12, \, 13.1,$$
$$12.96, \, 12.63, \, 12.85, \, 11.9, \, 12.34, \, 11.96, \, 11.56\} = 11.56 \, 。$$

根据公式（11.3.2）计算所有方案对 t_7 指标的下限效果测度：

$$u_{17}^+ = \frac{m_7}{u_{17}} = \frac{11.56}{12.36} = 0.9353 ; \quad u_{27}^+ = \frac{m_7}{u_{27}} = \frac{11.56}{13.48} = 0.8576 ;$$

$$u_{37}^+ = \frac{m_7}{u_{37}} = \frac{11.56}{12.35} = 0.9360 ; \quad u_{47}^+ = \frac{m_7}{u_{47}} = \frac{11.56}{12.98} = 0.8906 ;$$

$$u_{57}^+ = \frac{m_7}{u_{57}} = \frac{11.56}{12.58} = 0.9189 ; \quad u_{67}^+ = \frac{m_7}{u_{67}} = \frac{11.56}{12.00} = 0.9633 ;$$

$$u_{77}^+ = \frac{m_7}{u_{77}} = \frac{11.56}{13.10} = 0.8824 ; \quad u_{87}^+ = \frac{m_7}{u_{87}} = \frac{11.56}{12.96} = 0.8920 ;$$

$$u_{97}^+ = \frac{m_7}{u_{97}} = \frac{11.56}{12.63} = 0.9153 ; \quad u_{10,7}^+ = \frac{m_7}{u_{10,7}} = \frac{11.56}{12.85} = 0.8996 ;$$

$$u_{11,7}^+ = \frac{m_7}{u_{11,7}} = \frac{11.56}{11.90} = 0.9714 ; \quad u_{12,7}^+ = \frac{m_7}{u_{12,7}} = \frac{11.56}{12.34} = 0.9368 ;$$

$$u_{13,7}^+ = \frac{m_7}{u_{13,7}} = \frac{11.56}{11.96} = 0.9666 ; \quad u_{14,7}^+ = \frac{m_7}{u_{14,7}} = \frac{11.56}{11.56} = 1.0000 。$$

（3）计算固定型指标 t_6 的适中效果测度（适中值 $u_6^0 = 9$）。

根据公式（11.3.3）计算所有方案 t_6 指标的适中效果测度：

$$u_{16}^+ = \frac{u_6^0}{u_6^0 + |u_{16} - u_6^0|} = \frac{9}{9 + |12 - 9|} = 0.7500 ;$$

$$u_{26}^+ = \frac{u_6^0}{u_6^0 + |u_{26} - u_6^0|} = \frac{9}{9 + |10 - 9|} = 0.9000 ;$$

$$u_{36}^+ = \frac{u_6^0}{u_6^0 + |u_{36} - u_6^0|} = \frac{9}{9 + |9 - 9|} = 1.0000 ;$$

$$u_{46}^+ = \frac{u_6^0}{u_6^0 + |u_{46} - u_6^0|} = \frac{9}{9 + |8 - 9|} = 0.9000 ;$$

$$u_{56}^+ = \frac{u_6^0}{u_6^0 + |u_{56} - u_6^0|} = \frac{9}{9 + |7 - 9|} = 0.8182 ;$$

$$u_{66}^+ = \frac{u_6^0}{u_6^0 + |u_{66} - u_6^0|} = \frac{9}{9 + |6 - 9|} = 0.7500 ;$$

$$u_{76}^{+} = \frac{u_6^0}{u_6^0 + |u_{76} - u_6^0|} = \frac{9}{9 + |9 - 9|} = 1.0000;$$

$$u_{86}^{+} = \frac{u_6^0}{u_6^0 + |u_{86} - u_6^0|} = \frac{9}{9 + |10 - 9|} = 0.9000;$$

$$u_{96}^{+} = \frac{u_6^0}{u_6^0 + |u_{96} - u_6^0|} = \frac{9}{9 + |12 - 9|} = 0.7500;$$

$$u_{10,6}^{+} = \frac{u_6^0}{u_6^0 + |u_{10,6} - u_6^0|} = \frac{9}{9 + |6 - 9|} = 0.7500;$$

$$u_{11,6}^{+} = \frac{u_6^0}{u_6^0 + |u_{11,6} - u_6^0|} = \frac{9}{9 + |8 - 9|} = 0.7500;$$

$$u_{12,6}^{+} = \frac{u_6^0}{u_6^0 + |u_{12,6} - u_6^0|} = \frac{9}{9 + |6 - 9|} = 0.7500;$$

$$u_{13,6}^{+} = \frac{u_6^0}{u_6^0 + |u_{13,6} - u_6^0|} = \frac{9}{9 + |7 - 9|} = 0.8182;$$

$$u_{14,6}^{+} = \frac{u_6^0}{u_6^0 + |u_{14,6} - u_6^0|} = \frac{9}{9 + |8 - 9|} = 0.9000。$$

根据上面的计算结果，可实现表 11 - 7（决策矩阵 U）的标准化转换，相关结果如表 11 - 8（标准化矩阵 U^+）所示。

表 11 - 8　　　　　　　　　　　指标数据的标准化转换

供应商 S	指标 T								
	产品质量 t_1	可靠性 t_2	协作能力 t_3	供应能力 t_4	发展能力 t_5	提前期 t_6	产品价格 t_7	售后服务 t_8	企业环境 t_9
s_1^+	0.9388	0.9474	0.8265	1.0000	0.8148	0.7500	0.9353	0.8673	0.9474
s_2^+	1.0000	0.9895	1.0000	1.0000	0.9259	0.9000	0.8576	0.9388	0.8947
s_3^+	0.9694	0.9684	0.949	1.0000	0.8889	1.0000	0.936	0.7143	0.8842
s_4^+	0.9082	0.7158	0.8367	1.0000	0.8148	0.9000	0.8906	0.9082	0.7579
s_5^+	0.9388	0.8316	0.7755	0.8500	0.6667	0.8182	0.9189	0.9694	0.6842
s_6^+	0.9592	0.9368	0.9286	1.0000	0.8889	0.7500	0.9633	1.0000	0.9474
s_7^+	0.9694	1.0000	0.898	1.0000	0.963	1.0000	0.8824	0.8776	1.0000
s_8^+	0.8980	0.8842	0.9694	1.0000	0.7037	0.9000	0.892	0.6735	0.7053

续表

供应商 S	指标 T								
	产品质量 t_1	可靠性 t_2	协作能力 t_3	供应能力 t_4	发展能力 t_5	提前期 t_6	产品价格 t_7	售后服务 t_8	企业环境 t_9
s_9^+	0.9184	0.9684	0.7755	1.0000	1.0000	0.7500	0.9153	0.8980	0.9053
s_{10}^+	0.898	0.9053	0.8776	0.8000	0.2963	0.7500	0.8996	0.7143	0.7789
s_{11}^+	0.7959	0.7474	0.7653	0.9000	0.4444	0.7500	0.9714	0.8776	0.8211
s_{12}^+	0.6939	0.9158	0.8776	1.0000	0.6667	0.7500	0.9368	0.9388	0.8632
s_{13}^+	0.8878	0.9895	0.7857	1.0000	0.8148	0.8182	0.9666	0.8265	0.9579
s_{14}^+	0.8673	0.9053	0.8878	1.0000	1.0000	0.9000	1.0000	0.8469	0.9263

显然根据表 11 - 8 可知, 可得标准化矩阵 U^+, 如下所示:

$$U^+ = \begin{bmatrix} u_{11}^+ & u_{12}^+ & \cdots & u_{19}^+ \\ u_{21}^+ & u_{22}^+ & \cdots & u_{29}^+ \\ \vdots & \vdots & \vdots & \vdots \\ u_{14,1}^+ & u_{14,2}^+ & \cdots & u_{14,9}^+ \end{bmatrix} = \begin{bmatrix} 0.9388 & 0.9474 & \cdots & 0.9474 \\ 1.0000 & 0.9895 & \cdots & 0.8947 \\ \vdots & \vdots & \vdots & \vdots \\ 0.8673 & 0.9053 & \cdots & 0.9263 \end{bmatrix}.$$

第二步, 构造理想决策方案向量 u^*。根据定义 11.3.3 及标准化矩阵 U^+, 可构造理想决策方案向量 $u^* = (u_1^*, u_2^*, \cdots, u_9^*)$, 即

$u_1^* = \max\{u_{11}^+, u_{21}^+, u_{31}^+, u_{41}^+, u_{51}^+, u_{61}^+, u_{71}^+, u_{81}^+, u_{91}^+, u_{10,1}^+, u_{11,1}^+, u_{12,1}^+, u_{13,1}^+, u_{14,1}^+\}$,

$u_1^* = \max\{0.9388, 1.0000, \cdots, 0.8673\} = 1.0000$;

类似地,

$u_2^* = \max\{0.9474, 0.9895, \cdots, 0.9053\} = 1.0000$;

$u_3^* = \max\{0.8265, 1.0000, \cdots, 0.8878\} = 1.0000$;

$u_4^* = \max\{1.0000, 1.0000, \cdots, 1.0000\} = 1.0000$;

$u_5^* = \max\{0.8148, 0.9259, \cdots, 1.0000\} = 1.0000$;

$u_6^* = \max\{0.7500, 0.9000, \cdots, 0.9000\} = 1.0000$;

$u_7^* = \max\{0.9353, 0.8576, \cdots, 1.0000\} = 1.0000$;

$u_8^* = \max\{0.8673, 0.9388, \cdots, 0.8469\} = 1.0000$；

$u_9^* = \max\{0.9474, 0.8947, \cdots, 0.9263\} = 1.0000$。

故理想决策方案向量 $u^* = (u_1^*, u_2^*, \cdots, u_9^*)$,

$$u^* = (u_1^*, u_2^*, \cdots, u_9^*) = (1.0000, 1.0000, \cdots, 1.0000)\,。$$

第三步，决策方案评估。计算所有决策方案 s_i 的标准化属性向量 $s_i^+ = (u_{i1}^+, u_{i2}^+, \cdots, u_{in}^+)$ 与理想决策方案向量 $u^* = (u_1^*, u_2^*, \cdots, u_9^*)$ 之间的灰色关联度 γ_{*i}，并根据 γ_{*i} 大小对决策方案 s_i^+ 的优劣进行评估和排序。考虑到标准化矩阵 U^+ 中所有指标数据均无量纲，故这里选择灰色通用关联度模型进行相关计算。软件界面如图 11-4 所示。

图 11-4　决策方案与理想决策方案之间的灰色通用关联度

导出决策方案 $s_i^+ = (u_{i1}^+, u_{i2}^+, \cdots, u_{in}^+)$ 与理想决策方案 $u^* = (u_1^*, u_2^*, \cdots, u_9^*)$ 之间的灰色通用关联度 γ_{*i} 计算过程与最终结果，如图 11-5 所示。

① 获取系统特征序列与相关因素序列的 double 数组：

1, 1, 1, 1, 1, 1, 1, 1, 1,

0.9388,	0.9474,	0.8265,	1.0000,	0.8148,	0.7500,	0.9353,	0.8673,	0.9474,
1.0000,	0.9895,	1.0000,	1.0000,	0.9259,	0.9000,	0.8576,	0.9388,	0.8947,
0.9694,	0.9684,	0.9490,	1.0000,	0.8889,	1.0000,	0.9360,	0.7143,	0.8842,
0.9082,	0.7158,	0.8367,	1.0000,	0.8148,	0.9000,	0.8906,	0.9082,	0.7579,
0.9388,	0.8316,	0.7755,	0.8500,	0.6667,	0.8182,	0.9189,	0.9694,	0.6842,
0.9592,	0.9368,	0.9286,	1.0000,	0.8889,	0.7500,	0.9633,	1.0000,	0.9474,
0.9694,	1.0000,	0.8980,	1.0000,	0.9630,	1.0000,	0.8824,	0.8776,	1.0000,
0.8980,	0.8842,	0.9694,	1.0000,	0.7037,	0.9000,	0.8920,	0.6735,	0.7053,
0.9184,	0.9684,	0.7755,	1.0000,	1.0000,	0.7500,	0.9153,	0.8980,	0.9053,
0.8980,	0.9053,	0.8776,	0.8000,	0.2963,	0.7500,	0.8996,	0.7143,	0.7789,
0.7959,	0.7474,	0.7653,	0.9000,	0.4444,	0.7500,	0.9714,	0.8776,	0.8211,
0.6939,	0.9158,	0.8776,	1.0000,	0.6667,	0.7500,	0.9368,	0.9388,	0.8632,
0.8878,	0.9895,	0.7857,	1.0000,	0.8148,	0.8182,	0.9666,	0.8265,	0.9579,
0.8673,	0.9053,	0.8878,	1.0000,	1.0000,	0.9000,	1.0000,	0.8469,	0.9263,

② 计算系统特征序列与相关因素序列对应元素之间的距离，构成距离序列（或称差序列）：

0.0612,	0.0526,	0.1735,	0.0000,	0.1852,	0.2500,	0.0647,	0.1327,	0.0526,
0.0000,	0.0105,	0.0000,	0.0000,	0.0741,	0.1000,	0.1424,	0.0612,	0.1053,
0.0306,	0.0316,	0.0510,	0.0000,	0.1111,	0.0000,	0.0640,	0.2857,	0.1158,
0.0918,	0.2842,	0.1633,	0.0000,	0.1852,	0.1000,	0.1094,	0.0918,	0.2421,
0.0612,	0.1684,	0.2245,	0.1500,	0.3333,	0.1818,	0.0811,	0.0306,	0.3158,
0.0408,	0.0632,	0.0714,	0.0000,	0.1111,	0.2500,	0.0367,	0.0000,	0.0526,
0.0306,	0.0000,	0.1020,	0.0000,	0.0370,	0.0000,	0.1176,	0.1224,	0.0000,
0.1020,	0.1158,	0.0306,	0.0000,	0.2963,	0.1000,	0.1080,	0.3265,	0.2947,
0.0816,	0.0316,	0.2245,	0.0000,	0.0000,	0.2500,	0.0847,	0.1020,	0.0947,
0.1020,	0.0947,	0.1224,	0.2000,	0.7037,	0.2500,	0.1004,	0.2857,	0.2211,
0.2041,	0.2526,	0.2347,	0.1000,	0.5556,	0.2500,	0.0286,	0.1224,	0.1789,
0.3061,	0.0842,	0.1224,	0.0000,	0.3333,	0.2500,	0.0632,	0.0612,	0.1368,
0.1122,	0.0105,	0.2143,	0.0000,	0.1852,	0.1818,	0.0334,	0.1735,	0.0421,
0.1327,	0.0947,	0.1122,	0.0000,	0.0000,	0.1000,	0.0000,	0.1531,	0.0737,

③ 比较并获取差序列中的最大值：

Max=0.7037;

④ 计算相关因素序列与系统特征序列对应元素的灰色通用关联系数：

0.8518,	0.8699,	0.6697,	1.0000,	0.6552,	0.5846,	0.8447,	0.7261,	0.8699,
1.0000,	0.9710,	1.0000,	1.0000,	0.8260,	0.7787,	0.7119,	0.8518,	0.7697,
0.9200,	0.9176,	0.8734,	1.0000,	0.7600,	1.0000,	0.8461,	0.5519,	0.7524,
0.7931,	0.5532,	0.6830,	1.0000,	0.6552,	0.7787,	0.7628,	0.7931,	0.5924,
0.8518,	0.6763,	0.6105,	0.7011,	0.5135,	0.6593,	0.8127,	0.9200,	0.5270,
0.8961,	0.8477,	0.8313,	1.0000,	0.7600,	0.5846,	0.9055,	1.0000,	0.8699,
0.9200,	1.0000,	0.7753,	1.0000,	0.9048,	1.0000,	0.7495,	0.7419,	1.0000,

0.7753,	0.7524,	0.9200,	1.0000,	0.5429,	0.7787,	0.7651,	0.5187,	0.5442,
0.8117,	0.9176,	0.6105,	1.0000,	1.0000,	0.5846,	0.8060,	0.7753,	0.7879,
0.7753,	0.7879,	0.7419,	0.6376,	0.3333,	0.5846,	0.7780,	0.5519,	0.6141,
0.6329,	0.5821,	0.5999,	0.7787,	0.3877,	0.5846,	0.9248,	0.7419,	0.6629,
0.5348,	0.8069,	0.7419,	1.0000,	0.5135,	0.5846,	0.8477,	0.8518,	0.7200,
0.7582,	0.9710,	0.6215,	1.0000,	0.6552,	0.6593,	0.9133,	0.6697,	0.8931,
0.7261,	0.7879,	0.7582,	1.0000,	1.0000,	0.7787,	1.0000,	0.6968,	0.8268.

⑤ 计算相关因素序列与系统特征序列之间的灰色通用关联度:

0.7858, 0.8788, 0.8468, 0.7346, 0.6969, 0.8550, 0.8991, 0.7330, 0.8104, 0.6450, 0.6551, 0.7335, 0.7935, 0.8416.

⑥ 根据以上计算结果,可获取相关因素序列与系统特征序列的灰色通用关联度:

0.7858, 0.8788, 0.8468, 0.7346, 0.6969, 0.8550, 0.8991, 0.7330, 0.8104, 0.6450, 0.6551, 0.7335, 0.7935, 0.8416.

⑦ 根据灰色通用关联度计算结果,按从大到小进行排序,结果如下:

0.8991, 0.8788, 0.8550, 0.8468, 0.8416, 0.8104, 0.7935, 0.7858, 0.7346, 0.7335, 0.7330, 0.6969, 0.6551, 0.6450.

⑧ 根据排序结果,可对相关因素序列对系统特征序列的影响程度大小进行排序,结果如下:

相关因素序列: [7];
相关因素序列: [2];
相关因素序列: [6];
相关因素序列: [3];
相关因素序列: [14];
相关因素序列: [9];
相关因素序列: [13];
相关因素序列: [1];
相关因素序列: [4];
相关因素序列: [12];
相关因素序列: [8];
相关因素序列: [5];
相关因素序列: [11];
相关因素序列: [10];

图 11 – 5　计算过程与结果导出

根据图 11 – 5,可对决策方案进行优先级排序,结果如表 11 – 9 所示。

表 11 - 9　　　　　　　　　供应商灰色通用关联度与优先级排序

供应商 s	s_1	s_2	s_3	s_4	s_5	s_6	s_7
关联度 γ_{*i}	0.7858	0.8788	0.8468	0.7346	0.6969	0.8550	0.8991
大小排序	8	2	4	9	12	3	1
供应商 s	s_8	s_9	s_{10}	s_{11}	s_{12}	s_{13}	s_{14}
关联度 γ_{*i}	0.7330	0.8104	0.6450	0.6551	0.7335	0.7935	0.8416
大小排序	11	6	14	13	10	7	5

根据表 11 - 9 可知，所有供应商的综合实力按强弱排序为

$$\gamma_{*7} > \gamma_{*2} > \gamma_{*6} > \gamma_{*3} > \gamma_{*14} > \gamma_{*9} > \gamma_{*13} > \gamma_{*1} > \gamma_{*4} > \gamma_{*12} > \gamma_{*8} > \gamma_{*5} > \gamma_{*11} > \gamma_{*10} \circ$$

显然，供应商 s_7 综合实力相对最优，其次为供应商 s_2；综合实力最差的为供应商 s_{10}，其次为供应商 s_{11}。本例中，（1）若使用灰色面积关联度进行计算，得到的供应商强弱关系与表 11 - 9 中相同；（2）若使用邓氏灰色关联度模型进行计算，则结论与表 11 - 9 不一致。有兴趣的读者，可以分析一下本例选择灰色通用关联度模型进行计算的原因，以及不选择灰色面积关联度和邓氏关联度模型进行计算的理由。

11.4　预测模型性能的灰色关联度检验

模拟序列与原始序列对应数据之间的差异，是用来评价预测模型性能的重要指标。若模拟序列与原始序列完全相同，则通常称该预测模型"无偏"。现实世界中，"无偏"预测模型仅是一种理想化的特殊情况，大部分模型其模拟序列与原始序列之间均存在一定程度的差异。本小节通过计算模拟序列与原始序列之间灰色关联度的大小，来

量化模拟序列与原始序列之间的差异程度，进而对预测模型性能进行检验和评价。

定义 11.4.1 设时序数据 $X^{(0)}$ 为建模原始序列（Original sequence）：

$$X^{(0)} = (x^{(0)}(1), x^{(0)}(2), \cdots, x^{(0)}(n))。$$

$\hat{X}^{(0)}$ 为相应预测模型的模拟序列（Simulated sequence）：

$$\hat{X}^{(0)} = (\hat{x}^{(0)}(1), \hat{x}^{(0)}(2), \cdots, \hat{x}^{(0)}(n))。$$

根据定义 2.3.3，计算序列 $X^{(0)}$ 与 $\hat{X}^{(0)}$ 之间的灰色面积关联度 ε_{os}，则

（1）若 $\varepsilon_{os} \geqslant 0.9$，称该模型为一级精度预测模型。

（2）若 $0.8 \leqslant \varepsilon_{os} < 0.9$，称该模型为二级精度预测模型。

（3）若 $0.7 \leqslant \varepsilon_{os} < 0.8$，称该模型为三级精度预测模型。

（4）若 $0.6 \leqslant \varepsilon_{os} < 0.7$，称该模型为四级精度预测模型。

（5）若 $\varepsilon_{os} < 0.6$，称该预测模型"不合格"。

例 11.4.1 设原始序列 $X^{(0)} = (x^{(0)}(1), x^{(0)}(2), \cdots, x^{(0)}(6)) = (2.3, 4.0, 5.2, 6.8, 8.1, 9.5)$，构建序列 $X^{(0)}$ 的 GM(1, 1) 模型，其模拟序列 $\hat{X}^{(0)} = (\hat{x}^{(0)}(1), \hat{x}^{(0)}(2), \cdots, \hat{x}^{(0)}(6)) = (2.3, 4.3, 5.3, 6.4, 7.9, 9.7)$，试对序列 $X^{(0)}$ 的 GM(1, 1) 模型性能进行检验。

检验 GM(1, 1) 模型性能，首先计算序列 $X^{(0)}$ 与 $\hat{X}^{(0)}$ 之间的灰色面积关联度 ε_{os}。

打开 VGSMS1.0 软件，选择"灰色关联度模型 >> 灰色面积关联度模型"，在"系统特征序列"文本框中输入原始序列 $X^{(0)}$ 对应数据，在相关因素序列文本框中输入 $\hat{X}^{(0)}$ 对应数据，序列无量纲化方法选择"直接使用原始数据"，点击按钮"灰色面积关联度"，可计算序列 $X^{(0)}$ 与 $\hat{X}^{(0)}$ 之间的灰色面积关联度 ε_{os}，如图 11-6 所示。

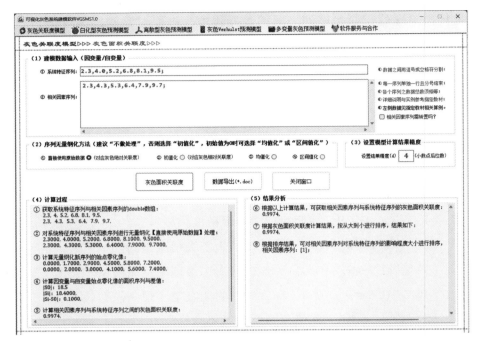

图 11 - 6 模拟序列与原始序列之间的灰色面积关联度

根据图 11 - 6 可知，序列 $X^{(0)}$ 与 $\hat{X}^{(0)}$ 之间的灰色面积关联度 $\varepsilon_{os} = 0.9974 > 0.90$。根据定义 11.4.1，该 GM（1，1）模型为一级精度预测模型。

11.5 本 章 小 结

灰色关联度模型的研究基本上贯穿了整个灰色理论学科，覆盖了灰色理论从因素分析、灰色聚类、灰色决策、灰色评价到灰色预测的各个部分，是当前灰色理论研究领域应用最广泛、研究最活跃的一个重要分支。本章主要介绍了灰色关联度模型如何围绕实际问题进行应用模型的设计、构建与应用。

系统影响因素的灰色关联分析，是灰色关联度模型最原始的功能，主要解决系统影响因素强弱的定量分析问题，常用于多元系统中自变量的分析和遴选。灰色关联聚类，简单地说就是把灰色关联性大的两个或多个指标"聚"到一起作为一类，每类按一定规则选一个代表参与多元系统的研究，从而达到"降维"之目的。灰色关联决策评估是研究多指标决策问题的一种重要方法，通过备选方案与最优方案之间的灰色关联度大小来对备选方案的优劣进行分析和排序。灰色关联度模型在预测领域的应用，主要体现在预测模型性能的检验方面，通过模拟数据与实际数据之间灰色关联度的大小来对模型性能进行检验和分级。

本章内容由于概念公式较多，计算过程较为繁杂，初学者理解和掌握有一定难度。建议读者结合实际案例对相关模型的定义、建模思路和过程及结果进行理解，效果可能更佳。

》》第十二章

可视化灰色系统建模软件

灰色系统模型建模过程涉及大量数学运算，手工完成不仅工作量大、效率低且极易出错。正如计量经济模型可以用 SPSS 或 EViews 软件来辅助建模一样，方便实用的灰色系统建模软件为推动灰色系统理论的普及与大规模应用起到了重要作用。灰色系统建模软件伴随着灰色系统模型的发展及软件开发新技术的涌现而不断得到优化和升级，大大减轻了灰色系统模型的建模工作量，促进了灰色系统理论的推广与普及。

12.1　不同历史时期的灰色系统建模软件

1986 年，山西省农科院王学盟及罗建军运用 BASIC 语言编写了第一套灰色系统建模软件，同年在科学普及出版社出版专著《灰色系统预测决策建模程序集》。1991 年，李秀丽与杨岭分别应用 GWBASIC 和 Turbo C 开发了灰色系统建模软件。2001 年，王学盟等在总结灰色系统研究成果的基础上，对灰色模型的建模原理、计算方法、建模步骤、软件结构及程序代码等内容做了系统介绍，并在华中科技大学出版社出版专著《灰色系统分析及实用计算程序》一书。上述软件的编制与计算机程序集的相继出版，方便了科研人员应用灰色系统模型解决生产生活中的现实问题，推动了灰色理论的大规模应用。

　　然而，由于受到当时计算机软硬件技术及操作系统的影响，上述软件都是基于 DOS 平台进行开发，不便于实际操作。随着 Windows 系统的大量普及与可视化视窗软件的迅速兴起，传统基于 DOS 平台的灰色预测建模软件已难以适应人们对软件操作日趋可视化、智能化的实际要求。在这样的背景下，2003 年刘斌博士应用 Visual Basic 6.0 开发了第一套基于 Windows 视窗界面的灰色系统建模软件（如图 12 − 1 所示）。该软件一经问世就得到灰色系统领域专家的广泛好评，成为灰色系统建模领域的首选软件。然而，随着软件开发技术的日新月异、人们操作习惯的不断变化及灰色理论本身的不断发展完善，人们发现该软件存在模块分类欠科学、数据输入过程较烦琐、计算过程无法完整显示等缺点。另外，Visual Basic 6.0 是以 Basic 为基础的 IDE（集成开发环境），而 Basic 是一门典型的弱类型语言，它存在不支持继承、异常处理不完善、对变量类型要求不严格（如变量在使用之前可以不声明）等缺点，限制了其在精度要求较高的科学计算软件领域的应用。因此，基于 Visual Basic 6.0 的灰色系统建模软件具有一定局限性。

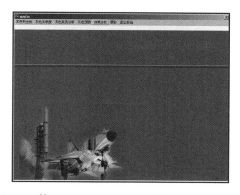

图 12 −1　基于 Visual Basic 6.0 的灰色系统建模软件

2009 年，曾波在刘思峰教授的指导下，以《灰色系统理论及其应用》（第三版）中的灰色系统模型为基础，开发了一套基于 Visual C# 的灰色系统建模软件（如图 12 – 2 所示，软件著作权编号 2011SR025167）。该软件在充分分析灰色系统软件各个时期版本的优点与缺点基础上，在设计时注重系统的可靠性、实用性、兼容性、扩充性、精确性以及操作界面的易用性及美观性，具有模块分类科学、数据录入方便、运算过程可导出、计算结果精度可设置、系统操作简便、易于应用等优点。另外，Visual C#是微软开发的一种面向对象的编程语言，是微软 . NET 开发环境的重要组成部分，具有功能强大、类型安全、面向对象等优点，是目前桌面软件开发的主流工具。该软件目前用户量有数万个，是当前灰色系统建模领域的主流应用软件之一。然而，该软件对输入数据的容错性较差，"多变量灰色预测模型"及"灰色聚类分析"等模块的程序编制尚存在一些问题。

图 12 – 2　基于 Visual C#的灰色系统建模软件

基于集成开发环境（IDE，如 Visual Basic 6.0、Visual C#等）所编制的应用软件，又称视窗桌面软件，包括开发环境部署、程序编制、系统打包、软件安装等过程。其最大优点是操作简便，而其最大缺点是灵活性差、模型扩展不方便。在这样的情况下，2010 年，孟伟博士在刘思峰教授的指导下，同样以《灰色系统理论及其应用》（第三版）中的灰色系统模型为基础，基于 MATLAB 工具开发了一套全新的灰色系统建模软件（软件著作权编号 2010SR015134）。该软件在操作的简便性方面可能不如 Windows 桌面软件，但其最大的优点是模型扩展方便。该软件提供了若干灰色系统模型的"．m"程序，可以根据模型优化与实际引用对"．m"程序进行动态修改以实现模型扩展之目的，同时也不存在 Windows 桌面软件更新所必需的系统打包及软件安装等过程，备受专业人士青睐。

灰色系统模型的桌面软件与基于 MATLAB 的灰色建模软件各有优缺点。前者操作简单、易学易用，但模型拓展性差、升级困难，主要适用于对灰色理论了解不多，仅将灰色模型作为应用工具的研究人员使用。后者具有模型拓展与升级方便的优点，但是该过程涉及 MATLAB 程序的修改，要求用户具有一定的程序阅读与编制能力，适用于具有一定软件开发基础且对灰色模型具有较为深入研究的专业人员使用。

本书基于 Visual C#开发了一套全新的灰色系统建模软件，可以满足传统灰色系统模型的实际建模需要。同时，考虑到 MATLAB 对 PSO 等优化算法的良好支持，本书以 TDGM（1，1）模型为例，编制了该模型的 MATLAB 代码及实现其参数 PSO 优化的源代码。

12.2　可视化灰色系统建模软件简介

本书基于 Visual Studio 2019 集成开发平台，应用 Visual C#语言设计并编制了一套新的可视化灰色系统建模软件 VGSMS1.0（Visualization Grey System Modeling Software）。该软件按照模型类型划分功能模块，计算结果精度可调，可显示和导出建模过程信息，具有界面美观、操作简便等优点。VGSMS1.0 为灰色理论初学者提供了一套性能良好的建模工具。

VGSMS1.0 由登录子系统和模型子系统构成，其模块构成如图 12 – 3 所示。

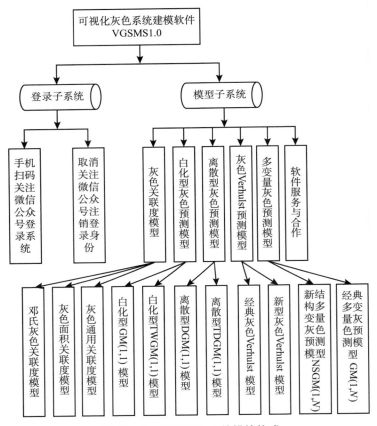

图 12 – 3　VGSMS1.0 的模块构成

用户首次登录 VGSMS1.0 系统时，需通过手机扫码并关注微信公众号"Grey 系统模型计算软件"，成功关注之后方可进入系统主界面（如图 12 – 4 所示）。该微信公众号主要用于统计 VGSMS1.0 用户数量，并不定期向用户推送灰色理论的最新研究进展，无任何商业用途。

图 12 – 4　VGSMS1. 0 的登录流程

用户成功登录 VGSMS1.0 系统后，若选择"不再关注"该微信公众号（即删除该微信公众号），则下次用户再次登录 VGSMS1.0 时，系统将进行自动检测，提醒用户扫码关注微信公众号登录，并再次按图 12 – 4 流程重新登录。因此，建议用户登录成功后，不必取消该微信公众号的关注。

12. 3　VGSMS1. 0 数据输入与模型精度设置

数据信息的正确输入是应用 VGSMS1.0 成功进行灰色系统建模的关键步骤之一。在 VGSMS1.0 中，原始数据的输入具有特定格式，且不同灰色模型其数据输入通常具有不同内容和类型。根据过去灰色建模软件的使用情况来看，用户对数据的输入（直接从软件界面输入或外部 Excel 导入）存在较大问题，主要表现为数据类型有误（全角数字、随意输入分隔符）及数据格式有误（行列错乱、随意空格）等，从而影响了灰色软件的正常使用。

为了减少用户在数据输入过程中操作不当导致的各种问题，VGSMS1.0 在每个模型窗口对数据输入规则进行了介绍，同时在每个窗口的初始化界面输入了默认数据以供用户参考。用户使用时只需将默认数据修改为实际数据即可进行建模和计算。

本书中灰色关联度模型及多变量灰色预测模型的数据输入，包括系统特征序列和相关因素序列两个部分，而其余灰色模型则只包括时间序列数据的输入，涉及数据相对简单。数据输入首先应确保所输入的相关数据信息准确无误，其次还需满足系统对数据格式及排列规范性的要求。数据输入是应用 VGSMS1.0 进行灰色系统建模时较易出错的步骤，在操作时，需注意以下几点：

（1）英文半角状态下输入。VGSMS1.0 软件中所有数据的输入，应在 Windows 系统的输入状态处于"英文半角"环境下完成。

（2）数据间用逗号/空格分割。VGSMS1.0 软件文本框中输入的序列数据（系统特征序列、相关因素序列），其数据元素之间只能用半角"逗号"或"空格"进行分割。

（3）多序列用分号结束当前输入。这主要是针对灰色关联度模型及多变量灰色预测模型如何输入多条相关因素序列。在相关因素序列输入框中，每条序列均独占一行，每行序列输入完毕后须用半角"分号"结束，换行后再输入下一行；相关因素序列最后一行同样用分号结束（而非句号）；所有分号结束当前行序列的输入后，其后不能再输入其他任何字符。

（4）每条序列对应数据个数须相等。在灰色关联度模型中，系统特征序列与各个相关因素序列，其所包含的数据元素个数（或称数据长度）须相等，否则将导致 VGSMS1.0 运行产生异常。

（5）相关因素序列可进行行列互换操作。在灰色关联度模型中，相关因素序列一般涉及多行数据信息，常直接从 Word 或 Excel 表格中拷贝。拷贝数据的"行"应为序列数据（包括时序数据、指标数据及横向数据，详见 10.1 小节内容），"列"应为时间、指标或对象。否则，需对拷贝数据进行"行列互换"（类似于矩阵"转置"）。

"行列互换"通过手工操作费时费力且容易出错，VGSMS1.0 软件提供了相关因素序列的行列转置操作。使用时，只需在"相关因素序列需转置吗?"前的复选框打钩即可。若相关因素序列进行了"行列互换"操作，则系统特征序列数据应做同步变换以确保与相关因素序列数据保持一致。

模型精度设置，主要用来设置灰色模型计算结果小数点后保留的位数。该参数若设置为"4"，则表示计算结果后面保留 4 位有效数字。精度设置文本框中输入的数字也应在"英文半角"状态下完成，且只能输入数字，而不能输入其他任何字符。系统默认模型精度为"3"。

12.4 基于 VGSMS1.0 的灰色关联度模型

本小节以邓氏灰色关联度模型为例，介绍如何应用 VGSMS1.0 进行灰色关联度的计算。软件中所使用的建模数据来自表 11 - 2。VGSMS1.0 软件的使用，包括模型选择、数据输入、模型设置、模型计算与数据导出五个步骤。

第一步，模型选择。选择要进行建模的灰色关联度模型。VGSMS1.0 软件的"灰色关联度模型"模块，共有三种灰色关联度模型可供选择，即邓氏灰色关联度模型、灰色面积关联度模型及灰色通用关联度模型。此处选择"邓氏灰色关联度模型"，如图 12 - 5 所示。

图 12 - 5 （第一步）灰色关联度模型选择

第二步，数据输入。输入建模数据及模型参数等内容。包括系统特征序列和相关因素序列的输入、无量纲化方法的选择、结果精度位数的设置等。邓氏灰色关联度模型与灰色通用关联度模型，还需对分辨系数的大小进行设置。

第三步，参数设置。主要对模型中用到的无量纲化方法及分辨系数 ξ 大小进行设置。无量纲化方法根据实际情况进行设置。若所有指标量纲相同则可选择"⑤不作处理"，否则选择常用的"①初值化"；若有指标第一个元素为 0 则可选择"②均值化"或"③区间值化"。分辨系数 $\xi \in [0，1]$，ξ 通常取 0.5，ξ 越大则灰色关联度计算结果就越大，各指标灰色关联度之间的差异就越明显。

图 12 - 6 是"邓氏灰色关联度"模型的数据输入与参数设置界面。

图12-6　（第二、第三步）邓氏关联度模型数据输入与模型设置

第四步，模型计算。即执行灰色关联度模型的计算。模型计算时，点击按钮"邓氏灰色关联度"即可完成。其中所有函数调用、数据计算、数据存储等建模过程均由后台完成。初次打开软件界面时，"邓氏灰色关联度"按钮显示为失效状态，意即需输入建模数据后才能进行"模型计算"操作。图 12－7 是"邓氏灰色关联度"的模型计算界面。

图 12－7　（第四步）邓氏关联度模型计算

第五步，数据导出。即将所有建模数据、过程数据、结果数据导出，并保存为一个 Word 文件。该步骤操作简单，点击按钮"数据导出（＊.doc）"即可完成，主要解决的是建模相关信息的保存和备份问题，同时也便于用户通过 Word 文件比较系统完整地审阅建模信息。图 12－8 是"邓氏灰色关联度"的数据导出界面。

③ 计算无量纲化新序列的差序列（系统特征序列与相关因素序列做差并取绝对值）：

0.0000, 0.1565, 0.1975, 0.2669, 0.3579, 0.3843, 0.4394, 0.5550,
0.0000, 0.1499, 0.2262, 0.2885, 0.3841, 0.4451, 0.4672, 0.6011,
0.0000, 0.1859, 0.2439, 0.3331, 0.4546, 0.4949, 0.5239, 0.6426,
0.0000, 0.0578, 0.0557, 0.0448, 0.0385, 0.0302, 0.1513, 0.1792,
0.0000, 0.2050, 0.3018, 0.4004, 0.5198, 0.6024, 0.6218, 0.7555,
0.0000, 0.2241, 0.2059, 0.1925, 0.1958, 0.1387, 0.0262, 0.0615,
0.0000, 0.0187, 0.0830, 0.1384, 0.2864, 0.2736, 0.2066, 0.2837,
0.0000, 0.1036, 0.0996, 0.0379, 0.0162, 0.0376, 0.1899, 0.1196,

④ 比较并获取差序列中的最大值和最小值：

Max=0.75552960001239;　　　　Min=0;

⑤ 计算相关因素序列与系统特征序列的灰色关联系数：

1.0000, 0.7071, 0.6566, 0.5860, 0.5135, 0.4957, 0.4623, 0.4050,
1.0000, 0.7159, 0.6255, 0.5670, 0.4958, 0.4591, 0.4471, 0.3859,
1.0000, 0.6702, 0.6076, 0.5314, 0.4539, 0.4329, 0.4190, 0.3702,
1.0000, 0.8673, 0.8715, 0.8939, 0.9075, 0.9259, 0.7141, 0.6783,
1.0000, 0.6482, 0.5559, 0.4854, 0.4209, 0.3854, 0.3779, 0.3333,
1.0000, 0.6276, 0.6472, 0.6624, 0.6587, 0.7315, 0.9350, 0.8601,
1.0000, 0.9528, 0.8198, 0.7319, 0.5688, 0.5799, 0.6465, 0.5711,
1.0000, 0.7847, 0.7914, 0.9088, 0.9589, 0.9096, 0.6654, 0.7596,

⑥ 计算相关因素序列与系统特征序列之间的灰色关联度：

0.6033, 0.5870, 0.5606, 0.8573, 0.5259, 0.7653, 0.7339, 0.8473,

⑦ 根据以上计算结果，可获取相关因素序列与系统特征序列的邓氏灰色关联度：

0.6033, 0.5870, 0.5606, 0.8573, 0.5259, 0.7653, 0.7339, 0.8473,

⑧ 根据邓氏灰色关联度计算结果，按从大到小进行排序，结果如下：

0.8573, 0.8473, 0.7653, 0.7339, 0.6033, 0.5870, 0.5606, 0.5259,

⑨ 根据排序结果，可对相关因素序列对系统特征序列的影响程度大小进行排序，结果如下：

相关因素序列：[4]；
相关因素序列：[8]；
相关因素序列：[6]；
相关因素序列：[7]；
相关因素序列：[1]；
相关因素序列：[2]；
相关因素序列：[3]；
相关因素序列：[5]；

图 12 – 8　（第五步）邓氏关联度模型数据导出

　　模型数据导出部分，由于内容太多，故图 12 – 8 仅显示邓氏关联度模型数据导出的部分内容。图 12 – 5 ~ 图 12 – 8 展示了应用 VGSMS1. 0

软件进行邓氏关联度模型计算的五个步骤，其余灰色关联度模型与邓氏灰色关联度模型的计算过程雷同，此处不再赘述。

12.5 基于 VGSMS1.0 的单变量灰色预测模型

本书中单变量灰色预测模型包括白化型单变量灰色预测模型 GM（1，1）与 TWGM（1，1）、离散型单变量灰色预测模型 DGM（1，1）与 TDGM（1，1）、灰色 Verhulst 模型。上述单变量灰色预测模型建模机理类似、建模过程雷同。因此，本小节以三参数离散型单变量灰色预测模型 TDGM（1，1）为例，介绍如何应用 VGSMS1.0 软件进行参数计算、数据模拟、误差检验和数据预测。本例中所使用的建模数据 $X^{(0)}$ = （1.8，2.4，3.1，4.4，5.2，6.5）来自例 5.1.1。

应用 VGSMS1.0 软件进行灰色预测建模，包括时序数据的输入、预留数据的设置（用于预测误差检验）、预测模型的构建（包括模型参数计算、数据模拟及预测及误差的计算、模型精度等级判定）、未来数据的预测与建模结果的导出共 5 个部分。

第一步，时序数据的输入。在英文半角状态下输入建模时间序列数据，软件默认的时序数据来自例 5.1.1，可直接将数据删除，输入新的时序数据。

第二步，预留数据的设置。设置输入数据中用于模型构建的数据个数以及检验预测误差所预留的数据个数。确保用于 TDGM（1，1）模型构建的数据不少于 4 个，且预留数据个数不超过时序数据个数。

图 12 - 9 是 TDGM（1，1）模型时序数据输入与预留数据设置的软件界面。

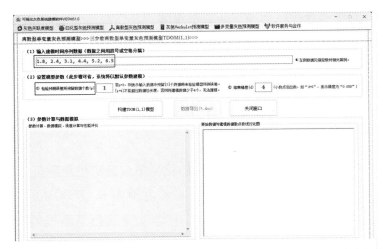

图 12-9 （第一、第二步）TDGM(1，1) 模型数据输入与预留数据设置

第三步，预测模型的构建。点击按钮"构建 TDGM(1，1) 模型"即可完成模型的构建。模型计算时，可设置结果精度，此例中的结果精度设定为 4，即保留 4 位有效数字。图 12-10 为模型构建的软件界面。

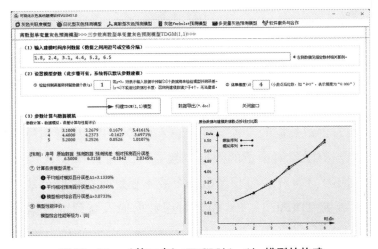

图 12-10 （第三步）TDGM(1，1) 模型的构建

第四步，未来数据的预测。当模型的模拟误差、预测误差和综合误差都满足精度要求时，可应用该模型预测未来数据。在软件界面左下角的"未来数据预测步长"输入框中，输入需要预测的步长，点击按钮"数据预测"即可实现对未来数据的预测。图 12 – 11 为数据预测的软件界面。

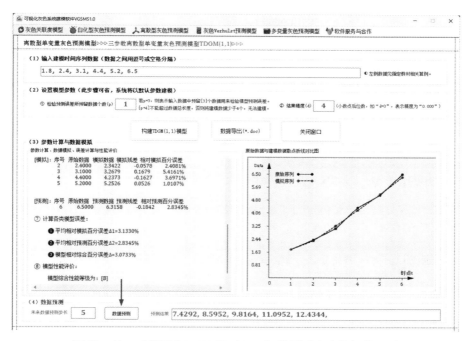

图 12 – 11 （第四步）TDGM（1，1）模型对未来数据的预测

第五步，建模结果的导出。点击"数据导出"按钮，即可将所有建模数据、过程数据和结果数据导出，并保存为一个 Word 文档。此步骤有利于用户对数据进行审阅与保存。图 12 – 12 是 TDGM（1，1）模型的数据导出界面。

① 确定建模原始数据:
1.8, 2.4, 3.1, 4.4, 5.2,

② 计算原始序列的1-AGO生成序列:
1.8, 4.2, 7.3, 11.7, 16.9,

③ 计算累加序列的紧邻均值生成序列:
3, 5.75, 9.5, 14.3,

④ 构造模型参数矩阵B、Y:
-3.000000, 1.500000, 1.000000
-5.750000, 2.500000, 1.000000
-9.500000, 3.500000, 1.000000
-14.300000, 4.500000, 1.000000

2.400000
3.100000
4.400000
5.200000

⑤ 计算灰色预测模型参数:
-0.0461575065429538, 0.796216987865929, 1.01074232690927,

⑥ 计算模拟/预测数据与相对误差:

[模拟]: 序号	原始数据	模拟数据	模拟残差	相对模拟百分误差
2	2.400	2.342	-0.058	2.408%
3	3.100	3.268	0.168	5.416%
4	4.400	4.237	-0.163	3.697%
5	5.200	5.253	0.053	1.011%

[预测]: 序号	原始数据	预测数据	预测残差	相对预测百分误差
6	6.500	6.316	-0.184	2.835%

⑦ 计算各类模型误差:

❶ 平均相对模拟百分误差Δ_1=3.133%

❷ 平均相对预测百分误差Δ_2=2.835%

❸ 模型相对综合百分误差Δ=3.073%

⑧ 模型性能评价:

模型综合性能等级为:[B]

图 12-12　(第五步) TDGM(1, 1) 模型建模结果的导出

12.6 基于 VGSMS1.0 的多变量灰色预测模型

本书中多变量灰色预测模型包括新结构多变量灰色预测模型 NSGM(1,
N) 与传统多变量灰色预测模型 GM(1, N)。本小节以 NSGM(1, N)
模型为例，介绍如何应用 VGSMS1.0 软件构建多变量灰色预测模型。
其主要步骤包括因变量/自变量的输入、预留数据的设置（用于预测误
差检验）、预测模型的构建（包括数据模拟及预测、模拟及预测误差的
计算及精度等级的判定、未来数据的预测）与建模结果的导出四个
部分。

第一步，因/自变量的输入。分别在两个条形框（又称文本框）中
输入构建 NSGM(1, N) 模型的因变量与自变量，并注意以下几点：

（1）所有输入的数据，用半角逗号或空格分割。

（2）每一自变量独占一行，并用半角分号结束。

（3）所有自变量元素个数须相等，但与因变量元素个数可以不等
（可大于）。

（4）自变量中超出因变量的数据，用于因变量的预测。

本例中所使用的数据来自例 7.2.1，因变量的数据个数为 9，自变
量的数据个数为 12，自变量中超出因变量的 3 个数据，将用于对因变
量进行预测。

第二步，预留数据的设置。在 VGSMS1.0 软件中，所有建模数据一
次输入完成。这些数据将用于 NSGM(1, N) 模型的构建，且可能用于
预测误差的检验与未来数据的预测。预留数据的设置，即设置输入数据
中哪些数据用于模型构建，哪些数据用于预测误差的检验及未来数据的
预测。预留数据的设置需注意以下几点：

（1）文本框中输入的预留数据个数，须为半角的阿拉伯数字。

（2）若因变量序列中有 m 个数据，预留数据个数为 g，则 $m-g \geqslant 4$，以确保用于构建 NSGM$(1, N)$ 模型的数据个数不能少于 4 个。

（3）若预留数据 $g=0$，则表示所有数据均用于 NSGM$(1, N)$ 模型的构建；若 $0<m-g<4$（建模数据长度不足 4 个）或 $g>m$（预留数据个数超过因变量数据个数），都将导致"模型失效"甚至 VGSMS1.0 软件运行产生异常。

此例中，预留了 3 组数据用于预测误差的检验。图 12-13 是 NSGM$(1, N)$ 模型数据输入与预留数据设置界面。

图 12-13　（第一、第二步）NSGM$(1, N)$ 模型数据输入与预留数据设置

第三步，预测模型的构建。点击按钮"构建 NSGM$(1, N)$ 模型"即可完成模型构建。图 12-14 是 NSGM$(1, N)$ 模型建立的界面。

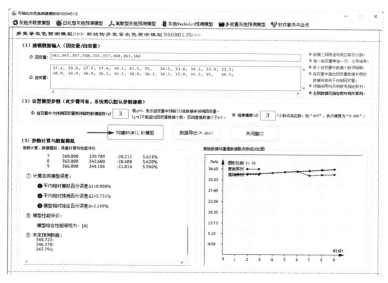

图 12 – 14 （第三步）NSGM（1，N）模型的构建

第四步，建模结果的导出。点击"数据导出"按钮，即可将所有建模数据、过程数据和结果数据导出，并保存为一个 Word 文档。图 12 – 15 是 NSGM（1，N）模型的数据导出界面。

① 确定建模原始数据(因变量+自变量)：
342，345，347，350，354，357，
37.2，39.6，37.7，37.6，39.1，41.5，
38.9，36.9，36.9，36.2，36.1，36.6，

② 计算因变量与自变量序列的1-AGO生成：
342，687，1034，1384，1738，2095，
37.2，76.8，114.5，152.1，191.2，232.7，
38.9，75.8，112.7，148.9，185，221.6，

③ 计算【因变量】的紧邻均值生成序列：
514.5，860.5，1209，1561，1916.5，

④ 构造模型参数矩阵B、Y：
76.800000，75.800000，-514.500000，1.000000，1.000000
114.500000，112.700000，-860.500000，2.000000，1.000000
152.100000，148.900000，-1209.000000，3.000000，1.000000
191.200000，185.000000，-1561.000000，4.000000，1.000000
232.700000，221.600000，-1916.500000，5.000000，1.000000

345.000000
347.000000
350.000000
354.000000
357.000000

⑤ 计算模型参数：

    7.91666839564277
    -15.2083362620615
    3.54166746544797
    1490.14616883546
    1221.83350248262

⑥ 计算模拟/预测数据与相对误差：

[模拟]：

序号	原始数据	模拟数据	模拟残差	相对模拟百分误差
2	345.000	345.000	0.000	0.000%
3	347.000	347.000	0.000	0.000%
4	350.000	350.000	0.000	0.000%
5	354.000	354.000	0.000	0.000%
6	357.000	357.000	0.000	0.000%

[预测]：

序号	原始数据	预测数据	预测残差	相对预测百分误差
7	360.000	339.789	-20.211	5.614%
8	363.000	342.600	-20.400	5.620%
9	366.000	344.186	-21.814	5.960%

⑦ 计算各类模型误差：

    ❶ 平均相对模拟百分误差 $\Delta 1 = 0.000\%$
    ❷ 平均相对预测百分误差 $\Delta 2 = 5.731\%$
    ❸ 模型相对综合百分误差 $\Delta = 2.149\%$

⑧ 模型性能评价：

    模型综合性能等级为：[A]

⑨ 未来预测数据：

    345.723;
    346.370;
    347.792;

图 12 – 15   （第四步）NSGM$(1, N)$ 模型建模结果的导出

12.7 本章小结

    灰色系统建模软件经历了最初基于 DOS 系统的 GWBASIC 和 Turbo C 版本，到基于早期 Windows 系统的 VB 版本，以及到最新基于 Visual

Studio 2019 集成开发平台的 VGSMS1.0 版本。随着软件开发平台的升级及灰色模型的完善，灰色系统建模软件的美观性、操作性、稳定性均得到了极大改善。伴随计算机的大规模普及，方便实用的灰色系统建模软件推动了灰色系统理论在不同行业和不同领域的大规模应用。

　　本章主要介绍了灰色系统建模软件的发展历史，重点介绍了如何应用可视化灰色系统建模软件 VGSMS1.0 进行系统建模，详细梳理了数据输入及其注意事项、具体操作步骤、模型计算及结果输出等内容。本书希望 VGSMS1.0 软件能为灰色系统理论初学者带来方便快捷的建模体验，并应用于解决其所在领域的实际预测建模问题。

参 考 文 献

［1］陈芳，魏勇. 近非齐次指数序列 GM（1，1）模型灰导数的优化［J］. 系统工程理论与实践，2013，33（11）：2874 - 2878.

［2］陈鹏宇，段新胜. 近似非齐次指数序列的离散 GM（1，1）模型的建立及其优化［J］. 西华大学学报（自然科学版），2010，29（1）：89 - 92.

［3］崔建鹏，辛永平，刘肖健. 基于多目标灰色决策的地空导弹选型研究［J］. 战术导弹技术，2012（1）：7 - 10，25.

［4］崔杰，党耀国，刘思峰，等. 一类新的强化缓冲算子及其数值仿真［J］. 中国工程科学，2010，12（2）：108 - 112.

［5］崔杰，党耀国，刘思峰. 一种新的灰色预测模型及其建模机理［J］. 控制与决策，2009，24（11）：1702 - 1706.

［6］崔杰，刘思峰，曾波，等. 灰色 Verhulst 预测模型的数乘特性［J］. 控制与决策，2013，28（4）：605 - 608.

［7］崔杰，刘思峰，谢乃明，等. 灰色 Verhulst 预测模型的病态特性［J］. 系统工程理论与实践，2014，34（2）：416 - 420.

［8］崔立志，刘思峰，李致平. 灰色离散 Verhulst 模型［J］. 系统工程与电子技术，2011，33（3）：590 - 593.

［9］崔立志，刘思峰，吴正鹏. 新的强化缓冲算子的构造及其应用［J］. 系统工程理论与实践，2010，30（3）：484 - 489.

［10］崔立志，刘思峰. 基于数据变换技术的灰色预测模型［J］.

系统工程，2010，28（5）：104－107

[11] 戴文战，苏永．缓冲算子调节度与光滑度的关系 [J]．控制与决策，2014，29（1）：158－162．

[12] 戴文战，熊伟，杨爱萍．基于函数 $\cot(xa)$ 变换及背景值优化的灰色建模 [J]．浙江大学学报（工学版），2010，44（7）：1368－1372．

[13] 戴勇，范明，姚胜．引入三参数区间数的组合预测方法研究 [J]．西华大学学报（自然科学版），2007，26（1）：88－90．

[14] 党耀国，刘斌，关叶青．关于强化缓冲算子的研究 [J]．控制与决策，2005，20（12）：1332－1336．

[15] 党耀国，刘思峰．关于弱化缓冲算子的研究 [J]．中国管理科学，2004，12（2）：108－111．

[16] 党耀国，刘思峰，刘斌．聚类系数无显著性差异下的灰色综合聚类方法研究 [J]．中国管理科学，2005（4）：69－73．

[17] 党耀国，刘震，叶璟．无偏非齐次灰色预测模型的直接建模法 [J]．控制与决策，2017，32（5）：823－828．

[18] 党耀国，王俊杰，康文芳．灰色预测技术研究进展综述 [J]．上海电机学院学报，2015，18（1）：1－7，18．

[19] 党耀国，王正新，刘思峰．灰色模型的病态问题研究 [J]．系统工程理论与实践，2008（1）：156－160．

[20] 党耀国，魏龙，丁松．基于驱动信息控制项的灰色多变量离散时滞模型及其应用 [J]．控制与决策，2017，32（9）：1672－1680．

[21] 党耀国，朱晓月，丁松，等．基于灰关联度的面板数据聚类方法及在空气污染分析中的应用 [J]．控制与决策，2017，32（12）：2227－2232．

[22] 邓聚龙．灰色控制系统 [J]．华中工学院学报，1982，10

（3）：9－18.

　　［23］邓聚龙．累加生成灰指数律［J］．华中工学院学报，1987，15（5）：7－12.

　　［24］邓聚龙．灰色系统理论教程［M］．武汉：华中理工大学出版社，2010.

　　［25］邓聚龙．灰理论基础［M］．武汉：华中科技大学出版社，2002.

　　［26］丁明，刘志，毕锐，等．基于灰色系统校正－小波神经网络的光伏功率预测［J］．电网技术，2015，39（9）：2438－2443.

　　［27］丁松，党耀国，徐宁，等．灰色 Verhulst 模型背景值优化及其应用［J］．控制与决策，2015，30（10）：1835－1840.

　　［28］丁松，党耀国，徐宁，等．多变量离散灰色幂模型构建及其优化研究［J］．系统工程与电子技术，2018，40（6）：1302－1309.

　　［29］丁松，党耀国，徐宁，等．基于交互作用的多变量灰色预测模型及其应用［J］．系统工程与电子技术，2018，40（3）：595－602.

　　［30］丁松，党耀国，徐宁，等．基于时滞效应的多变量离散灰色预测模型［J］．控制与决策，2017，32（11）：1997－2004.

　　［31］丁松，党耀国，徐宁，等．近似非齐次指数递减序列 NGOM（1，1）模型的构建与优化［J］．控制与决策，2017，32（8）：1457－1464.

　　［32］丁松，党耀国，徐宁，等．基于驱动因素控制的 DFCGM(1, N) 及其拓展模型构建与应用［J］．控制与决策，2018，33（4）：712－718.

　　［33］戴文战，苏永．基于新信息优先的强化缓冲算子的构造及应用［J］．自动化学报，2012，38（8）：1329－1334.

　　［34］董奋义，田军．背景值和初始条件同时优化的 GM(1，1) 模

型 [J]. 系统工程与电子技术, 2008, 16 (4): 159-162.

[35] 董奋义, 肖美丹, 刘斌, 等. 灰色系统教学中白化权函数构造方法分析 [J]. 华北水利水电学院学报, 2010, 31 (3): 97-99.

[36] 方志耕, 刘思峰. 区间灰数表征与算法改进及 GM(1, 1) 模型应用研究 [J]. 中国工程科学, 2005, 7 (2): 57-61.

[37] 高明. 一种适用于非齐次指数增长序列的直接型离散灰色模型 [J]. 统计与信息论坛, 2010, 25 (4): 30-32.

[38] 关叶青, 刘思峰. 基于不动点的强化缓冲算子序列及其应用 [J]. 控制与决策, 2007 (10): 1189-1192.

[39] 关叶青, 刘思峰. 基于函数 $\cot(x \sim \alpha)$ 变换的灰色 GM(1, 1) 建模方法 [J]. 系统工程, 2008, 26 (9): 89-93.

[40] 关叶青, 刘思峰. 线性缓冲算子矩阵及其应用研究 [J]. 高校应用数学学报, 2008, 23 (3): 357-362.

[41] 郭金海, 肖新平, 杨锦伟. 函数变换对灰色模型光滑度和精度的影响 [J]. 控制与决策, 2015, 30 (7): 1251-1256.

[42] 郭晓君, 刘思峰, 杨英杰. 基于自忆性原理的多变量 MGM(1, m) 耦合系统模型构建及应用 [J]. 中国管理科学, 2015, 133 (11): 112-118.

[43] 何斌, 蒙清. 灰色预测模型拓广方法研究 [J]. 系统工程理论与实践, 2002, 22 (9): 137-140.

[44] 胡大红, 魏勇. 灰模型对单调递减序列的适应性与参数估计 [J]. 系统工程与电子技术, 2008, 350 (11): 2199-2203.

[45] 华颖. GM(1, 1) 预测模型中原始数据的函数变换研究 [J]. 价值工程, 2013, 32 (1): 288-289.

[46] 黄继, 种晓丽. 广义累加灰色预测控制模型及其优化算法 [J]. 系统工程理论与实践, 2009, 29 (6): 147-156.

[47] 黄山松,曾波.基于数据增量变化率的邓氏关联度模型的优化 [J].统计与决策,2010 (22):4-7.

[48] 菅利荣,刘思峰,谢乃明.杂合灰色聚类与扩展优势粗集的概率决策方法 [J].系统工程学报,2010,25 (4):554-560.

[49] 吉培荣,黄巍松,胡翔勇.无偏灰色预测模型 [J].系统工程与电子技术,2000,22 (6):6-7.

[50] 江南,刘小洋.基于 Gauss 公式的 GM(1,1) 模型的背景值构造新方法与应用 [J].数学的实践与认识,2008,38 (7):90-94.

[51] 蒋诗泉,刘思峰,刘中侠,等.三次时变参数离散灰色预测模型及其性质 [J].控制与决策,2016,31 (2):279-286.

[52] 蒋诗泉,刘思峰,周兴才.基于复化梯形公式的 GM(1,1) 模型背景值的优化 [J].控制与决策,2014,29 (12):2221-2225.

[53] 李爱国,宋晓霞,吴春西.普通小麦品种农艺性状与产量的灰色关联分析 [J].作物研究,2016,30 (1):18-21.

[54] 李玻,方玲.函数变换提高灰色预测模型精度的条件 [J].后勤工程学院学报,2009,25 (4):86-90.

[55] 李玻,魏勇.优化灰导数后的新的 GM(1,1) 模型 [J].系统工程理论与实践,2009,29 (2):100-104.

[56] 李翠凤,戴文战.基于函数 cotx 变换的灰色建模方法 [J].系统工程,2005,23 (3):110-114.

[57] 李翠凤,戴文战.非等间距 GM(1,1) 模型背景值构造方法及应用 [J].清华大学学报 (自然科学版),2007,47 (S2):1729-1732.

[58] 李福琴,刘建国.数据变换提高灰色预测模型精度的研究 [J].统计与决策,2008 (6):15-17.

[59] 李俭,孙才新,陈伟根.灰色聚类与模糊聚类集成诊断变压

器内部故障的方法研究 [J]. 中国电机工程学报, 2003 (2): 116 -
119.

[60] 李军亮, 肖新平, 廖锐全. 非等间距 GM(1, 1) 幂模型及其
应用 [J]. 系统工程理论与实践, 2010, 30 (3): 490 - 495.

[61] 李军亮, 肖新平. 基于粒子群算法的 GM(1, 1) 幂模型及应
用 [J]. 计算机工程与应用, 2008, 44 (32): 15 - 18.

[62] 李君伟, 陈绵云, 董鹏宇, 等. SCGM(1, 1) 简化模型及应
用 [J]. 武汉交通科技大学学报, 2000, 24 (6): 615 - 618.

[63] 李梦婉, 沙秀艳. 基于 GM(1, 1) 灰色预测模型的改进与应
用 [J]. 计算机工程与应用, 2016, 52 (4): 24 - 30.

[64] 李全中. 我国财政收入的灰色区间预测及精度检验 [J]. 统
计与决策, 2012 (12): 82 - 84.

[65] 李树良, 曾波, 孟伟. 基于克莱姆法则的无偏区间灰数预测
模型及其应用 [J]. 控制与决策, 2018, 33 (12): 2258 - 2262.

[66] 李夏培. 基于灰色线性组合模型的农产品物流需求预测 [J].
北京交通大学学报 (社会科学版), 2017, 16 (1): 120 - 126.

[67] 李新其, 谭守林, 唐保国. 基于灰色决策原理的导弹核武器
最佳配置模型 [J]. 火力与指挥控制, 2007 (2): 44 - 47.

[68] 李相荣, 李汶广, 王彩, 等. 基于灰色 GM(1, 1) 模型的我
国孕产妇死亡率预测分析 [J]. 中国药物经济学, 2018, 13 (12):
10 - 13.

[69] 李雪梅, 党耀国, 王俊杰. 基于灰色准指数律的灰色生成速
率关联模型的构建及应用 [J]. 控制与决策, 2015, 30 (7): 1245 -
1250.

[70] 李雪梅, 党耀国, 王正新. 调和变权缓冲算子及其作用强度
比较 [J]. 系统工程理论与实践, 2012, 32 (11): 2486 - 2492.

［71］练郑伟，党耀国，王正新．反向累加生成的特性及GOM（1，1）模型优化［J］．系统工程理论与实践，2013，33（9）：2306－2312．

［72］刘斌，刘思峰，党耀国．基于VB6.0的灰色建模系统开发及其应用［J］．微机发展，2003，13（7）：17－19．

［73］刘斌，刘思峰，翟振杰，等．GM（1，1）模型时间响应函数的最优化［J］．中国管理科学，2003，24（4）：54－57．

［74］刘宏珠．灰色系统GM（1，1）在煤矿巷道围岩变形预测中的应用［J］．煤炭与化工，2017，40（11）：75－77．

［75］刘解放，刘思峰，方志耕．基于核与灰半径的连续区间灰数预测模型［J］．系统工程，2013，31（2）：61－64．

［76］刘解放，刘思峰，方志耕．基于新型数据变换技术的灰色预测模型及应用［J］．数学的实践与认识，2015，45（1）：197－202．

［77］刘解放，刘思峰，吴利丰，等．分数阶反向累加离散灰色模型及其应用研究［J］．系统工程与电子技术，2016，438（3）：719－724．

［78］刘金平，姬长生，李辉．定权灰色聚类分析在采煤方法评价中的应用［J］．煤炭学报，2001（5）：493－495．

［79］刘秋妍，钟章队，艾渤．基于粗糙集灰色聚类理论的GSM－R系统频率规划研究［J］．铁道学报，2010，32（5）：53－58．

［80］刘思峰，方志耕，杨英杰．两阶段灰色综合测度决策模型与三角白化权函数的改进［J］．控制与决策，2014，29（7）：1232－1238．

［81］刘思峰，袁文峰，盛克勤．一种新型多目标智能加权灰靶决策模型［J］．控制与决策，2010，25（8）：1159－1163．

［82］刘思峰，J.福雷斯特．不确定性系统与模型精细化误区［J］．系统工程理论与实践，2011，31（10）：1960－1965．

［83］刘思峰，曾波，刘解放，等 . GM（1，1）模型的几种基本形式及其适用范围研究［J］. 系统工程与电子技术，2014，36（3）：501 - 508.

［84］刘思峰，蔡华，杨英杰，等 . 灰色关联分析模型研究进展［J］. 系统工程理论与实践，2013，33（8）：2041 - 2046.

［85］刘思峰，党耀国，方志耕，等 . 灰色系统理论及其应用（第 5 版）［M］. 北京：科学出版社，2010.

［86］刘思峰，邓聚龙 . GM（1，1）模型的适用范围［J］. 系统工程理论与实践，2000（5）：121 - 124.

［87］刘思峰，方志耕，谢乃明 . 基于核和灰度的区间灰数运算法则［J］. 系统工程与电子技术，2010，32（2）：313 - 316.

［88］刘思峰，方志耕，杨英杰 . 两阶段灰色综合测度决策模型与三角白化权函数的改进［J］. 控制与决策，2014，29（7）：1232 - 1238.

［89］刘思峰，李庆胜，赵妮 . 灰色犹豫模糊集的核与灰度的灰关联决策方法［J］. 南京航空航天大学学报，2016，48（5）：683 - 688.

［90］刘思峰，林益 . 灰色灰度的一种公理化定义［J］. 中国工程科学，2004，6（8）：91 - 93.

［91］刘思峰，杨英杰 . 灰色系统研究进展（2004—2014）［J］. 南京航空航天大学学报，2015，47（1）：1 - 18.

［92］刘思峰，张红阳，杨英杰 . "最大值准则"决策悖论及其求解模型［J］. 系统工程理论与实践，2018，38（7）：1830 - 1835.

［93］刘思峰，谢乃明，Forrest Jeffery . 基于相似性和接近性视角的新型灰色关联分析模型［J］. 系统工程理论与实践，2010，30（5）：881 - 887.

［94］刘思峰 . 冲击扰动系统预测陷阱与缓冲算子［J］. 华中理工

大学学报，1997，25（1）：28 – 31.

[95] 刘思峰. 灰色系统理论的产生与发展 [J]. 南京航空航天大学学报，2004，36（2）：267 – 272.

[96] 刘思峰. 灰色系统理论及其应用（第8版）[M]. 北京：科学出版社，2017.

[97] 刘松，李平. 灰色预测中缓冲算子的组合性质及应用 [J]. 控制与决策，2016，31（10）：1798 – 1802.

[98] 刘卫锋，范贺花，王战伟. 基于心态指标的区间灰数预测模型 [J]. 四川理工学院学报（自然科学版），2012，25（1）：97 – 100.

[99] 刘勇，刘思峰，Jeffrey Forrest. 一种新的灰色绝对关联度模型及其应用 [J]. 中国管理科学，2012，20（5）：173 – 177.

[100] 刘以安，陈松灿，张明俊，等. 缓冲算子及数据融合技术在目标跟踪中的应用 [J]. 应用科学学报，2006，24（2）：154 – 158.

[101] 刘业翔，陈湘涛，张更容，等. 铝电解控制中灰关联规则挖掘算法的应用 [J]. 中国有色金属学报，2004（3）：494 – 498.

[102] 刘震，党耀国，魏龙. NGM(1, 1, k) 模型的背景值及时间响应函数优化 [J]. 控制与决策，2016，31（12）：2225 – 2231.

[103] 卢俊岚，王明辉. 基于灰色预测法对广东省地区生产总值的预测分析 [J]. 高师理科学刊，2019，39（1）：10 – 12，17.

[104] 罗党，刘思峰，党耀国. 灰色模型 GM(1, 1) 优化 [J]. 中国工程科学，2003，5（8）：50 – 53.

[105] 罗党，韦保磊，李海涛，等. 灰色区间预测模型及其性质 [J]. 控制与决策，2016，31（12）：2293 – 2298.

[106] 吕振肃，侯志荣. 自适应变异的粒子群优化算法 [J]. 电子学报，2004，32（3）：416 – 420.

[107] 马新. 基于灰色系统与核方法的油藏动态预测方法研究

［D］．成都：西南石油大学，2016．

［108］马雪莹，蔡如华，宁巧娇，等．基于辅助粒子滤波与灰色预测的时间序列 NAR 模型状态估计［J］．统计与决策，2019，35（4）：25－29．

［109］毛树华，高明远，肖新平．分数阶累加时滞 GM(1，N，τ) 模型及其应用［J］．系统工程理论与实践，2015，35（2）：430－436．

［110］孟伟，曾波．灰色绝对关联度中空穴数据构造的新方法［J］．统计与决策，2009（20）：18－19．

［111］孟伟，曾波．居民消费价格指数影响因素的灰色关联分析［J］．统计与决策，2009（24）：90－91．

［112］孟伟，曾波．分数阶算子与灰色预测模型研究［M］．北京：科学出版社，2015．

［113］孟伟，曾波．基于互逆分数阶算子的离散灰色模型及阶数优化［J］．控制与决策，2016，31（10）：1903－1907．

［114］孟伟，刘思峰，曾波，等．分数阶灰色累加生成算子与累减生成算子及互逆性［J］．应用泛函分析学报，2016，18（3）：274－283．

［115］孟伟，刘思峰，曾波．区间灰数的标准化及其预测模型的构建与应用研究［J］．控制与决策，2012，27（5）：773－776．

［116］孟伟，刘思峰，方志耕，等．基于互逆分数阶算子的 GM(1，1) 阶数优化模型［J］．控制与决策，2016，31（4）：661－666．

［117］孟伟，贺可强，张朋，等．基于灰色关联理论的钻孔灌注桩孔壁致塌因素分析［J］．工程建设，2017，49（11）：11－14．

［118］孟伟．基于分数阶拓展算子的灰色预测模型［D］．南京：南京航空航天大学，2015．

［119］孟伟. 分数阶灰色累加生成算子性质研究［J］. 重庆工商大学学报（自然科学版），2019，36（4）：55 – 62.

［120］穆勇. 一种新的灰色无偏 GM(1，1) 模型建模方法［J］. 济南大学学报（自然科学版），2002，16（4）：367 – 369.

［121］穆勇. 无偏灰色 GM(1，1) 模型的直接建模法［J］. 系统工程与电子技术，2003，25（9）：1094 – 1095.

［122］彭放，吴国平，方敏. 灰色规划聚类及其在油气盖层评价中的应用［J］. 湖南科技大学学报（自然科学版），2005（2）：5 – 10.

［123］钱和平，周根宝. 基于对数变换的灰色 GM(1，1) 改进模型［J］. 内蒙古农业大学学报（自然科学版），2009，30（2）：257 – 259.

［124］钱吴永，党耀国，刘思峰. 含时间幂次项的灰色 GM(1，1，$t \sim \alpha$) 模型及其应用［J］. 系统工程理论与实践，2012，32（10）：2247 – 2252.

［125］钱吴永，党耀国，王叶梅. 加权累加生成的 GM(1，1) 模型及其应用［J］. 数学的实践与认识，2009，39（15）：47 – 51.

［126］钱吴永，党耀国. 基于振荡序列的 GM(1，1) 模型［J］. 系统工程理论与实践，2009，29（3）：93 – 98.

［127］钱吴永，党耀国. 一种新型数据变换技术及其在 GM(1，1) 模型中的应用［J］. 系统工程与电子技术，2009，31（12）：2879 – 2881，2908.

［128］钱吴永，党耀国. 基于平均增长率的弱化变权缓冲算子及其性质［J］. 系统工程，2011，29（1）：105 – 110.

［129］石世云. 多变量灰色模型 MGM(1，n) 在变形预测中的应用［J］. 测绘通报，1998（10）：8 – 11，17.

［130］舒服华，宋良美. 基于改进 GM(1，1，k) 的上海市社会消

费品零售额预测 [J]. 上海商学院学报，2018，19（4）：15 - 21.

[131] 舒服华. 基于无偏差非齐次灰色模型的河北省 GDP 预测 [J]. 衡水学院学报，2018，20（3）：38 - 43.

[132] 施红星，刘思峰，方志耕，等. 灰色周期关联度模型及其应用研究 [J]. 中国管理科学，2008（3）：131 - 136.

[133] 史向峰，申卯兴. 基于灰色关联的地空导弹武器系统的使用保障能力研究 [J]. 弹箭与制导学报，2007（3）：83 - 85.

[134] 宋晓震，施式亮，曹建. 基于灰色马尔科夫模型的煤炭产量预测 [J]. 矿业工程研究，2019，34（2）：29 - 34.

[135] 宋中民，邓聚龙. 反向累加生成及灰色 GOM（1，1）模型 [J]. 系统工程，2001，19（1）：66 - 69.

[136] 宋中民，同小军，肖新平. 中心逼近式灰色 GM（1，1）模型 [J]. 系统工程理论与实践，2001，21（5）：110 - 113.

[137] 宋中民. 灰色区间预测的新方法 [J]. 武汉理工大学学报（交通科学与工程版），2002，22（6）：796 - 799.

[138] 索瑞霞，王翔宇，沈剑. 基于动态无偏灰色马尔科夫模型的煤炭需求量预测 [J]. 数学的实践与认识，2019，49（13）：179 - 186.

[139] 谭冠军，檀甲友，王加阳. 灰色系统预测模型 GM（1，1）背景值重构研究 [J]. 数学的实践与认识，2015，45（15）：267 - 273.

[140] 谭冠军. GM（1，1）模型的背景值构造方法和应用（Ⅰ）[J]. 系统工程理论与实践，2000，20（4）：98 - 103.

[141] 谭冠军. GM（1，1）模型的背景值构造方法和应用（Ⅱ）[J]. 系统工程理论与实践，2000，20（5）：125 - 128.

[142] 谭冠军. GM（1，1）模型的背景值构造方法和应用（Ⅲ）[J]. 系统工程理论与实践，2000，20（6）：70 - 75.

[143] 汤旻安, 李滢. 基于数据变换的优化 GM(1, 1) 模型 [J]. 数学杂志, 2015, 35 (4): 957 – 962.

[144] 田瑶, 潘越凌. 基于灰色马尔可夫模型的西安市商品房销售均价预测 [J]. 知识经济, 2017 (9): 76 – 77.

[145] 同小军, 陈绵云, 周龙. 关于灰色模型的累加生成效果 [J]. 系统工程理论与实践, 2002, 22 (11): 121 – 125.

[146] 童明余, 周孝华, 曾波. 基于信息域和认知程度的改进区间灰数预测模型 [J]. 统计与决策, 2015 (18): 66 – 68.

[147] 童明余, 周孝华, 曾波. 基于直接估计法的 NGM(1, 1) 模型拓展 [J]. 控制与决策, 2015, 30 (10): 1841 – 1846.

[148] 童明余, 周孝华, 曾波. 灰色 NGM(1, 1, k) 模型背景值优化方法 [J]. 控制与决策, 2017, 32 (3): 507 – 514.

[149] 童明余, 周孝华, 黄辉. 基于区间灰数与离散灰数双重异构序列的预测建模方法研究 [J]. 统计与信息论坛, 2014, 169 (10): 3 – 8.

[150] 王大鹏, 汪秉文. 基于变权缓冲灰色模型的中长期负荷预测 [J]. 电网技术, 2013, 37 (1): 167 – 171.

[151] 王芳. 基于改进 GM(1, 1) 灰色模型的煤炭产量预测与分析 [J]. 煤炭技术, 2014, 33 (1): 84 – 86.

[152] 王宏智, 高学东. 一种改进的近似非齐次指数增长离散灰色预测方法 [J]. 统计与决策, 2016 (10): 72 – 74.

[153] 王虹, 王勋, 袁东学. 北京生活能源消费状况及影响因素分析 [J]. 数据, 2009 (5): 59 – 61.

[154] 王明东, 刘宪林, 于继来. 基于灰色预测技术和可拓控制方法的电力系统稳定器 [J]. 电力自动化设备, 2014, 34 (4): 8 – 12.

[155] 王勤, 匡立中, 曾申波. 基于电弧信号的焊接过程最优参

数的灰关联分析 [J]. 电焊机, 2010, 40 (3): 75 - 78.

[156] 王清印. 区间型灰数矩阵及其运算 [J]. 华中理工大学学报, 1992, 20 (1): 165 - 168.

[157] 王守相, 张娜. 基于灰色神经网络组合模型的光伏短期出力预测 [J]. 电力系统自动化, 2012, 36 (19): 37 - 41.

[158] 王伟民, 宫俊峰, 魏景刚. 梯形重心及应用 [J]. 物理教师, 2008, 29 (7): 23 - 24.

[159] 王文平, 邓聚龙. 灰色系统中 GM(1, 1) 模型的混沌特性研究 [J]. 系统工程, 1997, 15 (2): 13 - 16.

[160] 王晓文, 熊小庆, 施勇, 等. 灰色序列模型 GM(1, 1) 在江西省流感发病趋势预测中的应用 [J]. 江西医药, 2017, 52 (7): 702 - 703.

[161] 王新普, 周想凌, 邢杰, 等. 一种基于改进灰色 BP 神经网络组合的光伏出力预测方法 [J]. 电力系统保护与控制, 2016, 44 (18): 81 - 87.

[162] 王学萌, 罗建军. 灰色系统预测决策建模程序集 [M]. 北京: 科学出版社, 1986.

[163] 王学萌, 张继忠, 王荣. 灰色系统分析及实用计算程序 [M]. 武汉: 华中科技大学出版社, 2001.

[164] 王叶梅, 党耀国, 王正新. 非等间距 GM(1, 1) 模型背景值的优化 [J]. 中国管理科学, 2008, 16 (4): 159 - 162.

[165] 王义闹, 李万庆, 王本玉, 等. 一种逐步优化灰导数白化值的 GM(1, 1) 建模方法 [J]. 系统工程理论与实践, 2002, 22 (9): 128 - 131.

[166] 王义闹, 吴利丰. 基于平均相对误差绝对值最小的 GM(1, 1) 建模 [J]. 华中科技大学学报（自然科学版）, 2009, 37 (10): 29 - 31.

[167] 王义闹.GM(1，1) 的直接建模方法及性质 [J].系统工程理论与实践，1988，8 (1)：27－31.

[168] 王义闹.GM(1，1) 逐步优化直接建模方法的推广 [J].系统工程理论与实践，2003，23 (2)：120－124.

[169] 王云云，周涛发，张明明，等.灰关联分析在姚家岭锌金多金属矿床预测中的应用 [J].合肥工业大学学报（自然科学版），2013，36 (10)：1236－1241.

[170] 王正新，党耀国，刘思峰.无偏GM(1，1) 模型的混沌特性分析 [J].系统工程理论与实践，2007，27 (11)：153－158.

[171] 王正新，党耀国，刘思峰.基于离散指数函数优化的GM(1，1) 模型 [J].系统工程理论与实践，2008，28 (2)：61－67.

[172] 王正新，党耀国，刘思峰.无偏灰色 Verhulst 模型及其应用 [J].系统工程理论与实践，2009，29 (10)：138－144.

[173] 王正新，党耀国，刘思峰.基于白化权函数分类区分度的变权灰色聚类 [J].统计与信息论坛，2011，26 (6)：23－27.

[174] 王正新，党耀国，刘思峰，等.GM(1，1) 幂模型求解方法及其解的性质 [J].系统工程与电子技术，2009，31 (10)：2380－2383.

[175] 王正新，党耀国，裴玲玲.缓冲算子的光滑性 [J].系统工程理论与实践，2010，30 (9)：1643－1649.

[176] 王正新，党耀国，赵洁珏.优化的 GM(1，1) 幂模型及其应用 [J].系统工程理论与实践，2012，32 (9)：1973－1977.

[177] 王正新.GM(1，1) 幂模型的派生模型 [J].系统工程理论与实践，2013，33 (11)：2894－2902.

[178] 王正新.全信息变权缓冲算子的构造及应用 [J].浙江大学学报（工学版），2013，47 (6)：1120－1128.

［179］王正新. 灰色多变量 GM(1，N) 幂模型及其应用［J］. 系统工程理论与实践，2014，34（9）：2357－2363.

［180］王正新. 基于傅立叶级数的小样本振荡序列灰色预测方法［J］. 控制与决策，2014，29（2）：270－274.

［181］王正新. 时变参数 GM(1，1) 幂模型及其应用［J］. 控制与决策，2014，29（10）：1828－1832.

［182］王正新. 多变量时滞 GM(1，N) 模型及其应用［J］. 控制与决策，2015，30（12）：2298－2304.

［183］王正新. 具有交互效应的多变量 GM(1，N) 模型［J］. 控制与决策，2017，32（3）：515－520.

［184］王正新，何凌阳. 全信息变权缓冲算子的拓展、优化及其应用［J］. 控制与决策，2019，34（10）：2213－2220.

［185］韦保磊，谢乃明. 广义灰色关联分析模型的统一表述及性质［J］. 系统工程理论与实践，2019，39（1）：226－235.

［186］魏勇，孔新海. 几类强弱缓冲算子的构造方法及其内在联系［J］. 控制与决策，2010，25（2）：196－202.

［187］邬丽云，吴正朋，李梅. 二次时变参数离散灰色模型［J］. 系统工程理论与实践，2013，33（11）：2887－2893.

［188］吴华安，曾波，彭友，等. 基于多维灰色系统模型的城市人口密度预测［J］. 统计与信息论坛，2018，33（8）：60－67.

［189］吴惠荣. 灰色预测模型的进一步拓广［J］. 系统工程理论与实践，1994，14（8）：31－34.

［190］吴利丰，刘思峰，刘健. 灰色 GM(1，1) 分数阶累积模型及其稳定性［J］. 控制与决策，2014，29（5）：919－924.

［191］吴利丰，刘思峰，姚立根. 含 Caputo 型分数阶导数的灰色预测模型［J］. 系统工程理论与实践，2015，35（5）：1311－1316.

[192] 吴利丰, 刘思峰, 姚立根. 缓冲算子是否新信息优先的判别方法 [J]. 系统工程理论与实践, 2015, 35 (4): 991–996.

[193] 吴琳, 何凡, 周标. 应用灰色模型预测浙江省基层卫生专业技术人员配置 [J]. 预防医学, 2019, 31 (5): 530–533.

[194] 吴潇雨, 和敬涵, 张沛, 等. 基于灰色投影改进随机森林算法的电力系统短期负荷预测 [J]. 电力系统自动化, 2015, 39 (12): 50–55.

[195] 吴正朋, 刘思峰, 米传民, 等. 弱化缓冲算子性质研究 [J]. 控制与决策, 2010, 25 (6): 958–960.

[196] 熊和金, 陈绵云, 瞿坦. 灰色关联度公式的几种拓广 [J]. 系统工程与电子技术, 2000 (1): 8–10, 80.

[197] 解建喜, 宋笔锋, 刘东霞. 飞机顶层设计方案优选决策的灰色关联分析法 [J]. 系统工程学报, 2004 (4): 350–354.

[198] 鲜敏, 苗娇娜. 基于灰色模型的铁路客流预测方法 [J]. 山东交通学院学报, 2017, 25 (1): 29–33.

[199] 向跃霖. 灰色摆动序列的 GM(1, 1) 拟合建模法及其应用 [J]. 化工环保, 1998, 18 (5): 299–302.

[200] 向跃霖. SO_2 排放量灰色区间预测 [J]. 四川环境, 2002, 21 (4): 80–82.

[201] 向跃霖. 灰色摆动序列建模方法研究 [J]. 贵州环保科技, 2004, 10 (1): 5–8.

[202] 肖怀硕, 李清泉, 施亚林, 等. 灰色理论–变分模态分解和 NSGA–II 优化的支持向量机在变压器油中气体预测中的应用 [J]. 中国电机工程学报, 2017, 37 (12): 3643–3653, 3694.

[203] 肖新平, 邓聚龙. 数乘变换下 GM(0, N) 模型中的参数特征 [J]. 系统工程与电子技术, 2000, 22 (10): 1–3.

［204］肖新平，刘军，郭欢 . 广义累加灰色预测控制模型的性质及优化［J］. 系统工程理论与实践，2014，34（6）：1547 – 1556.

［205］肖新平，毛树华 . 灰预测与决策方法［M］. 北京：科学出版社，2013.

［206］肖新平，宋中民，李峰 . 灰技术基础及其应用［M］. 北京：科学出版社，2005.

［207］肖新平，王欢欢 . GM（1，1，α）模型背景值的变化对相对误差的影响［J］. 系统工程理论与实践，2014，34（2）：408 – 415.

［208］夏新涛，王中宇，常洪 . 滚动轴承加工质量与振动的灰色关联度［J］. 航空动力学报，2005（2）：250 – 254.

［209］肖军，章玮玮 . 灰关联度分析法在靶机坠毁故障诊断中的应用［J］. 四川兵工学报，2009，30（9）：112 – 115.

［210］谢开贵，李春燕，周家启 . 基于遗传算法的 GM（1，1，λ）模型［J］. 系统工程学报，2000，15（2）：168 – 172.

［211］谢乃明，刘思峰 . 离散 GM（1，1）模型与灰色预测模型建模机理［J］. 系统工程理论与实践，2005，25（1）：93 – 99.

［212］谢乃明，刘思峰 . 离散灰色模型的拓展及其最优化求解［J］. 系统工程理论与实践，2006，26（6）：108 – 112.

［213］谢乃明，刘思峰 . 一类离散灰色模型及其预测效果研究［J］. 系统工程学报，2006，21（5）：520 – 523.

［214］谢乃明，刘思峰 . 改进的离散灰色预测模型［J］. 系统工程理论与实践，2007，25（6）：103 – 106.

［215］谢乃明，刘思峰 . 多变量离散灰色模型及其性质［J］. 系统工程理论与实践，2008（6）：143 – 150，165.

［216］谢乃明，刘思峰 . 近似非齐次指数序列的离散灰色模型特性研究［J］. 系统工程与电子技术，2008，30（5）：863 – 867.

［217］谢乃明，刘思峰．离散灰色模型的仿射特性研究［J］．控制与决策，2008，23（2）：200－203．

［218］熊萍萍，党耀国．灰色 Verhulst 模型背景值优化的建模方法研究［J］．中国管理科学，2012，20（6）：154－158．

［219］熊萍萍，门可佩，吴香华．以 x(1)（n）为初始条件的无偏 GM(1，1) 模型［J］．南京信息工程大学学报，2009，1（3）：258－263．

［220］熊萍萍，张悦，姚天祥，等．基于区间灰数序列的多变量灰色预测模型［J］．数学的实践与认识，2018，48（9）：181－188．

［221］熊遥，曾波．基于 GM(1，1) 模型的重庆市城镇化率预测研究［J］．河北工业科技，2015，32（3）：208－213．

［222］熊鹰飞，陈绵云，熊和金．系统云 SCGM(1，h) 模型仿真及应用［J］．武汉交通科技大学学报，1999，23（3）：230－233．

［223］徐海燕，张丽，刘永强．灰色模型在大庆市 HIV 流行趋势预测中的应用［J］．疾病监测与控制，2017，11（10）：786－787，782．

［224］徐名，方洋洋，杨鹏．基于灰色模型算法的电力变压器油温预测［J］．电力学报，2018，33（5）：359－364，382．

［225］徐涛，冷淑霞．灰色系统模型初始条件的改进及应用［J］．山东工程学院学报，1999，13（1）：15－19．

［226］徐伟宣，李建平．我国管理科学与工程学科的新进展［J］．中国科学院院刊，2008，23（2）：162－167．

［227］徐永高．采油工程中灰色预测模型的病态性诊断［J］．武汉理工大学学报（交通科学与工程版），2004，28（5）：702－705．

［228］许秀莉，罗键．GM(1，1) 模型的改进方法及其应用［J］．系统工程与电子技术，2002，24（4）：61－63．

［229］闫晨光，阮仁俊，王海燕．基于 GM(1，2) 的中长期负荷区间预测模型 ［J］．四川电力技术，2008，31 (4)：50－53.

［230］闫永权．基于频繁的 Markov 链预测模型 ［J］．计算机应用研究，2007，24 (3)：41－46.

［231］颜康康，淮明生．灰色 GM(1，1) 模型在我国医疗费用预测研究中的应用 ［J］．医学与社会，2018，31 (8)：37－39.

［232］袁志坚，孙才新，袁张渝．变压器健康状态评估的灰色聚类决策方法 ［J］．重庆大学学报（自然科学版），2005 (3)：22－25.

［233］杨德岭，刘思峰，曾波．基于核和信息域的区间灰数 Verhulst 模型 ［J］．控制与决策，2013，28 (2)：264－268.

［234］杨润生．梯形的重心定理及中线长公式 ［J］．数学通报，1989 (6)：4－7.

［235］杨孝良，周猛，曾波．灰色预测模型背景值构造的新方法 ［J］．统计与决策，2018，34 (19)：14－18.

［236］杨秀文，付诗禄，顾又川，等．两类白化权函数的比较 ［J］．后勤工程学院学报，2010，26 (1)：88－91.

［237］杨印生，李长虹，李树根，等．灰色 DEA 模型及其白化方法 ［J］．吉林工业大学学报，1995，25 (1)：34－40.

［238］杨知，任鹏，党耀国．反向累加生成与 GOM(1，1) 模型的优化 ［J］．系统工程理论与实践，2009，29 (8)：160－164.

［239］姚天祥，刘思峰，党耀国．初始值优化的离散灰色预测模型 ［J］．系统工程与电子技，2009，31 (10)：2394－2398.

［240］姚天祥，刘思峰．改进的离散灰色预测模型 ［J］．系统工程，2007，25 (9)：103－106.

［241］叶璟，党耀国，刘震．基于余切函数变换的区间灰数预测模型 ［J］．控制与决策，2017，32 (4)：688－694.

[242] 尹春华, 顾培亮. 基于灰色序列生成中缓冲算子的能源预测 [J]. 系统工程学报, 2003, 18 (2): 189－192.

[243] 游中胜, 曾波. 基于灰色定权聚类的我国自然科学基金资助地区的聚类分析 [J]. 西南师范大学学报（自然科学版）, 2012, 37 (3): 124－127.

[244] 于志军, 杨善林, 章政, 等. 基于误差矫正的灰色神经网络股票收益率预测 [J]. 中国管理科学, 2015, 23 (12): 21－26.

[245] 于仲安, 赵凯贤. 基于灰色多变量模型锂离子电池荷电状态预测 [J]. 计算机仿真, 2019, 36 (1): 138－140.

[246] 喻文雅, 李怡秋, 齐蕊. 基于灰色数列模型 GM(1, 1) 的麻疹流行趋势研究 [J]. 白求恩医学杂志, 2018, 16 (1): 23－25.

[247] 袁潮清, 刘思峰, 张可. 基于发展趋势和认知程度的区间灰数预测 [J]. 控制与决策, 2011, 26 (2): 313－315.

[248] 袁潮清, 刘思峰. 一种基于灰色白化权函数的灰数灰度 [J]. 江南大学学报（自然科学版）, 2007, 6 (4): 494－496.

[249] 曾波, 崔学海, 刘岱, 等. 广义灰色面积关联评价模型及其在科技创新能力评价中的应用 [J]. 统计与信息论坛, 2017, 32 (12): 10－15.

[250] 曾波, 李丽丽. 基于灰色系统模型的城市就业容量预测研究 [J]. 世界科技研究与发展, 2012, 312 (5): 848－850, 856.

[251] 曾波, 刘思峰, 方志耕. 灰色组合预测模型及其应用 [J]. 中国管理科学, 2009, 17 (5): 150－155.

[252] 曾波, 刘思峰, 李川. 面向灾害应急物资需求的灰色异构数据预测建模方法 [J]. 中国管理科学, 2015, 23 (8): 84－91.

[253] 曾波, 刘思峰, 李川, 等. 基于蛛网面积的区间灰数灰靶决策模型 [J]. 系统工程与电子技术, 2013, 35 (10): 60－65.

［254］曾波，刘思峰，孟伟，等．具有主观取值倾向的离散灰数预测模型及其应用［J］．控制与决策，2012，27（9）：1359－1364．

［255］曾波，刘思峰，孟伟，等．基于空间映射的区间灰数关联度模型［J］．系统工程，2010，28（8）：122－126．

［256］曾波，刘思峰，孟伟．基于核和面积的离散灰数预测模型［J］．控制与决策，2011，26（9）：1421－1424．

［257］曾波，刘思峰，曲学鑫．一种强兼容性的灰色通用预测模型及其性质研究［J］．中国管理科学，2017，25（5）：150－156．

［258］曾波，刘思峰，谢乃明，等．基于灰数带及灰数层的区间灰数预测模型［J］．控制与决策，2010，25（10）：1585－1588．

［259］曾波，刘思峰．基于灰色关联度的小样本预测模型［J］．统计与信息论坛，2009，24（12）：22－26．

［260］曾波，刘思峰．白化权函数已知的区间灰数预测模型［J］．控制与决策，2010，25（10）：1815－1820．

［261］曾波，刘思峰．基于 Visual C# 的灰色理论建模系统及其应用［C］．第19届灰色系统全国会议论文集，2010：4268－271．

［262］曾波，刘思峰．近似非齐次指数增长序列的间接 DGM(1，1) 模型分析［J］．统计与信息论坛，2010，25（8）：30－33．

［263］曾波，刘思峰．近似非齐次指数序列的 DGM(1，1) 直接建模法［J］．系统工程理论与实践，2011，31（2）：297－301．

［264］曾波，刘思峰．一种基于区间灰数几何特征的灰数预测模型［J］．系统工程学报，2011，26（2）：122－126．

［265］曾波，刘思峰．基于振幅压缩的随机振荡序列预测模型［J］．系统工程理论与实践，2012，32（11）：2493－2497．

［266］曾波，孟伟，刘思峰，等．面向灾害应急物资需求的灰色异构数据预测建模方法［J］．中国管理科学，2015，23（8）：84－91．

［267］曾波，孟伟，熊遥．基于核和灰度的灰色异构数据代数运算法则及其应用［J］．统计与信息论坛，2014，29（4）：18－23.

［268］曾波，孟伟．基于灰色理论的小样本振荡序列区间预测建模方法［J］．控制与决策，2016，31（7）：1311－1316.

［269］曾波，石娟娟，周雪玉．基于 Cramer 法则的区间灰数预测模型参数优化方法研究［J］．统计与信息论坛，2015，30（8）：9－15.

［270］曾波，张德海，孟伟．基于累加生成的灰色关联分析模型拓展研究［J］．世界科技研究与发展，2013，35（1）：146－149.

［271］曾波．基于核和灰度的区间灰数预测模型［J］．系统工程与电子技术，2011，33（4）：821－824.

［272］曾波．基于改进灰色预测模型的电力需求预测研究（英文）［J］．重庆师范大学学报（自然科学版），2012，29（6）：99－104.

［273］曾波．基于核和灰度的双重异构数据序列预测建模方法研究［J］．统计与信息论坛，2013，157（10）：3－7.

［274］曾波．基于缓冲算子的高速公路经济效益后评价模型研究［J］．重庆师范大学学报（自然科学版），2013，30（1）：63－66.

［275］赵国钢，孙永侃，徐永杰．水面舰艇反导作战中威胁评估的灰色决策分析［J］．战术导弹技术，2007（3）：32－35.

［276］战立青，施化吉．近似非齐次指数数据的灰色建模方法与模型［J］．系统工程理论与实践，2013，33（3）：659－694.

［277］章程，丁松滨，王兵．基于灰色关联分析的飞机客制化模型研究［J］．交通信息与安全，2014，32（4）：131－136.

［278］张冬青，韩玉兵，宁宣熙．基于小波域隐马尔可夫模型的时间序列分析－平滑、插值和预测［J］．中国管理科学，2008，16（2）：122－127.

［279］张冬青，宁宣熙，刘雪妮．考虑影响因素的隐马尔可夫模

型在经济预测中的应用 [J]. 中国管理科学，2007，15（4）：105 -
110.

[280] 张军，曾波，孟伟. 区间灰数预测模型误差的检验方法
[J]. 统计与决策，2014（16）：17 - 19.

[281] 张军，曾波. 区间灰数序列的白化方法及其性质研究 [J].
统计与信息论坛，2012，27（8）：32 - 36.

[282] 张军，张侃谕. 温室温度控制系统不确定性与干扰的灰色
预测补偿算法 [J]. 农业工程学报，2013，29（10）：225 - 233.

[283] 张杰，梁尚明，周荣亮，等. 基于灰色关联的二齿差摆动
活齿传动故障树分析 [J]. 机械设计与制造，2012（6）：183 - 185.

[284] 张可，刘思峰. 线性时变参数离散灰数预测模型 [J]. 系统
工程理论与实践，2010，30（9）：1650 - 1657.

[285] 张可，刘思峰. 灰色关联聚类在面板数据中的扩展及应用
[J]. 系统工程理论与实践，2010，30（7）：1253 - 1259.

[286] 张可，曲品品，张隐桃. 时滞多变量离散灰色预测模型及
其应用 [J]. 系统工程理论与实践，2015，35（8）：2092 - 2103.

[287] 张丽，相晓妹，米白冰，等. 灰色模型 GM(1，1) 在出生
缺陷预测中的应用研究 [J]. 西安交通大学学报（医学版），2019，40
（1）：138 - 143.

[288] 张岐山. 提高灰色 GM(1，1) 模型精度的微粒群方法 [J].
中国管理科学，2007，15（5）：126 - 129.

[289] 张睿兴，陶彩霞，谭星. 灰色预测模糊控制在列车自动运
行系统中的应用 [J]. 城市轨道交通研究，2014，17（1）：30 - 32，
38.

[290] 张文泉，赵凯，张贵彬，等. 基于灰色关联度分析理论的
底板破坏深度预测 [J]. 煤炭学报，2015，40（S1）：53 - 59.

[291] 张喜才，李海玲．基于灰色与马尔科夫链模型的京津冀农产品冷链需求预测 [J]．商业经济研究，2019（15）：109-111．

[292] 张颜，苏天照．灰色系统 GM(1，1) 模型在我国艾滋病发病率预测研究中的应用 [J]．社区医学杂志，2016，14（7）：30-32．

[293] 张颖，高倩倩．基于灰色模型和模糊神经网络的综合水质预测模型研究 [J]．环境工程学报，2015，9（2）：537-545．

[294] 张云河．基于灰色系统理论的我国第三产业就业水平预测 [J]．对外经贸，2015（11）：106-108，140．

[295] 张阳，张伟，赵威军，等．基于主成分与灰色关联分析的饲草小黑麦品种筛选与配套技术研究 [J]．作物杂志，2020（3）：117-124．

[296] 张兆宁，郭爽．首都机场飞行流量的灰色区间预测 [J]．中国民航大学学报，2007，25（6）：1-4．

[297] 张正虎，袁孟科，邓建辉，等．基于改进灰色-时序分析时变模型的边坡位移预测 [J]．岩石力学与工程学报，2014，33（S2）：3791-3797．

[298] 张忠林，石皓尹，闫光辉．灰色 Markov 模型动态关联规则趋势度挖掘方法 [J]．计算机工程与应用，2015，51（7）：154-159．

[299] 赵江平，丁佳丽．基于小波分析的灰色 GM(1，1) 模型道路交通事故预测 [J]．数学的实践与认识，2015，45（12）：119-124．

[300] 赵雪花．基于灰色马尔科夫链的径流序列模式挖掘 [J]．武汉大学学报（工学版），2008，41（1）：1-4．

[301] 郑树清，马靖忠，关军．多变量灰色模型在预测中的应用 [J]．河北大学学报（自然科学版），2006，26（4）：9-12．

[302] 郑双忠，陈宝智，刘艳军，等．综合事故率灰色区间预测 [J]．辽宁工程技术大学学报（自然科学版），2001，20（6）：844-846．

［303］郑照宁，武玉英，包涵龄．GM 模型的病态性问题［J］．中国管理科学，2001，9（5）：38－44．

［304］钟洪燕．基于灰色系统理论的宏观经济运行机制及预测［J］．统计与决策，2014（1）：145－148．

［305］钟珞，江琼，张诚，等．基于最优初始条件和动态辨识参数的灰色时程数据预测［J］．武汉理工大学学报（交通科学与工程版），2004，28（5）：685－691．

［306］钟琦，田宇，沈党云．基于灰色预测模型的高速公路经济影响后评价［J］．公路，2019，64（8）：327－329．

［307］周步祥，罗燕萍，张百甫，等．基于分数阶灰色 Elman 组合模型的中长期负荷预测［J］．水电能源科学，2019，37（2）：192－195．

［308］周慧，王晓光．倒数累加生成灰色 GRM(1，1) 模型的改进［J］．沈阳理工大学学报，2008，27（4）：84－86．

［309］周命端，郭际明，文鸿雁，等．基于优化初始值的 GM(1，1) 模型及其在大坝监测中的应用周［J］．水电自动化与大坝监测，2008，32（2）：52－54．

［310］周荣，刘鹏．基于灰色预测模型的土地生态安全评价［J］．中国环境管理干部学院学报，2019，29（4）：36－40．

［311］周伟杰，张宏如，党耀国，等．新息优先累加灰色离散模型的构建及应用［J］．中国管理科学，2017，25（8）：140－148．

［312］朱旭光．田赛成绩的灰色区间预测方法的研究［J］．商丘师范学院学报，2002，18（2）：120－122．

［313］朱坚民，黄之文，翟东婷，等．基于强化缓冲算子的灰色预测 PID 控制仿真研究［J］．上海理工大学学报，2012，34（4）：327－332．

［314］邹红波, 吉培荣. 无偏 GM（1, 1）模型的动态特性分析 ［J］. 三峡大学学报（自然科学版）, 2006, 28（4）: 334 － 336.

［315］左小雨, 黄先军. 基于灰色预测模型对我国铁路货运量的预测 ［J］. 物流科技, 2016, 39（8）: 82 － 84.

［316］Ai D B, Chen R Q. Frame of AGO Generating space ［J］. The Journal of Grey System, 2001, 13（1）: 13 － 16.

［317］Andrew A M. Why the world is grey ［J］. Grey Systems: Theory and Application, 2011（2）: 112 － 116.

［318］Bai Y, Sun Z Z, Zeng B, et al. A multi-pattern deep fusion model for short-term bus passenger flow forecasting ［J］. Applied Soft Computing, 2017（58）: 669 － 680.

［319］Bai Y, Sun Z, Zeng B, et al. A comparison of dimension reduction techniques for support vector machine modeling of multi-parameter manufacturing quality prediction ［J］. Journal of Intelligent Manufacturing, 2019（30）: 2245 － 2256.

［320］Bai Y, Zeng B, Li C, et al. An ensemble long short-term memory neural network for hourly $PM_{2.5}$ concentration forecasting ［J］. Chemosphere, 2019（222）: 286 － 294.

［321］Chen CI, Chen H L, Chen S P. Forecasting of foreign exchange rates of Taiwan's major trading partners by novel nonlinear Grey Bernoulli model NGBM（1, 1）［J］. Communications in Nonlinear Science and Numerical Simulation, 2008, 13（6）: 1194 － 1204.

［322］Chen C I. Application of the novel nonlinear grey Bernoulli model for forecasting unemployment rate ［J］. Chaos, Solitons and Fractals, 2008, 37（1）: 278 － 287.

［323］Chen C K, Tien T L. A new forecasting method of discrete dy-

namic system ［J］. Applied Mathematics and Computation, 1997, 86 (1):
61 – 84

［324］ Chen C K, Tien T L. The indirect measurement of tensile
strength by the deterministic grey dynamic model DGDM(1, 1, 1) ［J］. International Journal of Systems Science, 1997, 28 (7): 683 – 690.

［325］ Chen Y S, Chen B Y. Applying DEA, MPI, and grey model to
explore the operation performance of the Taiwanese wafer fabrication industry
［J］. Technological Forecasting and Social Change, 2011, 78 (3): 536 –
546.

［326］ Cui J, Liu S F, Zeng B. A novel grey forecasting model and its
optimization ［J］. Applied Mathematical Modeling, 2013, 37 (6): 4399 –
4406.

［327］ Cui J, Ma H Y, Yuan C Q. Novel grey Verhulst model and its
prediction accuracy ［J］. Journal of Grey System, 2015, 27 (2): 47 – 53.

［328］ Dang Y G, Liu S F, Chen K J. The models that be taken as initial value ［J］. Kybernetes, 2004, 33 (2): 247 – 254.

［329］ Dang Y G, Liu S F. The GM Models That $x(n)$ be Taken as Initial Value ［J］. The International Journal of Systems & Cyberntics, 2004,
33 (2): 247 – 255.

［330］ Deng J L. The Control problem of grey systems ［J］. System &
Control Letter, 1982, 1 (5): 288 – 294.

［331］ Deng J L. Moving operator in grey theory ［J］. The Journal of
Grey System, 1999, 11 (1): 1 – 4.

［332］ Deng J L. The law of grey cause and white effect in GM(1, 1)
［J］. The Journal of Grey System, 1999, 11 (3): 224 – 227.

［333］ Deng J L. Negative power AGO in grey theory ［J］. Journal of

Grey System, 2001, 13 (3): 1 –6.

[334] Deng J L. Undulating grey model GM (1, 1 ∣ tan ($k - \tau$) p, sin($k - \tau$) p) [J]. Journal of Grey System, 2001, 13 (3): 201 –204.

[335] Duan H M, Xiao X P, Yang J W, et al. Elliott wave theory and the Fibonacci sequence-gray model and their application in Chinese stock market [J]. Journal of Intelligent & Fuzzy Systems, 2018 (34): 1813 –1825.

[336] Duan H M, Zeng B, Jin L Y. On Connected m – K – 2 – Residual Graphs [J]. Ars Combinatoria, 2016 (125): 23 –32.

[337] Fan J L, Wu L F, Zhang F C, et al. Evaluation and development of empirical models for estimating daily and monthly mean daily diffuse horizontal solar radiation for different climatic regions of China [J]. Renewable & Sustainable Energy Reviews, 2019 (105): 168 –186.

[338] Feng Z J, Zeng B, Ming Q. Environmental Regulation, Two – Way Foreign Direct Investment, and Green Innovation Efficiency in China's Manufacturing Industry [J]. International Journal of Environmental Research and Public Health, 2018 (15): 2292 –2313.

[339] Goel B, Singh S, Sarepaka RV. Optimizingsingle point diamond turning for mono-crystalline germanium using grey relational analysis [J]. Materials and Manufacturing Processes, 2015, 30 (8): 1018 –1025.

[340] Guo J H, Xiao X P, Forrest J. A research on a comprehensive adaptive grey prediction model CAGM(1, N) [J]. Applied Mathematics and Computation, 2013 (225): 216 –227.

[341] Guo J H, Xiao X P, Liu J. Stability of GM(1, 1) power model on vector transformation [J]. Journal of Systems Engineering and Electronics, 2015, 26 (1): 103 –109.

[342] Guo X J, Liu S F, Wu L F, et al. A multi-variable grey model

with a self-memory component and its application on engineering prediction [J]. Engineering Applications of Artificial Intelligence, 2015 (42): 82 – 93.

[343] Hao Y H, Cao B B, Chen X, et al. A piecewise grey system model for study the effects of anthropogenic activities on karst hydrological processes [J]. Water Resources Management, 2013, 27 (5): 1207 – 1220.

[344] Hsu K T. Using GM(1, N) to assess the effects of economic variables on bank failure [J]. Journal of Grey System, 2011, 23 (4): 355 – 368.

[345] Hsu L C. Applying the Grey prediction model to the global integrated circuit industry [J]. Technology and Social Change, 2003, 70 (6): 563 – 574.

[346] Hsu, L C. A genetic algorithm based nonlinear grey Bernoulli model for output forecasting in integrated circuit industry [J]. Expert Systems with Applications, 2010, 37 (6): 4318 – 4323.

[347] Huang G M, Wu L F, Ma X. Evaluation of CatBoost method for prediction of reference evapotranspiration in humid regions [J]. Journal of Hydrology, 2019 (574): 1029 – 1041.

[348] Huang W C, Kuo M S, et al. Application of GM(1, 1 | τ, r) to analyze the ports for putting in resources [J]. Journal of Grey System, 2004, 16 (6): 211 – 220.

[349] He X J, Sun G Z. A non-equigap grey model NGM(1, 1) [J]. Journal of Grey System, 2001, 13 (2): 217 – 222.

[350] Jiang H, He W W. Grey relational grade in local support vector regression for financial time series prediction [J]. Expert Systems with Appli-

cations，2012（39）：2256 - 2262.

［351］Jiang X，Wang B W，Chen F X. Based GM（1，1｜τ，r）- moving object segmentation ［J］. Journal of Grey System，2003，15（2）：101 - 106.

［352］Jin F Y，Hung C L. On some of the basic features of GM（1，1）model（I）［J］. The Journal of Grey System，1996，8（1）：19 - 36.

［353］Khuman A S，Yang Y，John R. The quantification of subjectivity：The R-fuzzy grey analysis framework ［J］. Expert Systems with Applications，2019（136）：201 - 216.

［354］Kong Z，Wang L F，Wu Z X. Application of fuzzy soft set in decision making problems based on grey theory ［J］. Journal of Computational and Applied Mathematics，2011（236）：1521 - 1530.

［355］Kuang Y H，Chuen J J. A hybrid model for stock market forecasting and portfolio selection based on ARX，grey system and RS theories ［J］. Expert Systems with Applications，2009（36）：5387 - 5392.

［356］Lai H Y，Chen Y Y，Lin S H，et al. Automatic spike sorting for extracellular electrophysiological recording using unsupervised single linkage clustering based on grey relational analysis ［J］. Journal of Neural Engineering，2011，8（3）：036003.

［357］Li C，Bai Y，Zeng B. Deep feature learning architectures for daily reservoir inflow forecasting ［J］. Water Resources Management，2016，30（14）：5145 - 5161.

［358］Li G D，Daisuke Y，Masatake N. A GM（1，1）- Markov chain combined model with an application to predict the number of Chinese international airlined ［J］. Technological Forecasting and Social Change，2007，74（8）：1465 - 1481.

［359］Li G D, Yamaguchi D, Nagai M. New methods and accuracy improvement of GM according to Laplace Transform ［J］. Journal of Grey System, 2005, 8 (1): 13 – 24.

［360］Li Q F, Dang Y G, Wang Z X. An extended GM(1, 1) power model for non-equidistant Series ［J］. Journal of Grey System, 2012, 24 (3): 269 – 274.

［361］Li S Y, Wang Q. India's dependence on foreign oil will exceed 90% around 2025 – The forecasting results based on two hybridized NMGM – ARIMA and NMGM – BP models ［J］. Journal of Cleaner Production, 2019 (232): 137 – 153.

［362］Li X C. On parameters in Grey Model GM (1, 1) ［J］. The Journal of Grey System, 1998, 10 (2): 155 – 162.

［363］Li X L, Li Y J, Zhang K. Improvedgrey forecasting model of fault prediction in missile applications ［J］. Computer Simulation, 2010, 27 (8): 33 – 36.

［364］Liao R J, Bian J P, Yang L J, et al. Forecasting dissolved gases content in power transformer oil based on weakening buffer operator and least square support vector machine – Markov ［J］. IET Generation, Transmission & Distribution, 2012, 6 (2): 142 – 151.

［365］Lin Y H, Lee P C. Novel high-precision grey forecasting model ［J］. Automation in Construction, 2007, 16 (6): 771 – 777.

［366］Lin Y, Liu S F. A systemic analysis with data(I) ［J］. International Journal of General Systems (UK), 2000, 29 (6): 989 – 999.

［367］Liang H W, Ren J Z, Gao Z Q, et al. Identification of critical success factors for sustainable development of biofuel industry in China based on grey decision-making trial and evaluation laboratory (DEMATEL) ［J］.

Journal of Cleaner Production, 2016 (131): 500 – 508.

[368] Liu S F, Deng J L. The range suitable for GM(1, 1) [J]. The Journal of Grey System, 1996, 11 (1): 131 – 138.

[369] Liu S F, Forrest J, Yang Y J. A brief introduction to grey systems theory [J]. Grey Systems: Theory and Application, 2012, 2 (2): 89 – 104.

[370] Liu S, Zhao L, Dang Y, et al. The GCD model and technical change [J]. Kybernetes, 2004, 33 (2): 303 – 309.

[371] Liu S F, Lin Y. Grey Systems Theory and Applications [M]. Berlin Heidelberg: Springer – Verlag, 2011.

[372] Liu S F, Zhu Y D. Grey-econometrics combined model [J]. Journal of Grey System, 1996, 8 (1): 103 – 110.

[373] Liu S F. The three axioms of buffer operator and their application [J]. The Journal of Grey System, 1991, 3 (1): 39 – 48.

[374] Liu S F. On measure of grey information [J]. The Journal of Grey System, 1995, 7 (2): 97 – 101.

[375] Liu S F. Forrest J, Yang Y J. A brief introduction to grey systems theory [J]. Grey Systems: Theory and Application, 2012, 2 (2): 89 – 104.

[376] Liu S F, Yang Y. Explanation of terms of grey clustering evaluation models [J]. Grey Systems: Theory and Application, 2017, 7 (1): 129 – 135.

[377] Liu X M, Xie N M. A nonlinear grey forecasting model with double shape parameters and its application [J]. Applied Mathematics and Computation, 2019 (360): 203 – 212.

[378] Liu Y L, Liu Y Y, Lin Y Q. Research on grey decision model of

FDI pre-evaluation index system〔J〕. Systems Engineering Procedia, 2011 (2): 122 – 130.

〔379〕 Liu Y R, Hu Y, Hou M L. A fractional order grey prediction algorithm〔J〕. Journal of Grey System, 2011, 14 (4): 139 – 144.

〔380〕 Long X J, Huang N J. Optimality conditions for efficiency on nonsmooth multiobjective programming problems〔J〕. Taiwanese Journal of Mathematics, 2014, 18 (3): 687 – 699.

〔381〕 Luo D, Zhang J. The development model of new energy vehicle in Henan Province based on the weighted grey target decision〔J〕. Grey Systems: Theory and Application, 2012, 2 (3): 437 – 445.

〔382〕 Ma X. Research on a novel kernel based grey prediction model and its applications〔J〕. Mathematical Problems in Engineering, 2016, 2016 (1): 5471748.

〔383〕 Ma X, Mei X, Wu W Q, et al. A novel fractional time delayed grey model with Grey Wolf Optimizer and its applications in forecasting the natural gas and coal consumption in Chongqing China〔J〕. Energy, 2019 (178): 487 – 507.

〔384〕 Ma X, Xie M, Wu W Q, et al. The novel fractional discrete multivariate grey system model and its applications〔J〕. Applied Mathematical Modelling, 2019 (70): 402 – 424.

〔385〕 Ma X, Liu Z B, Wang Y. Application of a novel nonlinear multivariate grey Bernoulli model to predict the tourist income of China〔J〕. Journal of Computational and Applied Mathematics, 2019 (347): 84 – 94.

〔386〕 Ma X. Abrief introduction to the Grey Machine Learning〔J〕. Journal of Grey System, 2019, 31 (1): 1 – 12.

〔387〕 Ma X, Liu Z B. The kernel-based nonlinear multivariate grey model [J]. Applied Mathematical Modelling, 2018 (56): 217 – 238.

[388] Ma X, Liu Z B. Predicting the oil production using the novel multivariate nonlinear model based on Arps decline model and kernel method [J]. Neural Computing & Applications, 2018, 29 (2): 579 – 591.

[389] Ma X, Liu Z B. Application of a novel time-delayed polynomial grey model to predict the natural gas consumption in China [J]. Journal of Computational and Applied Mathematics, 2017 (324): 17 – 24.

[390] Ma X, Hu Y S, Liu Z B. A novel kernel regularized non-homogeneous grey model and its applications [J]. Communications in Nonlinear Science and Numerical Simulation, 2017 (48): 51 – 62.

[391] Ma X, Liu Z B. The GMC(1, n) model with optimized parameters and its application [J]. Journal of Grey System, 2017, 29 (4): 122 – 138.

[392] Ma X, Liu Z B. Research on the novel recursive discrete multivariate grey prediction model and its applications [J]. Applied Mathematical Modelling, 2016 (40): 4876 – 4890.

[393] Ma X, Liu Z B, Wei Y, et al. A novel kernel regularized nonlinear GMC(1, n) model and its application [J]. Journal of Grey System, 2016, 28 (3): 97 – 109.

[394] Ma X, Liu Z B. Predicting the oil field production using the novel discrete GM(1, N) model [J]. Journal of Grey System, 2015, 27 (4): 63 – 73.

[395] Meng W, Liu, S F, Zeng B, et al. Multi-indicators comprehensive evaluation for air quality based on grey incidence analysis [J]. Journal of Grey System, 2014, 26 (1): 26 – 33.

[396] Mohammed M. Watanabe K, Takeuchi S. Grey model for predic-

tion of pore pressure change [J]. Environmental Earth Sciences, 2010, 60 (7): 1523 – 1534.

[397] Pawlak Z. Rough Sets: Theoretical aspects of reasoning about data [M]. Dordrecht: Kluwer Academic Publisher, 1991.

[398] Pei L L, Chen W M, Bai J H. The improved GM(1, *N*) models with optimal background values: a case study of Chinese High-tech Industry [J]. Journal of Grey System, 2015, 27 (3): 223 – 233.

[399] Quan J, Zeng B, Liu D. Green supplier selection for process industries using weighted grey incidence decision model [J]. Complexity, 2018, 2018 (1): 4631670.

[400] Quan J, Zeng B, Wang L Y. Maximum entropy methods for weighted grey incidence analysis and applications [J]. Grey Systems: Theory and Application, 2018, 8 (2): 144 – 155.

[401] Ren X, Zhang H M, Hu R H, et al. Location of electric vehicle charging stations: A perspective using the grey decision-making model [J]. Energy, 2019 (173): 548 – 553.

[402] Ren X W, Tang Y Q, Li J, et al. A prediction method using grey model for cumulative plastic deformation under cyclic loads [J]. Natural Hazards, 2012, 64 (1): 441 – 457.

[403] Seguí X, Pujolasus E, Betrò S, et al. Fuzzy model for risk assessment of persistent organic pollutants in aquatic ecosystems [J]. Environmental Pollution, 2013 (178): 23 – 32.

[404] Shi B Z. Modeling of non-equigap GM(1, 1) [J]. The Journal of Grey Systems, 1993, 5 (2): 105 – 114.

[405] Song Ding, Dang Y G, Xu N. The Optimization of grey Verhulst model and its application [J]. Journal of Grey System, 2015, 27 (2): 1 – 12.

［406］ Song Z M，Wang Z D，Tong X J. Grey Generating space on opposite accumulation ［J］. The Journal of Grey System，2001，13（4）: 305 － 308.

［407］ Song Z M，Xiao X P，Deng J L. The character of opposite direction AGO and class ratio ［J］. The Journal of Grey System，2002，14（1）: 9 － 14.

［408］ Taormina R，Chau K W. Data-driven input variable selection for rainfall-runoff modeling using binary-coded particle swarm optimization andextreme learning machines ［J］. Journal of Hydrology，2015，529（3）: 1617 － 1632.

［409］ Tien T L. A research on the grey prediction model GM（1，n）［J］. Applied Mathematics and Computation，2012，219（9）: 4903 － 4916.

［410］ Tong J，Fu J H，Wang Q，et al. A grey estimation method for the seismic intensity ［J］. Journal of Grey System，2011，23（3）: 251 － 256.

［411］ Wang C H，Hsu L C. Using genetic algorithms grey theory to forecast high technology industrial output ［J］. Applied Mathematics and Computation，2008（195）: 256 － 263.

［412］ Wang J Q，Yao P P，Liu W L，et al. A hybrid method for the segmentation of a ferrograph image using marker-controlled watershed and grey clustering ［J］. Tribology Transactions，2016，59（3）: 513 － 521.

［413］ Wang W C，Chau K W，Xu D M，et al. Improving forecasting accuracy of annual runoff time series using ARIMA based on EEMD decomposition ［J］. Water Resources Management，2015，29（8）: 2655 － 2675.

［414］ Wang Y H，Dang Y G，Li Y Q，et al. An approach to increase prediction precise of GM（1，1） model based on optimization of the initial condition ［J］. Expert Systems with Applications, 2010, 37 （8）: 5640 – 5644.

［415］ Wang Y H, Dang Y G, Liu S F. Reliability growth prediction based on an improved grey prediction model ［J］. International Journal of Computational Intelligence Systems, 2010, 3 （3）: 266 – 273.

［416］ Wang Y H, Dang Y G, Pu X J. Improved unequal interval grey model and its applications ［J］. Journal of Systems Engineering and Electronics, 2011, 22 （3）: 445 – 451.

［417］ Wang Z X, Dang Y G, Liu S F. Theoptimization of background value in GM（1，1） Model ［J］. The Journal of Grey System, 2007, 10 （2）: 69 – 74.

［418］ Wang Z X. An optimized Nash nonlinear grey Bernoulli model for forecasting the main economic indices of high technology enterprises in China ［J］. Computers & Industrial Engineering, 2013, 64 （3）: 780 – 787.

［419］ Wang Z X. A GM（1，N） – based economic cybernetics model for the high-tech industries in China ［J］. Kybernetes, 2014, 43 （5）: 672 – 685.

［420］ Wang Z X. Multivariable time-delayed GM（1，N） model and its application ［J］. Control and Decision, 2015, 30 （12）: 2298 – 2304.

［421］ Wei M, Liu S F, Zeng B. Standard triangular whitenization weight function and its application in grey clustering evaluation ［J］. The Journal of Grey System, 2012, 25 （1）: 39 – 48.

［422］ Wei N, Li C, Peng X, et al. Conventional models and artificial intelligence-based models for energy consumption forecasting: A review ［J］. Journal of Petroleum Science and Engineering, 2019 （181）: 106187.

［423］Wei Y, Zhang Y. Acriterion of comparing the function transformations to raise the smooth degree of grey modeling data［J］. The Journal of Grey System, 2007, 19（1）: 91 −98.

［424］Wen K L, John H W. AGO for invariant series［J］. The Journal of Grey System, 1998, 10（1）: 17 −21.

［425］Wu C L, Chau K W, Li Y S. Methods to improve neural network performance in daily flows prediction［J］. Journal of Hydrology, 2009, 372（1 −4）: 80 −93.

［426］Wu H, Zeng B, Zhou M. Forecasting the water demand in Chongqing, China using a grey prediction model and recommendations for the sustainable development of urban water consumption［J］. International Journal of Environmental Research and Public Health, 2017, 14（11）: 1386.

［427］Wu H Y, Li F L, Cheng G H. Comprehensive evaluation model of physical education based on grey clustering analysis［J］. Journal of Computational and Theoretical Nanoscience, 2017, 14（1）: 84 −88.

［428］Wu L F, Liu S F, Chen D, et al. Using gray model with fractional order accumulation to predict gas emission［J］. Natural hazards, 2014, 71（3）: 2231 −2236.

［429］Wu L F, Liu S F, Cui W, et al. Non-homogenous discrete grey model with fractional-order accumulation［J］. Neural Computing and Applications, 2014, 25（5）: 1215 −1221.

［430］Wu L F, Liu S F, Fang Z G, et al. Properties of the GM(1, 1) with fractional order accumulation［J］. Applied Mathematics and Computation, 2015, 252（1）: 287 −293.

［431］Wu L F, Liu S F, Liu D L, et al. Modelling and forecasting CO_2 emissions in the BRICS (Brazil, Russia, India, China, and South Af-

rica）countries using a novel multi-variable grey model ［J］. Energy, 2015
（79）: 489 – 495.

［432］Wu L F, Liu S F, Yao L G. Grey system model with the frac-
tional order accumulation ［J］. Communications in Nonlinear Science and Nu-
merical Simulation, 2013, 18（7）: 1775 – 1785.

［433］Wu L F, Liu S F, Yao L G. Using fractional order accumulation
to reduce errors from inverse accumulated generating operator of grey model
［J］. Soft Computing, 2014, 19（2）: 483 – 488.

［434］Wu W Q, Ma X, Zeng B, et al. Application of the novel frac-
tional grey model FAGMO（1, 1, k）to predict China's nuclear energy con-
sumption ［J］. Energy, 2018（165）: 223 – 234.

［435］Wu W Q, Ma X, Zeng B, et al. Forecasting short-term renew-
able energy consumption of China using a novel fractional nonlinear grey Ber-
noulli model ［J］. Renewable Energy, 2019（140）: 70 – 87.

［436］Wu Y N, Hu Y, Lin X S, et al. Identifying and analyzing bar-
riers to offshore wind power development in China using the grey decision-
making trial and evaluation laboratory approach ［J］. Journal of Cleaner Pro-
duction, 2018（189）: 853 – 863.

［437］Xiao X P, Guo H, Mao S H. The modeling mechanism, exten-
sion and optimization of grey GM（1, 1）model ［J］. Applied Mathematical
Modeling, 2014, 38（5 – 6）: 1896 – 1910.

［438］Xiao X P, Qin L F. A new type solution and bifurcation of grey
Verhulst model ［J］. Journal of Grey System, 2015, 24（2）: 165 – 174.

［439］Xiao X P. On parameters in grey models ［J］. Journal of Grey
System, 2000, 11（4）: 73 – 78.

［440］Xie N M, Liu S F, Yang Y J, et al. On novel grey forecasting model based on non-homogeneous index sequence [J]. Applied Mathematical Modelling, 2013, 37 (7): 5059 – 5068.

[441] Xie N M, Liu S F, Yuan, C Q. Greynumber sequence forecasting approach for interval analysis: a case of China's gross domestic product prediction [J]. The Journal of Grey System, 2014, 26 (1): 45 – 58.

[442] Xie N M, Liu S F. Discretegrey forecasting model and its optimization [J]. Applied Mathematical Modeling, 2009, 33 (2): 1173 – 1186.

[443] Xiong P P, Dang Y G, Wang Z X. Optimization of background value in MGM(1, M) model [J]. Control and Decision, 2011, 26 (6): 806 – 810.

[444] Xiong P P, Dang Y G, Zhu H. Research of modelling of multivariable non-equidistant MGM(1, m) model [J]. Control and Decision, 2011, 26 (1): 49 – 53.

[445] Xiong P P, Zhang Y, Zeng B, et al. MGM(1, m) model based on interval grey number sequence and its applications [J]. Grey Systems: Theory and Application, 2017, 7 (3): 1 – 10.

[446] Ying K C, Liao C J, Hsu Y T. Generalized admissible region of class ratio for GM(1, 1) [J]. The Journal of Grey System, 2000, 12 (2): 153 – 156.

[447] Ying K C, Liao C T. Fourier modified non-equigap GM(1, 1) [J]. The Journal ofGrey System, 2000, 12 (2): 139 – 142.

[448] Yu Q Z, Li F. Digital watermarking via undulating grey model GM(1, 1 | $\tan(k-\tau)$p, $\sin(k-\tau)$p) [J]. Journal of Grey System, 2002, 14 (3): 217 – 222.

[449] You Z S, Zeng B. Calculationmethod's extension of grey degree based on the area approach [J]. The Journal of Grey System, 2012, 24

（1）：89 － 94.

［450］ Zadeh L A. Soft computing and fuzzy logic ［J］. IEEE Software, 1994, 11 （6）：48 － 56.

［451］ Zeng B, Chen G, Liu S F. A novel interval grey prediction model considering uncertain information ［J］. Journal of the Franklin Institute, 2013, 350 （10）：3400 － 3416.

［452］ Zeng B, Duan H M, Bai Y, et al. Forecasting the output of shale gas in China using an unbiased grey model and weakening buffer operator ［J］. Energy, 2018 （151）：238 － 249.

［453］ Zeng B, Li C, Chen G, et al. Equivalency and unbiasedness of grey prediction models ［J］. Journal of Systems Engineering and Electronics, 2015, 26 （1）：110 － 118.

［454］ Zeng B, Li C, Liu S F. A novel grey target decision-making model based on cobweb area and its application for choosing the software development pattern ［J］. Scientia Iranica, 2016, 23 （1）：361 － 373.

［455］ Zeng B, Li C, Long X J. A novel interval grey number prediction model given kernel and grey number band ［J］. Journal of Grey System, 2014, 26 （3）：69 － 84.

［456］ Zeng B, Li C. Forecasting the natural gas demand in China using a self-adapting intelligent grey model ［J］. Energy, 2016 （112）：810 － 825.

［457］ Zeng B, Li C. Improved multi-variable grey forecasting model with a dynamic background-value coefficient and its application ［J］. Computers & Industrial Engineering, 2018 （118）：278 － 290.

［458］ Zeng B, Chen G, Liu S. A novel interval grey prediction model considering uncertain information ［J］. Journal of the Franklin Institute,

2013, 350 (10): 3400 – 3416.

［459］Zeng B, Liu S F, Meng W. Development and application of MS-GT6. 0 (Modeling System of Grey Theory6. 0) based on Visual C# and XML ［J］. Journal of Grey System, 2011, 23 (2): 145 – 154.

［460］Zeng B, Liu S F, Xie N M. Prediction model of interval grey number based on DGM(1, 1) ［J］. Journal of Systems Engineering and Electronics, 2010, 21 (4): 598 – 603.

［461］Zeng B, Liu S F. Development mode's selection of software project based on twi-weighted grey target decision model ［J］. Journal of Grey System, 2010, 22 (4): 367 – 374.

［462］Zeng B, Liu S F. Calculation for kernel of interval grey number based on barycenter approach ［J］. Transactions of Nanjing University of Aeronautics & Astronautics, 2013, 30 (2): 216 – 220.

［463］Zeng B, Liu S. A self-adaptive intelligence gray prediction model with the optimal fractional order accumulating operator and its application ［J］. Mathematical Methods in the Applied Sciences, 2017, 40 (18): 7843 – 7857.

［464］Zeng B, Luo C M, Li C, et al. A novel multi-variable grey forecasting model and its application in forecasting the amount of motor vehicles in Beijing ［J］. Computers & Industrial Engineering, 2016 (101): 479 – 489.

［465］Zeng B, Luo C M, Liu S F, et al. Development of an optimization method for the GM(1, N) model ［J］. Engineering Applications of Artificial Intelligence, 2016 (55): 353 – 362.

［466］Zeng B, Luo C M. Forecasting the total energy consumption in China using a new-structure grey system model ［J］. Grey Systems: Theory and Application, 2017, 7 (2): 194 – 217.

[467] Zeng B, Meng W, Liu S F. Research on prediction model of os-cillatory sequence based on GM(1, 1) and its application in electricity de-mand prediction [J]. Journal of Grey System, 2013, 25 (4): 31 – 40.

[468] Zeng B, Meng W, Tong M Y. A self-adaptive intelligence grey predictive model with alterable structure and its application [J]. Engineering Applications of Artificial Intelligence, 2016 (50): 236 – 244.

[469] Zeng B, Tan Y T, Xu H, et al. Forecasting theelectricity con-sumption of commercial sector in Hong Kong using a novel grey dynamic pre-diction model [J]. The Journal of Grey System, 2018, 30 (1): 157 – 172.

[470] Zeng B, Zhou M, Zhang J. Forecasting the energy consumption of China's manufacturing using a homologous grey prediction model [J]. Sus-tainability, 2017 (9): 1 – 16.

[471] Zeng B. Forecasting the relation of supply and demand of natural gas in China during 2015 – 2020 using a novel grey model [J]. Journal of In-telligent & Fuzzy Systems, 2017, 32 (1): 141 – 155.

[472] Zhao B, Ren Y, Gao D K, et al. Performance ratio prediction of photovoltaic pumping system based on grey clustering and second curvelet neural network [J]. Energy, 2019 (171): 360 – 371.

[473] Zhang H N, Xu A J, Cui J. Establishment ofneural network pre-diction model for terminative temperature based on grey theory in hot metal pretreatment [J]. Journal of Iron and Steel Research International, 2012, 19 (6): 25 – 29.

[474] Zhang J, Chau K W. Multilayerensemble pruning via novel multi-sub-swarm particle swarm optimization [J]. Journal of Universal Com-

puter Science, 2009, 15 (4): 840 – 858.

［475］Zhang J, Chen C S, Zeng B. Demand forecasting of emergency medicines after the massive earthquake – A grey discrete Verhulst model approach ［J］. Journal of Grey System, 2015, 27 (3): 234 – 248.

［476］Zhang Q S. Difference information entropy in grey theory ［J］. Journal of Grey System, 2001, 13 (2): 111 – 116.

［477］Zhang S W, Chau K W. Dimensionreduction using semi-supervised locally linear embedding for plant leaf classification ［J］. Lecture Notes in Computer Science, 2009 (5754): 948 – 955.

［478］Zhou J Z, Fang R C, Li Y H, et al. Parameter optimization of nonlinear grey Bernoulli model using particle swarm optimization ［J］. Applied Mathematics and Computation, 2009 (207): 292 – 299.

［479］Zhou W, He J M. Generalized GM(1, 1) model and its application in forecasting of fuel production ［J］. Applied Mathematical Modeling, 2013, 37 (9): 6234 – 6243.